Adobe Camera Raw 酷炫修图

RAW格式照片专业处理技法

石礼海 著

人 民 邮 电 出 版 社
北 京

图书在版编目（CIP）数据

Adobe Camera Raw酷炫修图 : RAW格式照片专业处理技法 / 石礼海著. -- 北京 : 人民邮电出版社, 2024.3
ISBN 978-7-115-62870-1

Ⅰ. ①A… Ⅱ. ①石… Ⅲ. ①图像处理软件 Ⅳ. ①TP391.413

中国国家版本馆CIP数据核字(2023)第193869号

内 容 提 要

Adobe Camera Raw 是 Adobe 公司推出的一款修图插件。近年来，Camera Raw 的功能越来越强大，大部分摄影后期处理工作都可以通过它来完成，因此 Camera Raw 也受到越来越多摄影爱好者和专业摄影师的欢迎。

本书共 12 章，介绍了运用 Camera Raw 对照片进行后期处理的技法，主要内容包括 Camera Raw 的相关设置，创建图像初始化快照——还原点，基础调整工具、局部精细调整工具的使用技法，高光比图像的处理技法，图像锐化和减少杂色功能的使用技法，用 Camera Raw 滤镜特效处理照片的技法，用 Camera Raw 批处理照片的技法，用 Camera Raw 进行高级调色的技法，创建高品质黑白图像的技法，用 Camera Raw 合成全景图像的技法，用 Camera Raw 创建 HDR 图像的技法，等等。

本书是为摄影后期爱好者量身打造的数码摄影后期教程，对于专业修图师也有一定的参考价值。

◆ 著　　　　石礼海
责任编辑　胡　岩
责任印制　陈　犇
◆ 人民邮电出版社出版发行　　北京市丰台区成寿寺路 11 号
邮编　100164　　电子邮件　315@ptpress.com.cn
网址　https://www.ptpress.com.cn
涿州市般润文化传播有限公司印刷
◆ 开本：700×1000　1/16
印张：25.5　　　　2024 年 3 月第 1 版
字数：380 千字　　　　2025 年 9 月河北第 3 次印刷

定价：148.00 元

读者服务热线：(010)81055296　印装质量热线：(010)81055316
反盗版热线：(010)81055315

序

AI 图像的先行者

在人工智能（AI）制图技术蓬勃发展方兴未艾的时刻，请不要忘记在山东枣庄的一位孜孜不倦的耕耘者——石礼海。

石礼海学摄影的经历特殊，是与众不同且反其道而行之的。最初让他感兴趣的不是拍照本身，而是摄影的后期制作，他花了大量时间研究 Adobe Photoshop 的各种书籍，逐步掌握了一套 Photoshop 后期制作的技术，按照亚当斯的论述——摄影的内涵是“底片是乐谱，暗室是音乐演奏”，石礼海先站在一个艺术的高点，转身再进行摄影拍摄，结果达到了事半功倍的效果。他在拍摄的过程中已经有了一个预想，而预想来自后期经验积累的艺术想象，所以他拍摄的照片具有“所见即所得”的艺术造诣。例如他的早期成名之作《柿子熟了》，将白天做成夜景，让普通平常的柿子在蓝调夜色的衬托下发出橘红色的光芒，令人惊叹！如果没有后期制作的实践，如果不是“胸有成竹”，在并不好的光线条件下拍摄出如此精彩的作品是难以想象的。

在 AI 技术还没有完全成熟时，他就已经自行设计了一套智能的“懒汉调图”。所谓“懒汉调图”，是通过 Photoshop 中的动作预设了数十种方式来进行一键调图。根据你所需要的题材、风格方式进行选择，比如可以对人文、风景、人像、鸟类、花卉、建筑、黑白、会议、花絮、工业、景观摄影等不同题材的摄影作品选择合适的预设，也可以对晴天、阴天、雪天、彩虹、月亮、电影色调和各种色调风格进行一键调图的选择，这大大有利于不会后期制作的初学者。像我对计算机使用往往十分困扰， Camera Raw 后期制作的基本技术是石礼海耐心教的，即使只掌握了一些后期的基础技术也让我受益匪浅。

石礼海是一键式“懒汉调图”的创始人，他将智能修图的方式植入 Photoshop 之中，让无数人受益。他在全国智力运动会中荣获了“先进个人”称号。还在《中国摄影》《大众摄影》等杂志发表论文和专栏宣传和普及他的理论。2019 年和 2021 年，石礼海还出版了两本介绍 Adobe Camera Raw 酷炫修图技法的图书，分享了后期处理的经验和技巧。石礼海进行了大量教学工作，作为北京摄影函授学院的授课老师，他为摄影教育事业贡献着自己的力量。

石礼海以独特的后期带动前期的方式起步，最终通过前后期融合进行成熟的艺术创作，在摄影领域取得了骄人的成绩：2009 年荣膺山东省“德艺双馨优秀会员”称号；2012 年先后荣获第 24 届全国摄影艺术展的“优秀作品”称号和《大众摄影》杂志的“年度摄影十杰”，并入围“佳能十佳专业摄影师”；2014 年被评选为“中国古建筑十杰摄影师”。石礼海是当之无愧的中国 AI 制图的先行者。

AI 技术为摄影人提出了一个新的挑战，一方面要与时俱进，努力学习人工智能技术，另一方面也要尽可能地从大数据生成的图片中寻求突破，形成具有个性化、有辨识度的作品。AI 技术依旧处在一个发展阶段，在利用 AI 技术时，难度在于如何表现作品的情感和灵魂，不断地表现出作品个性化的艺术特征，才能显示摄影的无限生命力。

在此，热烈祝贺石礼海新书的出版，期待他创作出更多优秀的摄影作品！期待他在 AI 制图的旅程中不断创新，不断进步！

林铭述

2023 年 9 月 2 日

前言

本书汇集各种 Adobe Camera Raw 修图技巧，是一本非常全面的工具书。在编写和修订本书的过程中，笔者充分考虑了读者的反馈和自身的教学经验，以更好地满足读者的需求和期望。

数字相机和智能手机的普及，使数码后期处理成为摄影过程中不可或缺的一环。Adobe Camera Raw 在各种摄影领域得到了广泛应用，本书将帮助读者更好地了解和掌握使用该软件的技巧和方法。

为使读者更加准确地调整和处理图像，本书讲述大量后期处理知识，尤其是最新的人工智能（AI）技术。AI 蒙版可以自动识别图像特征，帮助读者快速、准确地进行处理。这种方式可以大大提高工作效率，使后期处理更加轻松和有趣。

对于高级智能预设方面，笔者独创的一键式智能“懒汉调图”预设，涵盖人文、风景、人像、鸟类、花卉、建筑、会议、花絮、工业、景观摄影，以及彩虹、月亮、电影色调、黑白和各种色调风格效果。预设使用 AI 技术，可以自动识别图像特征，并进行智能调整。这些预设可以提高工作效率，减少后期处理中出现的错误，能在一定程度上保证照片的质量更好。

除此之外，本书还包含大量实用的技巧和方法，例如各种工具的高级使用技法、滤镜特效和调色高级技法等。值得强调的是，笔者已经成功地实现了将 AI 去杂色功能和超分辨率增强功能应用于同一张图像，这一技术的实现将给读者带来很大的便利。这些技巧和方法可以帮助读者提高图像处理的质量和效率。同时，本书将探讨 AI 在摄影后期处理中的发展趋势和应用，为读者提供新技术和发展趋势的参考。此外，本书还将介绍 AI 与创意的结合，使读者可在保持原有照片色彩和效果的前提下，进行更多的自由发挥和创造。

希望本书能为广大读者提供有益的参考和帮助，使大家在摄影后期处理中更加得心应手、更加高效精准。同时，本书肯定存在不足之处，希望读者提出批评指正。AI 领域的创新和发展速度非常快，所以本书可能无法涵盖所有的最新技术和知识。但笔者会不断完善和更新本书内容，根据读者的反馈和版本更新趋势进行修正和改进。在此，笔者向所有读者表示最真挚的感谢。

石礼海

2023 年 5 月 1 日

目 录 contents

目录 contents

第一章 Camera Raw的相关设置

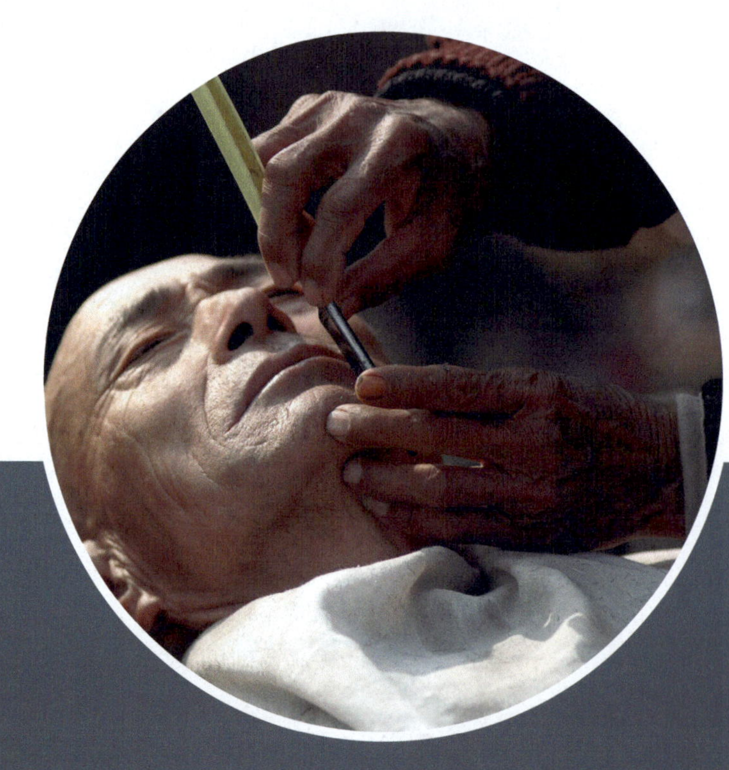

“工欲善其事，必先利其器。”在使用 Camera Raw 15.3 之前，我们要把它调整到最合适的状态。

第一节 Camera Raw 界面概述

学习目的：学习如何在 Camera Raw 中打开图像，了解 Camera Raw 界面功能分布。

1. 在 Adobe Bridge（后简称 Bridge）内容面板中选择图像，在应用程序栏中，单击“在 Camera Raw 中打开”图标，进入 Camera Raw 界面（Windows 系统的快捷键为 Ctrl+R，macOS 系统的快捷键为 Command+R）。

2. 也可以在图像上双击或右键单击，在弹出的上下文菜单中选择“在 Camera Raw 中打开”。

3. 为保证学习能够顺利进行，请使用 Adobe Camera Raw 15.3（或更高的版本）。单击“开始使用”按钮。

4. 这样就进入了 Camera Raw 15.3 的主界面。

小结 Camera Raw 15.3 最低系统要求

一、Windows 系统最低要求

1.Windows 10（版本号为 20H2 或更高版本）或 Windows 11（版本号为 21H1 或更高版本）。

2. 最小内存为 4GB（建议内存使用 16GB 或更大的）。

不建议在教育版、企业版和家庭版的 Windows 系统上进行安装，因为这些版本可能没有提供完整的系统组件和支持，容易导致软件运行出错，或出现无法安装软件等问题。建议选择针对个人用户设计的专业版 Windows 系统，以获得更好的稳定性和兼容性。

查看 Windows 系统版本号的方法如下。

（1）在桌面“此电脑”图标上双击，打开“此电脑”窗口。

（2）打开“计算机”选项卡，单击“系统属性”按钮，打开“设置”窗口。

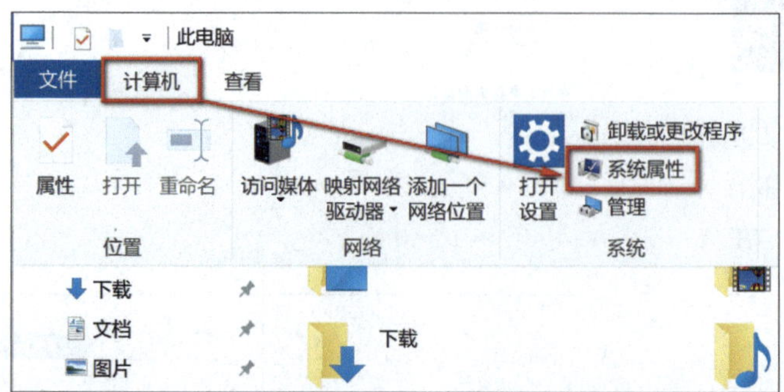

（3）在 Windows 规格中查看版本号。

二、macOS 系统最低要求

1. 版本为 11 或更高版本。

2. 内存：最小 4GB（建议内存使用 16GB 或更大的）。

查看 macOS 系统版本的方法如下。

（1）单击苹果图标，选择“关于本机”。

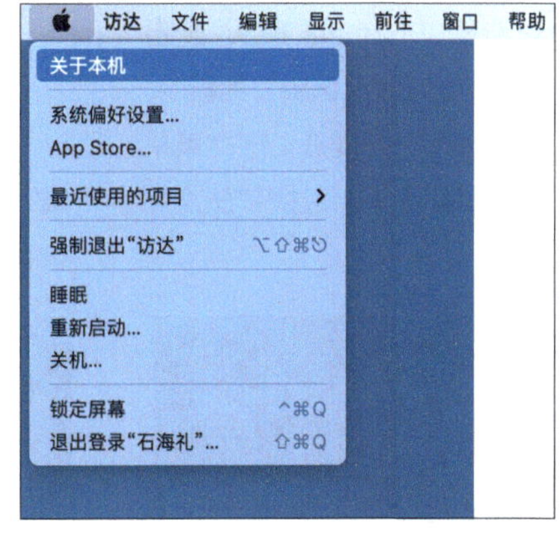

（2）查看版本。如果无法成功安装 Camera Raw 15.3，建议升级计算机的操作系统，Camera Raw 15.3 仅支持 2020~2023 版本的 Photoshop。请确保操作系统符合 Camera Raw 15.3 的最低系统要求，以避免兼容性等问题的出现。

第二节 Camera Raw 的基本设置

单击 Camera Raw 界面右上角的“打开首选项对话框”图标（Windows 系统的快捷键为 Ctrl+K，macOS 系统的快捷键为 Command+K），或在 Bridge 菜单栏的“编辑”菜单中选择“Camera Raw 首选项”，在打开的对话框中设置 Camera Raw 的首选项，以提高工作效率和图像处理质量。

学习目的：学习如何设置 Camera Raw 首选项，让操作的个性化和专业化并举。

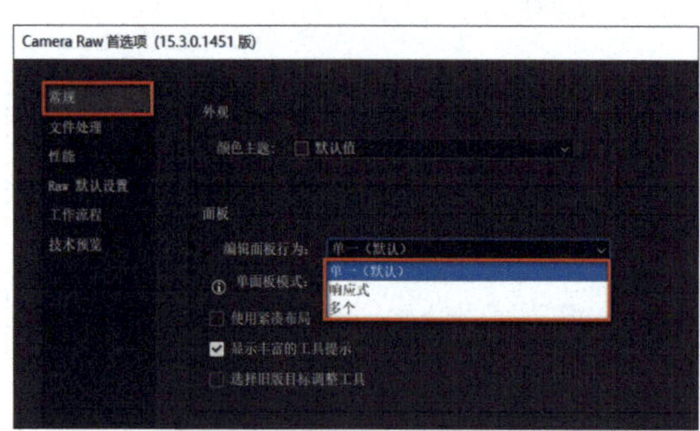

1. 在“Camera Raw 首选项”对话框“常规”区域的“面板”中，展开“编辑面板行为”下拉列表，其中有“单一（默认）”“响应式”“多个”3 个选项，其实就是“编辑”面板展开的方式，建议选择“单一（默认）”，因为“编辑”面板展开得越多，操控起来越复杂。也可以依据个人喜好设置。

（1）勾选“使用紧凑布局”复选框，Camera Raw 会自动重启。或在“编辑”面板中，单击鼠标右键展开上下文菜单（快捷菜单），选择“压缩”命令。

（2）在重启后的 Camera Raw 界面中可以调整“编辑”面板的宽度，可以对各个面板进行设置，从而节省垂直空间。下图为设置“编辑”面板前后的对比。

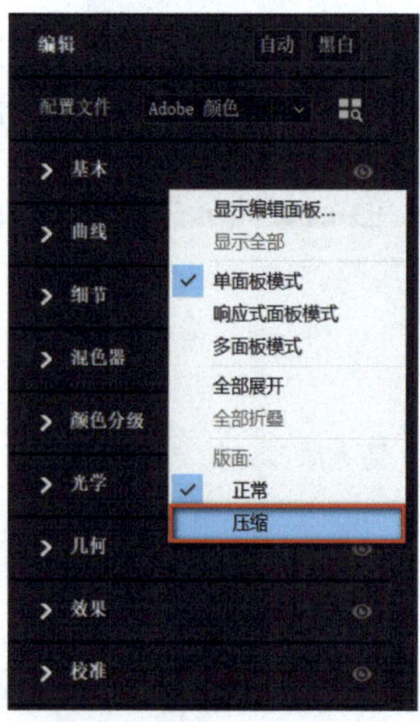

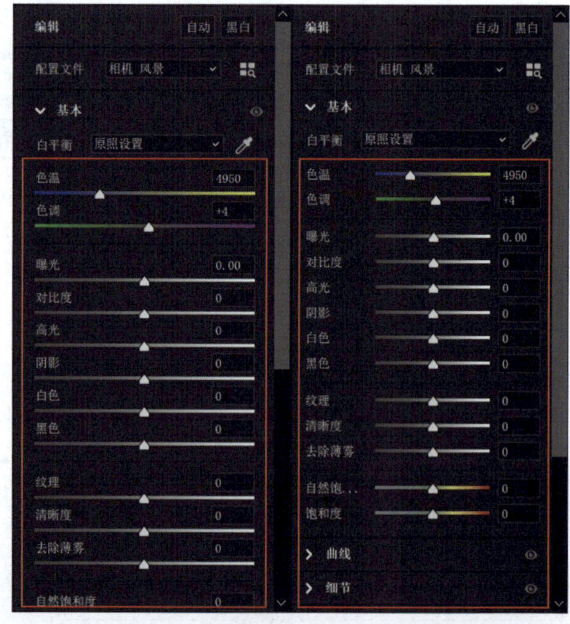

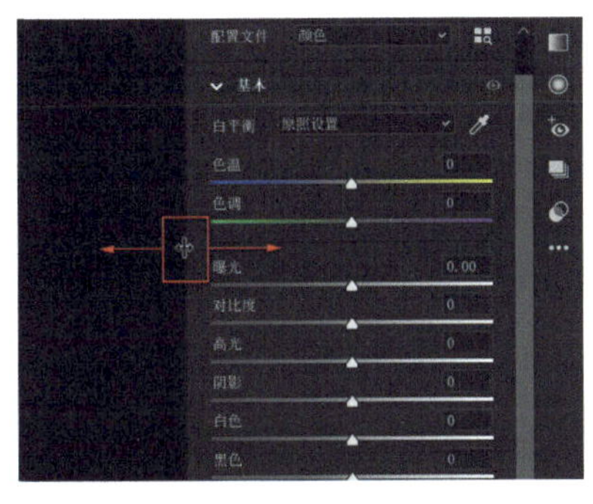

（3）在“编辑”面板竖分隔栏上按住鼠标左键并左右拖曳，可以扩展或收缩垂直空间。

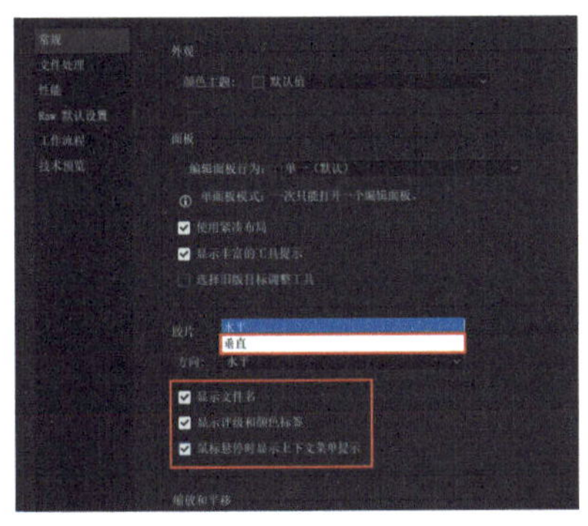

2. 在“Camera Raw 首选项”界面“常规”区域的“胶片”中，展开“方向”下拉列表，在“垂直”或“水平”样式之间进行选择。“水平”表示将胶片放在底部面板中（如用于较长的宽幅风景图像），“垂直”表示将胶片放在左侧面板中。一般建议选择“垂直”样式，这样可以让图像预览界面的可视化范围较大。

（1）勾选“显示文件名”“显示评级和颜色标签”“鼠标悬停时显示上下文菜单提示”复选框，在 Camera Raw 界面中，胶片缩览图下方将显示文件名、评级和颜色标签，以便查看胶片显示窗格中照片的文件名和星级。当鼠标指针在胶片缩览图中悬停时，会显示“存储选项”图标和“胶片菜单选项”图标。

（2）也可以在胶片缩览图中单击鼠标右键（或者单击图标）展开上下文菜单，对胶片进行设置。

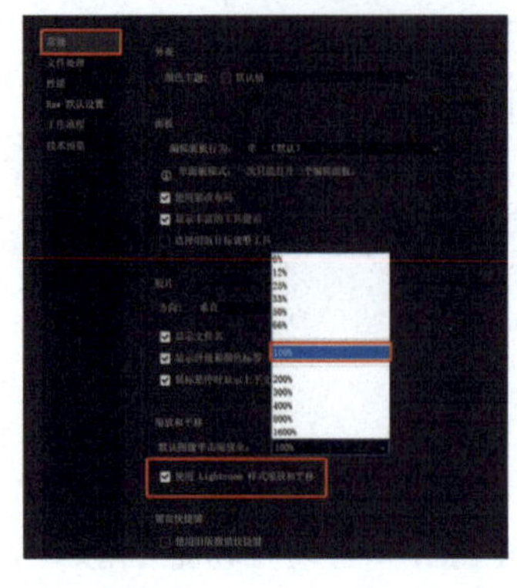

3. 在“Camera Raw 首选项”界面“常规”区域的“缩放和平移”中，勾选“使用 Lightroom 样式缩放和平移”复选框，这样在放大图像时可启动“抓手工具”，拖曳鼠标可方便地查看图像局部细节（在 Camera Raw 中打开图像时，图像预览界面会显示“放大镜”，单击想查看的局部区域，图像会以被单击的局部区域为中心以 100% 大小显示，再次单击图像可恢复原显示大小），按住空格键也可启动“抓手工具”。

单击图像默认缩放至 100%，也可依据自己的喜好设置。

4. 在“Camera Raw 首选项”界面“文件处理”区域的“DNG 文件处理”中，在“附属文件”下拉列表中选择“在 DNG 中嵌入 XMP”，勾选“更新嵌入的 JPEG”复选框，在“预览”下拉列表中选择“中等大小”。对 DNG 文件所做的任何修改，都会在预览中同步。

在“JPEG 和 TIFF 处理”中，展开“JPEG”下拉列表，选择“自动打开所有受支持的 JPEG”；展开“TIFF”下拉列表，选择“自动打开所有受支持的 TIFF”。设置后，JPEG、HEIC 和 TIFF 文件都可在 Camera Raw 中打开。

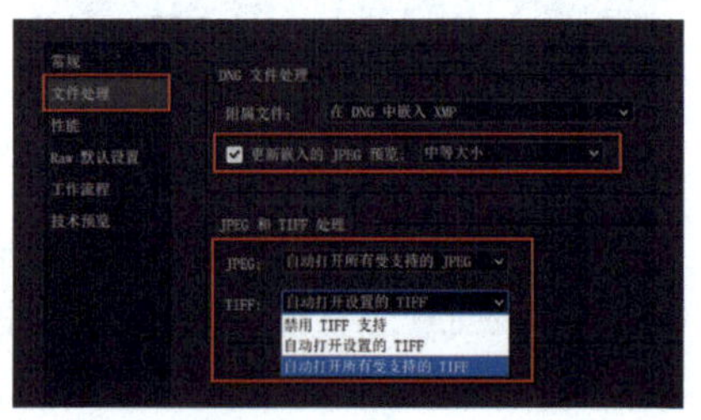

5. 在“Camera Raw 首选项”界面“性能”区域的“Camera Raw 高速缓存”中，单击“清空高速缓存”按钮。

（1）高速缓存缩短了在 Camera Raw 中打开图像所需的时间。但是，默认存储的文件夹会随着缩览图、元数据和文件信息的不断增加而变得很大，使计算机运行缓慢。因此，清除旧的高速缓存很有必要。

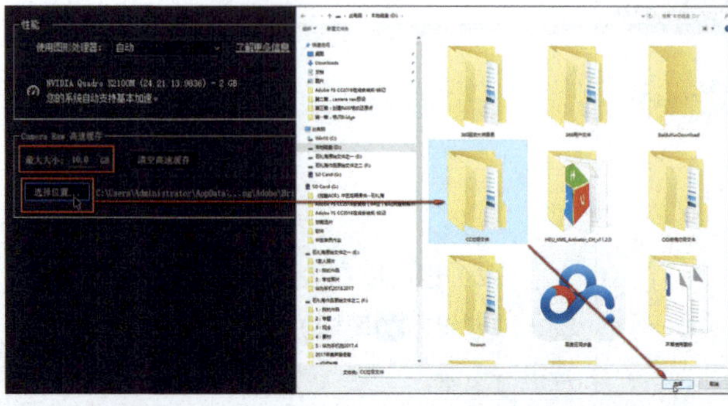

（2）高速缓存默认大小为 5GB，只能存储 1000 余张图像的数据，可将其设置为 20GB~50GB。单击“选择位置”按钮，可以改变高速缓存的保存位置。可选择 D 盘，新建“CC 垃圾文件”文件夹。

6. 在“Camera Raw 首选项”界面“Raw 默认设置”区域中设置重要预设。

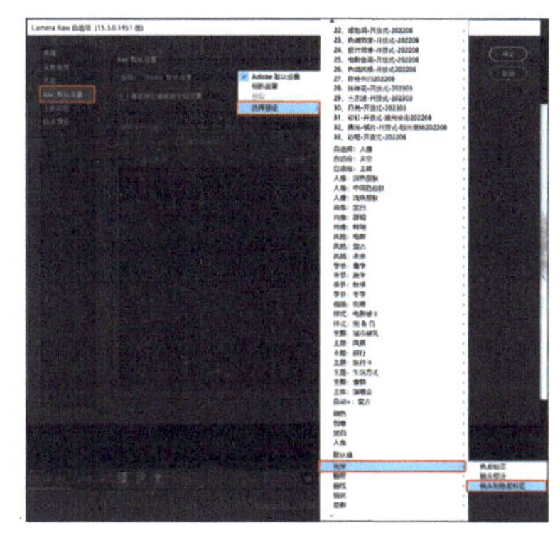

（1）在展开的“全局”下拉列表中，选择“选择预设”，找到“光学”，选择其中的“镜头和色差校正”。设置后，可在不影响原始图像的影调和色调的前提下，去掉图像边缘的色差，对图像进行镜头畸变和晕影校正。在 Camera Raw 中打开的所有原始图像，都需要进行“镜头和色差校正”，所以这一步的设置对后期调整、编辑图像来说很重要，后面所有的案例图像都使用此项设置（第二章第三节中有详细讲解）。

“Adobe 默认设置”是将 Adobe 默认设置应用于 Raw 图像，“相机设置”是将拍摄的相机的设置应用于 Raw 图像。这两项设置可以在基础调整时进行，不推荐在此处设置。

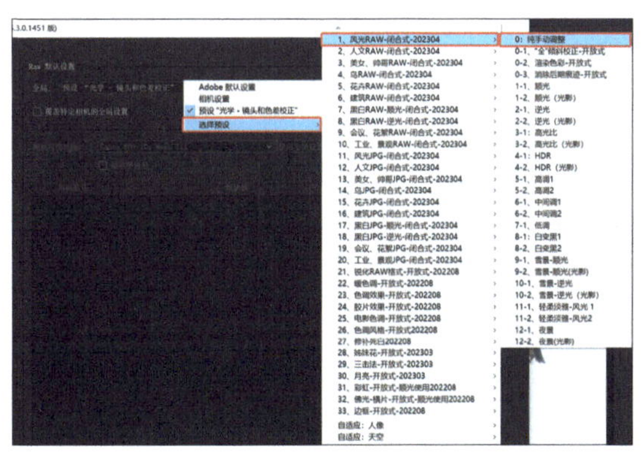

（2）用户也可以设置之前做好的预设。例如，从展开的下拉列表中，选择“选择预设”，找到“1、风光 RAW - 闭合式 - 202304”，选择其中的“0: 纯手动调整”。“0: 纯手动调整”包含镜头和色差校正功能，还可对原始图像应用较安全的锐化和降噪（第六章中有详细讲解）。

（3）读者可依据个人喜好选择是否勾选“覆盖特定相机的全局设置”复选框。如需勾选请在 Camera Raw 中打开案例图像后再勾选（在 Bridge“编辑”菜单中选择“Camera Raw 首选项”不能对此项进行设置），Camera Raw 会读取图像的元数据并在“相机可用功能”栏中显示出来，用户可根据相机型号来创建默认设置。单击“创建默认设置”按钮，在“Raw 默认设置”区域底部会显示所创建的默认设置。

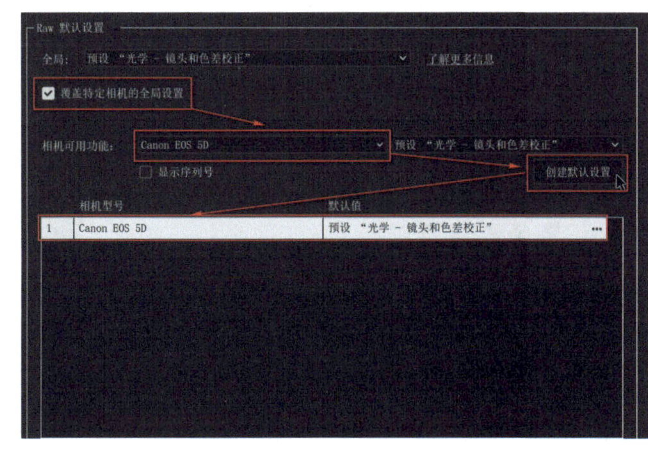

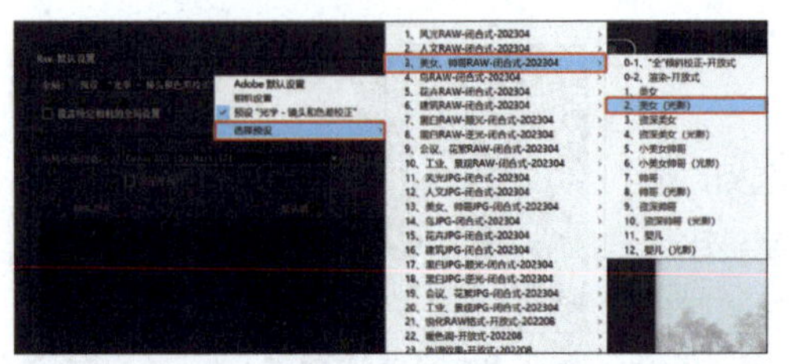

（4）可以像全局设置一样，设置特定相机的专用默认设置。这种设置方法适用于使用专用相机拍摄某种特定题材图像的场景。

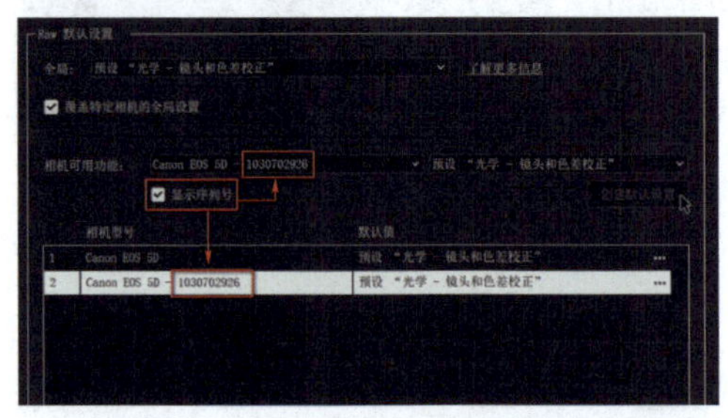

（5）勾选“显示序列号”复选框，相机的序列号会在“相机可用功能”栏和新创建的默认设置中显示出来。

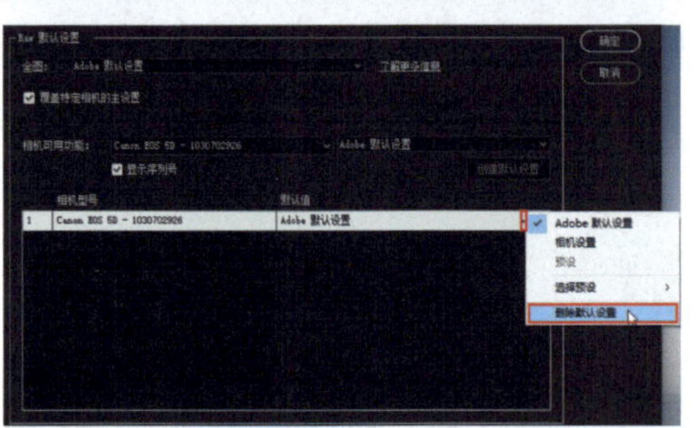

（6）新创建的默认设置会显示在设置栏中，单击默认设置旁边的菜单图标•••，可从弹出的上下文菜单中选择新设置或者删除默认设置。

经过上面 6 个步骤，Camera Raw 的基本设置就完成了。但要真正达到实用目的，进行 Camera Raw 的高级设置更为必要，也更为重要。后文讨论的所有 Camera Raw 的内容，都与它有关。

第三节 Camera Raw 的高级设置

本节将着重介绍图像处理中的两个核心概念：色彩空间和工作流程选项。了解不同色彩空间之间的差异以及如何选择适合自己需求的色彩空间，以便更好地呈现图像。同时，了解如何选择正确的工作流程选项，以提高工作效率。

学习目的：学习采用合适的色彩空间等以利于图像的调整编辑。

一、设置色彩空间

再次打开“Camera Raw 首选项”界面或单击 Camera Raw 界面底部带有下画线的文字，在“工作流程”区域中展开“色彩空间”下拉列表，选择“Lab Color”。

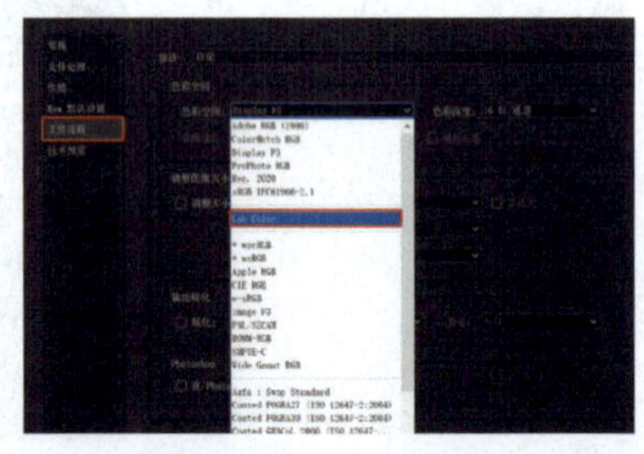

默认情况下，Camera Raw 使用的色彩空间是 Display P3。它的色域比 sRGB 要大，但比 ProPhoto RGB 要小。而 Lab Color 的色域比 ProPhoto RGB 还要大。为了最大限度地保留图像的色彩元素，Lab Color 是最理想的选择之一。当然，ProPhoto RGB 也是一个不错的选择。但是笔者更倾向于使用 Lab Color，原因如下。

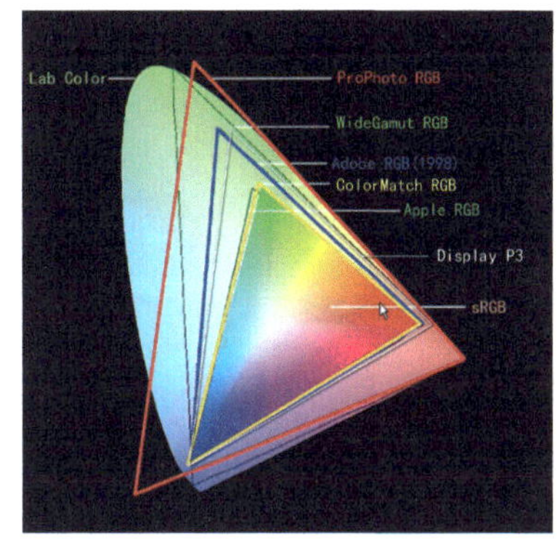

1. 随着高端显示器和超色域打印机的出现，使用 Lab Color 色彩空间可以让一些原本不可见的色彩得以显示。它提供了更精细的色彩控制，有助于最大限度地呈现图像细节。

2. 在使用 Lab Color 色彩空间时，用户可以获得更大的创作空间，充分利用 RAW 格式图像所包含的颜色信息。此外，颜色范围越大，可显示的颜色就越多，色彩效果也越好。

3. 在 Camera Raw 中，当鼠标指针悬停在图像上时，相应位置的明度值会显示在直方图中。这有利于用户掌控图像的影调，使区域曝光理论能够得到充分利用。在 Lab Color 中，L 值表示颜色的明度，a 值表示颜色的红绿值，b 值表示颜色的黄蓝值。因此，在使用 Lab Color 时，用户可以更轻松地进行色彩调整和校正。

“色彩深度”选择默认设置“16 位 / 通道”。在“8 位 / 通道”图像中，每个通道有 256 种颜色；而在“16 位 / 通道”图像中，每个通道有 65536 种颜色。“色彩深度”的值越高，可用的颜色就越多，图像的色彩就越丰富（计算机配置较低时，建议选择“8 位 / 通道”，因为若选择“16 位 / 通道”，图像的大小就会大得多，计算机运行速度会变得缓慢）。

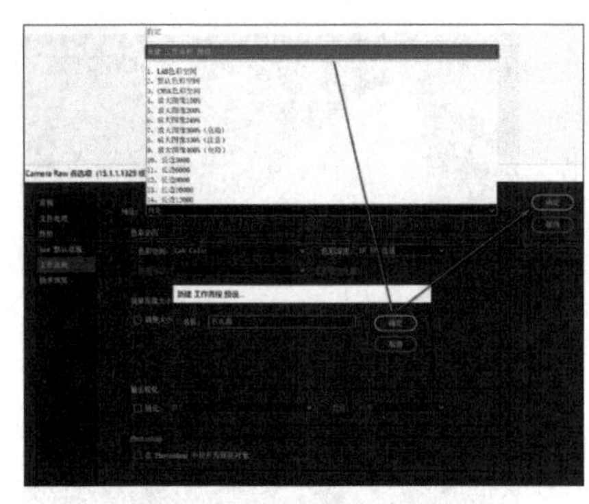

二、创建个性化的工作流程

展开“预设”下拉列表，选择“新建工作流程预设”，在弹出的对话框中输入名称并单击“确定”按钮保存预设。这一步的作用主要是把习惯的操作内容和步骤组合起来，以提高工作效率。

三、HDR 输出功能设置

Camera Raw 15.3 及更新版本在“技术预览”中提供高动态范围（High Dynamic Range，HDR）输出功能，可输出能够在兼容的 HDR 显示器上查看和编辑的 HDR 图像，可将 HDR 图像保存到磁盘以及在 Photoshop 中打开这些图像。

与标准动态范围（Standard Dynamic Range，SDR）显示器相比，HDR 显示器的亮度和对比度更好。在之前的Camera Raw 版本中，HDR 渲染的结果始终被限制为SDR。例如，最终的 8 位像素值始终被限制在 0~255，而显示结果也被限制在用户界面的标准亮度范围内。使用 HDR 技术，可以获得更广阔的色彩空间、更大的色彩深度、更丰富的细节和更高的亮度范围。

如果要启用这一功能，请在 Camera Raw 中勾选“技术预览”区域中的“HDR 输出”复选框。然后，单击“Camera Raw 首选项”界面中的“确定”按钮即可。

小结

1.sRGB 色彩空间是由美国的惠普公司和微软公司于 1997 年共同制定的标准；Adobe RGB 色彩空间是由美国的 Adobe 公司于 1998 年推出的标准；Display P3 色彩空间是由苹果公司在 DCI P3 的基础上参考 sRGB 进行修订得到的标准。自 2016 年 iPhone 7 发布起，苹果的电子产品大部分采用 Display P3 色彩空间，其色域更宽广，在红色和绿色的显示方面比 Adobe RGB 色彩空间更出色。ProPhoto RGB 色彩空间是柯达公司为摄影输出提供的特别宽广的色域。Lab Color 色彩空间由专门制定各方面光线标准的组织——国际照明委员会（CIE）创建，理论上 Lab Color 色彩空间的数值可描述视力正常的人能够看到的所有颜色。

2. 在 Camera Raw 中设置 Lab Color 色彩空间，可让图像以最大的色彩空间进入 Photoshop 中进行编辑，从而使图像的影调更加丰富、色彩更加细腻。

3. 如果用户在 Camera Raw 中编辑图像，并直接输出为 JPEG 等格式时，通常无须设置色彩空间，保持使用默认的 Display P3 色彩空间即可。因为在 Camera Raw 中打开的图像的色彩空间大小取决于原始图像本身，与色彩空间设置无关。

第四节 在 Camera Raw 中的存储设置

存储设置包括文件格式、文件大小、色彩空间等内容。

学习目的：学习在 Camera Raw 中如何转换原始文件的格式并保存图像。

一、在 Camera Raw 中将原始文件转换为 DNG 格式文件的优点

将原始文件转换成 DNG 格式文件的优点如下。

1. DNG 格式是 Adobe 公司创建的一种开放式存储格式，任何版本的 Camera Raw 无须升级均可以顺利打开 DNG 格式文件。

2. 转换为 DNG 格式文件后，文件大小约比原始文件小 1/5，文件体量小、传输速度快，方便后期学习和交流。

3. 对 DNG 文件的任何编辑都作用在文件本身，不产生附属文件。

4 .DNG 文件可用于打印。

二、将原始文件转换成 DNG 格式文件的方法

1. 在 Camera Raw 界面的右上方（或胶片栏中），单击“转换并存储图像”图标。在弹出的“存储选项”界面中，单击“选择文件夹”按钮，在弹出的“选择目标文件夹”对话框中选择存储位置，默认存储位置和原文件的相同。

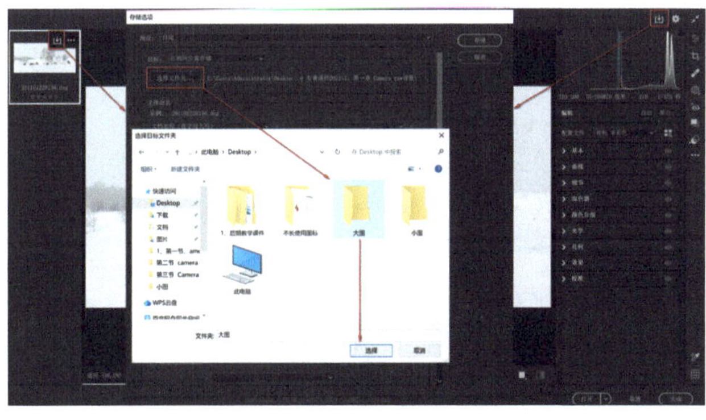

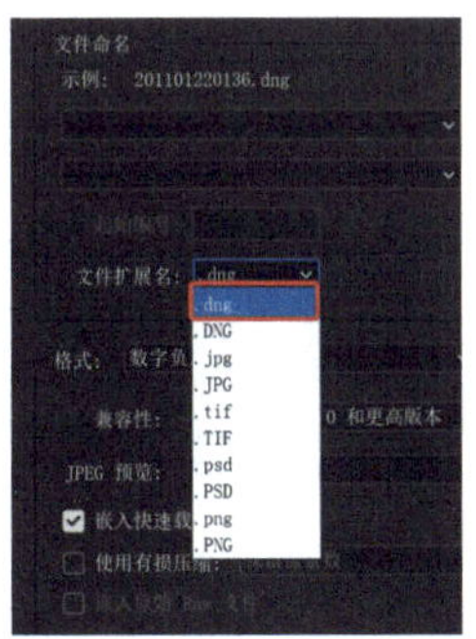

2. 展开“文件命名”中的“文件扩展名”下拉列表，选择“.dng”。

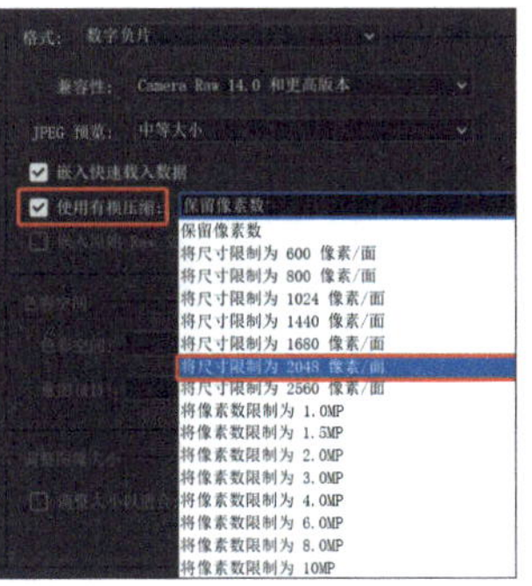

3. 勾选“格式”中的“使用有损压缩”复选框，并指定文件大小。注意，以 DNG 格式文件作为备份时，不要勾选此复选框。

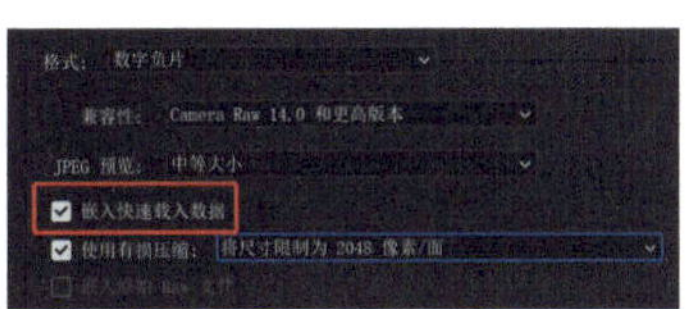

4.“嵌入快速载入数据”默认为勾选状态，在 DNG 文件内嵌入数据，以便在调整设置时更快地载入文件，这将略微增大文件大小，读者可依据自己的喜好设置。

5. 如果喜欢这种保存为 DNG 格式文件的存储方式，可以将其设置为预设。展开“预设”下拉列表，选择“将自定义预设另存为”，在弹出的对话框中输入名称，单击“确定”按钮保存预设，单击“存储”按钮完成转换操作，转换后的文件大小只有 1MB 左右。下次使用时可在“预设”下拉列表中选用，省时省力。

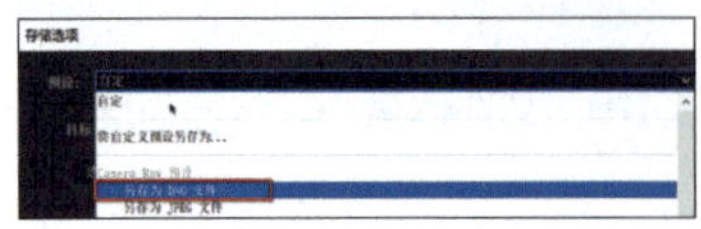

6. 要以 DNG 格式文件作为备份时，可以展开“预设”下拉列表，选择内置预设“另存为 DNG 文件”，存储位置和原文件相同。

三、将原始文件转换为 JPEG 格式文件

1. 转换为 JPEG 格式文件和转换为 DNG 格式文件的操作相似，不同的是“文件扩展名”要选择“.jpg”。

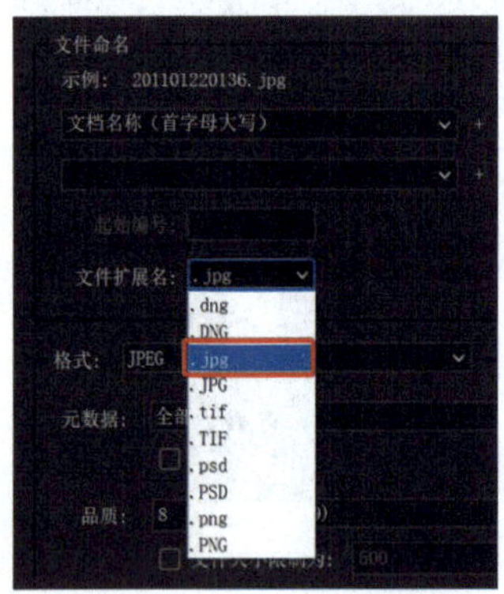

2. 将“品质”设置为“12”，确保转换后的图像呈现最佳效果。

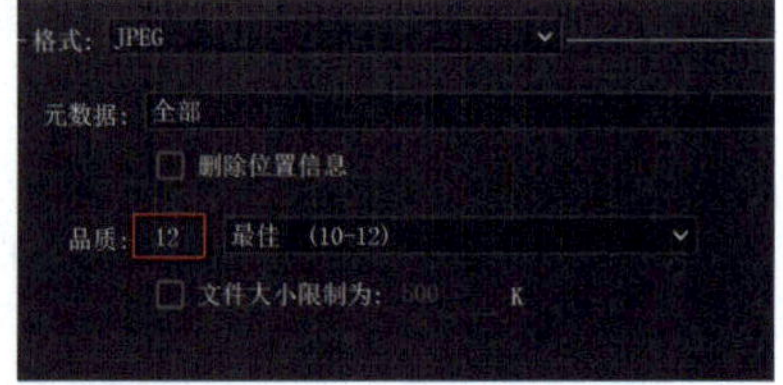

3. 展开“色彩空间”下拉列表，选择“sRGB IEC61966－2.1”，“色彩深度”选择“8 位 / 通道”，确保图像在演示文稿及流媒体中（特别是在手机 App 中）使用时，不会出现颜色失真的现象。

4. 在“调整图像大小”中，用户可以根据需要指定转换图像大小。由原始 RAW 格式文件转换成 JPEG 格式图像，图像尺寸扩大一倍画质较有保障，扩大两倍也可以，如果再高就不太好了（比在 Photoshop 中插值放大效果好）。

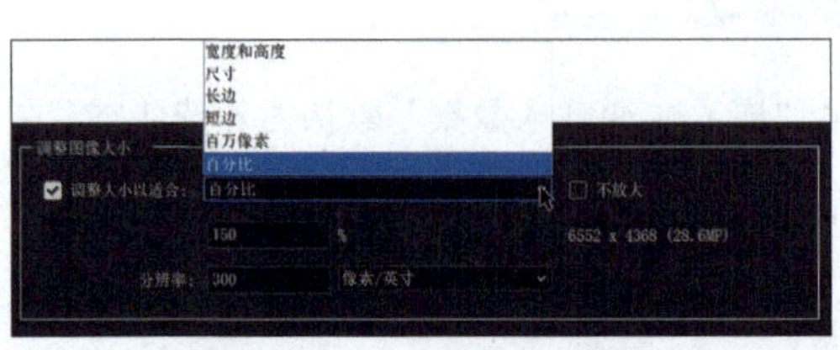

5. 在“输出锐化”中的“锐化”下拉列表中选择“光面纸”或“粗面纸”(取决于打印纸张);在“数量”下拉列表中选择“高”，以保证作品在输出或打印时有较高的锐度。处理 JPEG 格式文件时，不建议在此处勾选其他复选框。

如果喜欢这种保存 JPEG 格式文件的方式，可以将其设置为预设。

6. 如果要保存与原始文件尺寸一致的 JPEG 图像，可以展开“预设”下拉列表，选择内置预设“另存为JPEG文件”，存储位置和原文件相同。

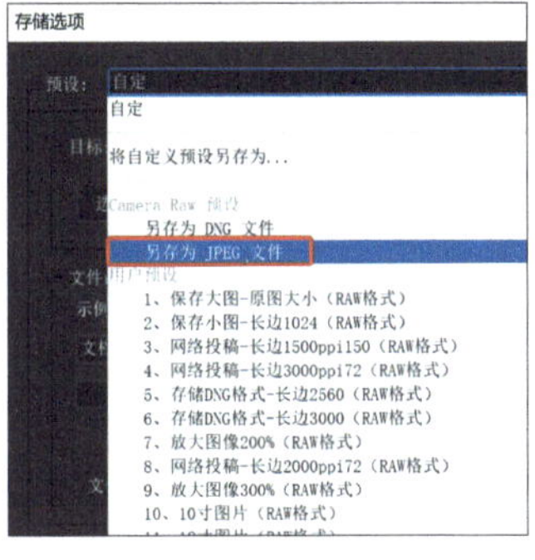

7. 还可以将原始数据文件转换为 PSD 或 TIFF 格式文件，方法与转换为 DNG、JPEG 格式文件类似。

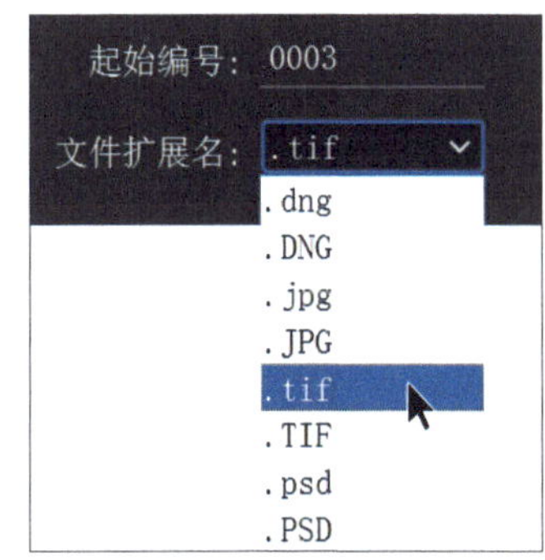

小结

笔者设置的保存预设比 Camera Raw 的内置预设多，可大幅度提高工作效率。第八章“Camera Raw 批处理”中有详细的说明，读者也可以观看本书提供的下载资源“‘懒汉调图’安装方法视频”学习安装。

第五节 开启阴影、高光修剪警告功能

开启阴影和高光修剪警告功能可让用户准确了解图像中的亮度范围，避免过曝或欠曝区域的出现，帮助用户更好地进行图像调整和优化。因此，在适当的情况下，开启阴影和高光修剪警告功能非常有用。

学习目的：学习如何在 Camera Raw 中开启或关闭阴影、高光修剪警告功能。

1. 阴影、高光修剪警告指示器位于直方图的上方，左侧为“阴影修剪警告”按钮，右侧为“高光修剪警告”按钮，单击可开启或关闭对应警告功能。

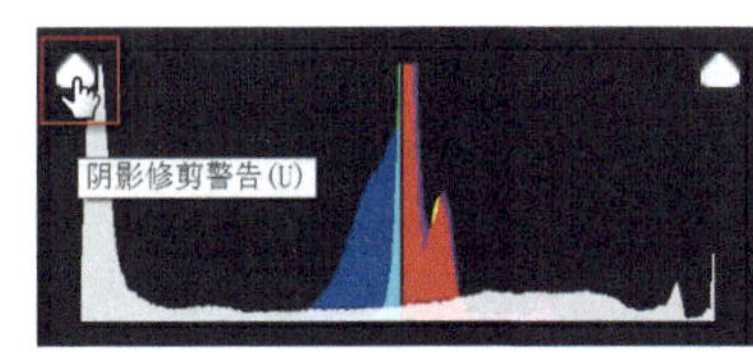

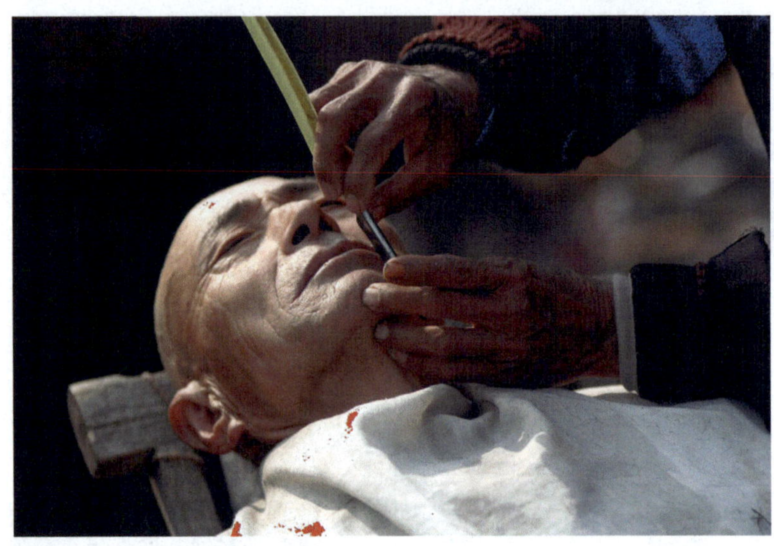

2. 图像中红色部分表示亮部细节溢出，蓝色部分表示暗部细节溢出，二者均表示图像细节的丢失。

小结

在进行图像调整之前和之后开启阴影和高光修剪警告功能，以便查看细节是否溢出，并对结果进行有针对性的编辑调整。在进行图像调整时，建议关闭阴影和高光修剪警告功能，否则红色和蓝色提示可能会干扰用户对整体图像的掌控，导致调整过度。例如，图像的太阳区域就应该为亮部细节溢出，如果根据修剪警告对图像进行处理，图像调整后就会整体偏暗或太阳区域有明显的后期修图痕迹。

第六节 读懂直方图

直方图是编辑图像的核心工具之一，读懂直方图对后期调整有着十分重要的指导作用。

学习目的：了解直方图对图像编辑、调整的重要性。

1. 理想的直方图是从左向右均匀地分布像素值的，高光不溢出，暗部有细节。

2. 但是理想的直方图未必能得到有效的视觉传达。如左图，影调集中在中间调，视觉传达效果却很好。

3. 直方图横轴由左向右显示 0~255 的亮度数值，数值越大亮度越高；纵轴表示图像对应亮度的像素值分布。Camera Raw 将直方图分为 5 个区域，分别是黑色、阴影、曝光、高光和白色。

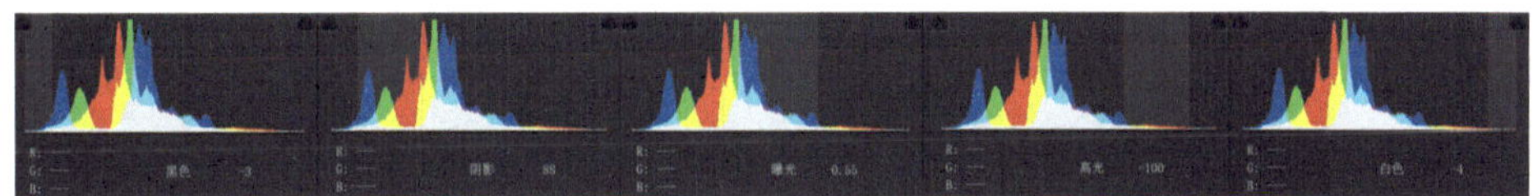

4. 直方图由 3 个颜色通道组成，分别为红色、绿色和蓝色通道。当 3 个通道重叠时，将显示灰白色。当两个通道重叠时，将显示黄色（红色通道 + 绿色通道）、洋红色（红色通道 + 蓝色通道）或青色（绿色通道 + 蓝色通道）。

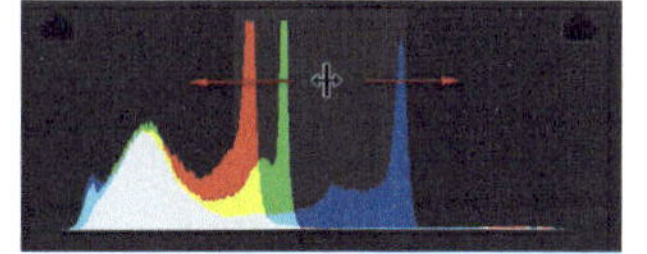

Camera Raw 允许在直方图上修图，在直方图相应的区域按住鼠标左键并拖曳，可调整图像的影调，所做的调整将反映在“基本”面板上对应的滑块上。

小结

直方图的样式受图像色彩空间模式的影响很大。同一张图像在不同的色彩空间模式下，直方图的表现形式不一样。

1. 图像在色彩空间为 Adobe RGB（1998）的模式下。

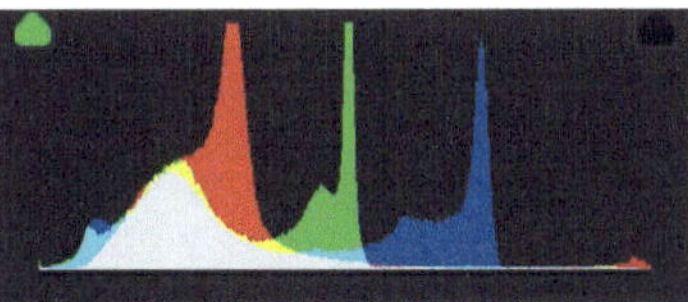

2. 图像在色彩空间为 ProPhoto RGB 的模式下。

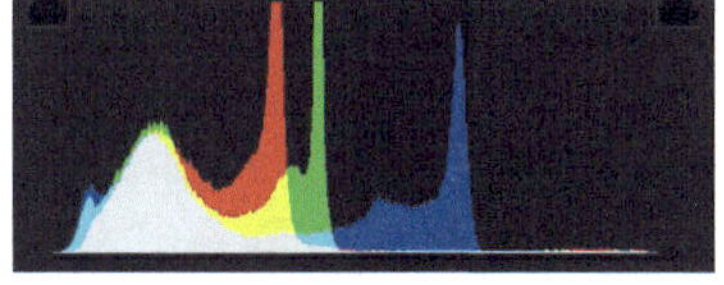

3. 图像在色彩空间为 Lab Color 的模式下。

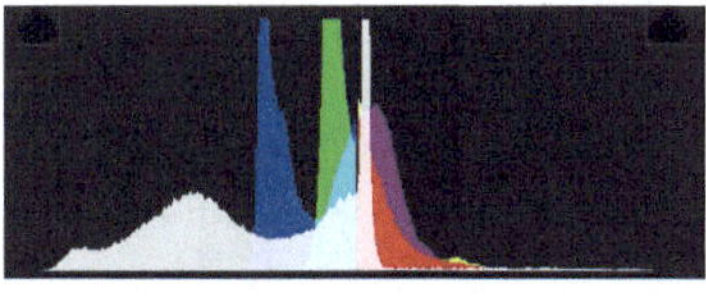

第二章 创建图像初始化快照——还原点

随着修图软件的不断更新和人们对摄影的不断深入理解，人们在不同时间对同一张图片的处理想法会略有不同，有时甚至会恢复 Camera Raw 默认值来重新调整。那么在图像调整前所做的一切基础编辑工作（例如修复污点、白平衡校正、删除色差、镜头畸变校正等），都将从头开始。如果不想重复工作，那么创建图像初始化快照——还原点就显得尤为重要。

第一节 更新为当前版本的图像设置

每个新版本的 Camera Raw 通常都会引入许多新功能和改进措施，包括更好的图像处理算法、新的调整控件等，它们可以帮助用户更有效地编辑和调整图像。

学习目的：学习如何将较旧版本的 Camera Raw 编辑过的图像设置快速更新为较新版本的图像设置。

1. 当使用较新版本的 Camera Raw 打开之前在较旧版本中编辑过的文件时，图像预览界面右下角会出现一个“更新为当前程序”的图标，提示用户该文件的图像设置可以被快速更新为当前版本的图像设置。

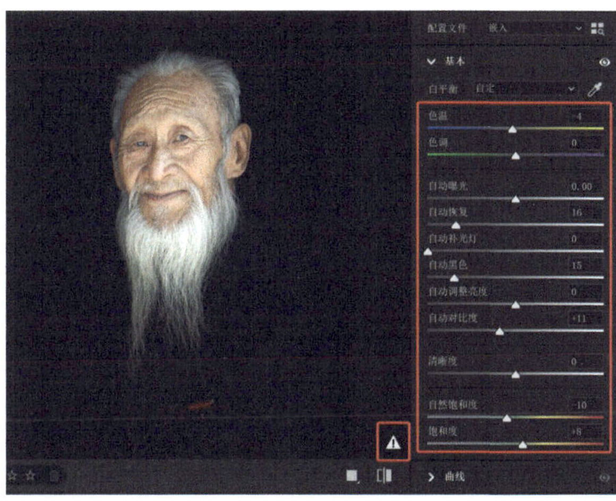

2. 如果需要更新为当前新版本的图像设置，可单击带“!”的图标（如图中红色方框所示）完成。

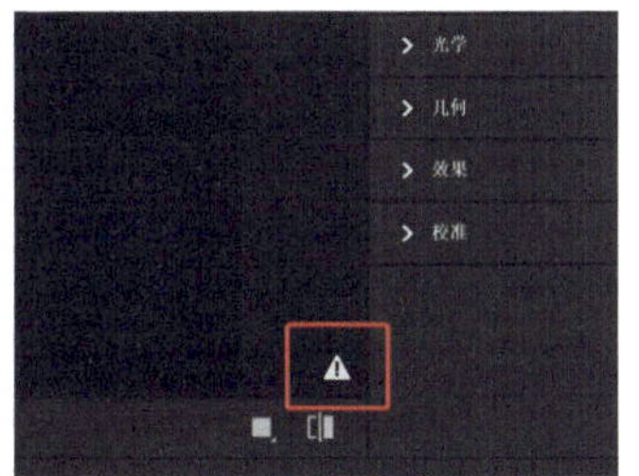

3. 更新后，图像效果得到了一定的改善，调整控件也焕然一新。

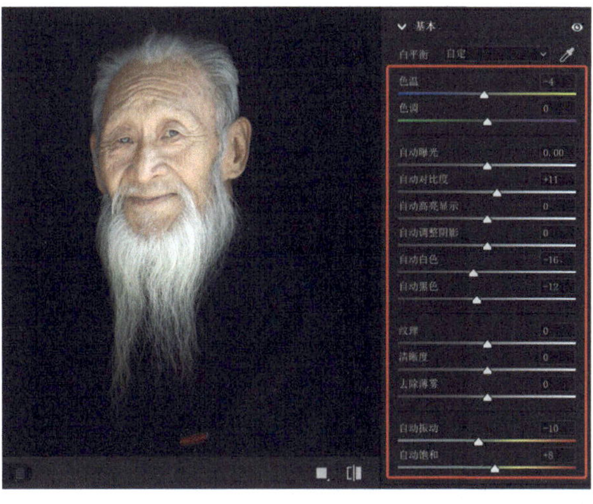

小结

较新版本的 Camera Raw 采用较先进的算法来处理图像，因此当用户打开一个已编辑的图像时，它会提示用户是否要使用新的算法和控件重新运算和编辑该图像，或者保持原有的编辑状态。

第二节 修复工具高级使用技法

在拍摄过程中，相机的感光元件和镜头不可避免地会受到灰尘的影响，导致照片上出现污点。完美地去除这些污点是修图的关键工作之一。修复工具是摄影师最常用的工具之一，它的操作简单、实用，可以快速消除污点，并修复照片中的各种瑕疵，不会对原始数据造成损害。

学习目的：掌握修复工具的各种高级使用技法，提高修图效率和修图质量。

一、“修复”工具的基本使用方法

1. 在 Camera Raw 中打开案例图像，单击工具栏中的“修复”工具图标 （快捷键为 B），“基本”面板将切换成“修复”面板。

“修复”面板包含“内容识别移除”“修复”“仿制”3 种模式。

（1）“内容识别移除”：分析并从照片的其他部分用最合适的生成内容填充选区，以达到最佳修复效果。修复后的效果真实、自然；修复速度稍慢，适合背景复杂的图像。

（2）“修复”：将图像取样区域的纹理、光线、阴影匹配到选定区域。修复后的效果真实、自然；修复速度快，适合背景简单的图像。

（3）“仿制”：将图像的采样区域应用于选定区域。修复后的效果逼真，边缘处略有修复痕迹；修复速度快，适合背景简单的图像。

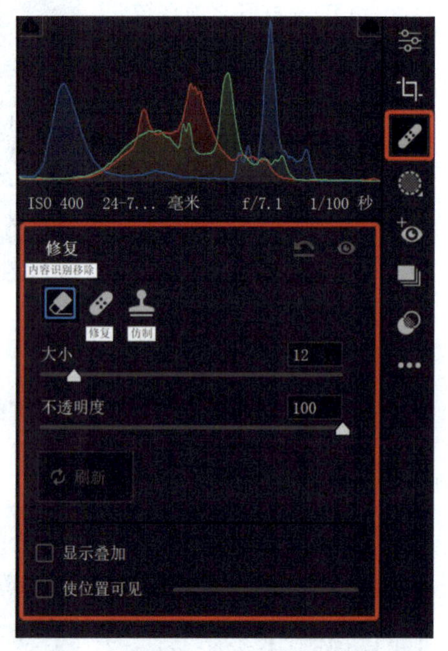

2. 放大图像，可清晰地看见污点，按住空格键，鼠标指针将切换成“抓手工具”，按住鼠标左键并拖曳可查看图像中的污点。

以下是几种缩放图像的方式，读者可自由选择。

（1）单击图像，图像将自动缩放至 100%（Windows 系统的快捷键为 Ctrl+Alt+0，macOS 系统的快捷键为 Command+ Option+0）。

（2）在“按指定级别缩放”下拉列表中选择相应比例来缩放图像，单击“适应”按钮可使图像以符合视图大小的比例显示。

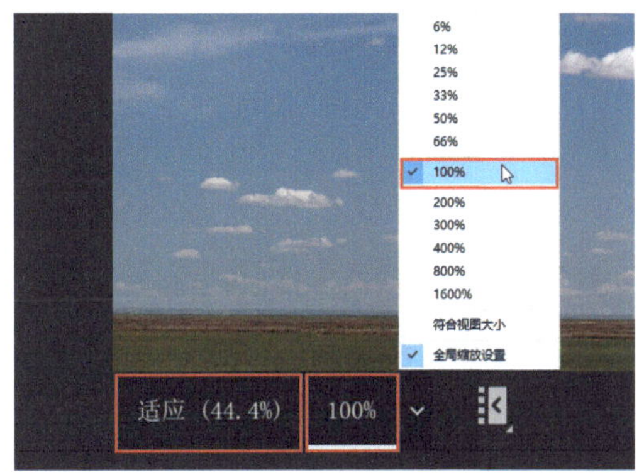

（3）在 Windows 系统下按住 Ctrl 键（在 macOS 系统下按住 Command 键），用鼠标指针在图像局部区域绘制出边框，松开鼠标，边框内的图像将被放大并充满画布。

（4）放大图像：Windows 系统的快捷键为 Ctrl++（macOS 系统的快捷键为 Command++）。缩小图像：Windows 系统的快捷键为 Ctrl+ -（macOS 系统的快捷键为 Command+ -）。

（5）在图像预览界面中单击鼠标右键，在弹出的上下文菜单中可选择合适的比例缩放图像。

（6）使图像符合视图大小：Windows 系统的快捷键为 Ctrl+0（macOS 系统的快捷键为 Command+0），或双击“缩放工具”图标。

3. 调整画笔大小。

“修复”工具的画笔大小，应稍大于污点。常用的调整方法是：按住鼠标右键，向左拖曳可缩小画笔，向右拖曳可放大画笔；或者在“修复”面板中，拖曳“大小”滑块调整画笔大小；计算机处于英文输入法时，按方括号键“[”或“]”也可调整画笔大小。

“修复”模式中需要了解的几个重要滑块如下。

（1）“大小”：用来控制画笔的半径。

（2）“羽化”：控制选区内外衔接部分自然融合的效果，羽化值越大，融合的效果越柔和（适用于复杂的背景）。当羽化值为零时，画笔也会有轻微的柔边效果（适用于简单的背景）。

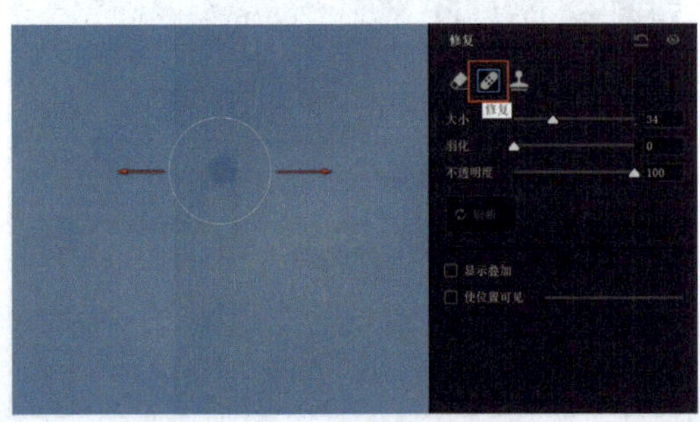

（3）“不透明度”：控制被修复区域和取样区域互相叠加的效果，不透明度值越高，取样区域的样本越明显。

4. 在“修复”模式下，使用“修复”工具在污点处单击，可去除污点。

有蓝色修复锚点的圆圈部分是被修复区域，无蓝色修复锚点的圆圈部分是 Camera Raw 通过计算查找的取样区域。

如果 Camera Raw 自动查找的取样区域的修复效果不好，可按“/”键，让 Camera Raw 重新计算并自动查找新的取样区域；或拖曳取样圆圈，手动找到合适的取样区域。

5. 对于连续的不规则污点，可以在污点处按住鼠标左键并拖曳出选区来清除。

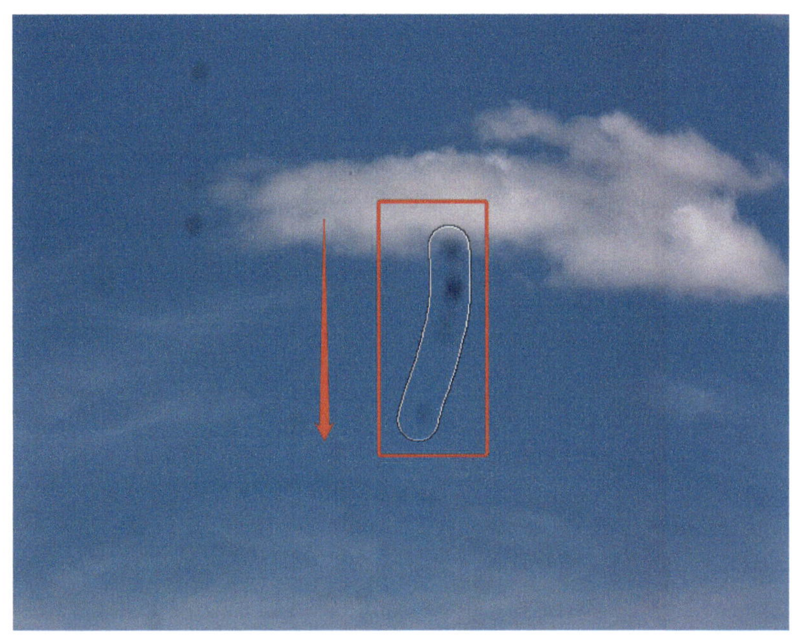

6. 如果要修改上次的操作，让画笔靠近灰色修复锚点（闭合状态下不可修改），待出现三角指针提示时单击即可激活。若要修改“修复”工具画笔的大小，当鼠标指针在圆圈处出现双向箭头时，按住鼠标左键并拖曳即可。

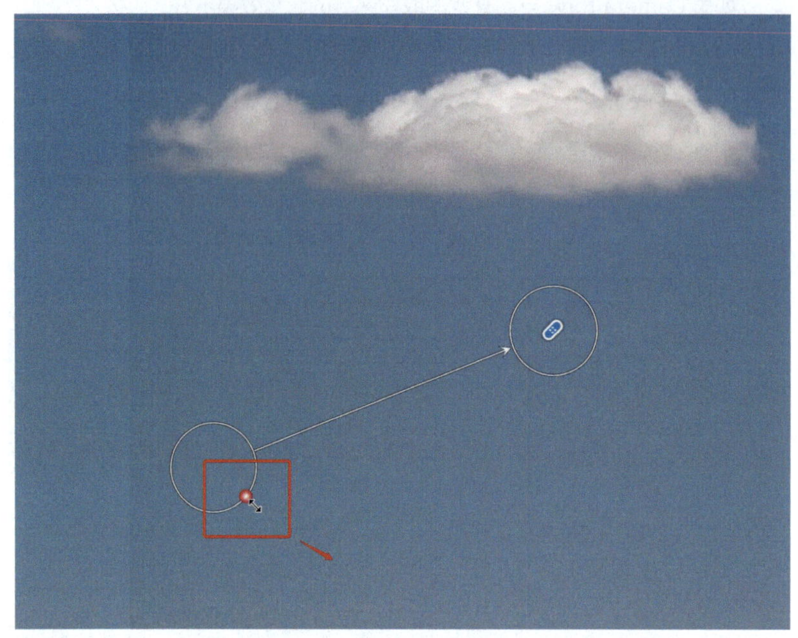

7. 有一种方法可以选择性地删除灰色锚点，操作简单、快捷。在 Windows 系统下按住 Alt 键（macOS 系统下按住 Option 键），画笔将自动切换成剪刀工具，单击灰色锚点即可将其删除。若要清除全部灰色锚点，可单击“修复”面板顶部的“重置修复”图标。单击面板顶部的眼睛图标（如下图右上角的红色方框所示），可切换调整前后的效果。

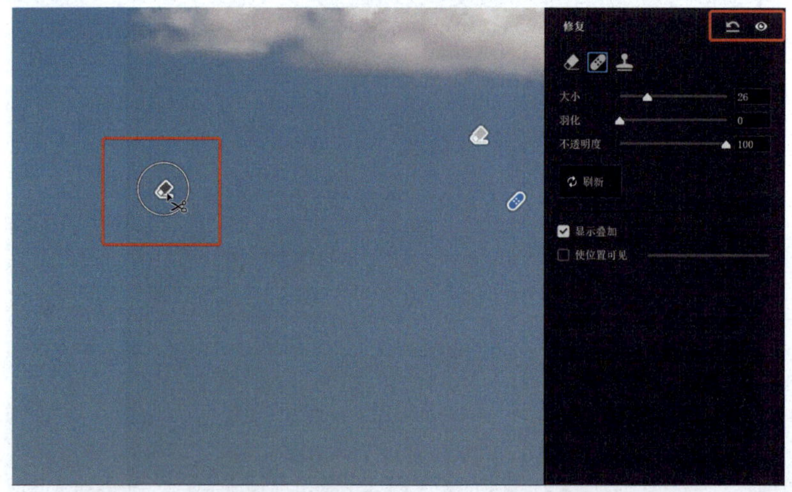

8. 在“修复”面板中，勾选“使位置可见”复选框（图像会反转，可深度查找肉眼很难分辨的瑕疵），调整滑块阈值，可使图像中深藏的污点全部显现出来。

快速调整“使位置可见”滑块阈值的方法如下。

（1）快速增大阈值，按快捷键 Shift+。；只按“。”键，则慢速增大阈值。

（2）快速减小阈值，按快捷键 Shift+，；只按“，”键，则慢速减小阈值。

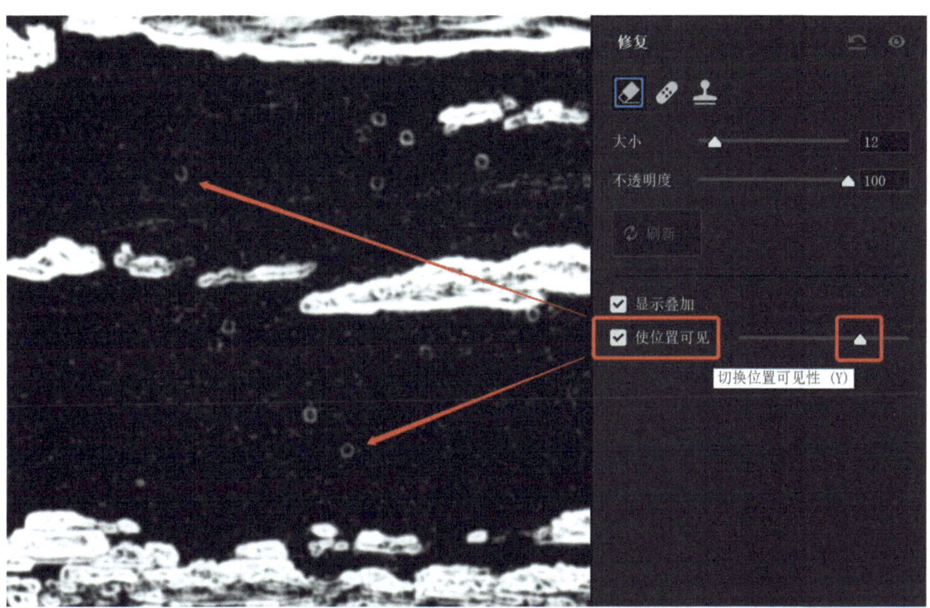

9. 对于同一款相机拍摄的相似场景，可以批量去除污点。选择多个图像，在 Camera Raw 中同时打开，在胶片栏缩览图中单击鼠标右键（或者单击图标…），展开上下文菜单，选择“全选”命令（Windows 系统的快捷键为 Ctrl+A，macOS 系统的快捷键为 Command+A）。操作技法与单个图像的“污点去除”技法一致。

全选 Ctrl+A
复制编辑设置 Ctrl+C
复制选定编辑设置... Ctrl+Alt+C
粘贴有关编辑方面的设置 Ctrl+V
同步设置... Alt+S
更新 AI 设置 Ctrl+Shft+U
设置星级
设置标签
设置为拒绝 Alt+Del 键
标记为删除
存储图像
增强... Ctrl+Shft+D
合并到 HDR... Alt+M
合并到全景图... Ctrl+M
合并为 HDR 全景...
胶片方向 (Shift-Control-F)
水平
垂直
显示文件名
显示评级和颜色标签
筛选依据
排序依据
200908010160. dng
200907250045. dng

二、修复工具的拓展使用方法

1. 修复背景简单的图像中的瑕疵

如果图像背景较为简洁，其瑕疵可以在“修复”模式下修复。

（1）在 Camera Raw 中打开案例图像，放大图像并移动至需调整位置。在工具栏中单击“修复”工具图标，“编辑”面板自动切换成“修复”面板。在“修复”模式下，设置“羽化”为 0、“不透明度”为 100 ，调整好画笔大小，在瑕疵上按住鼠标左键并拖曳出选区（在瑕疵内拖曳出的选区，千万不能有间隙，否则瑕疵不能被完美地去除；在瑕疵外拖曳出的选区，要留出羽化的空间）。

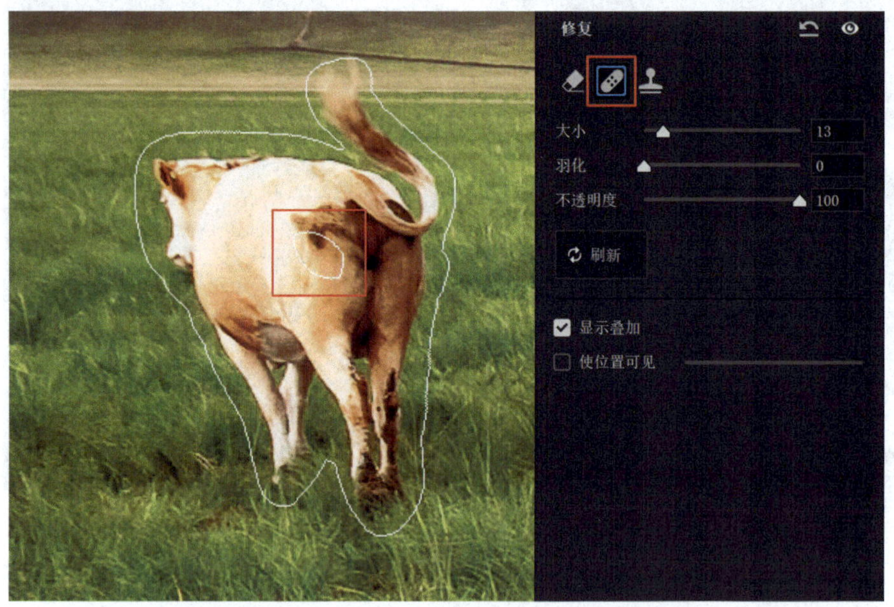

（2）松开鼠标，将羽化值调整至 28，消除边缘痕迹，完成修复。

修复前后效果对比如下所示。

原图

效果图

2. 修复背景杂乱的图像中的瑕疵

若图像背景较为杂乱，其瑕疵可以在“内容识别移除”模式下修复。

（1）在 Camera Raw 中打开案例图像，放大图像并移动至需调整位置。在工具栏中单击“修复”工具图标，“编辑”面板自动切换成“修复”面板。在“内容识别移除”模式下，调整好画笔大小，“不透明度”为 100 ，在瑕疵上按住鼠标左键并拖曳出选区（在瑕疵内拖曳出的选区，千万不能有间隙，否则瑕疵不能被完美地去除；在瑕疵外拖曳出的选区，要留出 Camera Raw 自动羽化的空间）。松开鼠标，完成修复。

（2）如果对修复效果不满意，可单击修复面板中的“刷新”按钮，让 Camera Raw 重新以不同的内容更新选定区域。

（3）如果修复效果还不能令人满意，按住 Ctrl 键（macOS 系统为 Command 键），用鼠标在图像中划出一块要替换的区域，让 Camera Raw 以划出的区域内容更新选定区域。若对修复效果还不满意，重复上述操作。

修复前后效果对比如下所示。

3. 去除杂物

（1）在 Camera Raw 中打开案例图像，放大图像并移动至需调整位置。在工具栏中单击“修复”工具图标。在“修复”模式下，设置“羽化”为 0、“不透明度”为 100，调整好画笔大小（让“修复”工具的画笔大小刚好大于杂物的最远端），拖曳出不规则的选区，修补的效果暂时不要考虑（图像中有线性杂物时，不需要拖曳产生选区）。

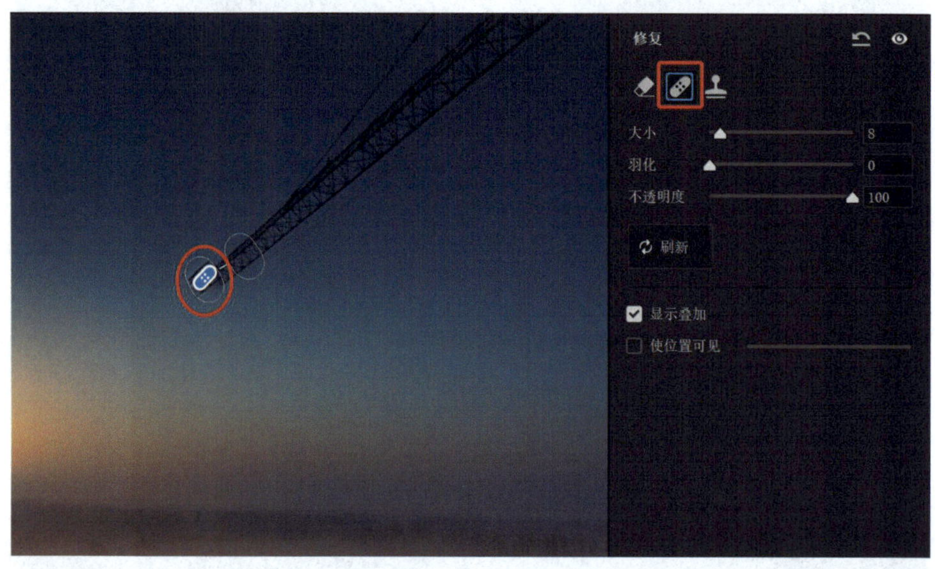

（2）调整好画笔大小，让其刚好大于杂物的最近端。按住 Shift 键并在杂物最近端单击，两个单击点会自动相连。

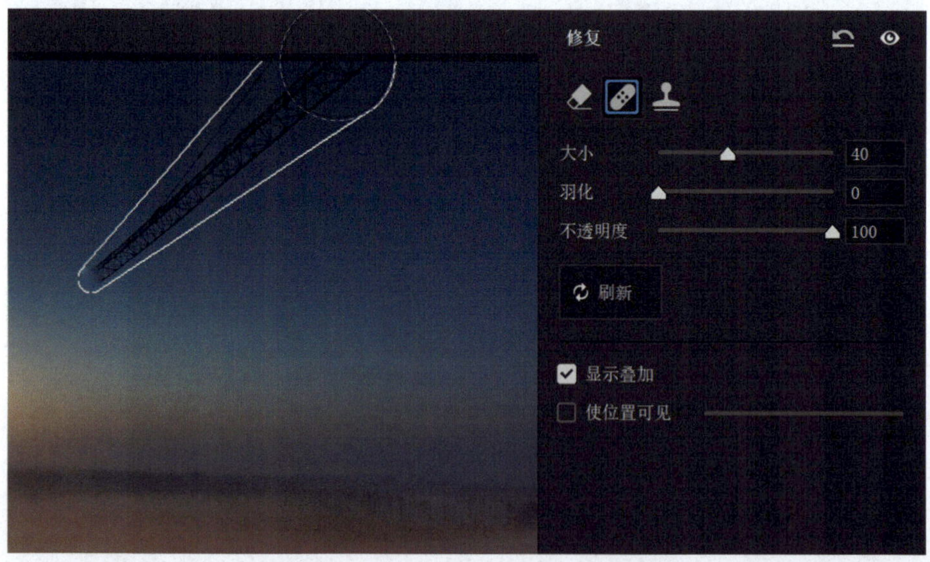

（3）Camera Raw 会重新查找取样区域修复自动相连的区域，快速去除杂物。

修复前后效果对比如下所示。

原图

效果图

4. 人像美容

“修复”工具在人像美容修饰中起着十分重要的作用。它不仅可以去除面部的瑕疵，还可以消除或弱化面部的皱纹。

（1）在 Camera Raw 中打开案例图像，放大图像并移动至需调整位置。在工具栏中单击“修复”工具图标。在“修复”模式下，设置“羽化”为 0、“不透明度”为 100，调整好画笔大小，去除人像面部瑕疵的操作方法与“污点去除”工具的使用方法基本一致。

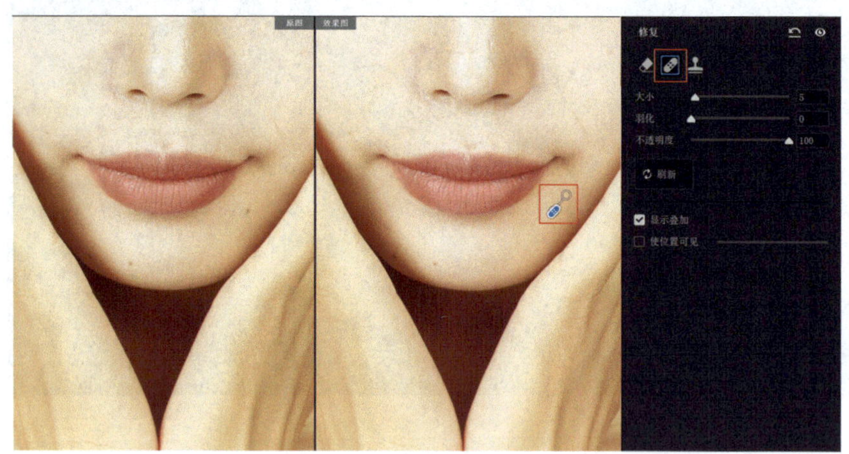

（2）在 Camera Raw 中打开案例图像，放大图像并移动至需调整位置。在工具栏中单击“修复”工具图标。在“内容识别移除”模式下，设置“不透明度”为 50。调整好画笔大小，在老人皱纹处耐心、细致地涂抹。如果要消除或弱化人物面部的皱纹，可以通过调整不透明度来实现叠加效果。

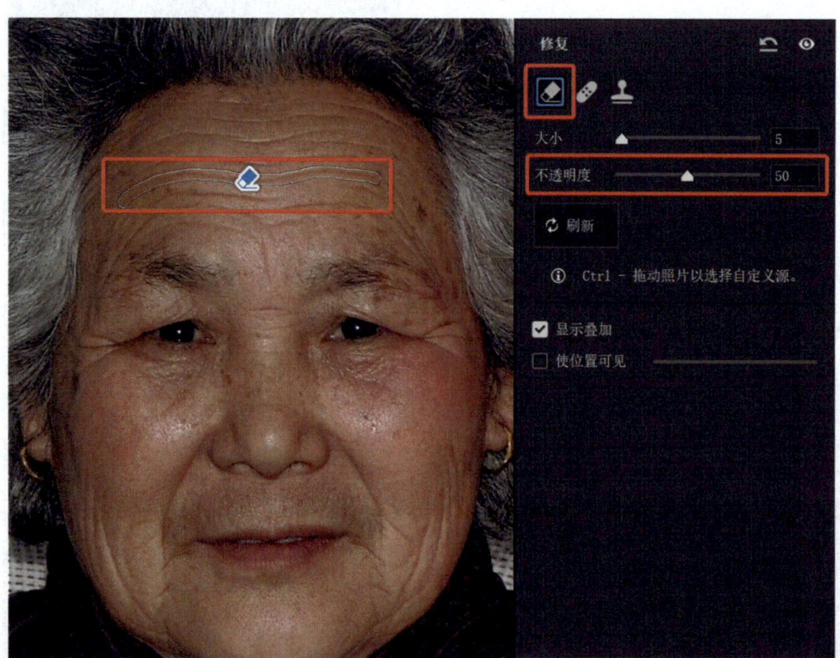

修饰后，老人的皱纹被弱化了。

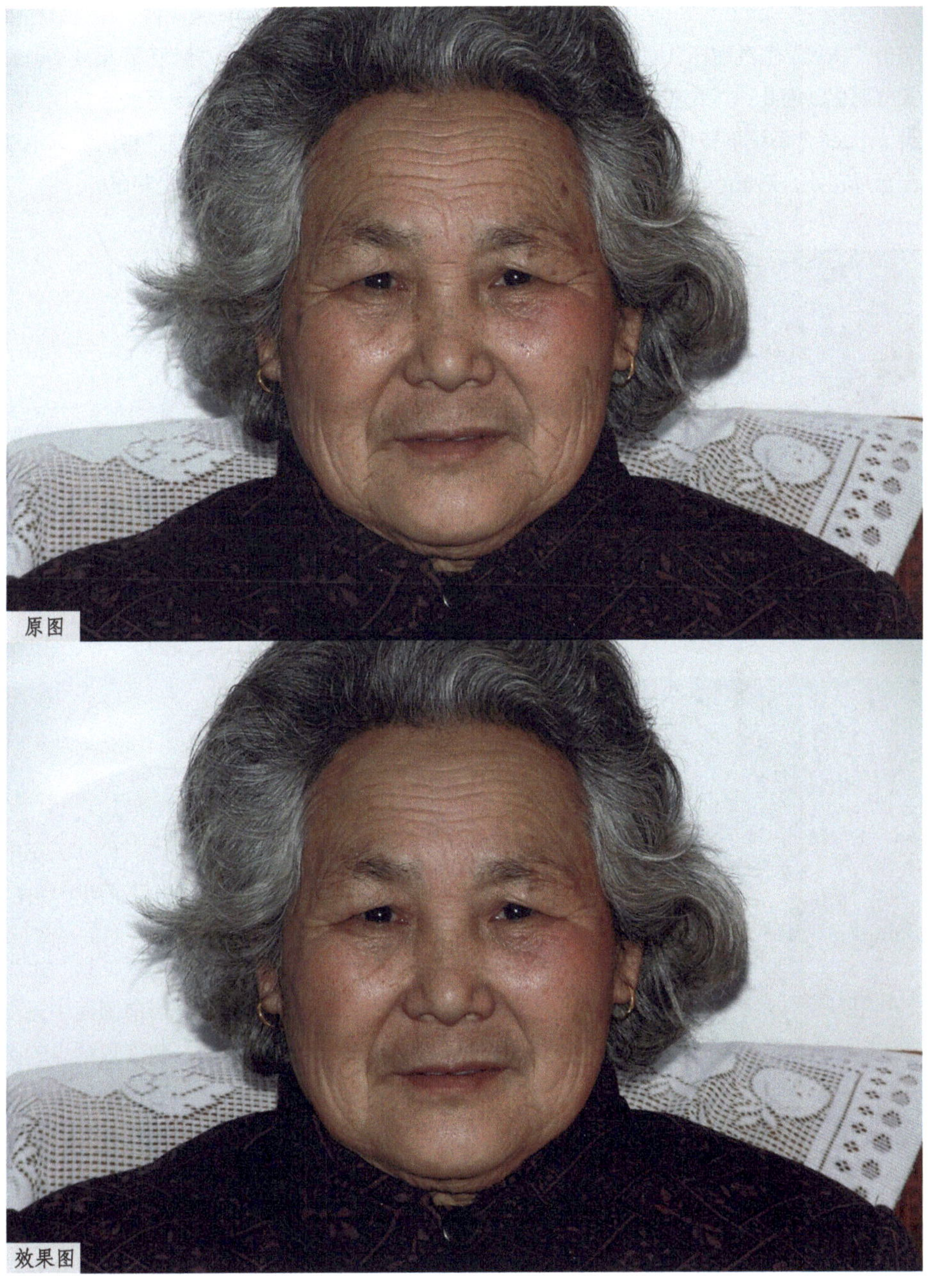
原图

效果图

5.“修复”工具在“仿制”模式下的高级使用技法

“修复”工具在“仿制”模式下，可在原始图像中仿制仿制源。不过，在“修复”工具的“仿制”模式下，仿制后的边缘将十分生硬，如果增大羽化值也不能令人满意，可以对有边缘痕迹的区域再进行一次修复操作，以消除边缘痕迹。若背景简单，选择“修复”模式即可。

把案例图像中的月亮仿制到合适的位置。

（1）在 Camera Raw 中打开案例图像，放大图像并移动至需调整位置。在工具栏中单击“修复”工具图标，“编辑”面板自动切换成“修复”面板。在“修复” 模式下，设置“羽化”为 0、“不透明度”为 100 ，调整好画笔大小。在 Windows 系统下按住 Ctrl 键（macOS 系统下按住 Command 键），在合适的位置上按住鼠标左键并将修复画笔拖曳至月亮处。无蓝色修复锚点的圆圈会像磁铁一样依附着鼠标指针，直至松开鼠标。

（2）天空中出现了两个月亮。

（3）由于当前画面中无蓝色修复锚点的圆圈在原处会影响再次操作，可取消勾选“显示叠加”复选框，然后在原月亮处单击，回归自然状态。操作完成后，一定要再次勾选“显示叠加”复选框，否则会影响下次操作。

修复前后效果对比如下所示。

原图

效果图

1. 在用“修复”工具美化人像时，正确设置“不透明度”是很重要的。针对年轻人，若瑕疵小，则设置“不透明度”为 100；若瑕疵大（如痣等），则设置为 60~80；至于老年人，若皱纹小，则设置“不透明度”为 90~100；若皱纹大，则设置为 30~50（女性可设置为 50~70）。

2. 只有使用“修复”工具在复杂的环境中进行仿制时，才需要调整羽化值。Camera Raw 内置轻微的柔边效果，可轻松应对简单的污点去除工作。

3. 修复工具在“内容识别移除”模式下，类似于 Photoshop 中的填充工具；修复工具在“修复”模式下，类似于 Photoshop 中的污点修复画笔工具；修复工具在“仿制”模式下，类似于 Photoshop 中的仿制图章工具。

案例二

在背景复杂的环境中进行仿制，把案例图像中的牛母子仿制到合适的位置。

（1）在 Camera Raw 中打开案例图像，放大图像并移动至需调整位置，在工具栏中单击“修复”工具，“编辑”面板自动切换成“修复”面板。在“仿制”模式下，设置“羽化”为 0、“不透明度”为 100，调整好画笔大小。按住鼠标左键并拖曳出牛母子复杂的轮廓，留出羽化的空间，这是成功仿制的关键。

（2）将仿制区域和取样区域调换位置，我们发现仿制区域的边缘过渡不自然，将羽化值调至 52，痕迹消失。按住 Shift 键的同时，按住鼠标右键并向右（左）拖曳画笔，可以增大（减小）羽化值。

（3）由于当前画面中的仿制区域和取样区域在原处显示，会影响在该处的再次操作，取消勾选“显示叠加”复选框，切换至“修复”模式，调整好画笔大小，在原牛母子处单击以去除。操作完成后，一定要再次勾选“显示叠加”复选框，否则会影响下次操作。

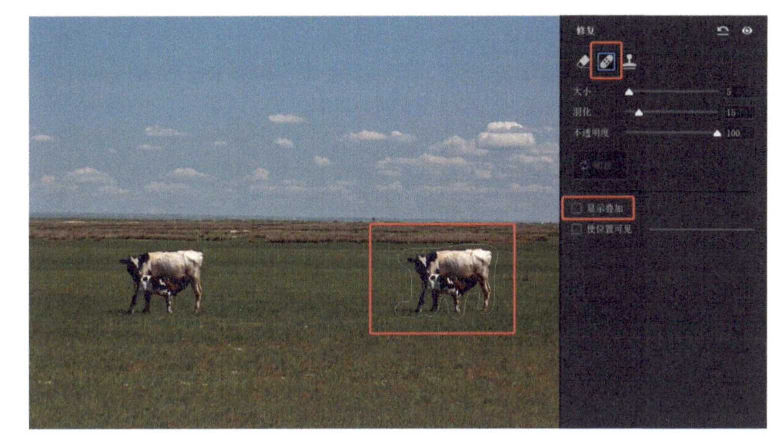

仿制完成前后的效果对比如下所示。

原图

效果图

第三节 镜头校正高级使用技法

不同种类的相机镜头会产生不同类型的瑕疵，比如图像的桶形失真（直线向外弯曲）、枕形失真（直线向内弯曲）、色差（彩色边缘条纹）和边缘晕影（图像边缘比图像中心暗，尤其是在角落）。我们可以使用“光学”和“几何”面板的控件来轻松校正数字捕获造成的光学问题。

学习目的：系统地学习镜头校正的各种高级技法，以便进行镜头校正。

一、色差校正高级技法

色差是多色光通过透镜时，由于波长和折射率各不相同，在图像边缘留下的彩色镶边条纹。用不同的材料制成的凹凸镜组合可以消除色差。但是，光学系统的实际成像与理想成像仍存在一定的差距。

色差多出现在影像反差强烈的物体边缘，彩色的镶边条纹有时是红色的、有时是绿色的、有时是紫色的、有时是蓝色的，但无论是什么颜色的，使用 Camera Raw“光学”面板中的滑块都可以轻松地去除色差。

1. 全自动删除色差法

（1）在 Camera Raw 中打开案例图像，在“编辑”面板中单击“自动”按钮对图像进行自动影调调整。

“编辑”面板的选项栏中有“基本”至“校准”等 9 个面板，要启用它们，Windows 系统的快捷键依次为 Ctrl+1 至 Ctrl+9（macOS 系统的快捷键依次为 Command+1 至 Command+9）。

（2）在 Camera Raw 中打开案例图像，进行删除色差操作之前，建议将图像放大至 100%~400%，直至可以很明显地看到图像边缘有彩色镶边条纹。

（3）在“光学”面板的“配置文件”选项卡中，勾选“删除色差”复选框。我们可以发现，Camera Raw 依据图像的元数据，利用内置配置文件数据出色地完成了删除色差任务。

校正前后效果对比如下所示。

2. 半自动去边法

当使用大光圈逆光拍摄的图像边缘出现色差时，“删除色差”控件无法删除色差，因此需要选择面板中的“手动”调整控件来完成。

（1）在 Camera Raw 中打开案例图像，放大图像并移动至需调整位置。展开“光学”面板，单击“去边”右边的三角形图标，隐藏的“去边”面板将全部显示出来。

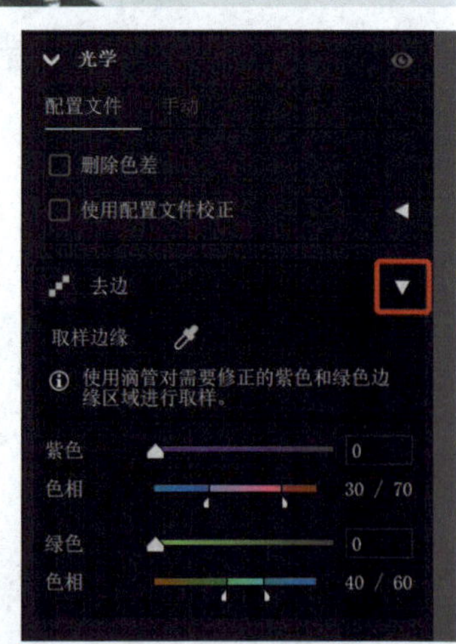

“紫色”和“绿色”数值的大小，决定要去除彩色镶边条纹的多少；紫色和绿色的“色相”滑块负责查找彩色镶边条纹的色相范围。使用“取样边缘”的滴管工具可以对需要修正的紫色和绿色边缘区域进行取样。

（2）选择“取样边缘”的滴管工具，鼠标指针将切换成滴管工具，在彩色镶边条纹上单击。

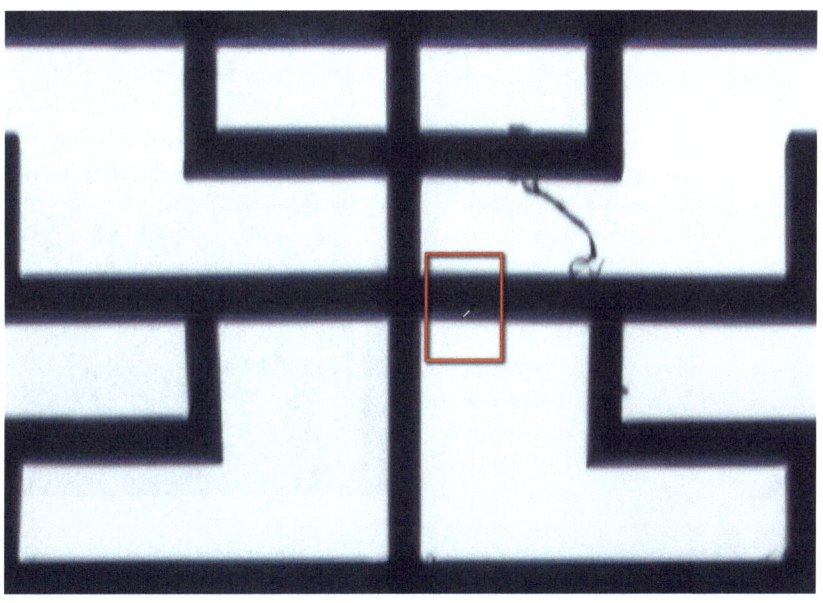

（3）“紫色”滑块自动调整为 16，“色相”自动调整为 30/57，清除了图像中的彩色镶边条纹。

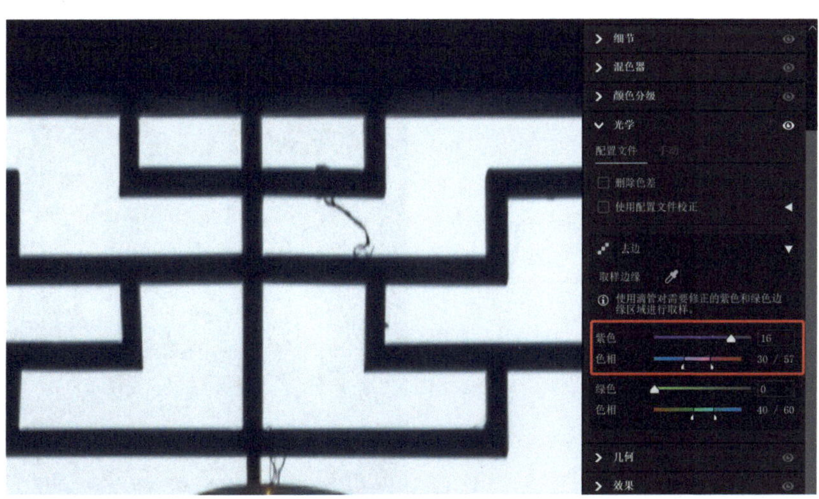

3. 全手动去边法

如果半自动去边法不能满足要求，则需要使用全手动去边法来完成去边任务。

（1）在 Camera Raw 中打开案例图像，放大图像并移动至需调整位置，展开“光学”面板。在 Windows 系统下按住 Alt 键（macOS 系统下按住 Option 键）拖曳绿色的“色相”滑块，镶边条纹会被黑色线条遮挡。这样操作可以轻松、直观、准确地查找到彩色镶边条纹区域，防止去边过度（绿色的“色相”滑块调整为 42/79）。

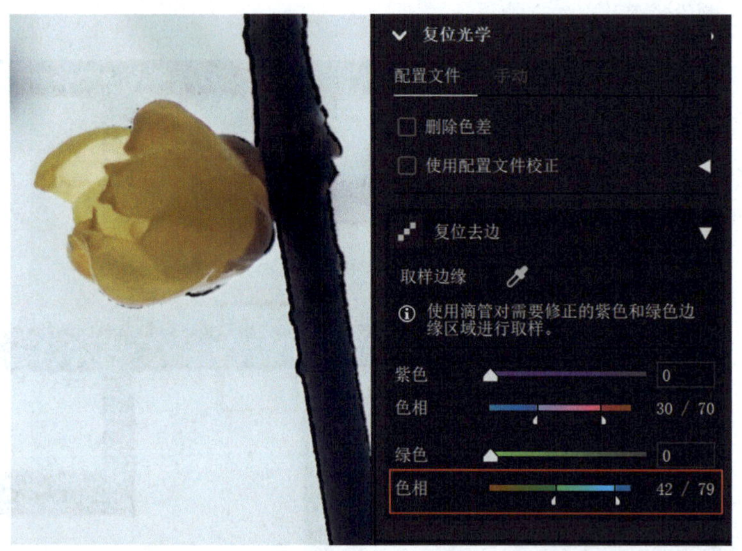

（2）在 Windows 系统下按住 Alt 键（macOS 系统下按住 Option 键）并拖曳“绿色”滑块，图像中彩色镶边条纹区域会突显出来，无关影像会被隐藏。增大“绿色”的值，直至彩色镶边条纹区域的颜色变为中性色为止，彩色镶边条纹完全消失（“绿色”滑块的值为 7）。

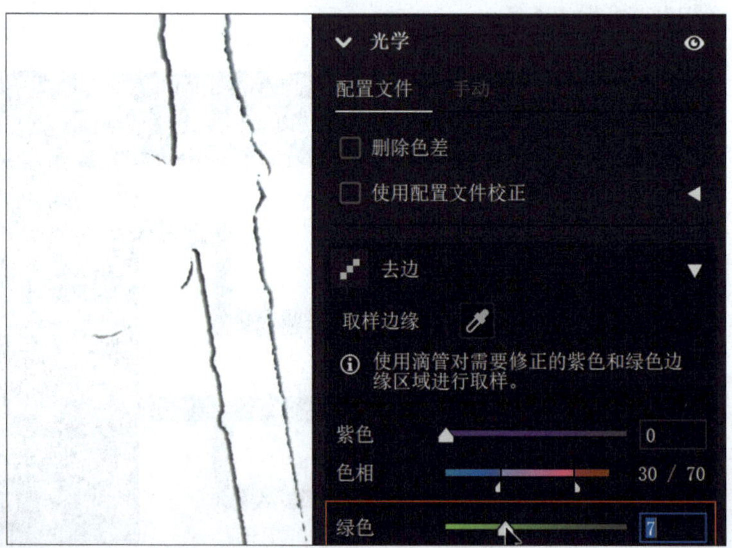

校正前后效果对比如下所示。

4. 调整画笔去边法

在 Camera Raw 的工具栏中有“画笔”工具（快捷键为 K），在“画笔”面板中有“去边”滑块，它可以用于快速消除图像边缘的彩色镶边条纹。“去边”为正值时会消除图像边缘的彩色镶边条纹，为负值时可以恢复由于手动去边调整过度对图像造成的边缘性颜色“误伤”。

（1）打开案例图像，在“工具栏”中选择“蒙版”（快捷键为 M），在弹出的“创建新蒙版”面板中选择“画笔”（快捷键为 K），“编辑”面板自动切换成“画笔”面板。

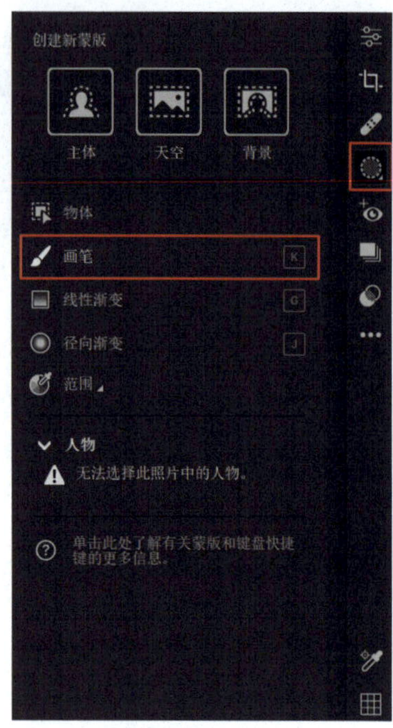

（2）设置“去边”效果的预设量为 +100，“羽化”为 100、“流动”为 100、“浓度”为 100，不勾选“自动蒙版”复选框。调整好画笔大小，单击梅花树干内侧的最上方，按住 Shift 键，在树干内侧下方再次单击，两个单击点将自动连成一条线完成分段去边。

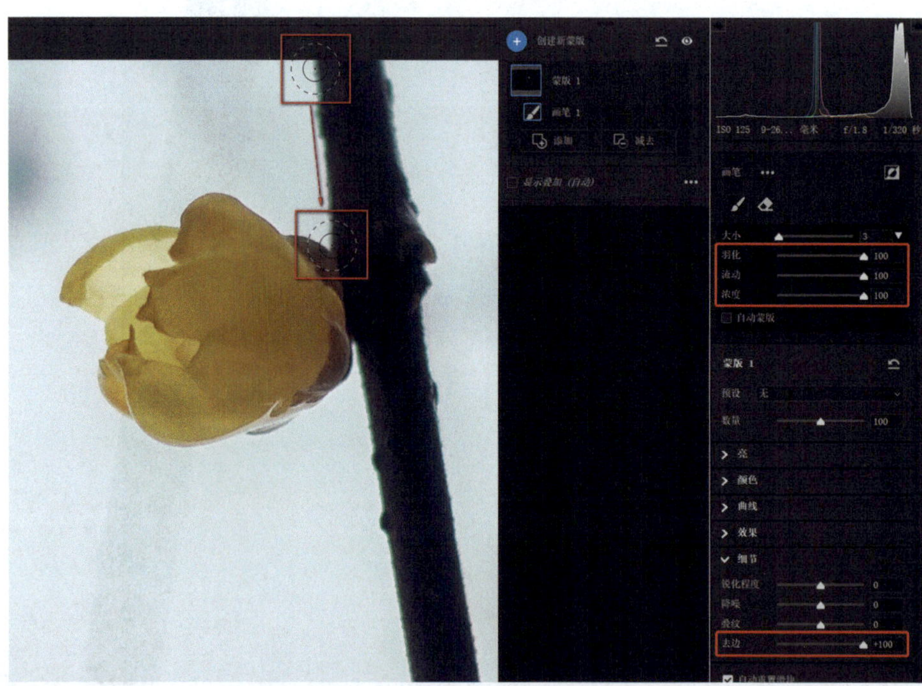

（3）在梅花边缘细心涂抹，直至彩色镶边条纹完全消失。

图像校正前后效果对比如下所示。

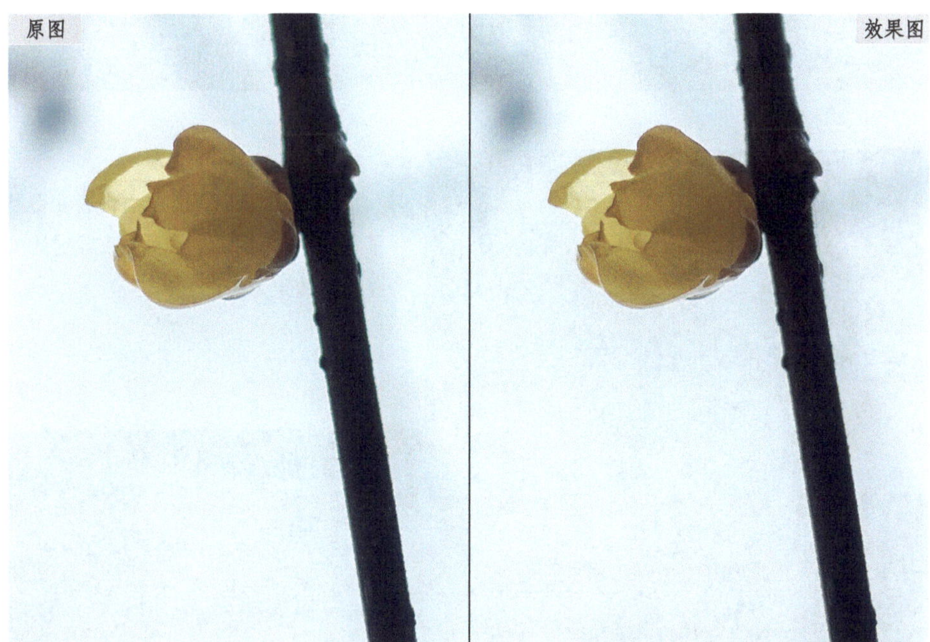

二、光学校正高级使用技法

1. 自动校正镜头畸变和镜头晕影技法

（1）在 Camera Raw 中打开案例图像，展开“光学”面板。在“配置文件”选项卡中，单击“使用配置文件校正”右边的三角形图标，隐藏的“使用配置文件校正”面板将全部显示出来。

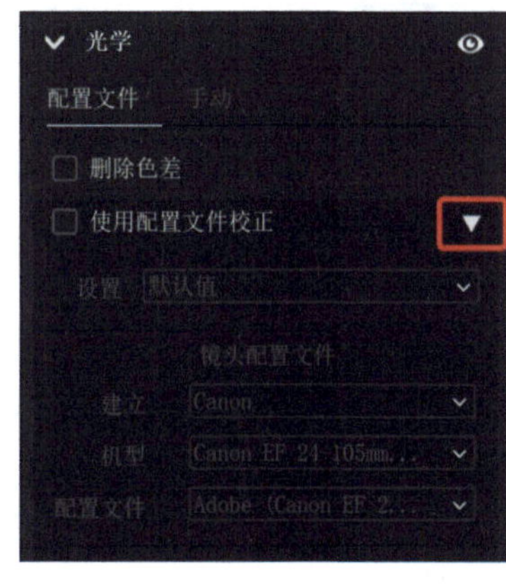

（2）勾选“使用配置文件校正”复选框。Camera Raw 会依据图像的元数据，查找拍摄图像所使用的相机和镜头，并在其内部数据库中搜索匹配的配置文件，对图像的镜头畸变和晕影进行自动校正。

图像四角的晕影和镜头畸变得到了很好的校正，校正前后效果对比如原图和效果图所示。

原图

效果图

2. 手动校正镜头畸变和镜头晕影技法

使用广角镜头拍摄的图像，常常会出现较为严重的镜头畸变和晕影现象。

（1）在 Camera Raw 中打开案例图像，展开“光学”面板。在“配置文件”选项卡中，勾选“使用配置文件校正” 复选框，对图像的镜头畸变和晕影进行自动校正。

（2）如果对校正效果不满意，可以对图像进行手动校正。比如上图中客车的畸变没有校正好，还存在角落晕影，就需要增大校正量，使用手动调整。

“校正量”中有两个滑块，一个是“扭曲度”，默认值为 100，它会将 100% 的配置文件用于图像失真校正（大于 100 的值用于更大的失真校正，小于 100 的值用于更小的失真校正）；另一个滑块是“晕影”，默认值也为 100，会应用到晕影校正上。

单击工具栏底部的“切换网格覆盖图”图标，在图像上会出现网格辅助线，Camera Raw 界面的顶部中央将显示“网格大小”和“不透明度”滑块。拖曳“网格大小”滑块可以改变网格的疏密度，让网格的线条与图像失真的横线或竖线更加吻合，从而让人能更容易地查看图像校正畸变的效果；拖曳“不透明度”滑块可以调节网格覆盖图的不透明度，

使网格线能更好地显示出来。使用“切换网格覆盖图”后要取消选择，否则会影响后续操作的查看效果。

拖曳“扭曲度”滑块至 200 ，网格辅助线将显示，可以帮助完成图像的桶形失真校正。松开鼠标，网格辅助线将被隐藏。

（3）拖曳“晕影”滑块至 125，图像的晕影得到了很好的校正。

（4）使用“扭曲度”滑块可以对图像进行失真校正。将该滑块拖曳至 +5，可以显著改善图像的畸变，使其得到很好的校正。

（5）在“手动”选项卡中，使用“晕影”滑块来添加或减少图像的晕影，该滑块可以设置值为 −100~+100。此外，如果滑动“晕影”滑块，还可以启用“中点”滑块，它可以控制晕影从中心向周边渐变的范围，并默认设置值为 50。

设置“晕影”为 -15，并将“中点”滑块拖曳至 0，完成给图像制造均匀晕影的效果。

校正前后效果对比如下所示。

原图

效果图

3. 手动设置“配置文件”对图像进行校正的技法

有些图像缺少 Exif 元数据信息，Camera Raw 无法自动为图像查找匹配的“配置文件”，因此需要手动设置“配置文件”对图像进行镜头畸变和晕影的校正。

（1）此处的案例图像是使用德国福伦达 VM 12mm f/5.6 Ultra Wide Heliar Aspherical 定焦镜头拍摄的，由于镜头是手动对焦的，没有电子触点，因此无法记录镜头的详细信息到图像元数据里。这种情况下，勾选“使用配置文件校正”复选框就会不起作用，需要手动选择一个匹配的“配置文件”，以便针对该图像进行有效的镜头畸变和晕影校正。

（2）展开“建立”下拉列表，选择镜头制造商福伦达“Voigtlander”。

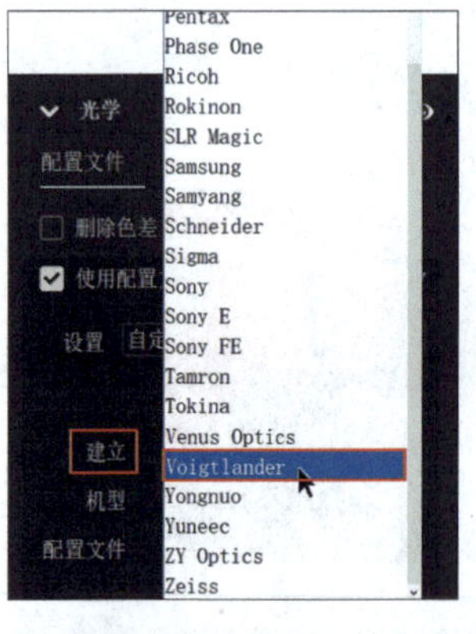

（3）展开“机型”下拉列表，选择镜头型号“Voigtlander VM 12mm f/5.6 Ultra Wide Heliar Aspherical”。

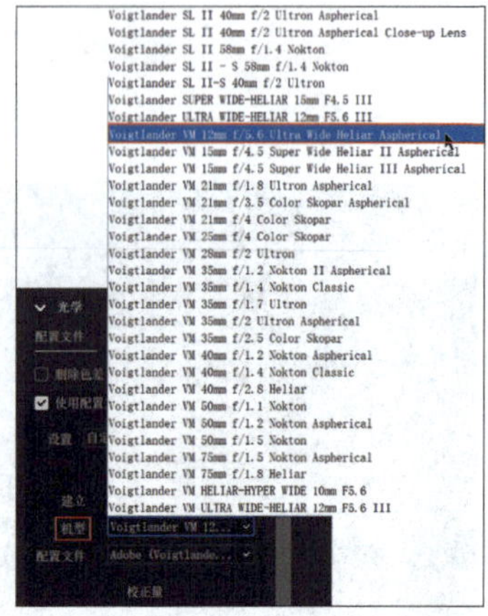

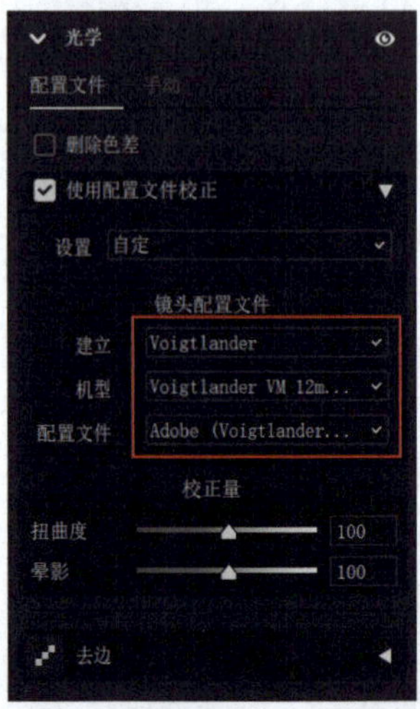

（4）将“配置文件”指定为“Adobe（Voigtlander VM 12mm f/5.6 Ultra Wide Heliar Aspherical）”。

（5）将“晕影”值降至78，重新修正图像的晕影。

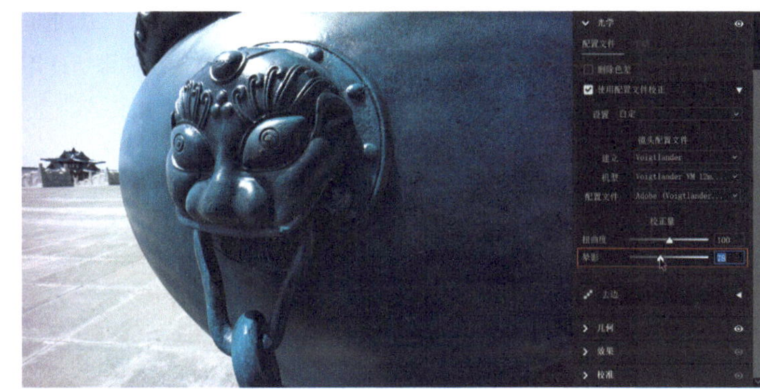

（6）展开“设置”下拉列表，选择“存储新镜头配置文件默认值”。Camera Raw 在打开此款镜头拍摄的图像时，将把相应配置作为它的默认值。

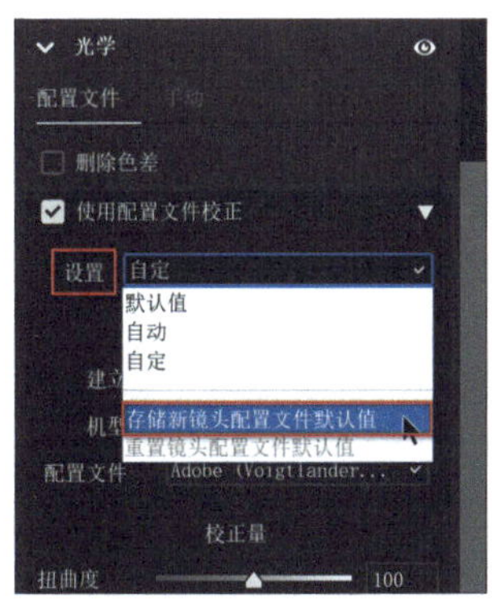

如果对设置不满意，可选择“重置镜头配置文件默认值”。在“设置”下拉列表中，默认值和自动效果一样，都应用了100%的配置对图像的失真进行校正。

（7）选择完成后，“设置”选项由“自定”转换为“默认值”，单击面板底部的“完成”按钮保存预设。

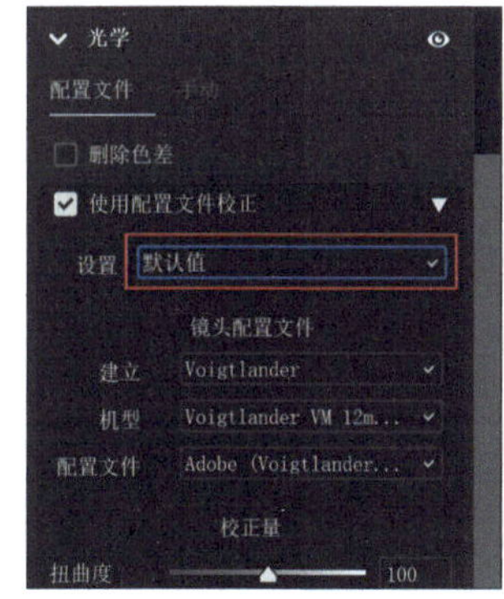

4. 鱼眼镜头畸变的校正技法

使用鱼眼镜头拍摄的图像具有非常强烈的透视效果，但同时会产生明显的畸变（桶形失真），以致对这些图像的校正变得很困难。幸运的是，Camera Raw 有许多内置的鱼眼镜头配置文件，可以帮助校正这些图像，我们只需要手动找到匹配的配置文件，然后就能校正图像中的畸变。

（1）在 Camera Raw 中打开案例图像，展开“光学”面板。

（2）在“配置文件”选项卡中勾选“使用配置文件校正”复选框，以获得令人惊讶的校正效果。Camera Raw 会根据图像的元数据，查找拍摄图像所使用的相机和镜头，然后在其内部数据库中搜索匹配的配置文件，有效地校正鱼眼镜头的畸变。

5. 数据库缺少内置“配置文件”的校正技法

（1）案例图像是使用 Zenitar 16mm f/2.8 镜头拍摄的，但 Camera Raw 数据库里没有它的“配置文件”。

（2）我们可以借用相近的适马的15mm f/2.8 镜头的配置文件来校正此图像，并将“扭曲度”调至 89，以有效地校正图像的畸变。

6. 几何校正图像透视倾斜的高级技法

图像透视倾斜的原因可能有很多，例如相机与拍摄对象的位置不在一个水平面上，向上或向下倾斜，摄影师与拍摄目标形成一定的夹角，相机本身无法垂直水平；或者使用的镜头不合适。不管是什么原因，“几何”面板中都可以用来有效地校正图像透视倾斜。

（1）在 Camera Raw 中打开案例图像，展开“几何”面板。

①如果在启用“几何”面板中的控件之前，没有对图像应用“使用配置文件校正”功能，Camera Raw 会发出警告，提醒用户在使用“Upright”模式校正图像倾斜前，先应用“删除色差”和“使用配置文件校正”功能去除背景彩色镶边条纹和对镜头畸变进行校正，从而使得“Upright”模式能更精确地分析图像进行透视倾斜校正。

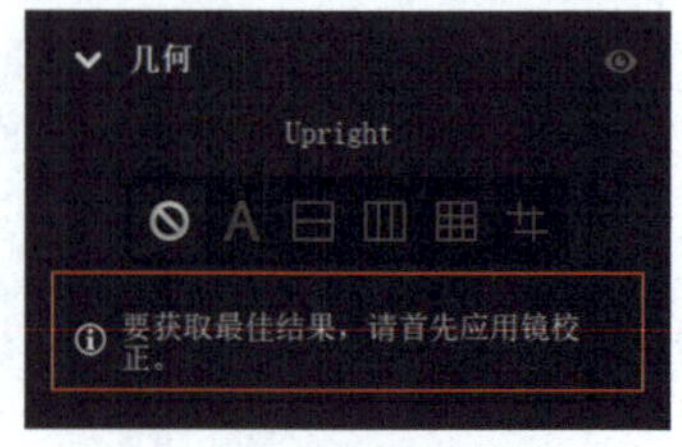

②使用“Upright”模式对图像进行透视调整后，如果再使用“使用配置文件校正”功能校正镜头畸变，Camera Raw 会在“几何”面板中发出警告，提醒用户单击“更新”按钮，让“Upright”模式重新分析图像，从而修正之前的校正错误。

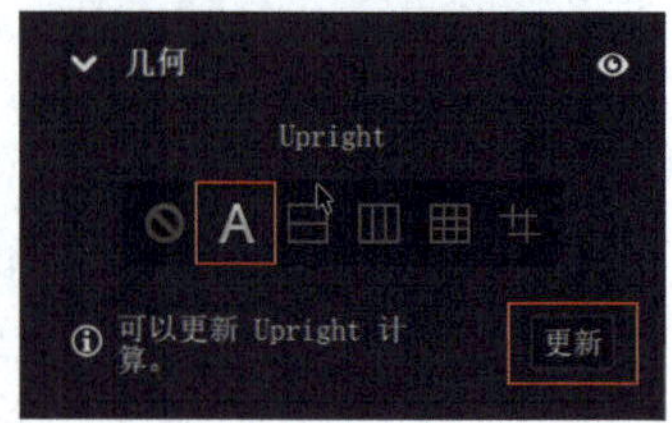

③“几何”面板有 6 种可用的“Upright”模式可供选择，其中包括自动和参考线等模式。此外，可以在“Upright”模式中手动调整滑块，从而获得更好的效果。

关闭：禁用“Upright”模式。

自动：应用一组平衡的透视校正。

水平：应用水平透视校正。

纵向：应用水平和纵向透视校正。

完全：应用水平、纵向和横向透视校正。

参考线：允许在图像中绘制最多 4 条参考线，标示出需要与水平轴或垂直轴对齐的图像特征，以进行自定义透视校正（至少要绘制 2 条以上的参考线，才能使透视倾斜的校正效果显现）。

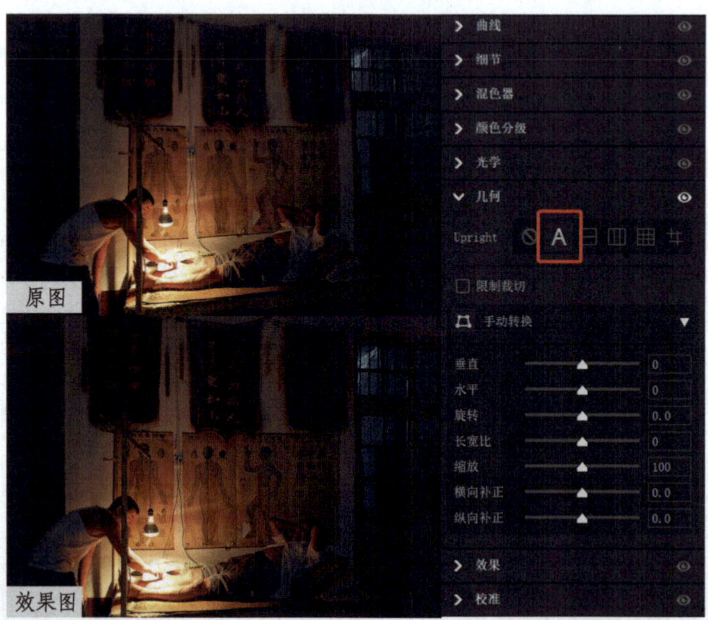

（2）使用“Upright”中的“自动”模式可以得到较完美的图像校正，不同的模式会有不同的效果，但通常来说“自动”模式可以取得较佳的平衡。

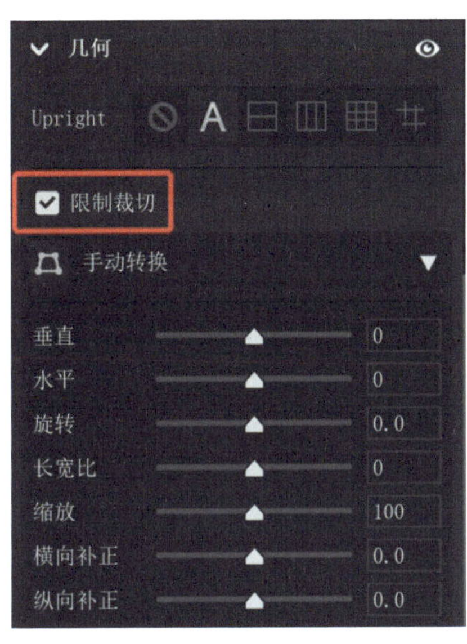

（3）勾选“限制裁切”复选框，图像校正后如果有透明像素，就会被自动裁切。

（4）使用“Upright”的“水平”模式可以有效地确保图像处于水平位置，这是它的一个重要特点。

（5）应用“Upright”的“纵向”模式，以达到纵向视角的平衡，而能够关注纵向透视校正是它的一个优势。

（6）应用“Upright”的“完全”模式，可以对图像的水平、纵向和横向进行透视校正。

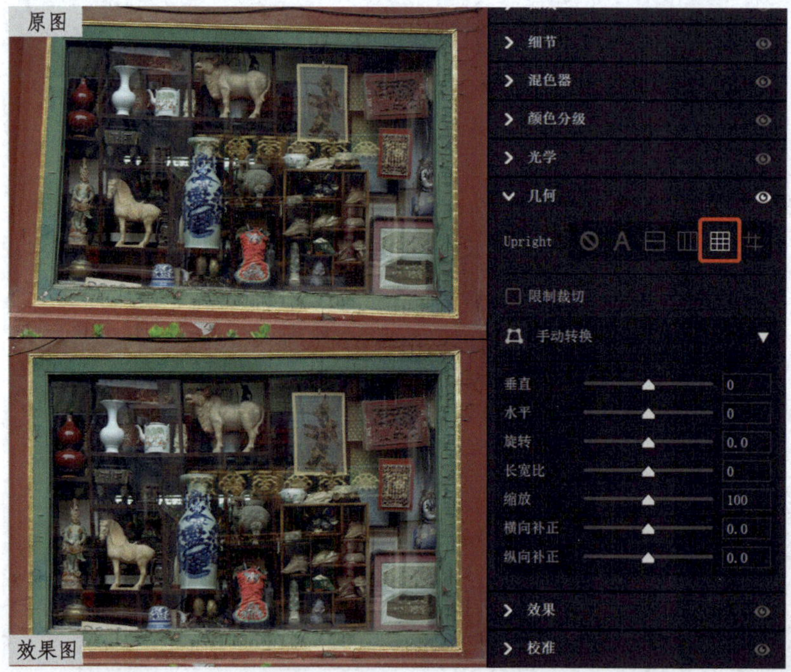

（7）当上述 4 种“Upright”模式的校正效果无法令人满意时，可以手动绘制参考线来对图像进行校正。

① 选择“Upright”的参考线模式（快捷键为 Shift+T），当鼠标指针在调整界面中显示为时，从图像的垂直线起始点处拖曳出参考线。要精确地绘制参考线，可以勾选“几何”面板中的“放大镜”复选框（快捷键为 Shift+L），以协助绘制参考线。

② 当绘制了第二条参考线时，Camera Raw 才会对图像进行透视倾斜校正。

③当绘制第三条和第四条参考线时，我们就能深刻体会到参考线的“魔力”。图像经过“几何”校正可能会产生一些透明像素，如果我们还没有学习如何使用“裁剪”工具，在这种情况下，暂时不要勾选“限制裁切”复选框。

按 V 键取消勾选面板底部的“显示参考线”复选框查看校正后的效果，以避免受到参考线的干扰。

（8）如果“Upright”模式的校正效果无法令人满意，可以使用面板中的7个校正滑块，对图像进行手动校正。

①垂直：修正图像纵向的透视畸变。向左（右）拖曳滑块可以让图像中的景物前倾（后仰），达到校正的目的。

在 Camera Raw 中打开案例图像，拖曳“垂直”滑块至 +60，图像中将显示网格辅助线，图像得到了有效的校正。

②水平：修复水平方向上的透视倾斜。

在 Camera Raw 中打开案例图像，应用“Upright”的“纵向”模式，但是图像横向偏右，将“水平”滑块拖曳至 －8，图像被有效校正。

③旋转：调整图像水平倾斜角度，向左（右）侧拖曳滑块可以逆时针（顺时针）旋转图像。

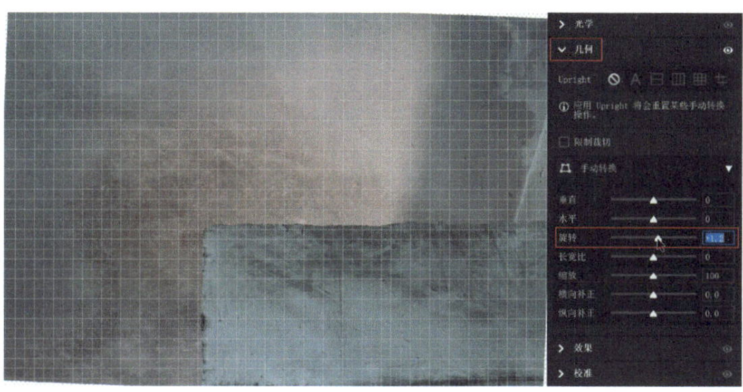

在 Camera Raw 中打开案例图像，在 Windows 系统中按住 Alt 键（macOS 系统中按住 Option 键）将显示网格辅助线，将“旋转”滑块拖曳至 +1.2，图像被有效校正。

④长宽比：校正图像的长宽比。向左（右）拖曳滑块，图像会被横向拉伸（纵向拉伸）、变平（变窄）。

在 Camera Raw 中打开案例图像，先应用“使用配置文件校正”，再应用“Upright”的“完全”模式，观察发现图像仍存在一定的横向畸变。

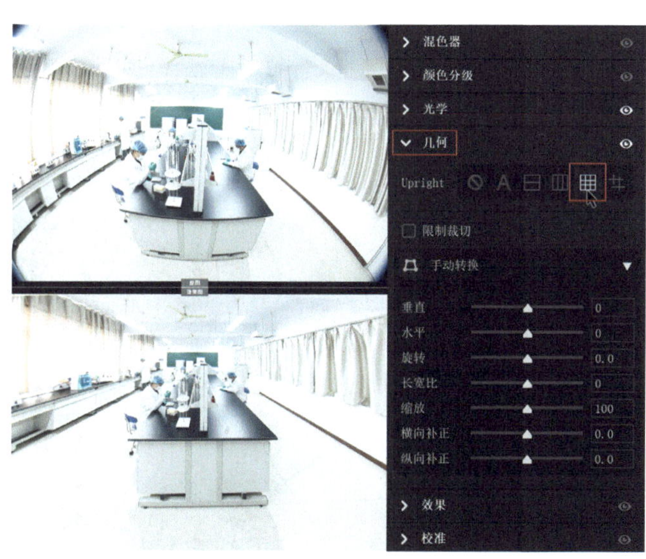

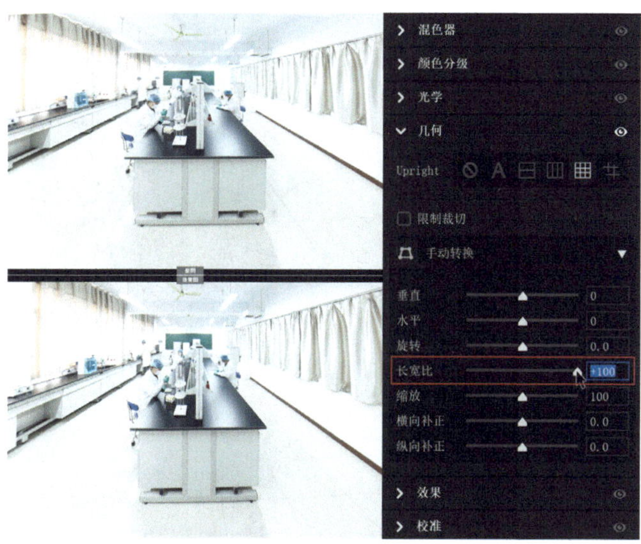

⑤将“长宽比”滑块拖曳至 +100，即可使图像横向拉长，从而校正变扁的畸变。

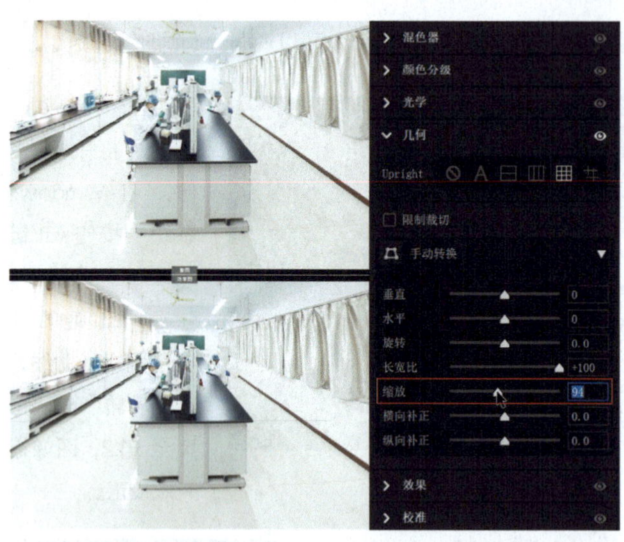

⑥缩放：控制照片放大或缩小，向左（右）侧滑动可以缩小（放大）影像。

将“缩放”滑块拖曳至 94，图像将被进行校正处理，边缘被放大，而原本被舍弃的影像也会被召回。

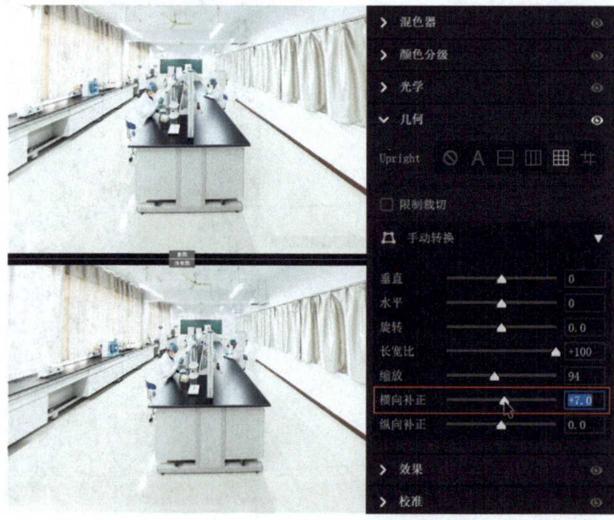

⑦横向补正：横向移动图像。

将“横向补正”滑块向右拖曳至 +7.0，图像向右移动一段距离。

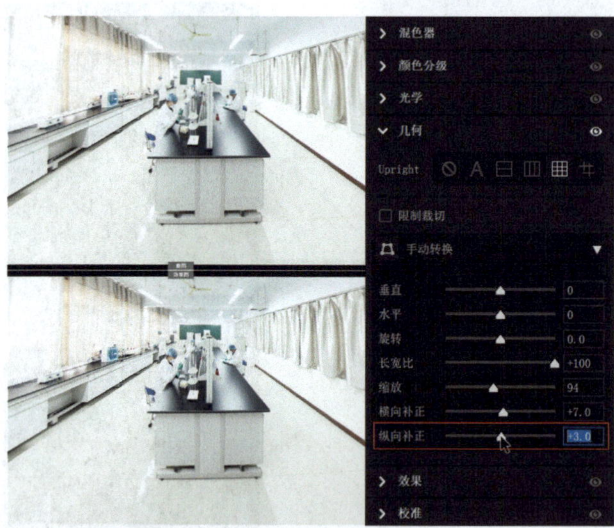

⑧纵向补正：纵向移动图像。

将“纵向补正”滑块向右拖曳至 +3.0，图像向上移动一段距离。

校正前后效果对比如原图和效果图所示。

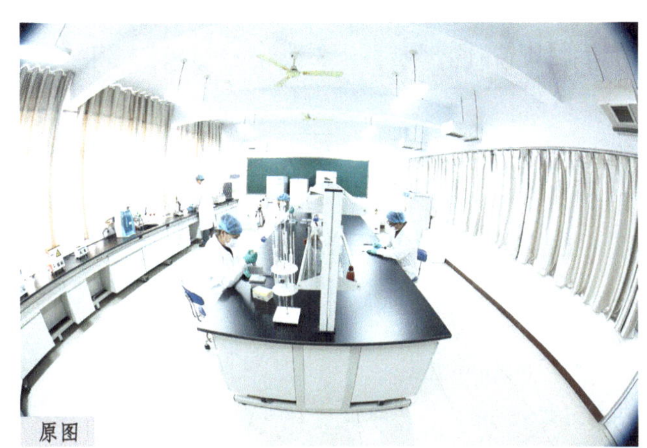

原图

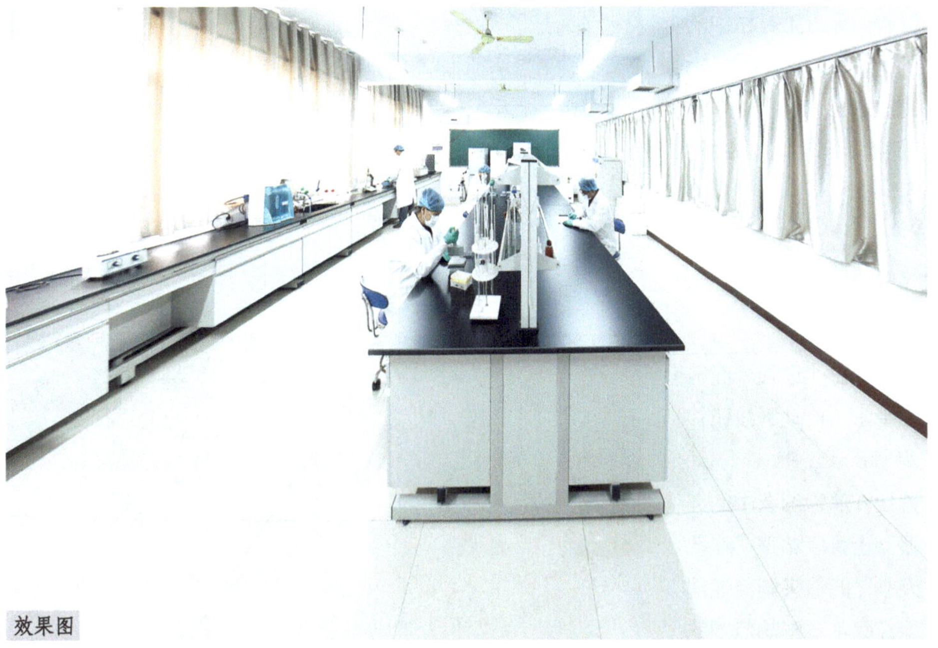

效果图

1. 对于所有在 Camera Raw 中打开的图像，都要在“光学”面板中勾选“删除色差”和“使用配置文件校正”复选框，以对图像的色差、镜头畸变及晕影进行自动校正。即使图像中没有色差，勾选这些复选框也不会带来“伤害”，所以在本书第一章第二节中介绍的“Raw 默认设置”是非常重要的。

2. 调整画笔去边法非常适合新手，该方法在图像出现小面积彩色镶边条纹时很好用，不会损坏图像的周边颜色，也不会出现调整过度的现象，缺点是大幅度地增加了工作量。

3. 使用“几何”面板中的“长宽比”滑块可以对人物进行调整，从而实现“瘦身”等效果。

第四节 消除照片中的红眼

红眼一般是指因使用相机闪光灯拍照，被拍摄者瞳孔放大而产生的视网膜泛红现象。在 Camera Raw 中消除图像中的红眼的方法十分简单、有效。

学习目的：学习如何完美消除图像中的红眼。

一、去除人物的红眼

1. 在 Camera Raw 中打开案例图像，将图像放大并移动至需调整位置，单击工具栏中的“红眼”工具图标（快捷键为 Shift+E），“编辑”面板自动切换成“红眼”面板。

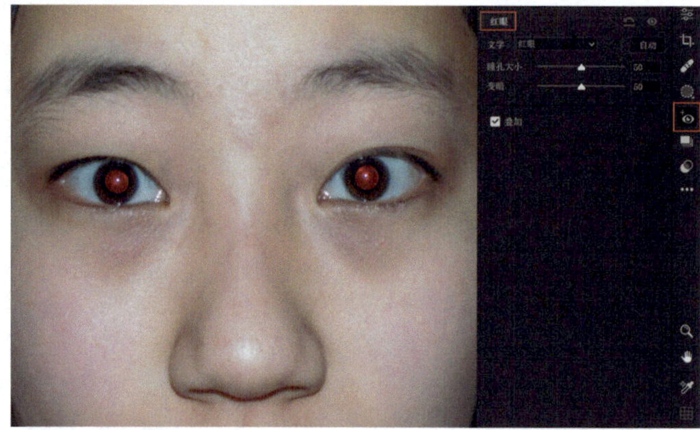

2. 在“红眼”面板中单击“自动”按钮，使 Camera Raw 自动查找并消除图像中的红眼。也可以调整“瞳孔大小”的值来调节受消除红眼工具影响范围的大小，以及调整“变暗”值来校准明暗的对比度。

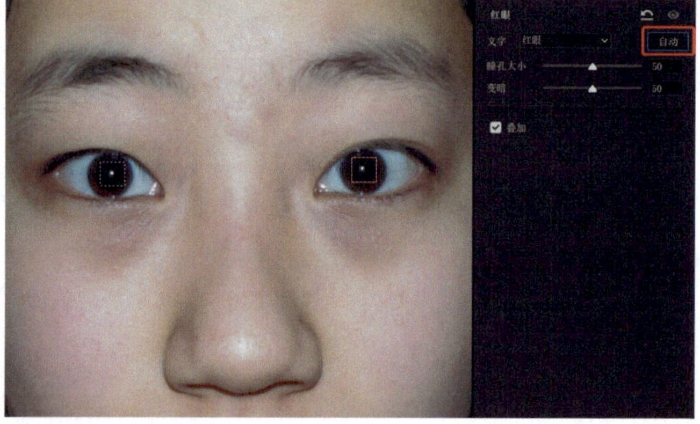

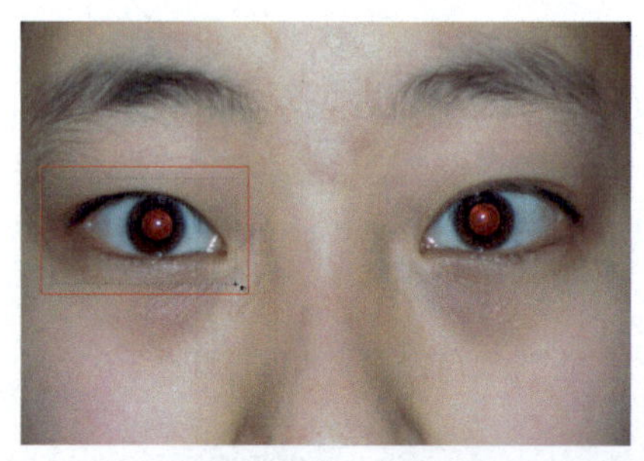

3. 如果单击“自动”按钮无法完成红眼消除任务，可以手动操作——在图像中拖动一个覆盖眼睛的选区以消除红眼。

4. 将“叠加”复选框取消勾选（暂时隐藏红色矩形和白色虚线矩形，查看后再将其重新勾选），放大图像，查看红眼是否完全被去除。发现虹膜上仍有淡淡的红色，则将“瞳孔大小”滑块向右拖曳至63，直至虹膜上的红色完全消失；然后，将“变暗”滑块向右拖曳至63，使修复后的瞳孔看起来更均匀、真实。

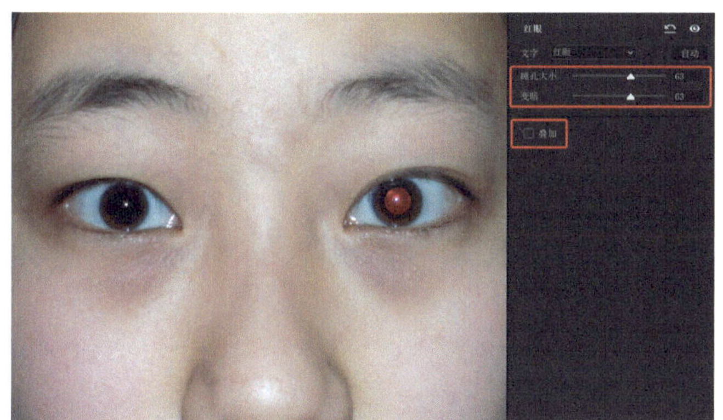

5. 使用相同的方法去除左眼的红眼，红色矩形处于可编辑状态，白色虚线矩形为不可编辑状态（单击即可激活）。按 Delete 键可删除当前操作，若要删除全部操作，可单击红眼面板顶部的“重置红眼校正”图标。

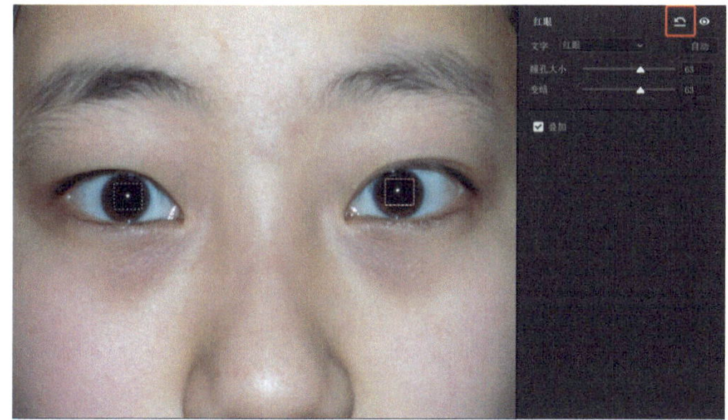

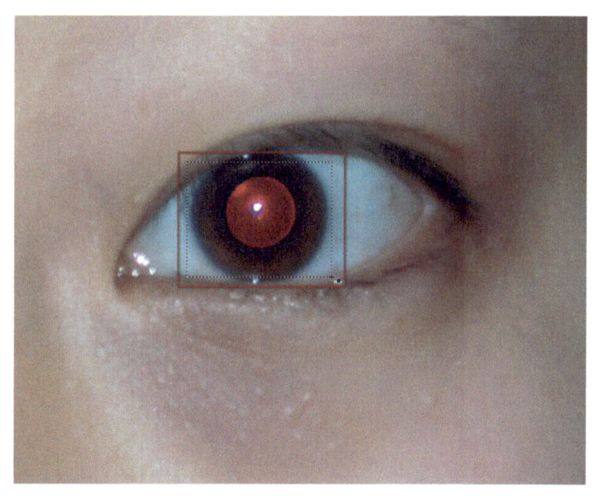

6. 如果在红眼周围拖曳出的选区较小，则工作量将加大（因为红眼不能被全部消除）。

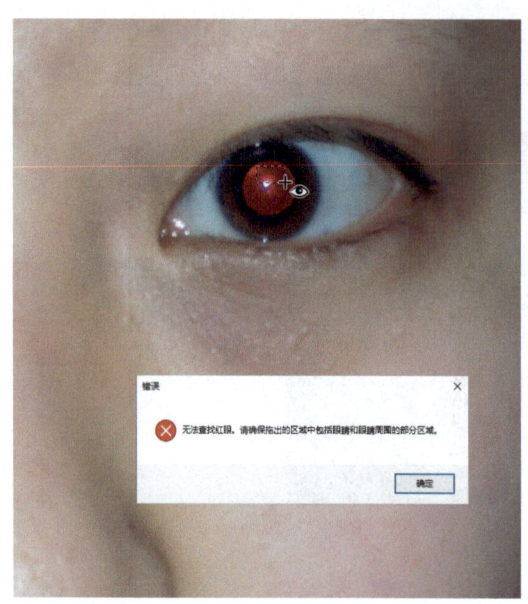

7. 如果拖移出的选区很小，去除红眼工作将无法完成。

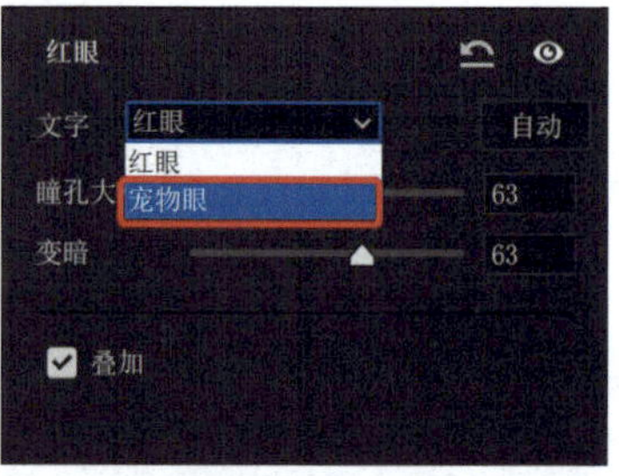

二、去除宠物的“红眼”

1. 给宠物去除红眼时，在“文字”下拉列表中选择“宠物眼”。

2. 去除宠物的红眼技法与去除人物红眼的技法基本相同，但是要勾选“添加反射光”复选框，因为这样可以为宠物眼睛增添一种镜面高光效果，显得生动有神。

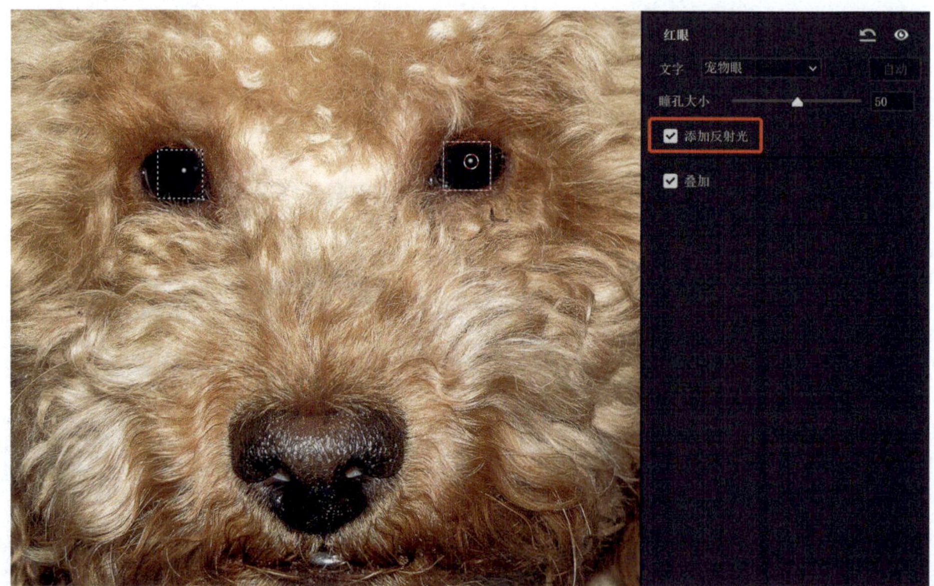

校正前后效果对比如原图和效果图所示。

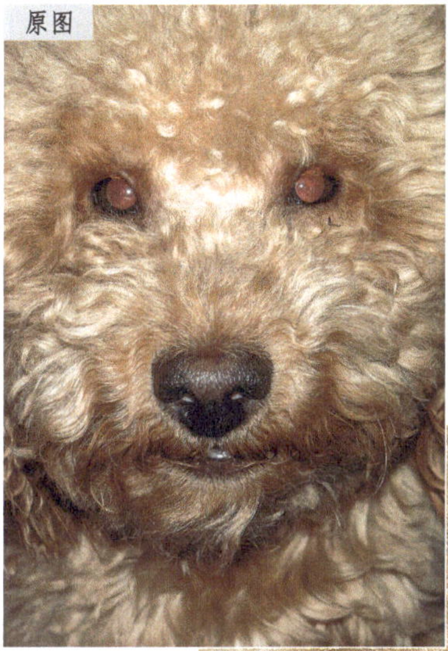

原图

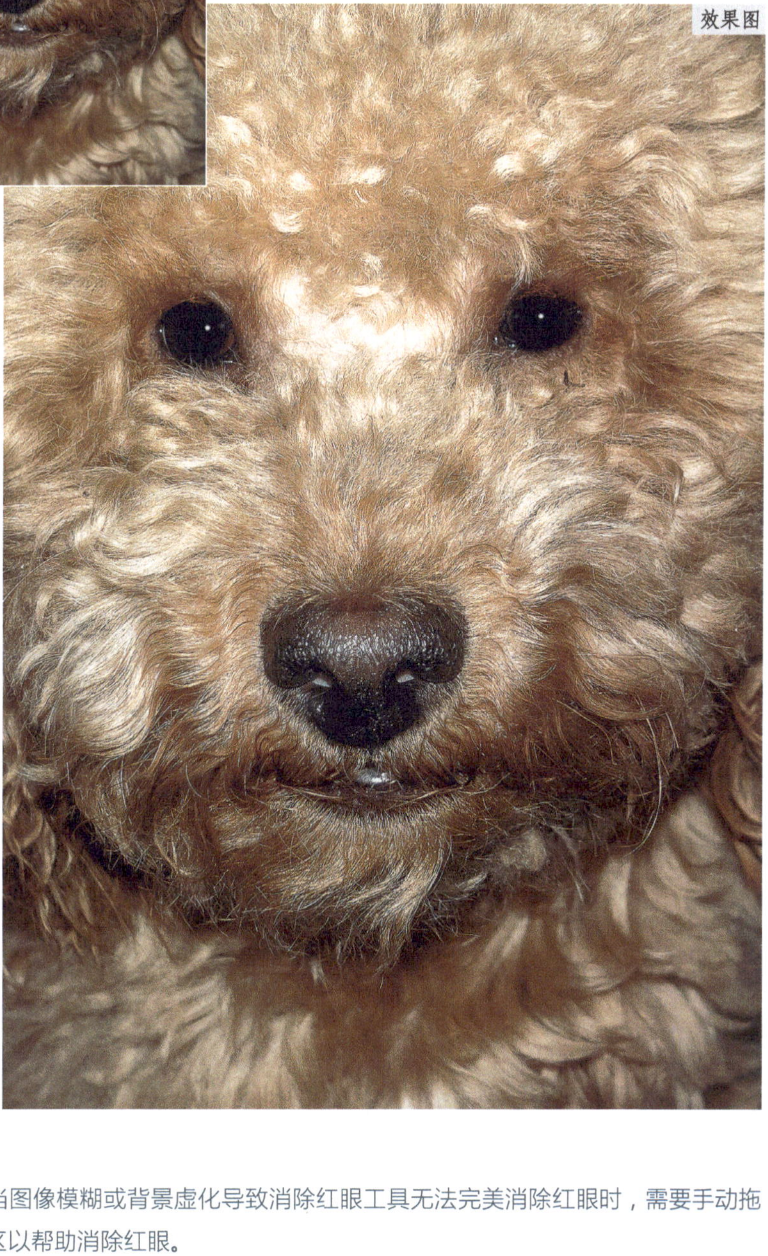

效果图

小结

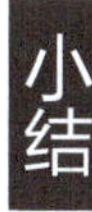

当图像模糊或背景虚化导致消除红眼工具无法完美消除红眼时，需要手动拖曳选区以帮助消除红眼。

第五节 创建初始化快照——还原点

“快照”面板可以保存 Camera Raw 不同时间点的状态，包括对图像进行的任何编辑和调整。这意味着使用不同版本的 Camera Raw，所做的所有编辑和调整都可以保存在“快照”面板中。通过使用“快照”面板，可以轻松查看在不同时间对图像所做的各种编辑和调整效果。

学习目的：了解创建初始化快照（还原点）的重要性，并养成创建快照的良好习惯。

1. 对案例图像进行前面几节所介绍的操作调整后，便可以在 Camera Raw 中为图像创建初始化快照——还原点。如果图像中的污点和瑕疵太多，修复工作耗时耗力，还需要对图像进行“光学”校正和“几何”校正，因此很有必要将调整后的初始效果存储为初始化快照。只要创建了初始化快照——还原点，以后再次调整图像时就不需要重新进行之前的操作。

2. 在 Camera Raw 界面的工具栏中，单击“快照”图标。

3. “编辑”面板自动切换为“快照”面板，单击“创建快照”图标（Windows 系统的快捷键为 Ctrl+Shift+S，macOS 系统的快捷键为 Command+Shift+S）。

或者在“快照”面板中单击鼠标右键，在弹出的上下文菜单中选择“创建快照”命令。

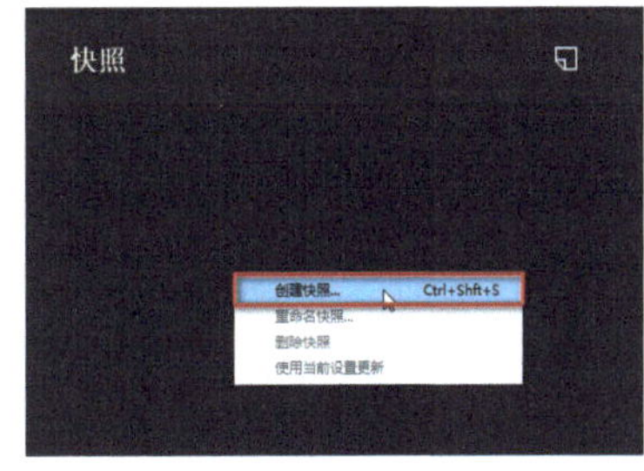

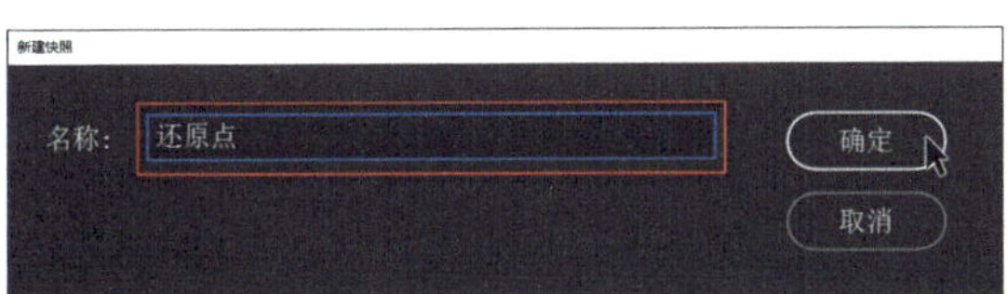

4. 在弹出的“新建快照”对话框中，输入名称“还原点”，并单击“确定”按钮保存快照，该快照将显示在“快照”面板的列表中。

5. 如果创建了初始化快照——还原点后，又对图像进行了部分编辑调整，仅需在“快照”面板中相应的快照处单击鼠标右键，在弹出的上下文菜单中选择“使用当前设置更新”命令更新还原点，亦可对其重新命名或删除。当鼠标指针悬停在创建的快照上时，将显示“回收站”图标，单击该图标也可将对应快照删除。

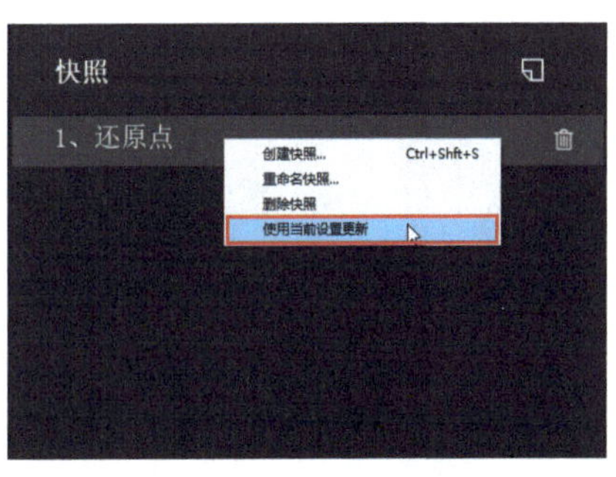

6. 在“快照”面板中，可以为图像创建多个快照。但要单击“完成”或“打开”按钮，才能真正保存创建的快照。

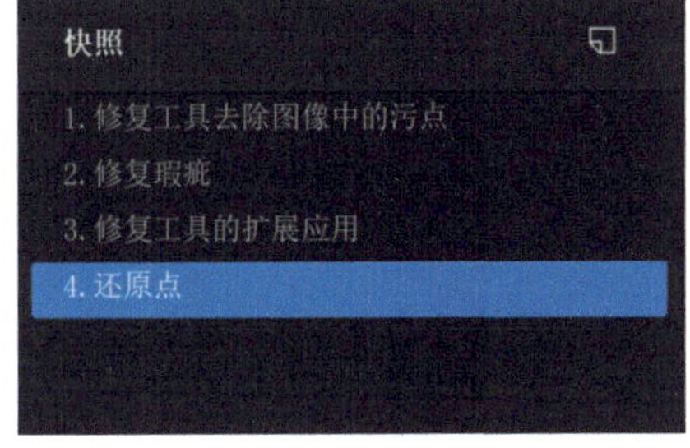

用户可以为图像创建多个快照，每个快照都详细地记录着对图像进行的相应编辑和调整。创建的快照所占用的内存空间可以忽略不计，这是创建图像快照的一大优势。

第三章

基础调整工具的高级使用技法

RAW 格式是未经处理、未经压缩的格式。RAW 格式文件是专业摄影师必用的格式文件，它完整地记录了数码相机拍摄时所产生的元数据，被形象地称为“数字底片”。

在 Camera Raw 中可以大幅度地对图像进行编辑调整，充分发挥 RAW 格式文件的包容度，所有的编辑调整都是非破坏性的，是真正意义上的无损调图，并且可“一键调图”，容易上手。当然，Camera Raw 也可以调整 JPEG 或 TIFF 格式的文件。

第一节 裁剪与旋转工具的高级使用技法

在 Camera Raw 中对 RAW 格式文件进行裁剪时，可以随时修改裁剪决定或者保存几种裁剪方式（快照）；如果裁剪后的图像文件较小，可以在 Camera Raw 中扩展文件的大小，以满足输出、打印或参赛的要求。

学习目的：了解并熟练掌握“裁切”工具的基本及高级使用技法，从而帮助我们精确地裁剪图片，并将图片进行有效的旋转、缩放等操作。

一、“拉直”工具的高级使用技法

1. 全自动双击技法

在 Camera Raw 中打开案例图像（Windows 系统的快捷键为 Ctrl+R，macOS 系统的快捷键为 Command+R），在工具栏中单击“裁切”工具图标（快捷键为 C），“编辑”面板自动切换为“裁剪”面板。双击面板中的“拉直”工具图标（快捷键为 A），Camera Raw 会自动查找图像的水平线，自动拉直图像，“裁切”工具会快速确定裁剪方案，在图像预览界面中双击或按 Enter 键即可完成裁剪操作。

亦可单击“拉直”工具图标后，在图像任意位置上双击，完成拉直并裁剪操作；单击“裁切”工具图标后，按住 Ctrl 键（macOS 系统下按住 Command 键）可以暂时切换到“拉直”工具， 在图像的任意位置上双击，即可完成拉直并裁剪操作。按 Esc 键可取消裁剪。

2. 手动绘制法

当使用大光圈拍摄的图像或图像背景的线条呈现模糊状态时，Camera Raw 无法自动查找图像的水平线，使用“拉直”工具不能完成拉直操作。因此需要我们手动绘制图像的水平线，协助完成拉直操作。单击“拉直”工具图标，在图像背景直线的一端按住鼠标左键并拖曳至图像背景直线的另一端，松开鼠标即可完成拉直并裁剪操作。

二、旋转图像高级技法

1. 在 Camera Raw 中打开案例图像，从工具栏中选择“裁切”工具，“编辑”面板自动切换为“裁剪”面板。

2. 单击“旋转和翻转”中的“逆时针（向左）旋转图像 90 度”图标（快捷键为 L），或者单击“顺时针（向右）旋转图像 90 度”图标（快捷键为 R），可以旋转图像。

3. 单击“垂直翻转图像”图标，可实现图像垂直翻转。

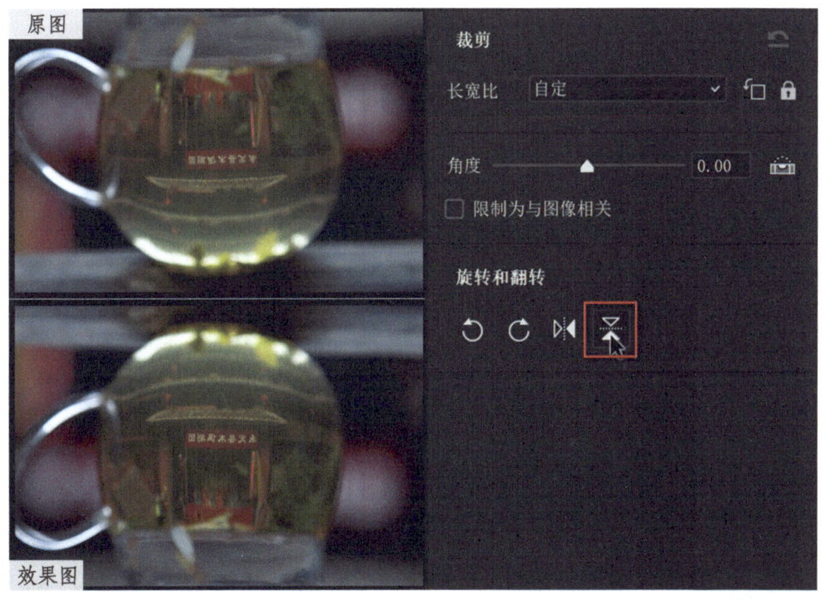

4. 单击“水平翻转图像”图标，可实现图像水平翻转（倒影里的文字变为正向）。

三、裁剪工具高级使用技法

1. 在 Camera Raw 中打开案例图像，从工具栏中单击“裁切并旋转”工具图标，“编辑”面板自动切换为“裁剪”面板。

（1）在预览图像中单击鼠标右键，在弹出的上下文菜单中，可以选择“长宽比”子菜单中的命令，设置裁剪预设比例；也可以取消勾选“锁定长宽比”，进行自由裁剪图像。

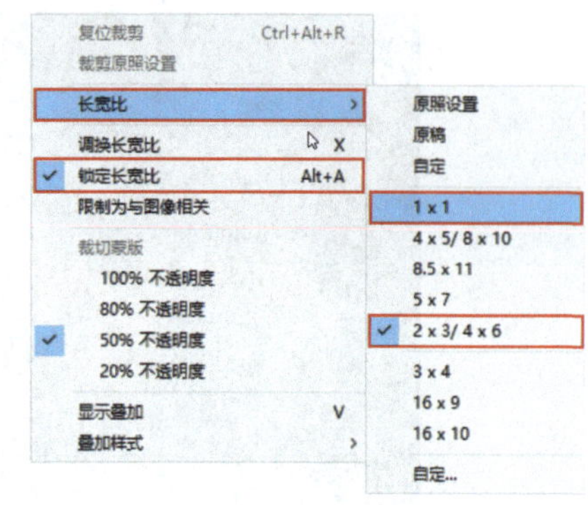

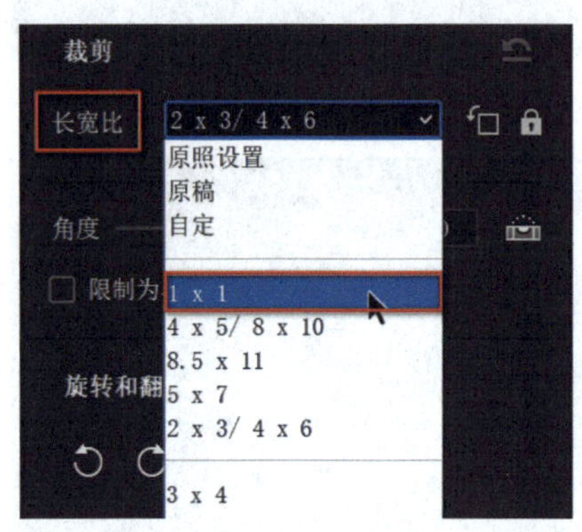

（2）或者在“裁剪”面板中，展开“长宽比”下拉列表，选择裁剪预设比例。

（3）选择裁剪比例后，若要调换长宽比例，可以用鼠标右键单击预览图像，在弹出的上下文菜单中选择“调换长宽比”命令，还可以依据个人喜好选择“裁切蒙版”的不透明度。

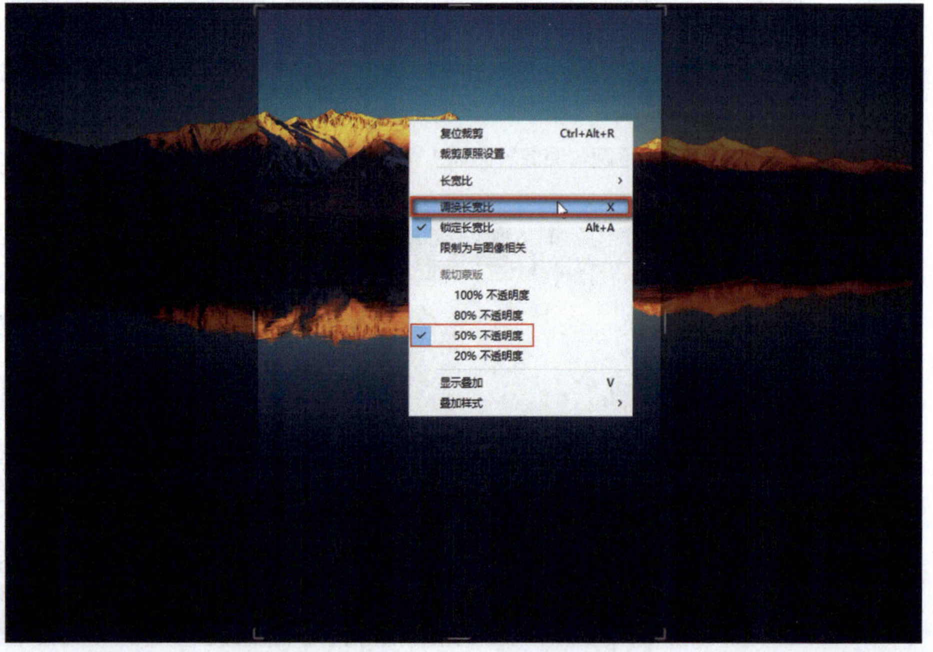

（4）勾选“显示叠加”，辅助线会显示在裁剪框中；在“叠加样式”子菜单中，可以依据个人喜好选择辅助线的叠加样式，例如“三分法则”叠加样式，如下图所示。

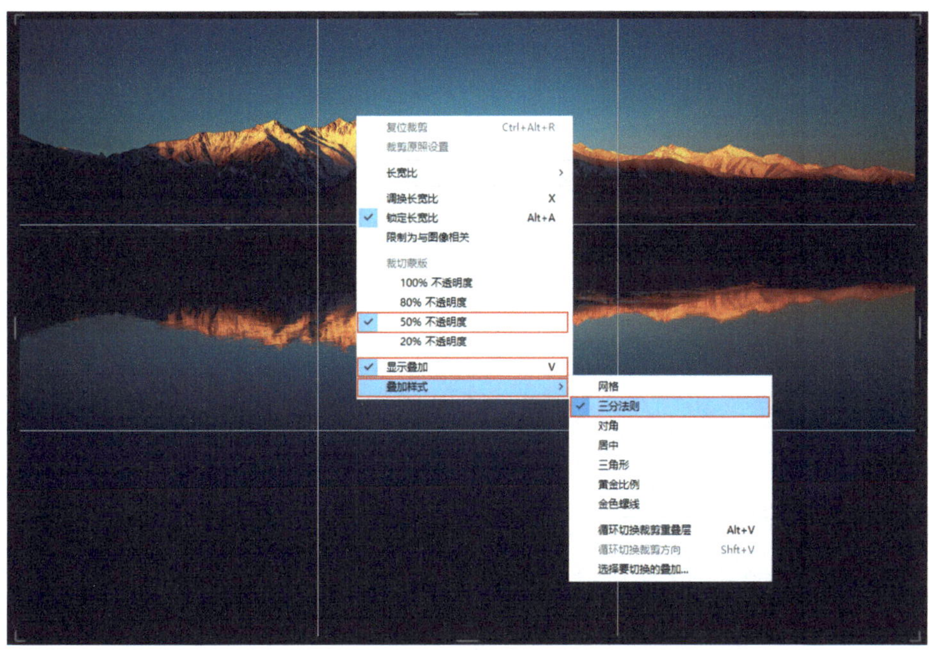

（5）勾选“裁剪”面板中的“限制为与图像相关”复选框，防止将裁剪区域扩展到因镜头校正或接片产生的透明像素处（如果某些透明像素需要在 Photoshop 中填充修补，则取消勾选此复选框）。取消勾选上下文菜单中的“锁定长宽比”（Windows 系统的快捷键为 Alt+A，macOS 系统的快捷键为 Option+A），或者单击“裁剪”面板中的“限制纵横比”图标，可以实现自由裁剪。

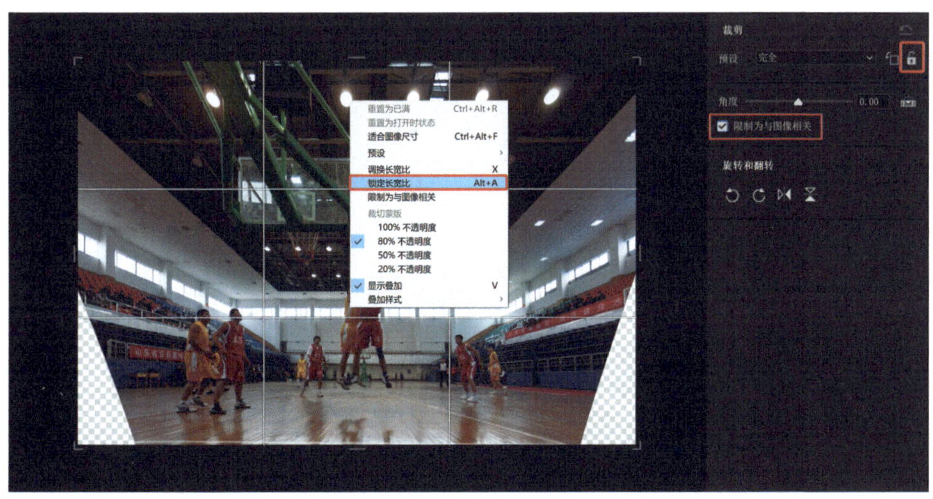

2. 在自由裁剪模式下，按住鼠标左键并拖曳（如果同时按住 Shift 键可限制当前的裁剪比例），松开鼠标后，图像中灰暗的区域将被舍弃。

用鼠标拖曳裁剪边框的锚点，可以改变裁剪边框的长宽比；在 Windows 系统中按住 Shift+Alt 快捷键（macOS 系统中按住 Shift+option 快捷键）并拖曳裁剪边框锚点，可实现以图像中心为原点，向周边扩展或收缩裁剪区域。

3. 裁剪时（图中所示裁剪长宽比为 1 ∶ 1），可以在裁剪边框四角的锚点上缩放或旋转裁剪图像（单击“裁剪”面板中的“角度”滑块，也可旋转裁剪方向），在裁剪区域按住鼠标左键并拖曳可以移动裁剪范围。

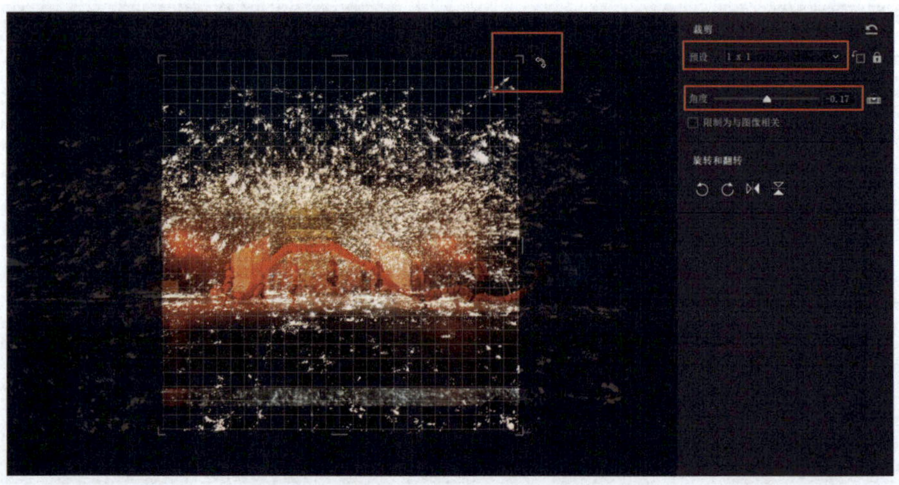

4. 在图像预览界面中单击鼠标右键，在弹出的上下文菜单中，选择“长宽比”命令，并选择裁剪预设比例为“自定”，可以将图像裁剪成更多传统经典胶片的尺寸，或更加个性化的尺寸（案例图像中输入的裁剪比例为 17 ：6）。或者在“裁剪”面板中，展开“长宽比”下拉列表，选择裁剪预设为“自定”， 自定模式的裁剪“长宽比”将自动保存在裁剪预设里。

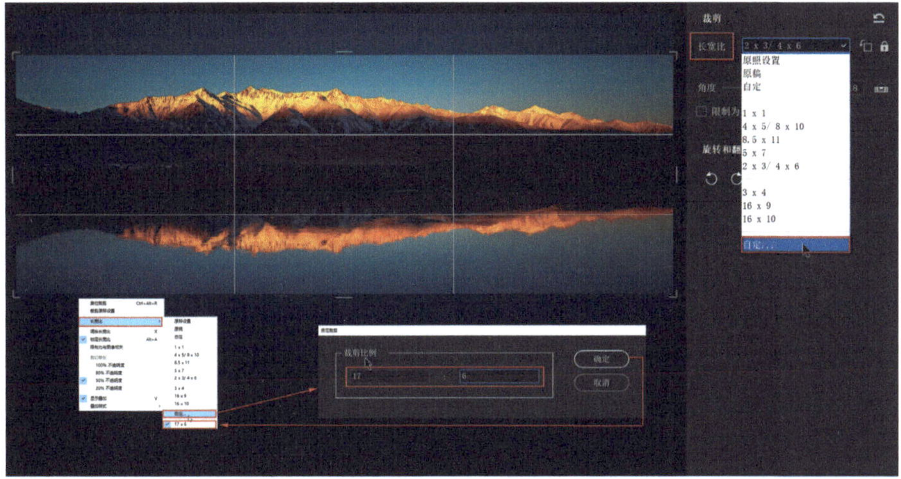

5. 按 Enter 键或在图像上双击可确定裁剪；取消裁剪可按 Esc 键，或者在预览图像中单击鼠标右键，在弹出的上下文菜单中选择“复位裁剪”命令，亦可在“裁剪”面板中单击“复位裁剪”图标（Windows 系统的快捷键为 Ctrl+Alt+R，macOS 系统的快捷键为 Command+Option+R）。

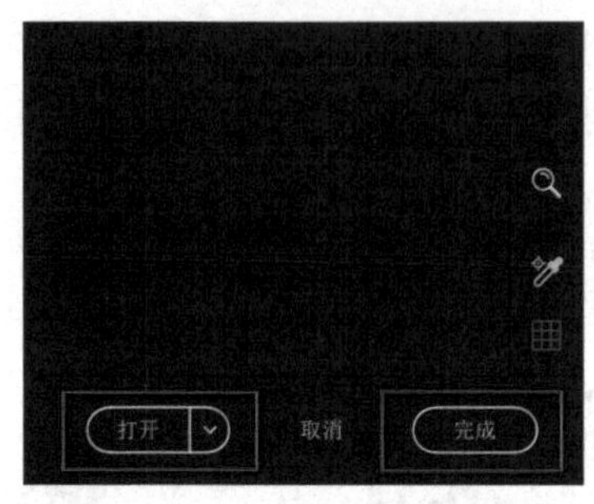

6. 单击“完成”或“打开”按钮进入 Photoshop，裁剪后的图像将被保存，Bridge 中的缩览图和预览图都会做出相应的更新。

小结

在展示组照和专题的图像时，它们通常会被放在同一个页面或展区中。为了保证视觉上的统一和协调，用户需要保持一致的裁剪比例。如果这些图像的裁剪比例不同，可能会出现以下问题。

1. 不同比例的图像会让整个页面看起来混乱无序，视觉效果不协调。
2. 不同比例的图像容易分散读者的注意力，使呈现效果变得平淡无奇。
3. 不同比例的图像会影响读者对图像的理解和重要性的认知。

第二节 白平衡校正的高级使用技法

相机能记录拍摄场景的光照色温，在光线灰暗的场景中或室内拍摄时，图像的白平衡往往会出现记录不准确的情况。例如，在室内日光灯色温下，图像会偏绿，阴影处会偏蓝；在钨丝灯光照下，图像会偏黄；而在舞台拍摄时， 由于多种光线的反射，图像会呈现更多的色彩。由于 RAW 格式文件完整地记录了图像的所有颜色和明度信息，所以在 Camera Raw 中可以轻松校正白平衡。

学习目的：学习并掌握白平衡工具的高级使用技法，了解如何准确地使用它来调整图像的白平衡，以及如何根据不同类型的光照色温来调整图像。

一、“白平衡工具”校正技法

使用“白平衡工具”校正图像中的偏色，既快捷又准确。只要图像中存在黑色、白色或中性灰色，“白平衡工具”就能发挥它强大的校正能力。Camera Raw 依据拍摄场景的光线颜色，自动对场景光照进行调整，并指定选取点为黑色、白色或中性灰色。

1. 在 Camera Raw 中打开案例图像，展开“基本”面板（Windows 系统的快捷键为 Ctrl+1，macOS 系统的快捷键为 Command+1），单击该面板右上角的“白平衡工具”图标（快捷键为 I），鼠标指针将切换成“白平衡工具”图标形状。

2. 图像背景中的火车头是黑色的，地毯是灰色的，距离灯光光源最近端为白色。使用“白平衡工具”在火车头黑色处按住鼠标左键并拖曳出一个颜色样本选区，松开鼠标，图像的白平衡得到了很好的校正。如果对校正效果不满意，可以移动选取点重新校正，直到满意为止。

3.若要取消白平衡校正，只需双击“白平衡工具”图标即可（推荐使用此方式）；也可在“基本”面板中，展开“白平衡”下拉列表，选择“原照设置”。

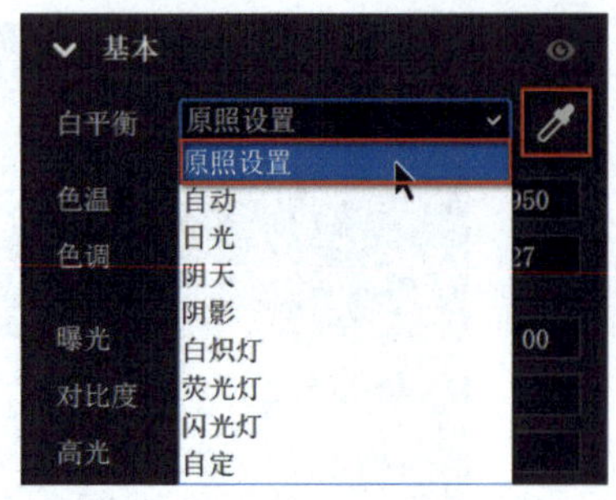

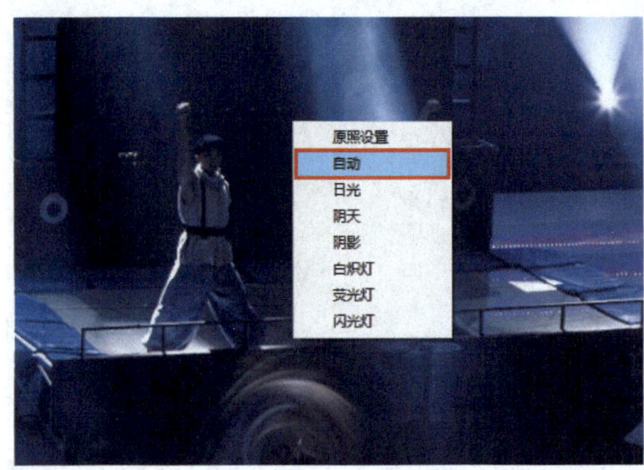

4.单击“白平衡工具”图标，然后在图像预览界面中单击鼠标右键，可访问“白平衡”控件的内置预设，或者取消白平衡校正。

二、利用控件的内置预设校正白平衡技法

“白平衡”控件位于“基本”面板顶部，其内置预设如下。

①原照设置：依据相机拍摄时嵌入图像元数据条目中的光照色温校正白平衡。

②自动：通过计算自动校正白平衡。

③日光：基于日光光照色温校正白平衡。

④阴天：基于阴天光照色温校正白平衡。

⑤阴影：基于阴影光照色温校正白平衡。

⑥白炽灯：基于白炽灯光照色温校正白平衡。

⑦荧光灯：基于荧光灯光照色温校正白平衡。

⑧ 闪光灯：基于闪光灯光照色温校正白平衡。

⑨ 自定：对色温、色调的个性化手动调整。

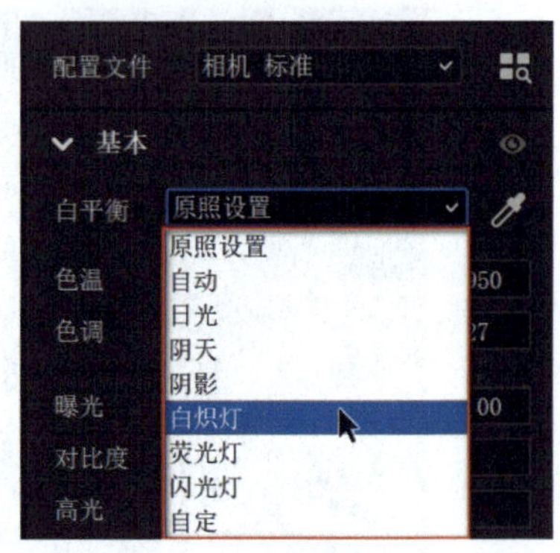

1.在 Camera Raw 中打开案例图像，展开“基本”面板，选择“白平衡”内置预设中的“自动”，Camera Raw 将自动计算校正白平衡。

按住 Shift 键，在“色温”“色调”滑块上双击进而快速实现白平衡校正效果，等同于执行“自动”操作，这是一种非常“酷炫”的技法。

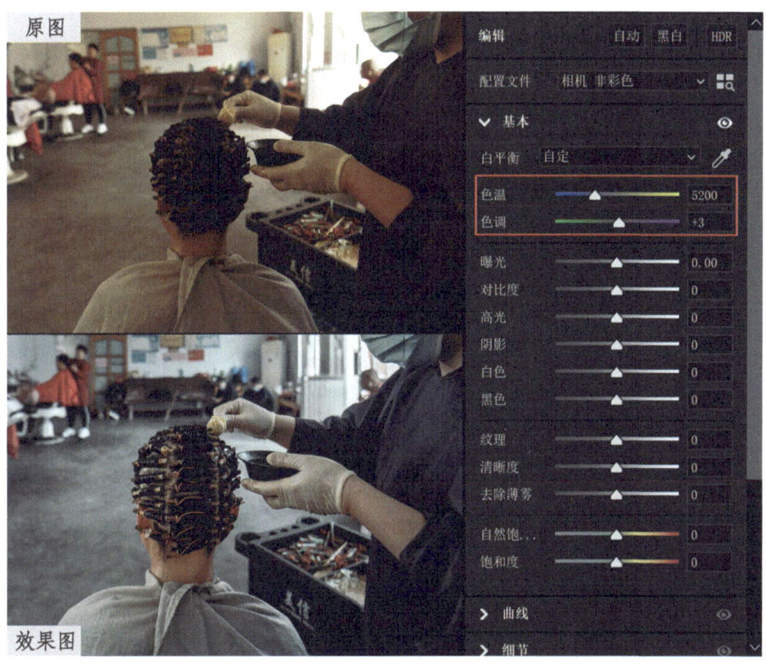

2. 案例图像选用内置预设中的“荧光灯”，虽然光照色温和拍摄场景不符合，但校正效果能够有效表达摄影师的拍摄意图。

3. 在校正 JPEG、TIFF 或 HEIC 格式文件时，“白平衡”控件的内置预设只有“自定”可用，用户可以手动调整“色温”“色调”滑块来对图像进行白平衡校正。但是，此时的滑块不是实温（2000K~50000K）调整滑块，而是以范围为 -100~+100 的近似刻度来代替温标。

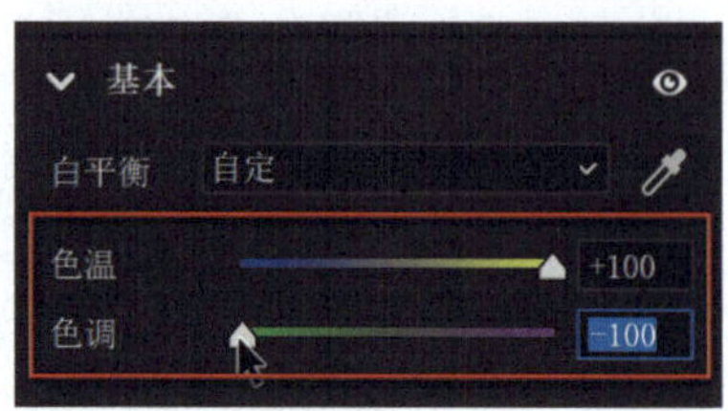

①色温：向左拖曳滑块，可给图像添加冷色调，减少暖色调；向右拖曳滑块，可给图像添加暖色调，减少冷色调。

②色调：向左拖曳滑块，可给图像添加绿色色调，减少洋红色色调；向右拖曳滑块，可给图像添加洋红色色调，减少绿色色调。

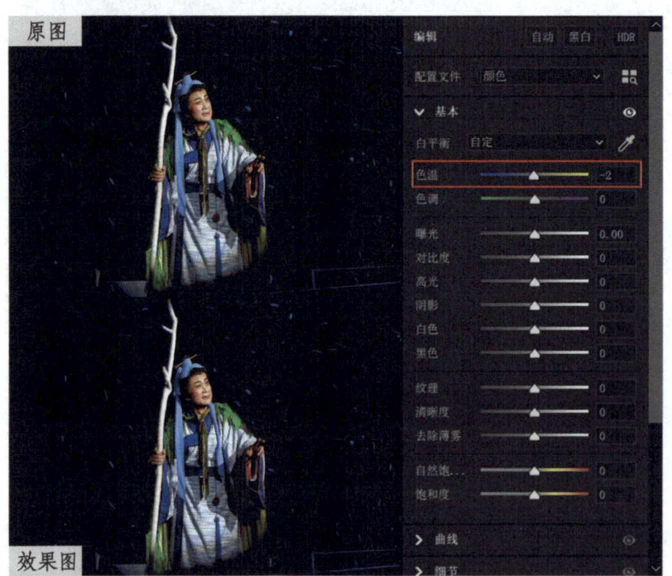

（1）在 Camera Raw 中打开案例图像，展开“基本”面板。图像略微偏黄，将“色温”滑块拖曳至 -2，以减少暖色调并添加冷色调。

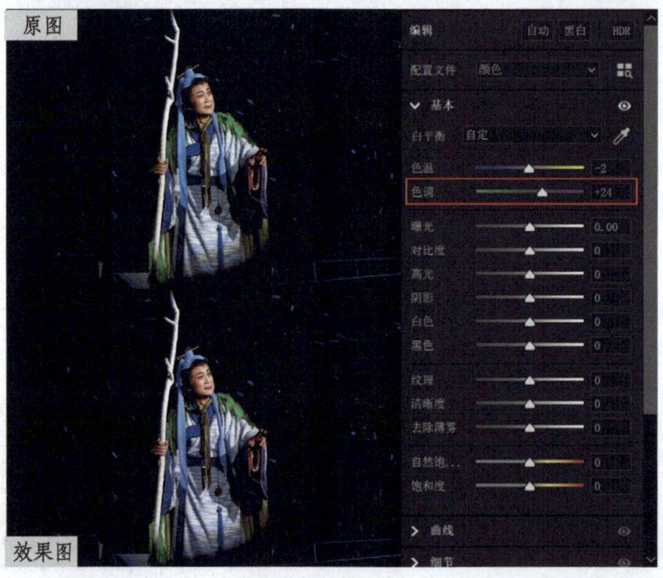

（2）图像严重偏绿，将“色调”滑块拖曳至 +24，以减少绿色色调并添加洋红色色调，完成手动白平衡校正。

4. 个性化白平衡校正技法

（1）将案例图像的“色温”滑块拖曳至6050、“色调”滑块拖曳至+37，有意强化暖色调，使图像散发出“爱的气息”（在“白平衡”控件的内置预设中选择“原照设置”，或双击“白平衡工具”图标，可取消白平衡校正）。

（2）将案例图像的“色温”滑块拖曳至 3400 ，有意强化冷色调，给图像添加“神秘的气氛”。

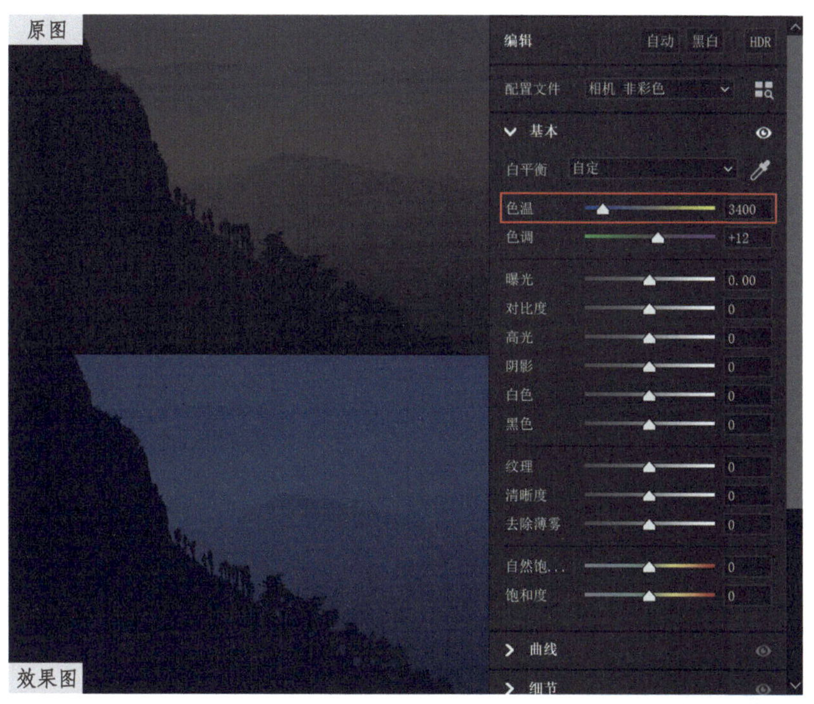

小结

传统的色温设置未必能够有效地表达出拍摄者的初衷，因此有时需要调整色温来更好地展现摄影师的意图，从而让观者与其产生情感上的互融与思维上的共鸣。

第三节 基础调整工具使用技法

对 Camera Raw 的初学者来说，面对“基本”面板中如此多的滑块，有时会不知所措。为帮助读者轻松地掌握这些滑块的用法，本节先不谈各个滑块的具体作用，而是先推荐 3 种简单实用的、酷炫的调图方式。

学习目的：学习掌握在“基本”面板中运用高级技巧实现图片编辑的操作方法。此外，通过这些技巧，能够更好地调整图片的色温、亮度、对比度等，从而使图片更加精致出色。

一、“自动”调图法

在 Camera Raw 中打开案例图像，在“编辑”面板中，单击“自动”按钮（Windows 系统的快捷键为 Ctrl+U，macOS 系统的快捷键为 Command+U）。

Camera Raw 将读取图像的元数据信息，对图像的影调和色调进行分析，并对“影调”和“色调”滑块做出相应的调整（“纹理”“清晰度”“去除薄雾”滑块需手动调整），再次单击“自动”按钮可取消调整编辑（Windows 系统的快捷键为 Ctrl+R，macOS 系统的快捷键为 Command+R）。

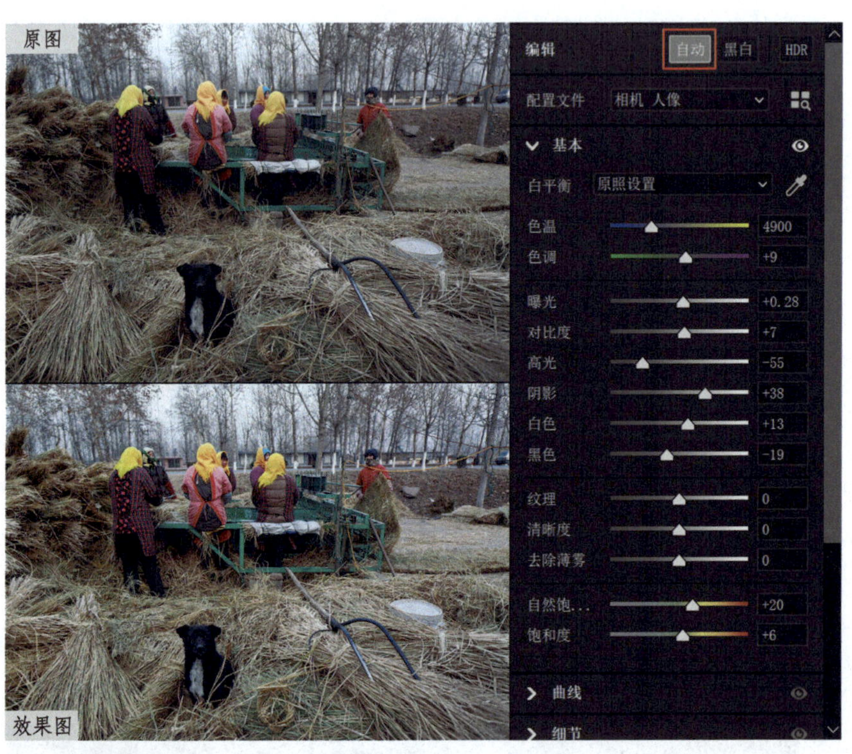

二、“半自动”调图法

如果通过 Camera Raw 分析图像的元数据信息，对“基本”面板的控件进行单独分析并定制调整，无疑会比“自动”式调图更加精准有效，而且看起来也更加酷炫。

1. 展开“基本”面板，通过按住 Shift 键 + 双击的方式，将整个面板的滑块（除了“清晰度”“纹理”“去除薄雾”外）逐一双击，图像调整效果会比“自动”调整的明显更好。

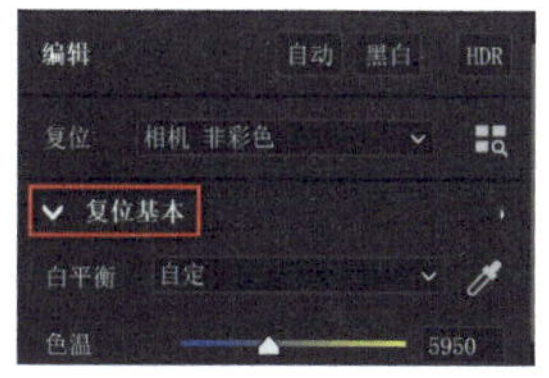

2. 要将单个滑块恢复至默认值，可在对应滑块上双击。要重置“基本”面板中的所有滑块的值，在 Windows 系统中按住 Alt 键（macOS 系统中按住 Option 键），“基本”面板将切换成“复位基本”面板，单击“复位基本”即可。

三、“混搭”调图法

“混搭”调图法是指在“自动”调图的基础上，对“基本”面板中的“白色”和“黑色”滑块应用“半自动”调图法，以获得更佳的调整效果。

1. 在 Camera Raw 中打开案例图像，采用“自动”调图法，单击“自动”按钮即可。

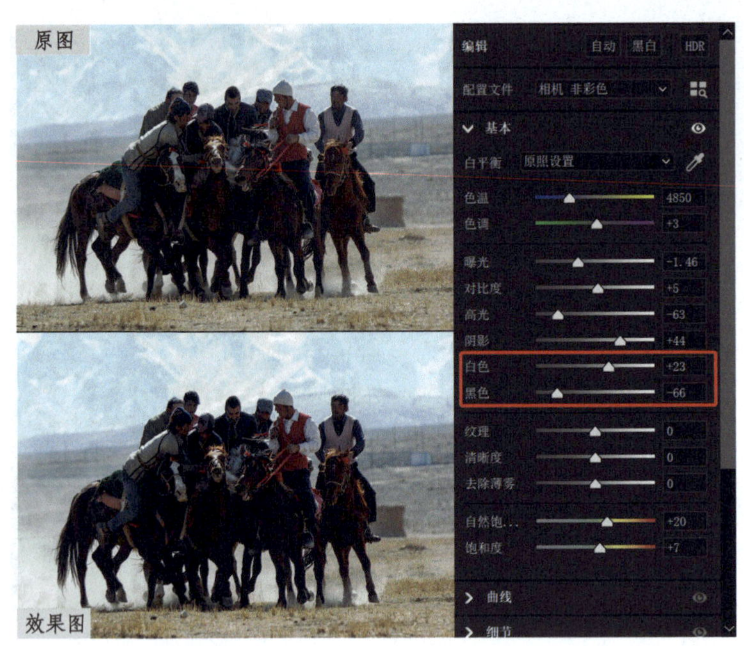

2.展开“基本”面板，按住 Shift 键的同时，在“白色”和“黑色”滑块上双击，“白色”由 +15 修正为 +23，“黑色”由 - 18 修正为 -66，调整后的视觉效果更佳。

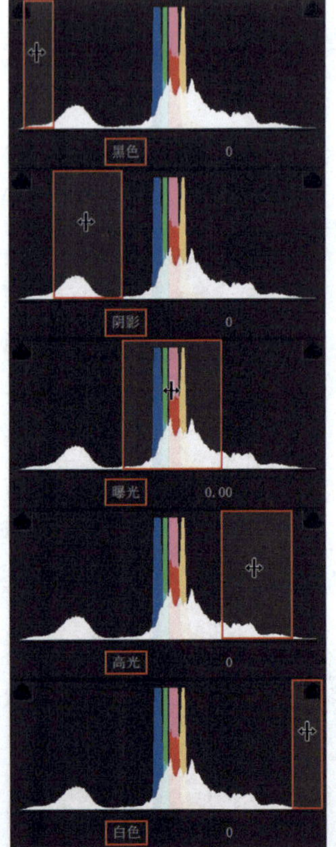

四、开启“手动”调整模式

我们除了需要对图像有调整前的构思，还需要对“基本”面板中各滑块的工作原理有详细的了解。

1. 调整控件影响直方图对应区域图析

（1）从直方图对应区域图析中，可以看到调整滑块将主要影响直方图的实际区域。

（2）Camera Raw 允许在直方图上直接对图像进行影调调整，通过按住鼠标左键并在相应区域左右拖曳，可以改善图像的效果，同时也能让使用者详细了解各滑块的工作原理和相互关系。

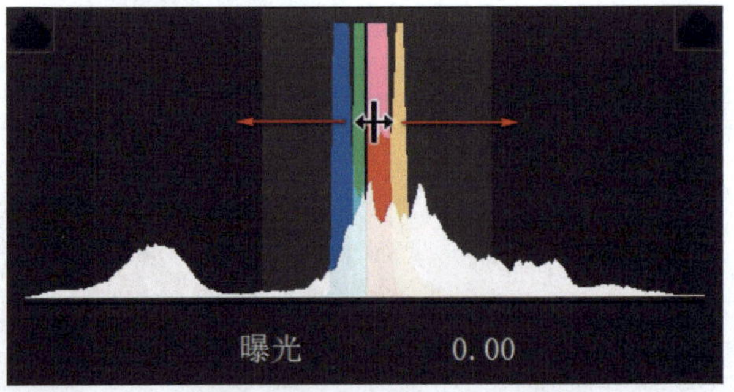

2.“基本”面板中滑块的工作原理

（1）影调滑块的工作原理。

①曝光：调整整体图像亮度。它很像相机里的曝光补偿，如果图像过暗，可增大曝光值；如果图像过亮，则可减小曝光值。

②对比度：增大或减小图像的反差。主要影响图像中间调，提高对比度会使暗区域变得更暗、亮区域变得更亮，而降低对比度则会产生相反的效果。

③高光：调整图像的明亮区域。向左拖曳滑块可使高光区域变暗并恢复细节，向右拖曳滑块可使高光区域变亮并逐渐失去细节。

④阴影：调整图像的黑暗区域。向左拖曳滑块可使阴影区域变暗，向右拖曳滑块可使阴影区域变亮并恢复细节。

⑤白色：调整对高光区域的修剪。向左拖曳滑块可减少对高光区域的修剪，向右拖曳滑块可增加对高光区域的修剪。

⑥黑色：调整对阴影区域的修剪。向左拖曳滑块可使阴影更黑，向右拖曳滑块可减少对阴影区域的修剪。

⑦纹理：增强或减弱图像中的纹理。向左拖动滑块可以弱化细节，向右拖动滑块可以突出细节。调整“纹理”滑块时，颜色和色调不会发生变化。

⑧清晰度：通过提高局部对比度来增加图像的深度，对中间色调的影响最大。它类似于用曲线调反差，但是它将图像分割为多个小区域进行精确调整。调整时，建议将图像放大至 100%，如果要使图像的视觉冲击力更强，可以适当增大其数值，直到在图像边缘细节处看到光晕，然后略微减小数值；减小数值时，对图像的视觉冲击力的影响与增大数值的相反。

⑨去除薄雾：增减图像中薄雾或雾气的量。

（2）色调滑块的工作原理。

①自然饱和度：对于原始饱和度较高的颜色影响较小，而对于原始饱和度较低的颜色影响较大。

②饱和度：均匀地调整图像中所有颜色的饱和度。

3.选择处理图像的方式

“编辑”面板位于面板的顶部，可以选择处理图像的方式（“自动”“黑白”“HDR”），处理图像的默认方式为“彩色”。

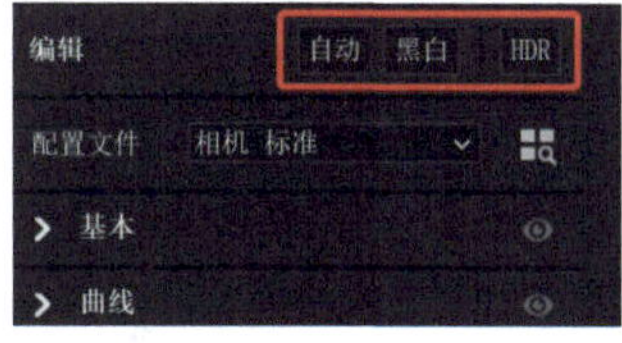

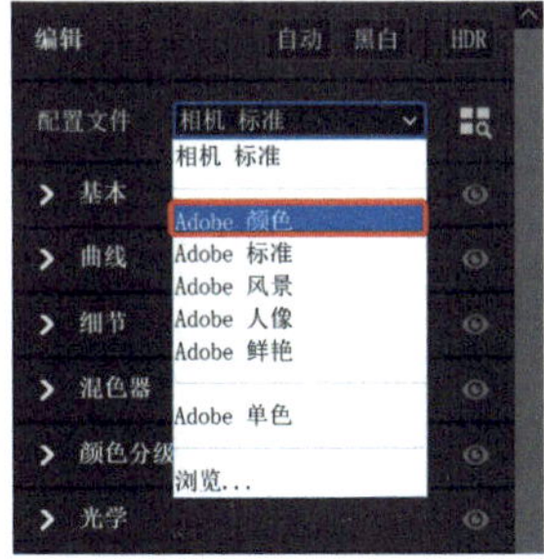

4.将配置文件应用于图像

（1）配置文件可以在图像中渲染颜色和色调。“配置文件”提供的配置文件旨在为进行图像编辑提供一个参考起点或基础，默认配置文件为“Adobe 颜色”（如果在第一章第二节所讲的“Raw 默认设置”处进行设置，则默认配置文件将基于此处的设置）。

（2）单击右侧的“浏览配置文件”图标，可以切换至“配置文件”面板查看全部配置文件。单击“配置文件”面板左上角的“后退”按钮，可返回“编辑”面板。在“配置文件”面板中，展开任意配置文件组可以查看对应组内可用的配置文件。可以选择“列表”或“网格”（应用效果缩览图）方式查看配置文件，还可以按类型（“颜色”或“黑白”）来筛选要显示的配置文件。

（3）Camera Raw 工程师对各种相机进行了多次测试，力求获取完美的相机光谱响应曲线，使图像的色彩得到最佳的呈现——“Adobe Raw”配置文件（极力推荐）。

（4）每款相机拍摄的图像都有自己独特的“脸谱”，并配有相机制造商默认的颜色渲染匹配设置——“Camera Matching”相机配置文件。使用“Camera Matching”配置文件，可以让 Camera Raw 更加准确地解析与相机制造商软件所应用的默认颜色渲染匹配的设置，还会匹配默认相机 JPEG 格式文件的渲染（极力推荐）。

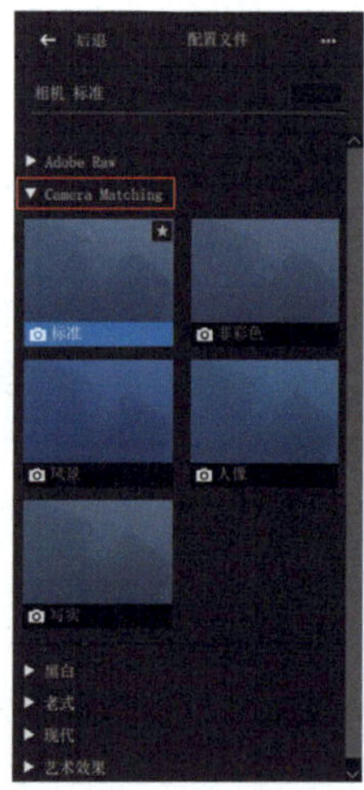

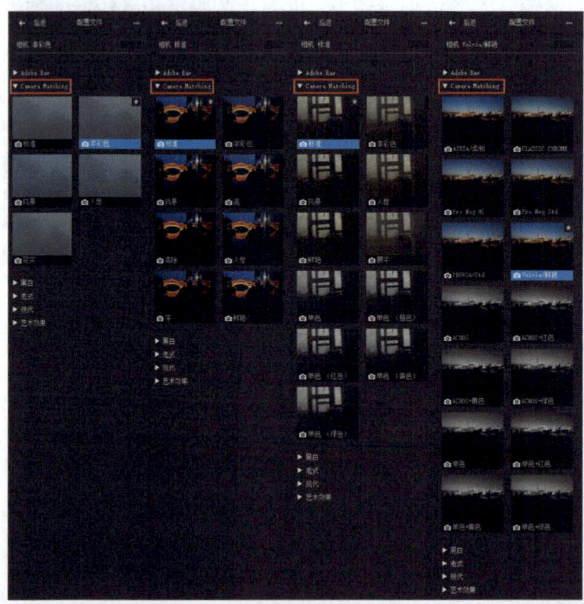

（5）相机不同，“Camera Matching”配置文件也会有所差异。即使同一品牌的相机，型号不同，配置文件也会不同。

（6）配置文件有“老式”组，这是 Camera Raw 为了服务老用户而保留的配置文件。如果 Camera Raw 将这些早期配置文件舍弃，那么老用户的原始文件在 Camera Raw 中打开时可能会出现因缺少相机配置文件而导致图像出现问题的情况。为了确保该兼容性，Camera Raw 会继续保留这些老式配置文件。

（7）具体选用哪种配置文件确实没有固定的答案，合适的才是最佳的。同时，读者也需要牢记：挑选相机配置文件，要确保图像曝光正常、明度调整令人满意，因为更改图像明度会导致色调发生变化。

五、“个性化”手动调整法

“个性化”手动调整法是指，基于个人经验将图像调整成更符合个人审美表达需求的编辑技法。

案例一

1. 在 Camera Raw 中打开案例图像。调整夜景图像时，先要处理好高反差影调的问题，再渲染图像的色调。分析图像时，要明确图像的主体、陪体、前景、背景，这样才能使图像呈现较好的视觉效果。

展开“几何”面板，选择“Upright”模式中的“自动”模式，图像透视倾斜得到了较好的校正。

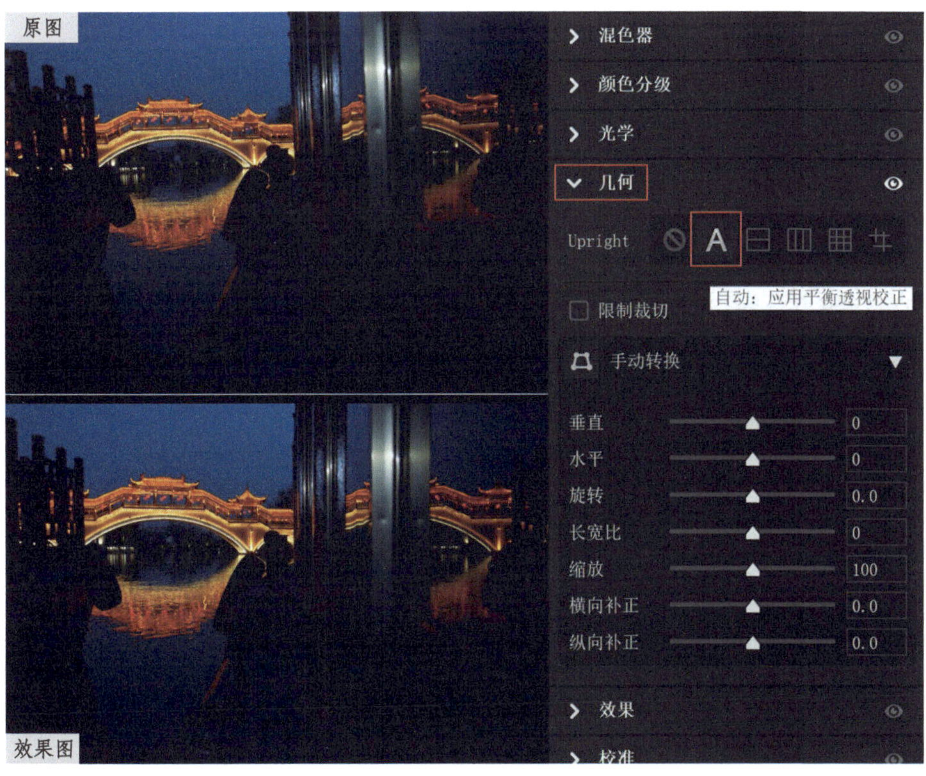

2. 切换到“配置文件”面板，在“Adobe Raw”组中选择“Adobe 鲜艳”，单击“后退”按钮（或者直接双击配置文件）返回“编辑”面板（推荐使用双击配置文件的方法）。

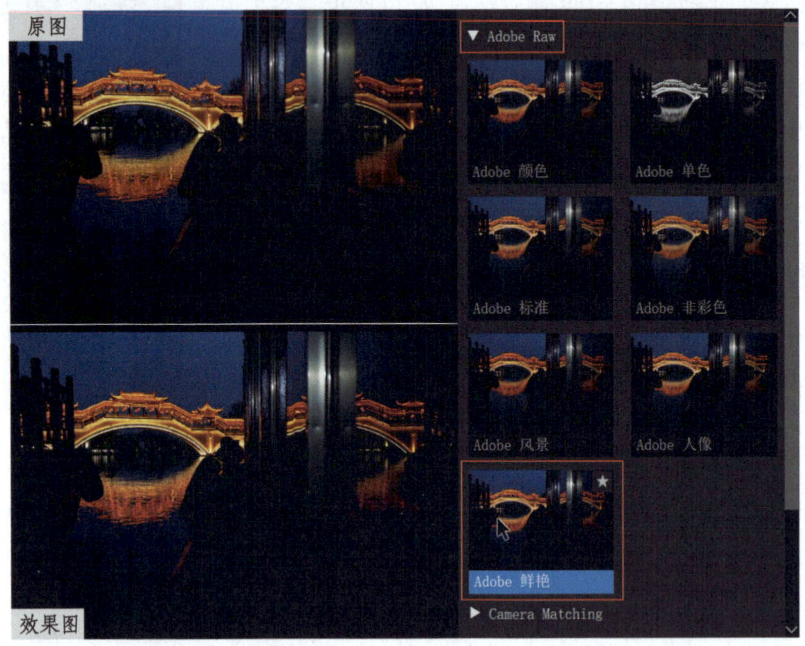

3. 图像的中间调偏低，展开“基本”面板，将“曝光”滑块拖曳至+2.05，提高图像的亮度。

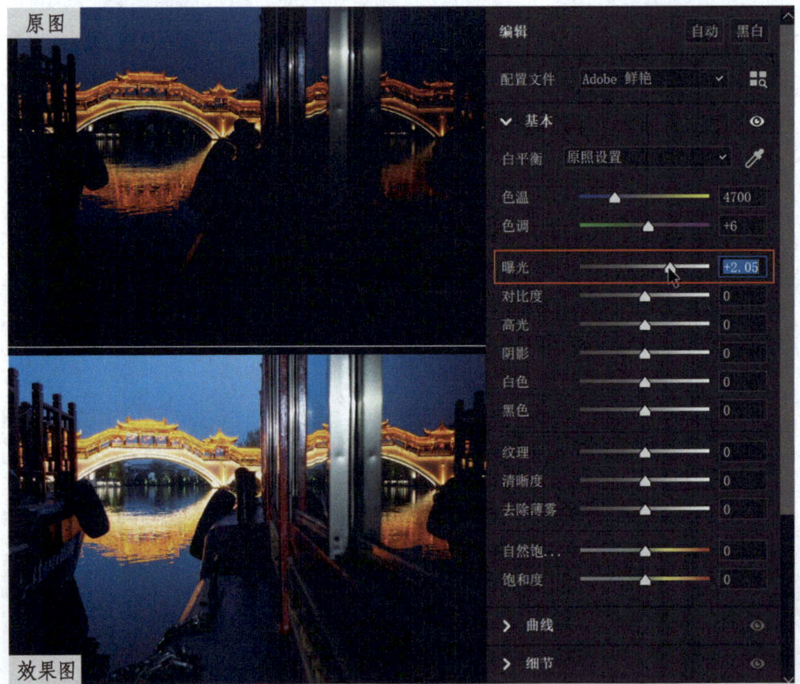

4. 图像的中间调存在灰度，将“对比度”滑块拖曳至 +17，增大图像的反差，去除灰度。

5. 图像高光区域偏亮，将“高光”滑块拖曳至 -71，恢复图像中高光区域的细节。

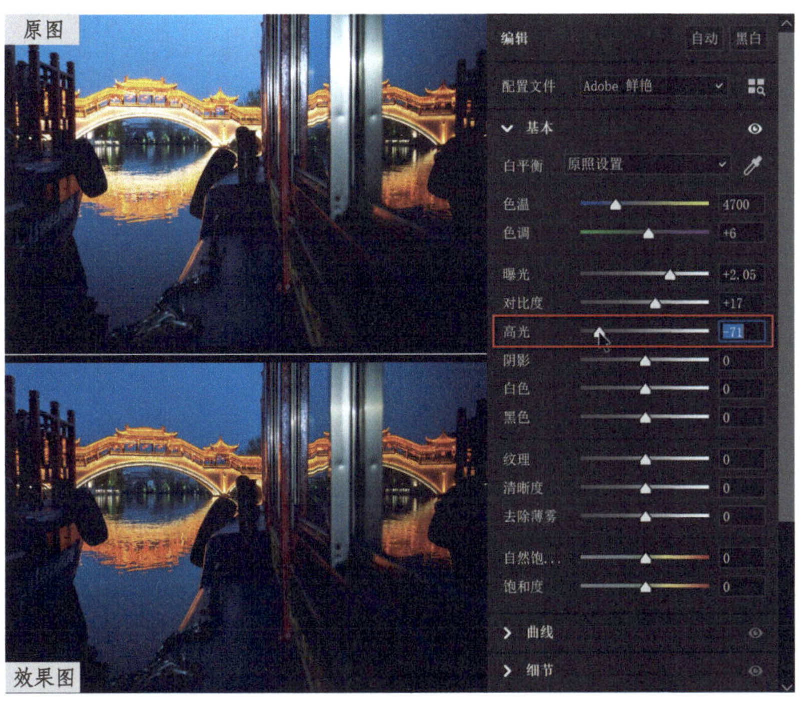

6. 图像的暗部区域为陪体，不需要展现更多的细节，将“阴影”滑块拖曳至 -10。

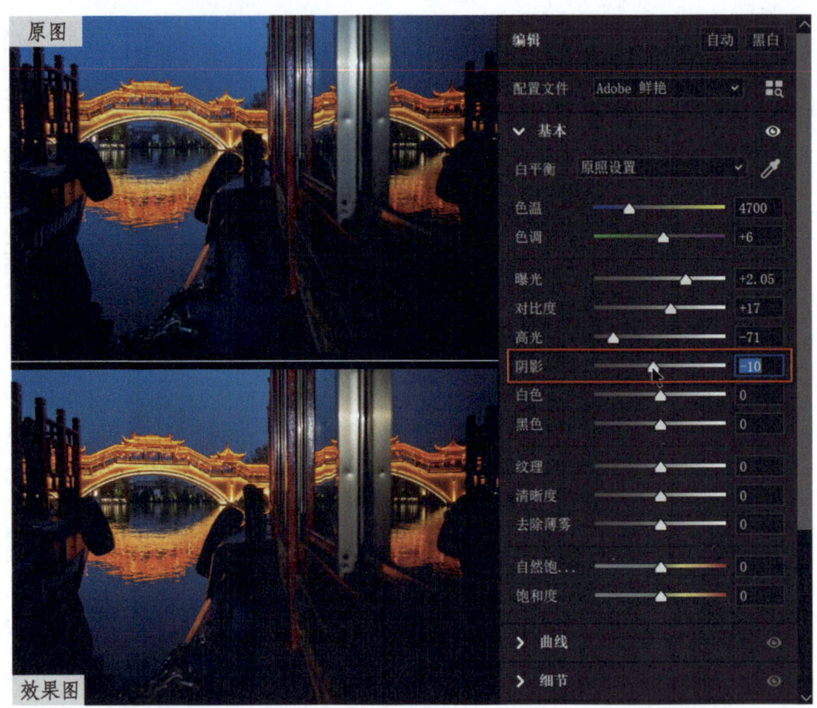

7. 为了使主体中最亮区域形成视觉中心，将“白色”滑块拖曳至 +21，灯光区域的暖色调就会明亮起来。

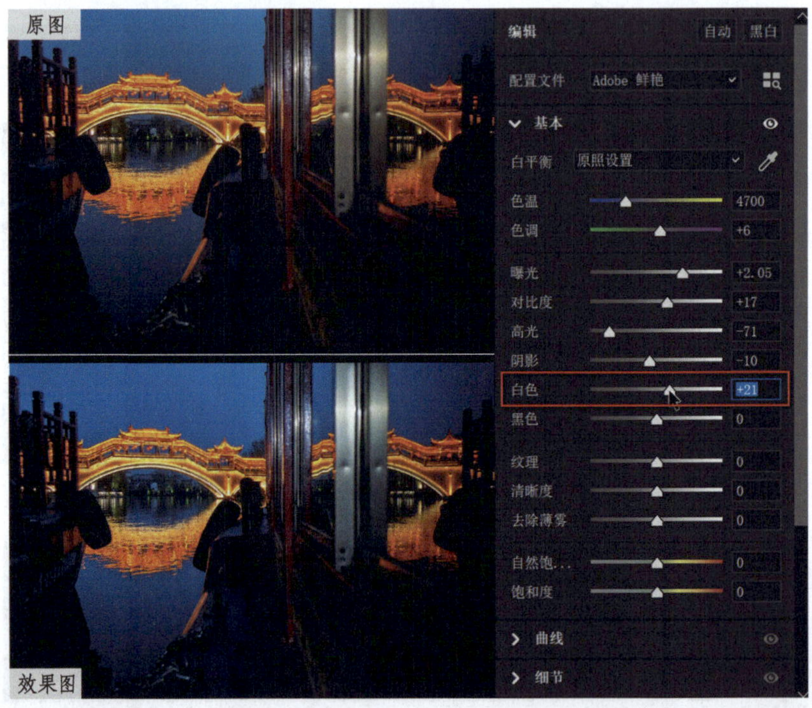

8. 图像的阴影区域出现大面积修剪警告，将“黑色”滑块拖曳至 +25，消除阴影修剪警告。

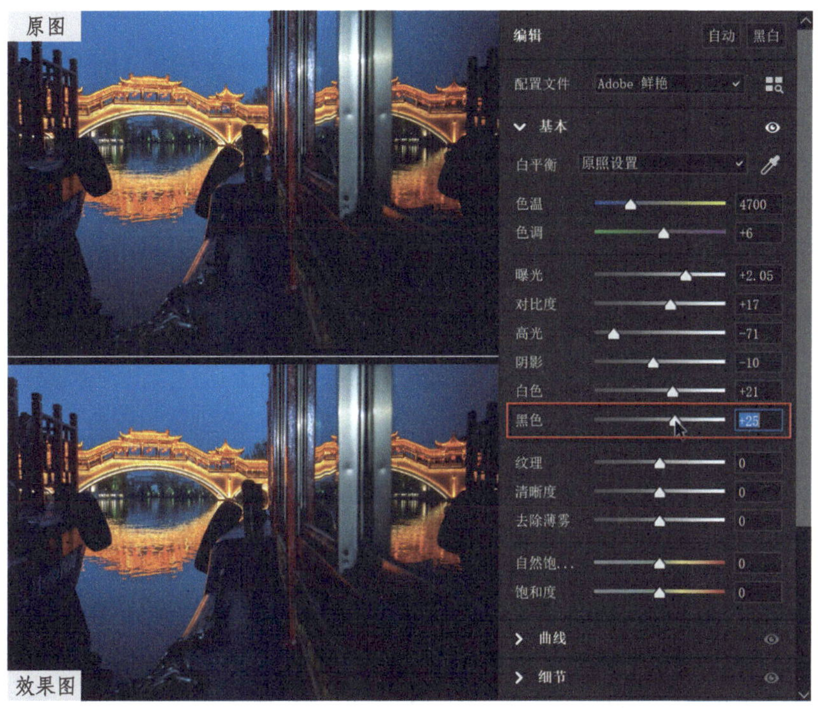

9. 将“纹理”滑块拖曳至 +21，增加图像的纹理细节。

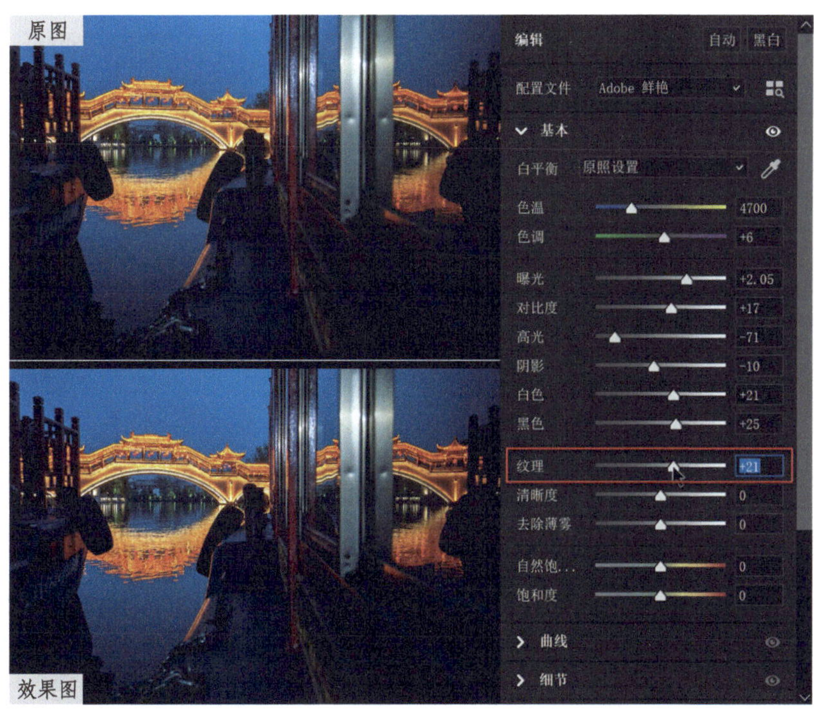

10. 将“清晰度”滑块拖曳至 +8，增大图像中间调的反差，使主体具有视觉冲击力（当大幅度增大“清晰度”值时，图像会出现清晰锐利的边缘。因此一定要将图像放大至 100% 再进行调整，以避免图像边缘出现白色晕影）。

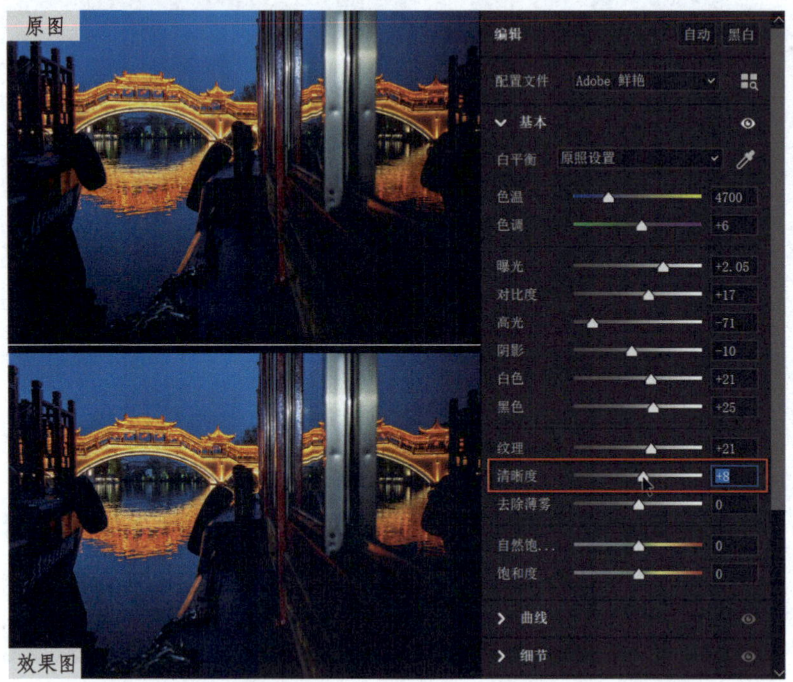

11. 为使图像更加通透，将“去除薄雾”滑块拖曳至 +5，从而减弱图像中的薄雾效果。

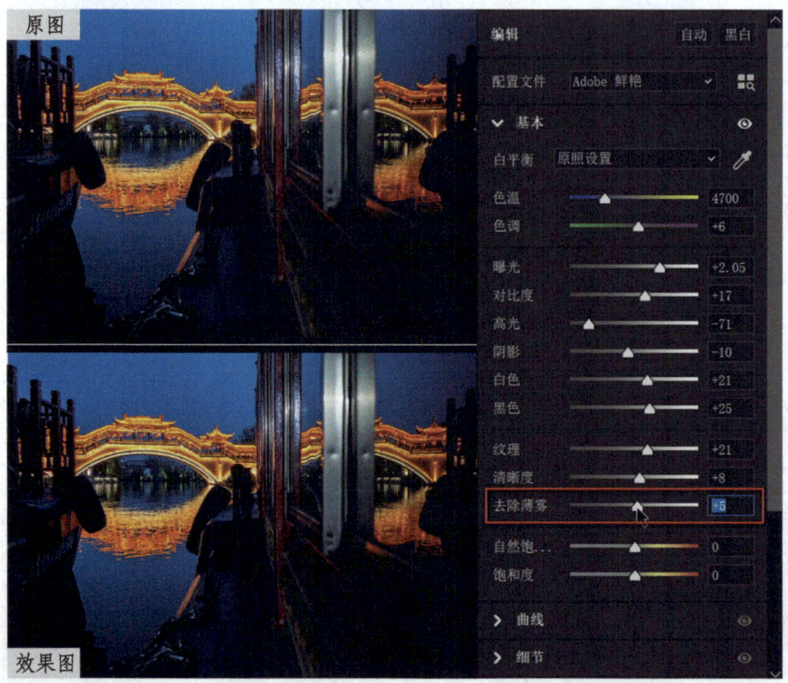

12. 将“自然饱和度”滑块拖曳至 +20，使冷色调丰满起来。冷色调因原饱和度较低，而增加的饱和度最高；暖色调因原饱和度较高，受到抑制，饱和度增加得较少——这正是“自然饱和度”的魅力所在。

13. 将“饱和度”滑块拖曳至 +10，提高图像整体的饱和度。

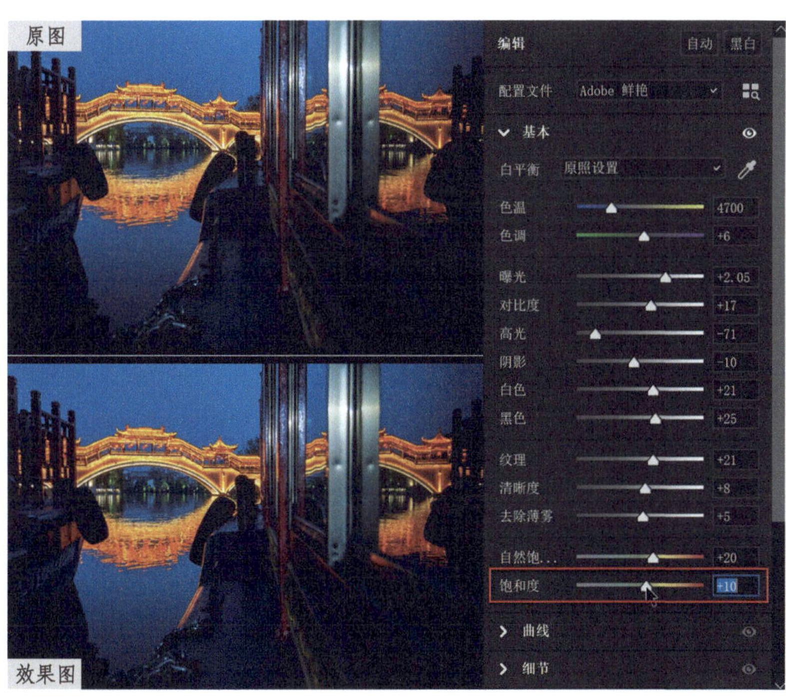

14. 将“色温”滑块拖曳至 5850，图像中的暖色调增强。

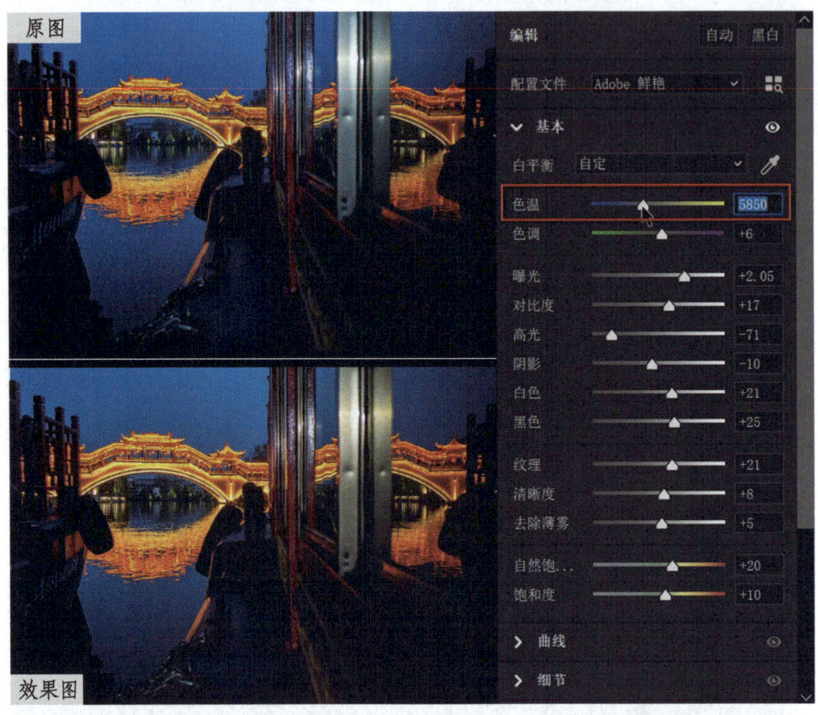

15. 将“色调”滑块拖曳至+10，图像中的绿色色调减少，洋红色色调增加。

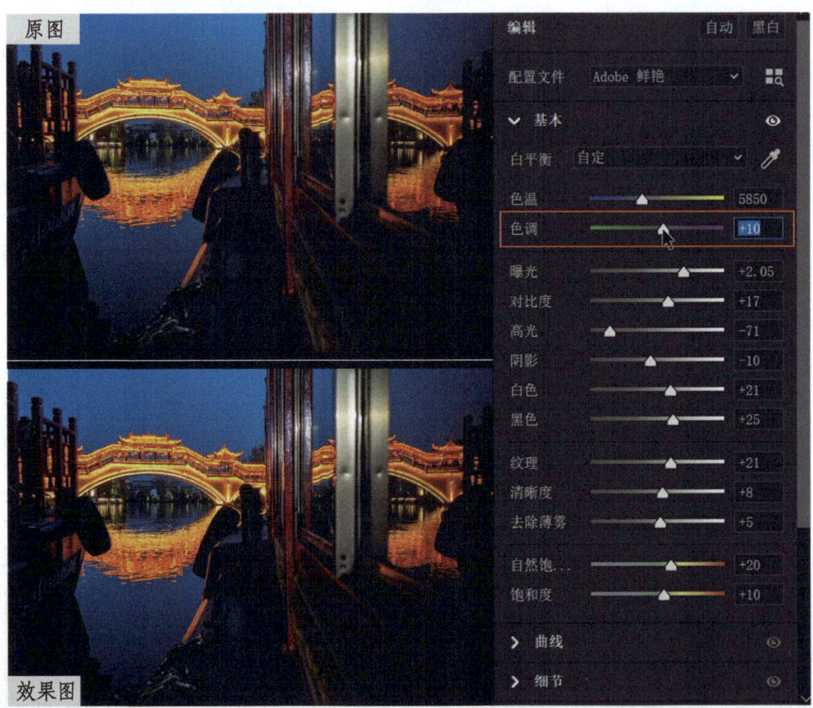

16. 在 Windows 系统中按住 Alt 键（macOS 系统中按住 Option 键）并单击“曝光”滑块，查看图像的阈值，发现较少区域出现高光修剪警告。由于灯光处本身没有细节，因此这是合理的。

17. 在 Windows 系统中按住 Alt 键（macOS 系统中按住 Option 键）并单击“黑色”滑块，查看图像的阈值，发现较少区域出现阴影修剪警告。由于它们是图像中最暗的区域，因此这也是合理的。

案例二

调整反差较大的图像时，要先处理好主体和陪体的影调问题（明暗对比），再渲染图像的色调（冷暖对比）。

1. 切换至“配置文件”面板，在“Camera Matching”组中双击“写实”。

2. 图像主体较暗，展开“基本”面板，将“曝光”滑块拖曳至 +0.30。

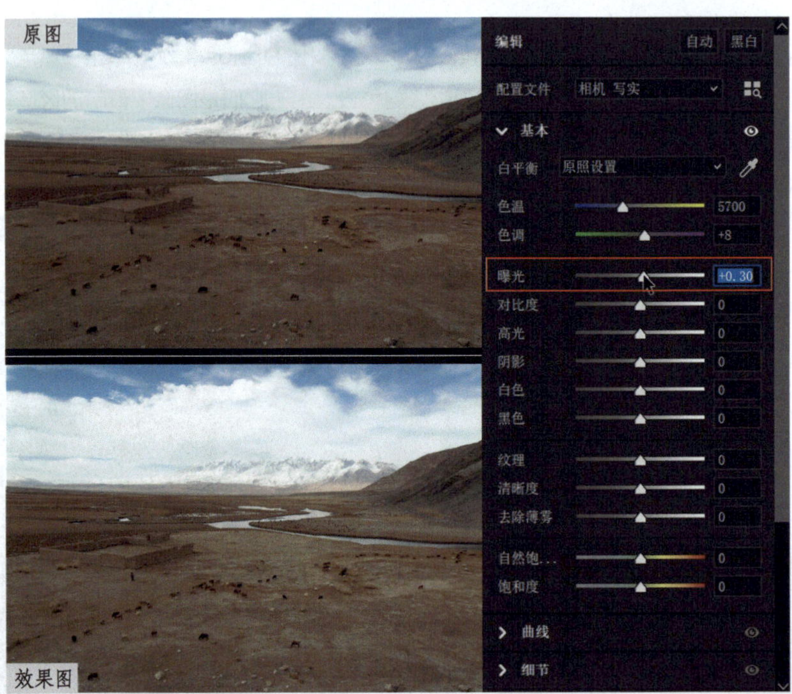

3. 图像中间调有点儿灰度，将“对比度”滑块拖曳至 +5，去除中间调的灰度，让图像变得通透。

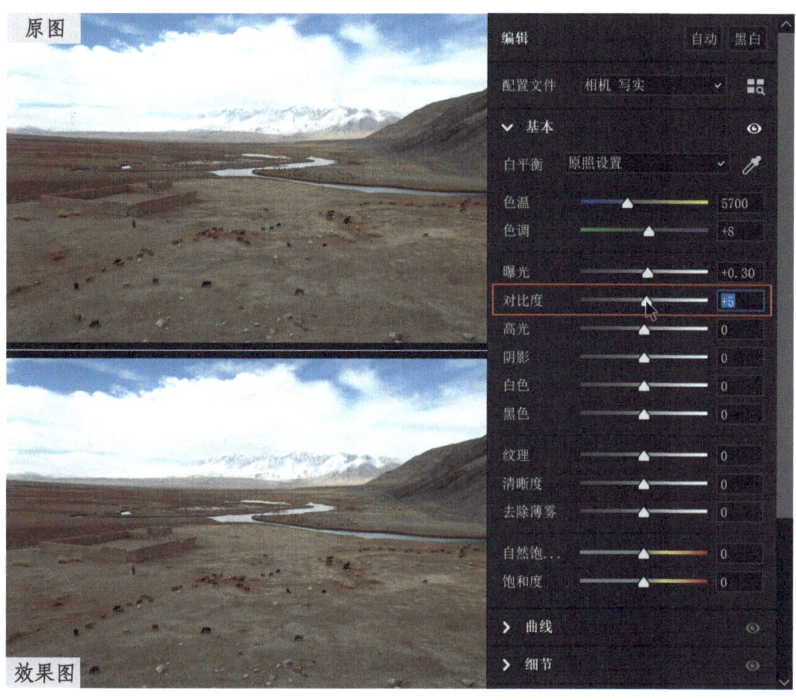

4. 天空高光区域的细节缺失，将 “高光”滑块拖曳至 －80，恢复高光的细节。

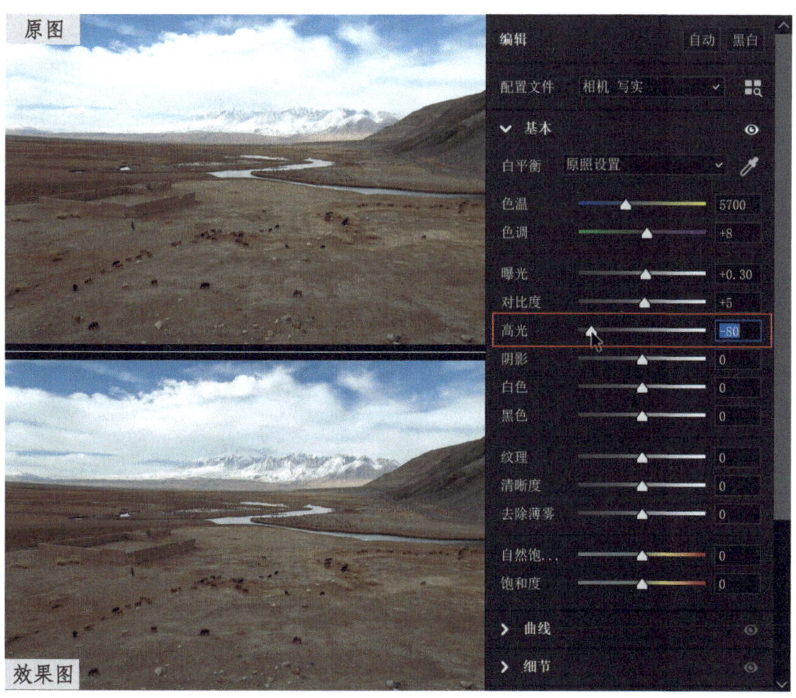

5.主体区域较暗，明度不够强，将“阴影”滑块拖曳至+89，以使该区域的明度正常。

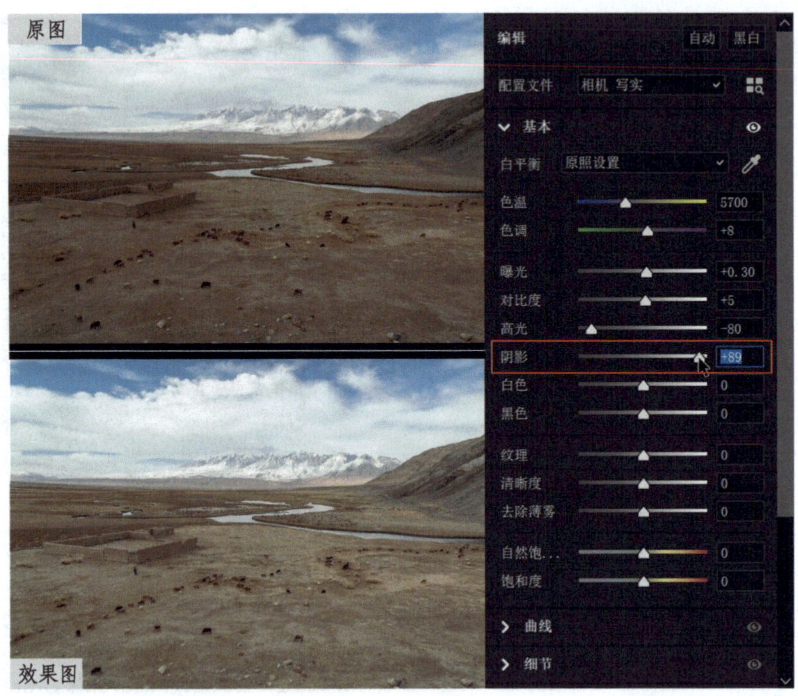

6.将“白色”滑块拖曳至+20，使主体中的最亮区域变得明亮，增强立体感。

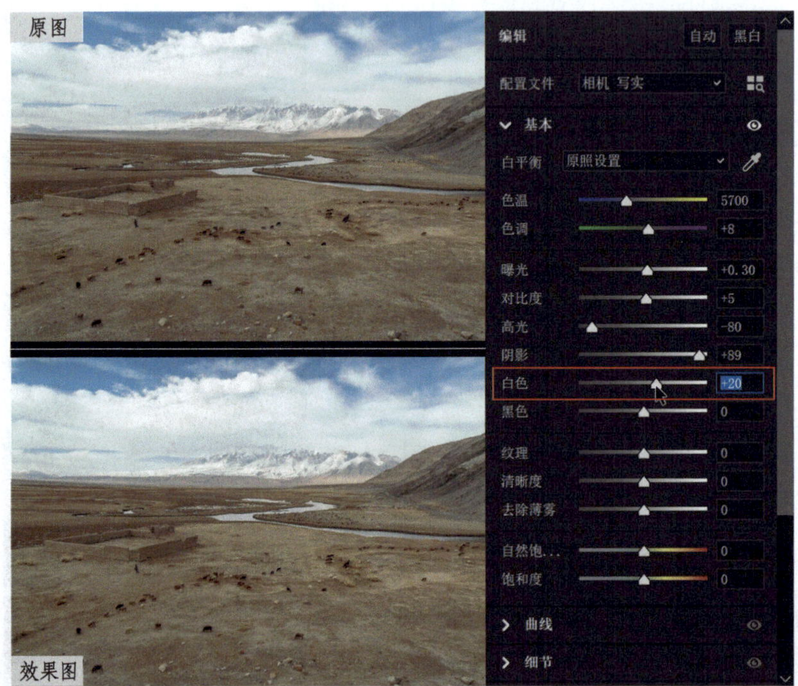

7. 图像整体偏灰，将“黑色”滑块拖曳至 -42，确立黑场，从而使图像整体不再偏灰。

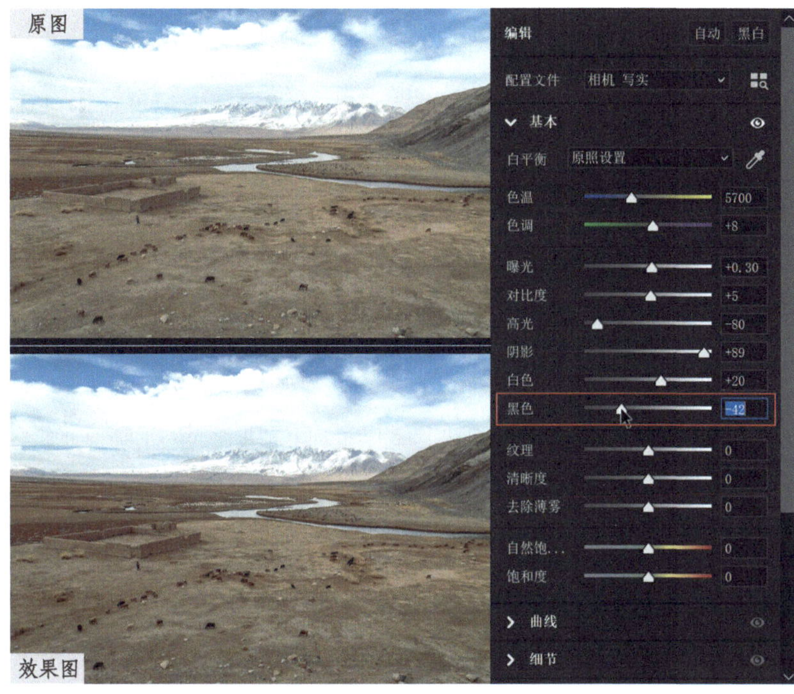

8. 将“纹理”滑块拖曳至 +21，增加图像的纹理细节。

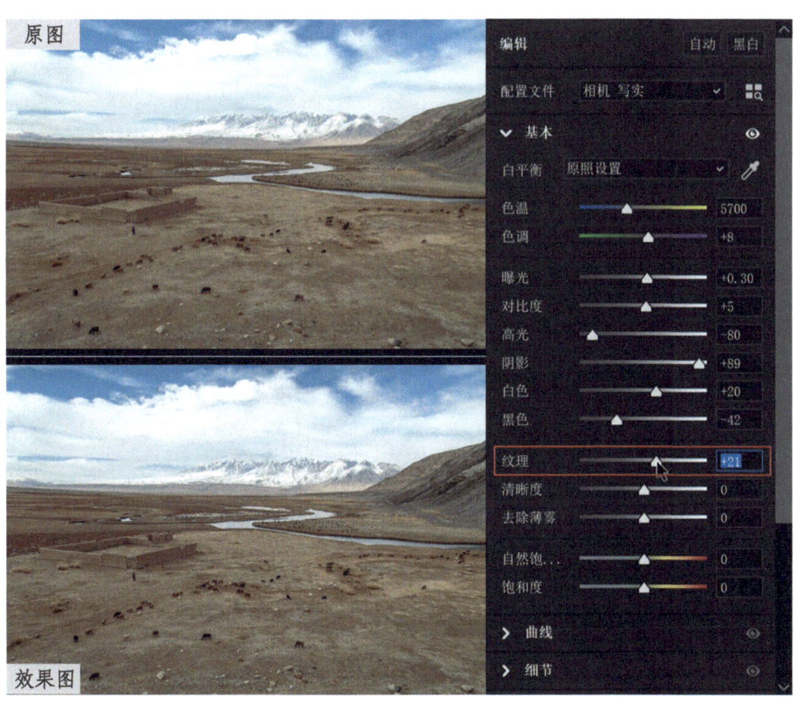

9.将“清晰度”滑块拖曳至+4，提高图像中间调的对比度，使主体具有张力。

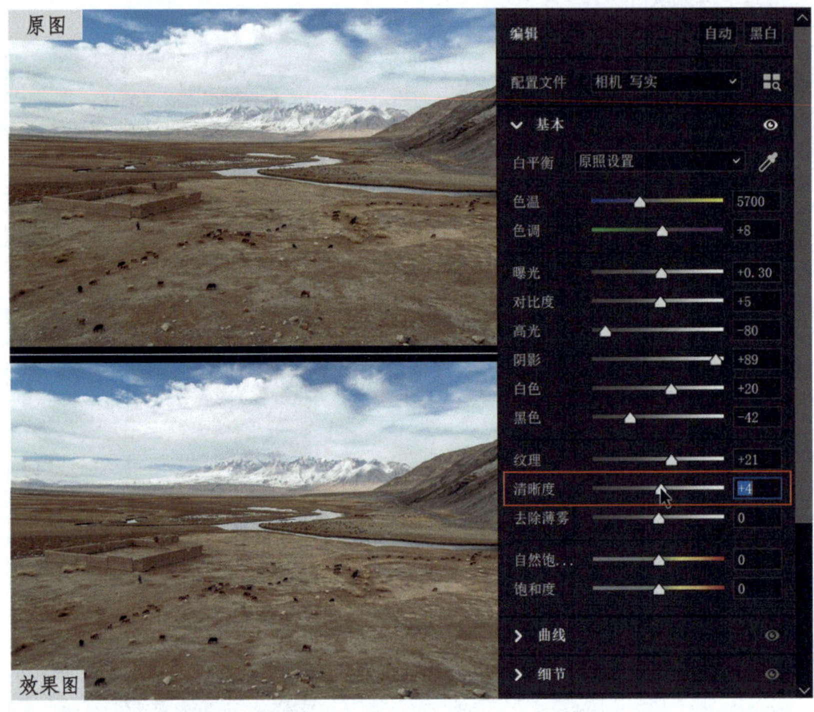

10. 将“去除薄雾”滑块拖曳至 +5，去除图像中的薄雾。

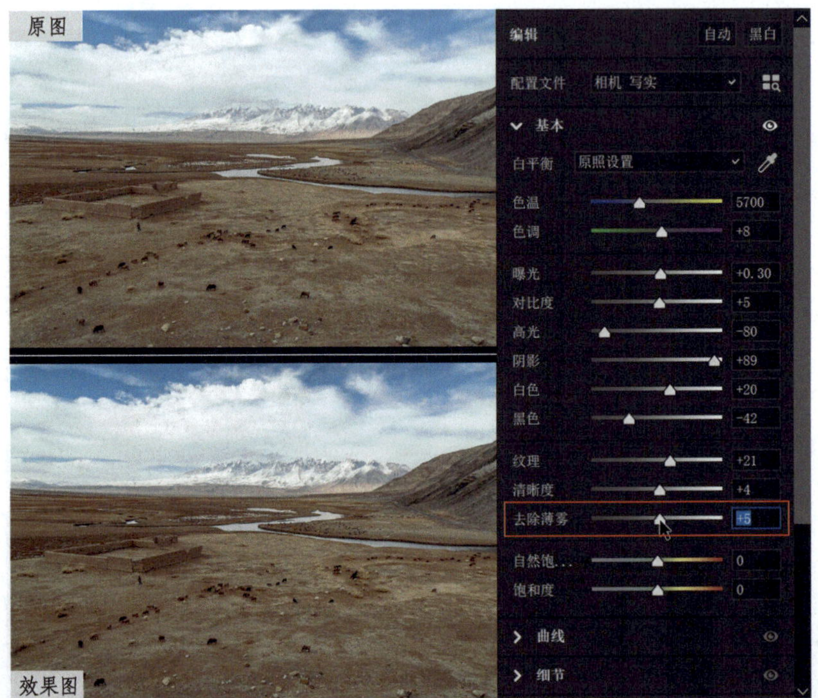

11. 将“自然饱和度”滑块拖曳至 +31，使不饱和的冷色调丰满起来。

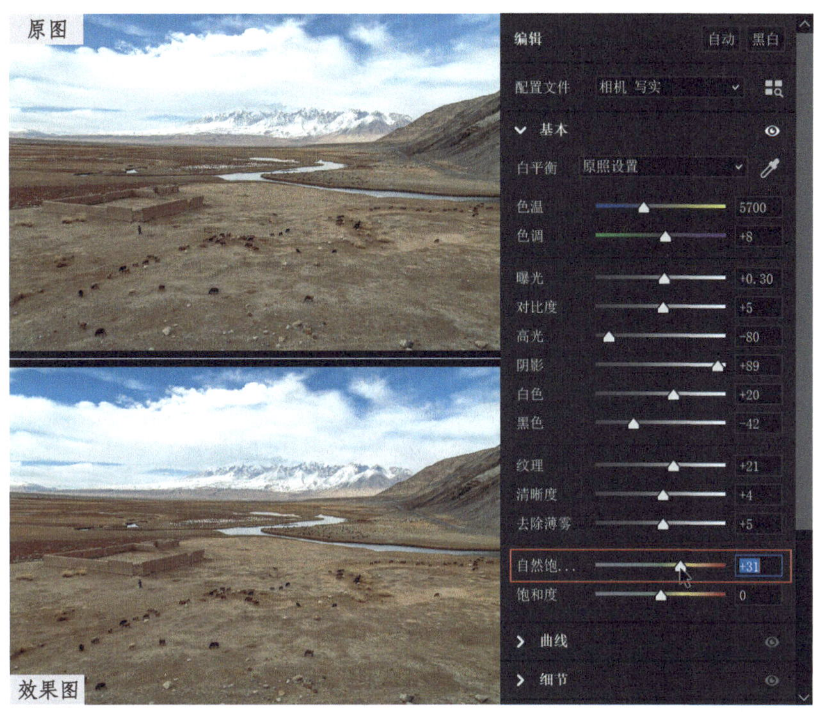

12. 将“饱和度”滑块拖曳至 +10，提高图像整体的饱和度。

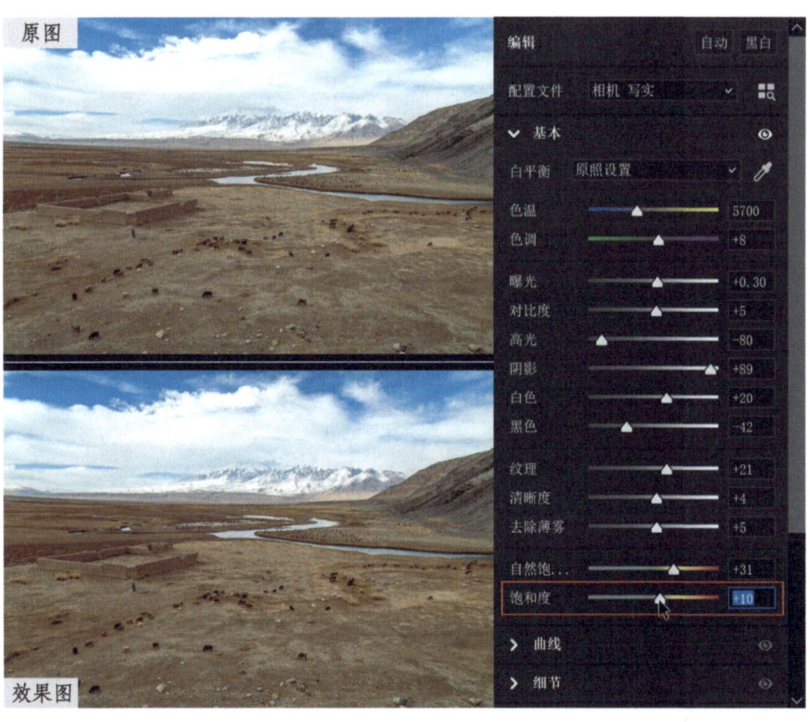

六、“压黑提白”调图法

当图像主体处在光影之中、陪体处于阴影之中时，或主体处在阴影之中、陪体处于光影之中时，均可以使用“压黑提白”调图法。压黑就是降低“曝光”值，提白就是提高“白色”值。

1. 主体处在光影之中

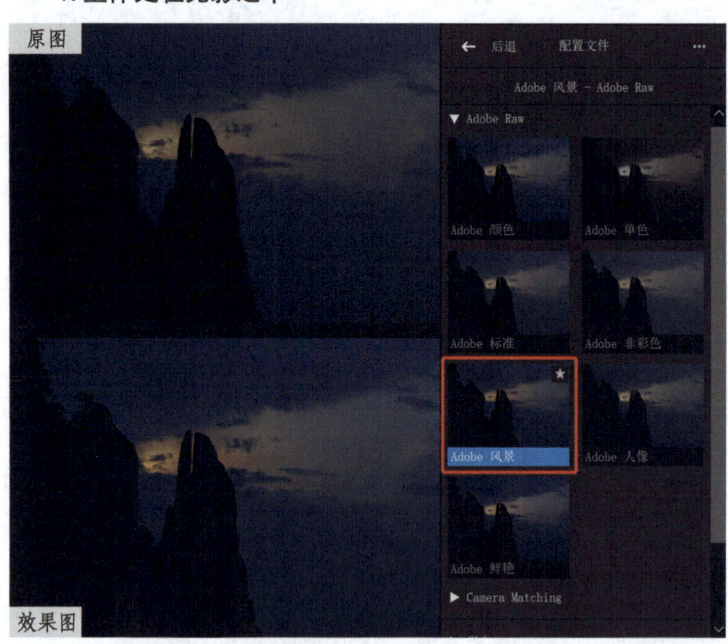

（1）在 Camera Raw 中打开案例图像，切换至“配置文件”面板，在“Adobe Raw”组中选择“Adobe 风景”，单击“后退”按钮，返回“编辑”面板。

（2）展开“基本”面板，将“曝光”滑块拖曳至 -5.00，即压黑。

（3）将“白色”滑块拖曳至+85，即提白。

（4）将“纹理”滑块拖曳至+7，展示出图像中的纹理和细节。

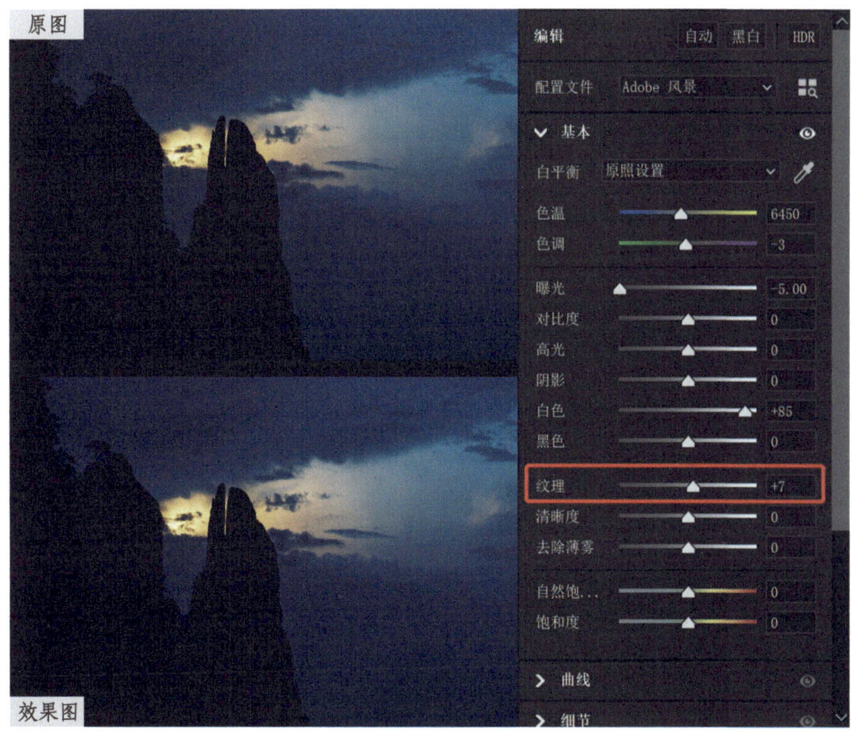

（5）将“清晰度”滑块拖曳至 +5，增大图像中间调的反差，使图像的纵深感更明显。但是需要注意，清晰度数值不宜过高，否则反差较大的、清晰的边缘区域会出现白边的情况。

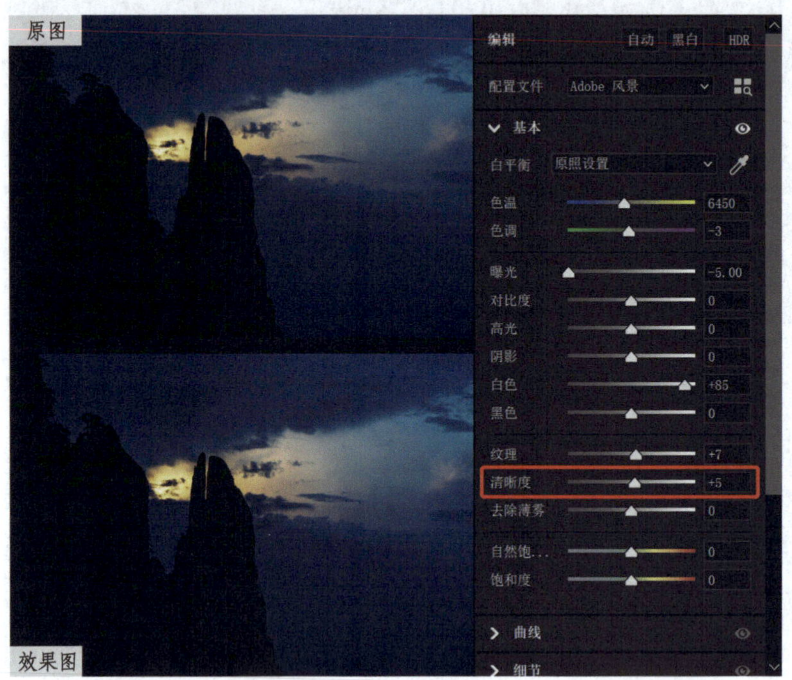

（6）将“自然饱和度”滑块拖曳至 +7，可以让图像中不够饱和的色彩表现更为丰富，突出图像的美感。

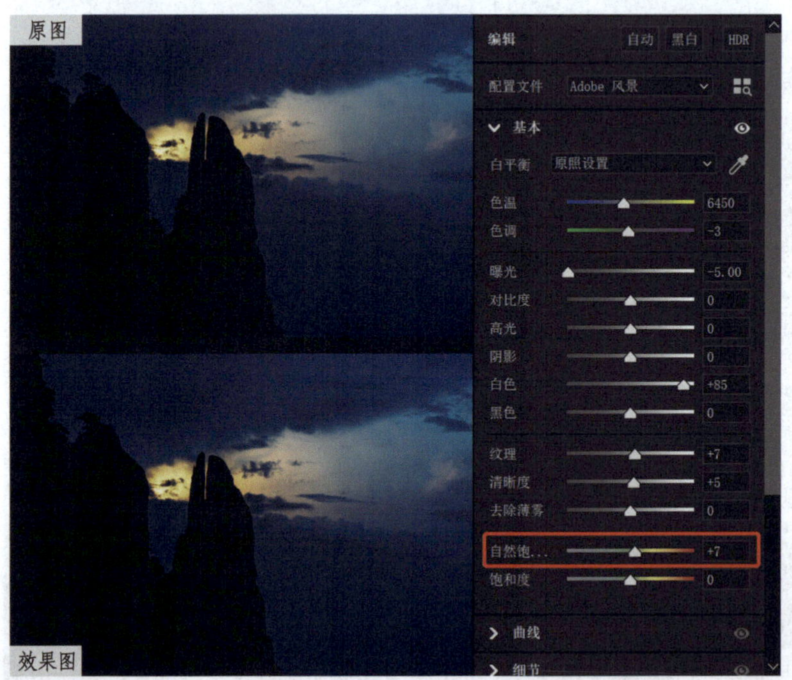

（7）将“饱和度”滑块拖曳至+15，可以提高图像整体的色彩饱和度，使图像显得更加生动而亮丽。

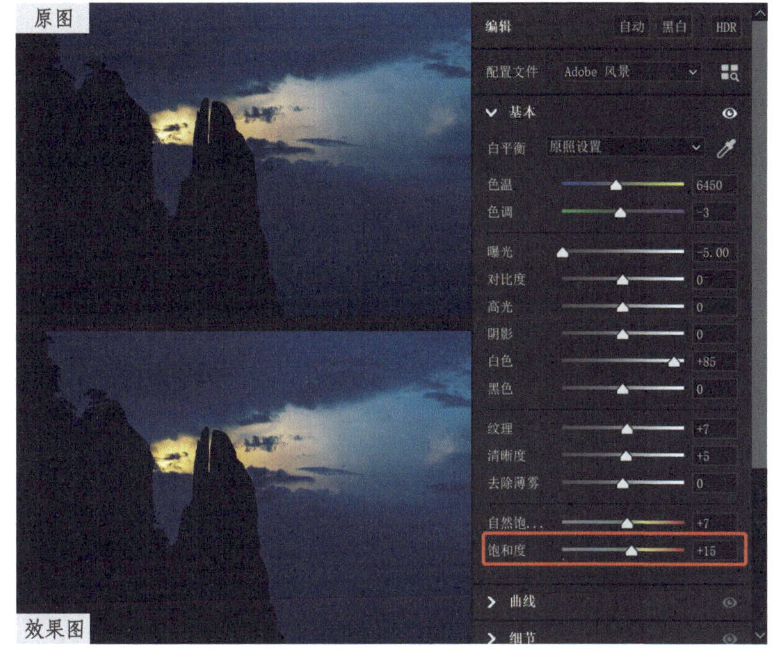

2. 主体处在阴影之中

（1）这张图片的主体处于阴影之中，陪体在光影之中，符合“压黑提白”调图法的原则。打开“配置文件”面板，在“Camera Matching”组中选择“写实”，单击“后退”按钮，返回“编辑”面板，完成调整。

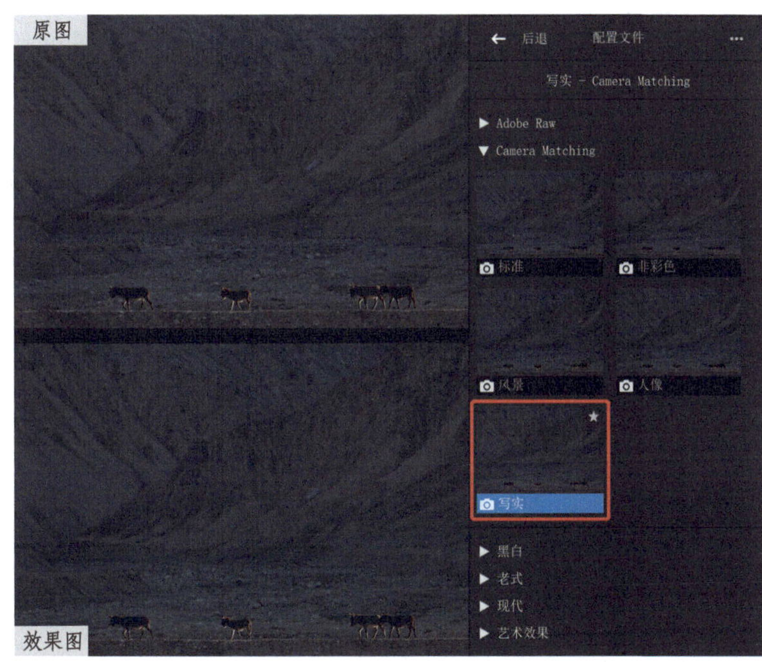

（2）展开“基本”面板，将“曝光”滑块拖曳至 -5.00，即压黑。

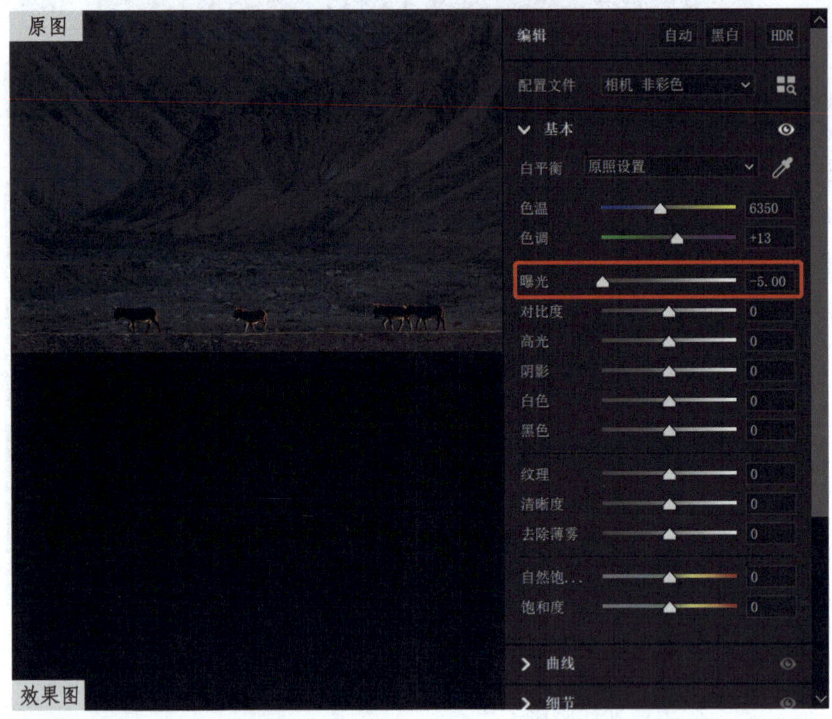

（3）将“白色”滑块拖曳至 +84，即提白。

（4）将“自然饱和度”滑块拖曳至 +33，将“饱和度”滑块拖曳至 +9，渲染图像整体的色彩。

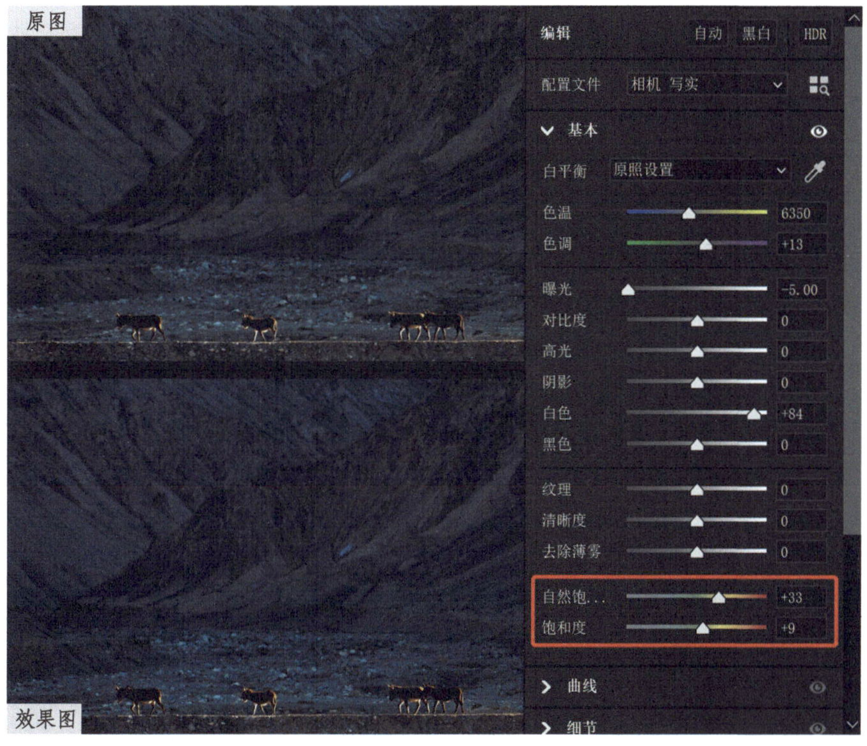

小结

1. 调整曝光的一般的规律是：减小“曝光”值，减小“对比度”值，增大“阴影”值；增大“曝光”值，增大“对比度”值，减小“阴影”值（高反差的图像除外）。这样调整出来的图像不“干涩”，可营造肉眼可见的真实感。

2. 去除图像中的灰度的方法如下。

（1）增大“对比度”值。

（2）减小“阴影”值。

（3）减小“黑色”值。

（4）增大“清晰度”值。

（5）增大“去除薄雾”值。

其中增大“去除薄雾”“对比度”“清晰度”值比较常用。

3. 图像对比度较高（干涩）的调整方法和去除图像中的灰度的方法相反。

4. 调整以色彩为主的图像时，“自然饱和度”滑块是“制胜法宝”。

5. 调整影调丰富的图像时（白场和黑场明确可见），要时刻关注直方图，尽量避免出现高光/阴影修剪警告；当出现高光/阴影修剪警告但合理时，不必理会，否则会影响图像整体的视觉表达。

第四节 目标调整工具的高级使用技法

目标调整工具是Camera Raw中的影调和色调调整工具，包含“参数曲线”“点曲线”“色相”“饱和度”“明亮度”“黑白混合”等控件，可以控制“混色器”“曲线”“黑白混色器”面板的全部控件。目标调整工具是摄影师和后期制作者最喜爱的调整工具之一，可以实现对图像色彩的精准把控和对影调的细微调整。

学习目的：学习并熟练掌握使用目标调整工具对图像进行精确、高效的编辑调整，以及有效地调整图像的色彩的技法，从而实现丰富多彩的影调。

一、“混色器”高级使用技法

目标调整工具隐藏在“曲线”面板和“混色器”面板顶部，单击“目标调整工具”图标（快捷键为T），在图像中单击鼠标右键，弹出目标调整工具的上下文菜单。

单击不同控件的“目标调整工具”图标，图像底部会出现不同的、操控灵活的“混合”小图标：混色器“混合”图标、曲线“混合”图标和黑白“混合”图标。单击“混合”图标，就可以改变其位置，为图片的编辑调整提供更加方便的操作条件。

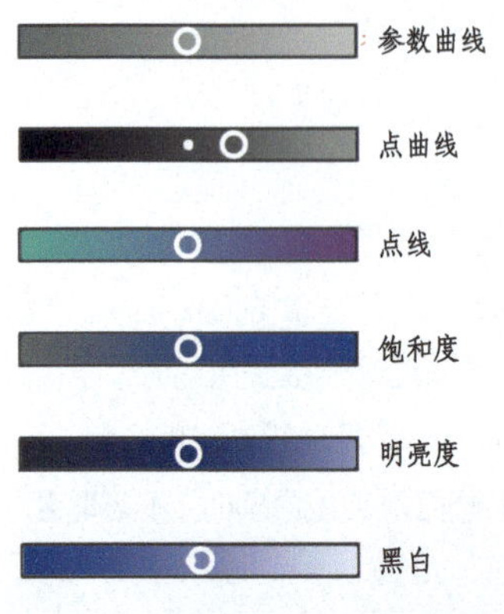

不同的“目标调整工具”控件选项可以提供不同的辅助调整提示，从而帮助初学者更快地理解如何调整图像。在图像上按住鼠标左键不放会触发这些提示功能，可让我们更轻松地拖动图像以达到预期的效果，同时也可以了解所做的调整方向（左右）。

目标调整工具的各控件的工作原理如下。

①参数曲线和点曲线：主要功能是对图像中某些区域的影调（明度和色调）进行微调，类似于 Photoshop 中的调整曲线，但相对而言操作更简单、快捷。

②色相：用于更改图像中各种颜色的色相。

③饱和度：用于更改图像中各种颜色的鲜明或纯净程度。

④明亮度：用于更改图像中颜色的亮度。

⑤黑白混合：用于控制指定区域颜色的亮与暗（选择黑白处理方式，控件方可激活）。

案例一

案例图像要体现出民族服装的特色，由于人物头上的围巾不具有地方特色，所以要做弱化处理。

1. 在 Camera Raw 中打开案例图像，切换至“配置文件”面板，在“Adobe Raw”组中选择“Adobe 人像”；增强图像的影调效果，单击“后退”按钮，返回“编辑”面板。

2. 在“基本”面板中做如下设置：“色温”值为 5300、“色调”值为 +13、“曝光”值为 +0.45、“对比度”值为 +5、“高光”值为 -62 、“阴影”值为 -5、“白色”值为 +8、“黑色”值为 -3、“纹理”值为 +10、“清晰度”值为 +10、“自然饱和度”值为 +9。

3. 在工具栏中单击“污点去除”工具图标，“编辑”面板自动切换成“修复”面板。在“修复”模式下，设置“羽化”为 0，“不透明度”为 100，调整好画笔大小，去除天空中的污点。

4. 展开“混色器”面板（Windows 系统的快捷键为 Ctrl+4，macOS 系统的快捷键为 Command+4），单击“目标调整工具”图标，在图像中单击鼠标右键，弹出目标调整工具的上下文菜单，选择“色相”命令，“混色器”面板会自动切换并显示相应控件选项。

5. 在围巾上按住鼠标左键并向左拖曳，直至“紫色”值为 –65、“洋红”值为 –8，围巾的颜色发生了改变，融合在背景中，围巾被弱化。按住鼠标左键向右（上）拖曳会增大滑块的数值，向左（下）拖曳会减小滑块的数值，相近颜色的滑块位置也将随之改变。

在选取点上按住鼠标左键并拖曳，是最精确的查找颜色的方式之一，Camera Raw 可识别选取点内每种颜色的百分比（肉眼无法分辨）。

6. 在图像中单击鼠标右键，弹出目标调整工具的上下文菜单，选择“饱和度”命令，在同一选取点按住鼠标左键并向左拖曳，直至“紫色”值为 -16、“洋红”值为 -2，围巾的饱和度降低，再次被弱化。

7. 在图像中单击鼠标右键，弹出目标调整工具的上下文菜单， 选择“明亮度”命令，在同一选取点按住鼠标左键并向左拖曳，直至“紫色”值为 -7、“洋红”值为 -1，围巾的明亮度降低，被完全弱化，突出了主体。

案例图像中树叶的黄色不足，可以使用目标调整工具将图像变成深秋拍摄的画面效果。

1. 在 Camera Raw 中打开案例图像，展开“混色器”面板，选择“目标调整工具”，在图像中单击鼠标右键，弹出目标调整工具的上下文菜单，选择“色相”命令（也可以直接在混色器“混合”图标中选择），“混色器”面板会自动切换并显示相应控件选项。

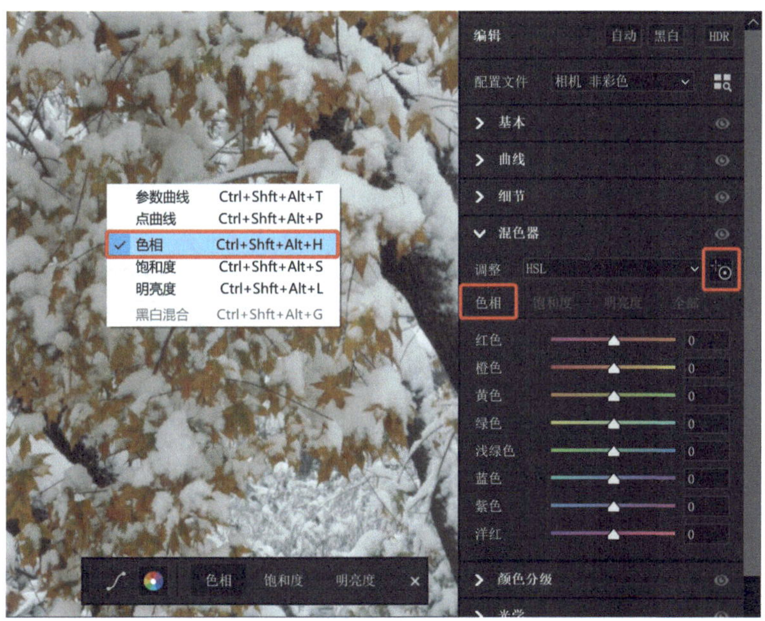

2. 使用目标调整工具在偏绿的叶子上单击，并向左拖曳鼠标指针直至右侧“混色器”面板中的“黄色”值为 -100，继续向左拖曳直至“绿色”值也变为 -27，偏绿的叶子变成了黄色。

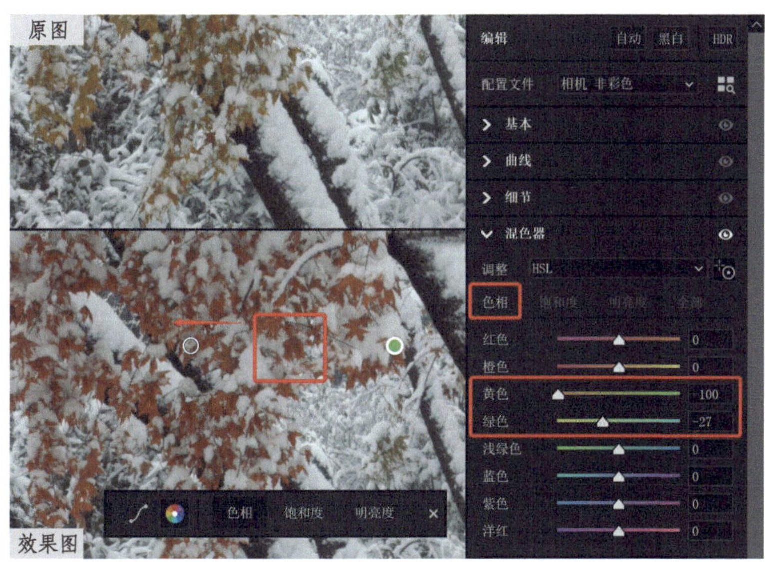

3. 在图像中单击鼠标右键，弹出目标调整工具的上下文菜单，选择“饱和度”命令，在同一选取点按住鼠标左键并向右拖曳，直至“黄色”值为 +100、“绿色”值为 +21，黄色的色彩饱和度增加。

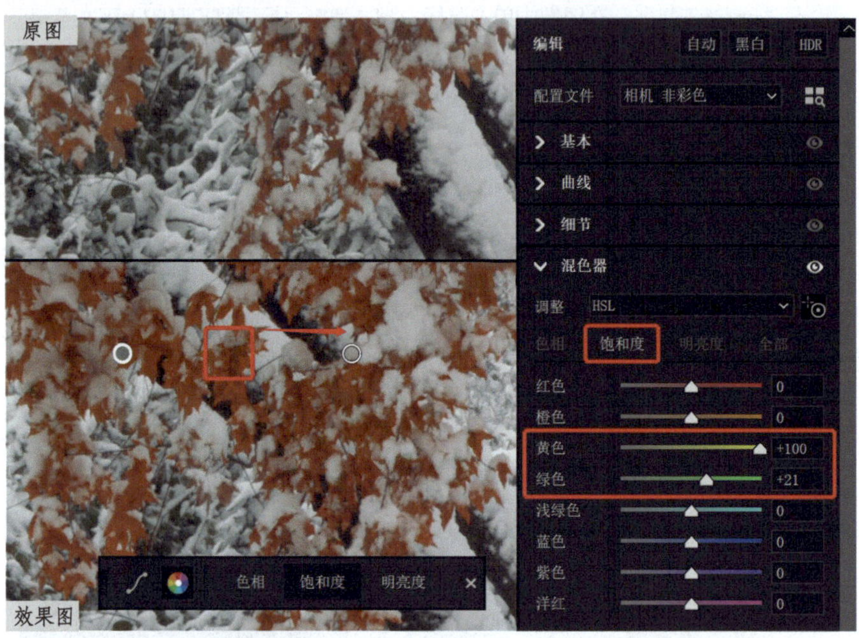

4. 在图像中单击鼠标右键，弹出目标调整工具的上下文菜单，选择“明亮度”命令，在同一选取点按住鼠标左键并向右拖曳，直至“黄色”值为 +100、“绿色”值为 +20，图像中的黄色变得明亮起来。

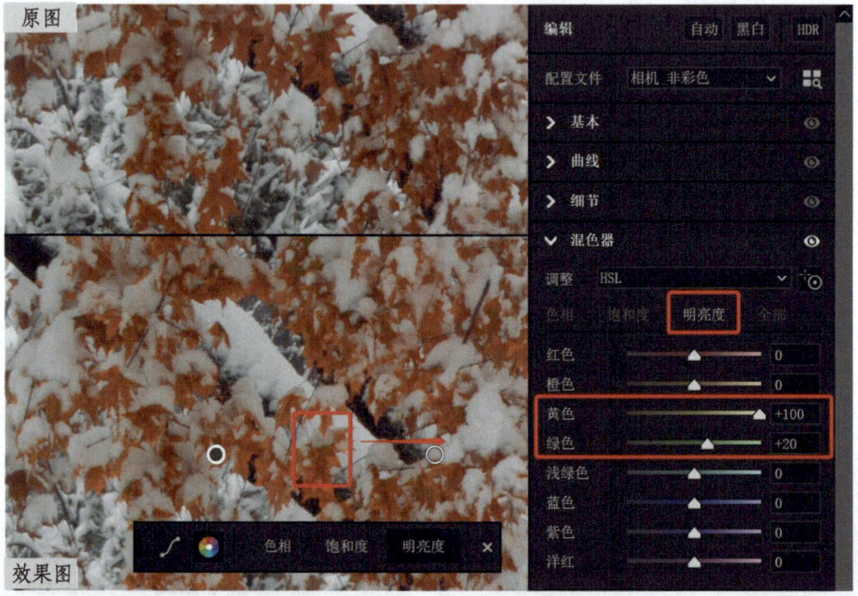

5. 偏绿的叶子包含黄色和绿色，而偏黄的叶子包含黄色和橙色。所以，如果想把叶子调整成金黄色，还需要单独调整橙色。

展开“混色器”面板中的“调整”下拉列表，选择“颜色”，切换到“颜色”面板，单击“橙色”并做如下设置：“色相”设置为 -33、“饱和度”设置为 +38、“明亮度”设置为 +82。这样，叶子彻底被渲染成了深秋的颜色。

单击“混色器”面板中的“全部”选项卡，可以将色彩三要素“色相”“饱和度”“明亮度”同时在面板中依次展开。

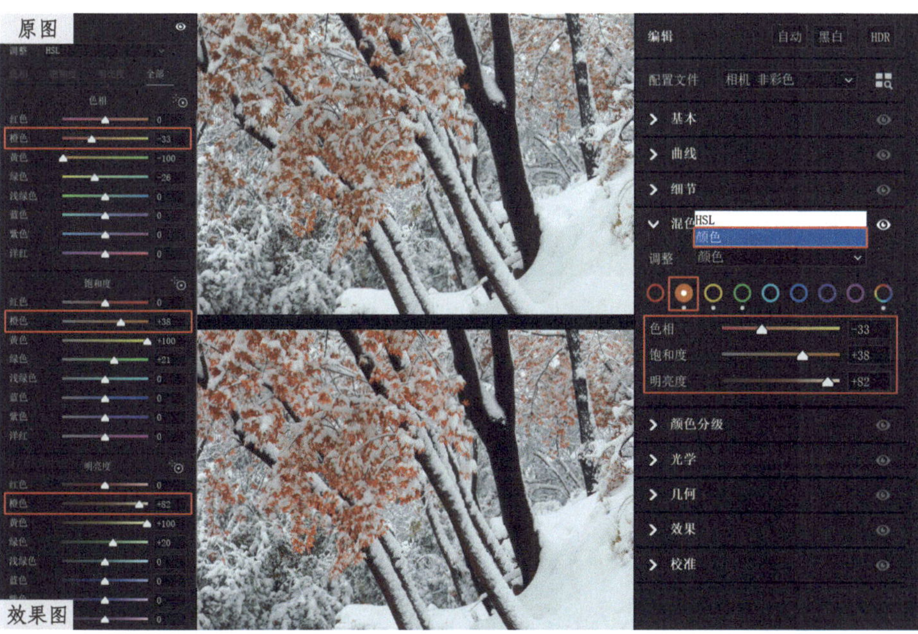

二、“参数曲线”的高级使用技法

使用目标调整工具中的“参数曲线”进行影调调整既简单又有效，特别适合 Camera Raw 的初学者进行图片编辑调整。

参数曲线有 4 个调整滑块，分别是“高光”“亮调”“暗调”“阴影”。参数曲线编辑器下面的分离点滑块可以扩展或收缩曲线区域范围。“亮调”和“暗调”滑块主要影响曲线的中间区域，“高光”和“阴影”滑块主要影响色调范围的两端。

1. 在 Camera Raw 中打开案例图像，切换到“配置文件”面板，在“Adobe Raw”组中选择“Adobe 鲜艳”，单击“后退”按钮，返回“编辑”面板。

2. 展开“曲线”面板，选择“目标调整工具”，在图像中单击鼠标右键并在弹出的上下文菜单中选择“参数曲线”命令。在参数曲线编辑器中对图像进行反差调整。在天空高光区域按住鼠标左键并向左拖曳，直至“高光”值为 -16，以压暗天空（在天空高光区域按住鼠标左键并向右拖曳可以增亮天空，也可以直接在参数曲线编辑器中拖曳调整滑块）。直接拖曳调整滑块应用效果，操作更方便。

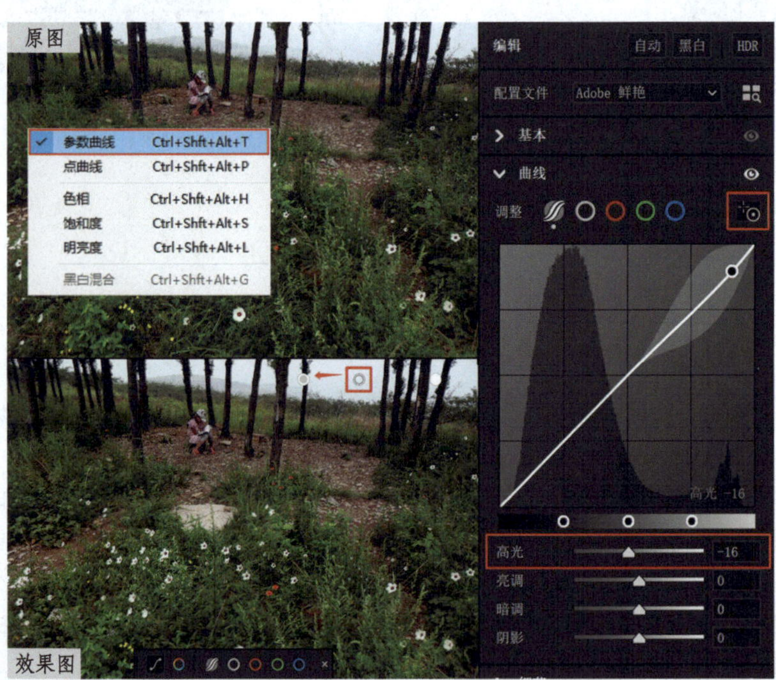

3. 亮调区域的明度值不够，反差很小，需要提升明度值。在前景小花区域按住鼠标左键并向右拖曳，直至“亮调”值为 +27，亮调区域被提亮，反差增大。

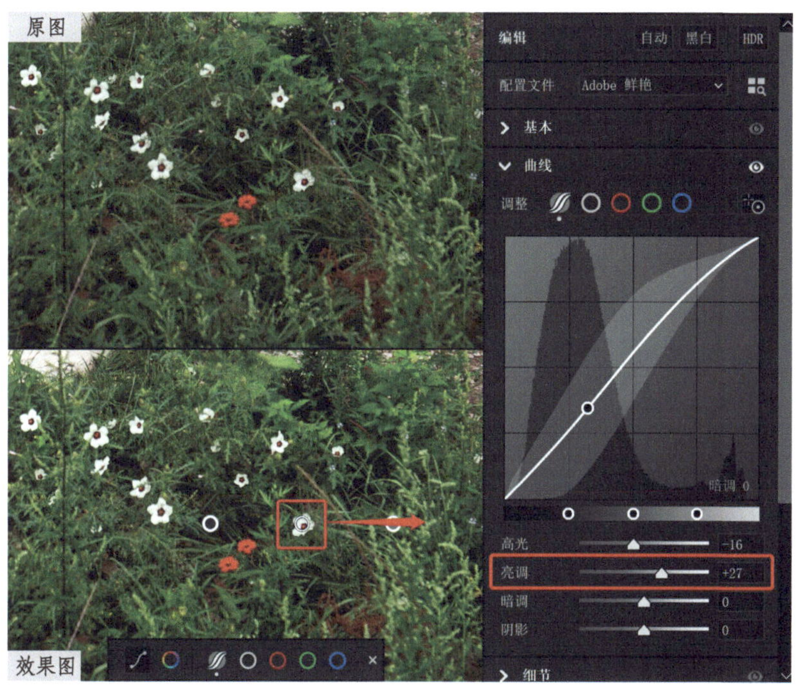

4. 孩子面部区域较暗，需要提升明度值。在孩子面部区域按住鼠标左键并向右拖曳，直至“暗调”值为 +18 ，暗调区域被提亮。

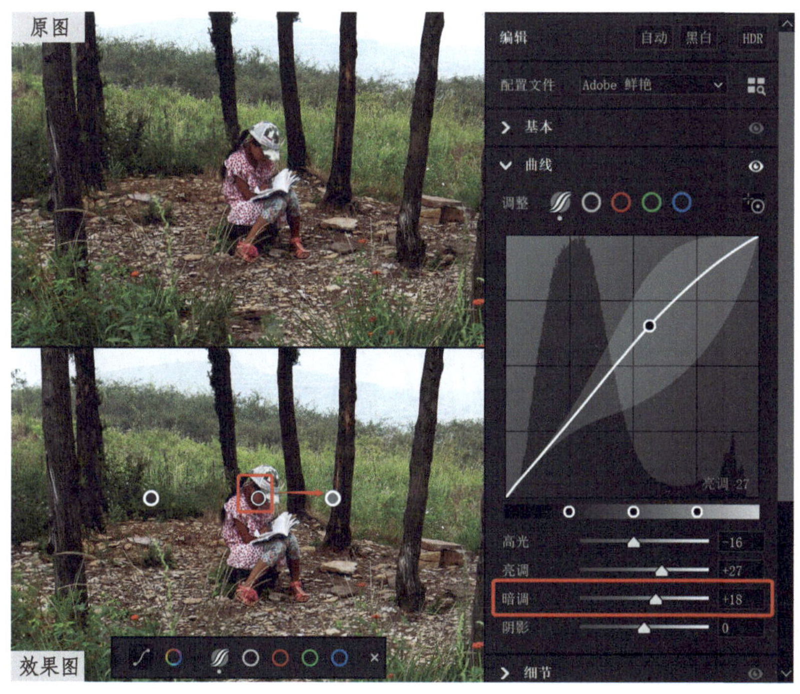

5. 阴影区域较亮，反差较小。在阴影区域按住鼠标左键并向左拖曳，直至“暗调”值为 -8，阴影区域被压暗，反差增大。

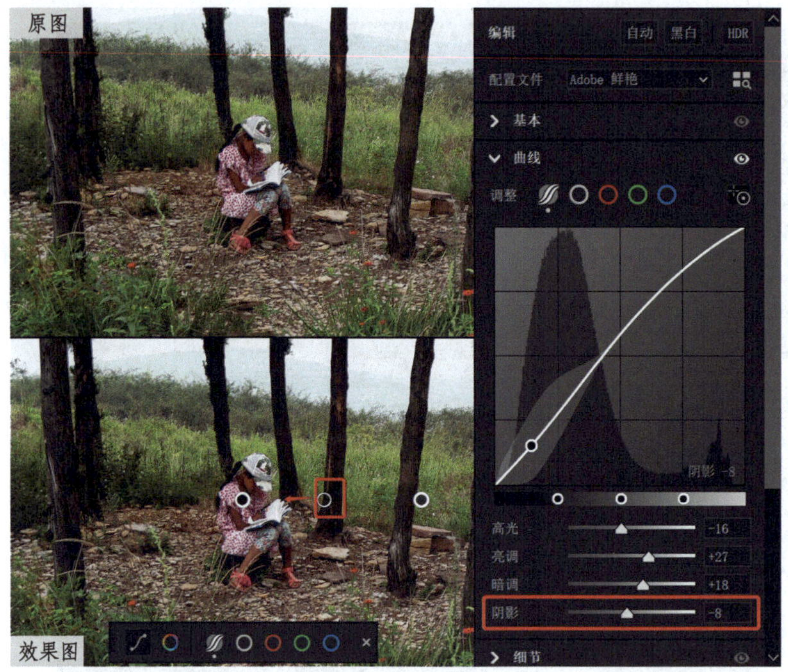

6. 阴影区域整体还不够明亮，在参数曲线编辑器下面调整左侧的分离点滑块，扩展阴影区域的调整范围，使其由默认的 25 降至 10（最大降幅值），阴影区域亮度被提升。

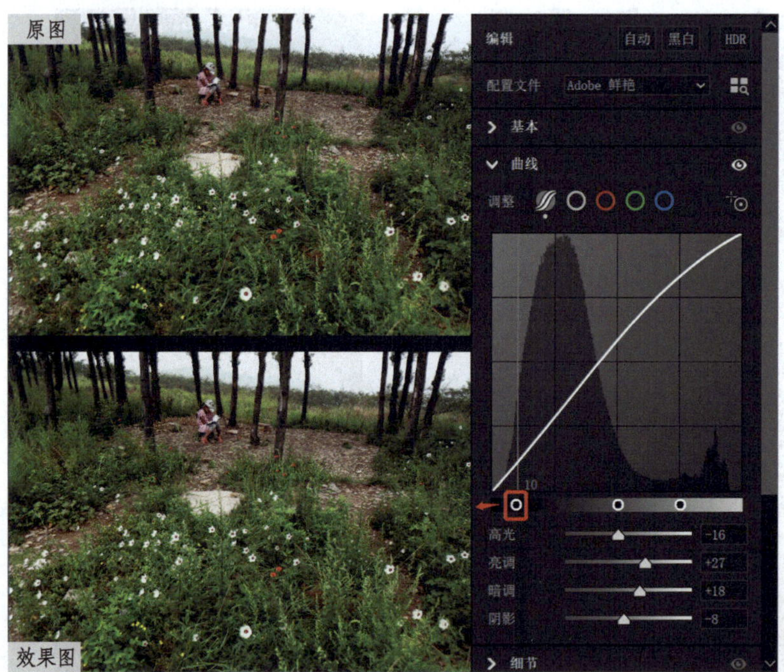

7. 图像的中间调也不够明亮，在参数曲线编辑器下面调整中间的分离点滑块，扩展中间调的调整区域，使其由默认的 50 降至 20（最大降幅值），中间调亮度被提升。

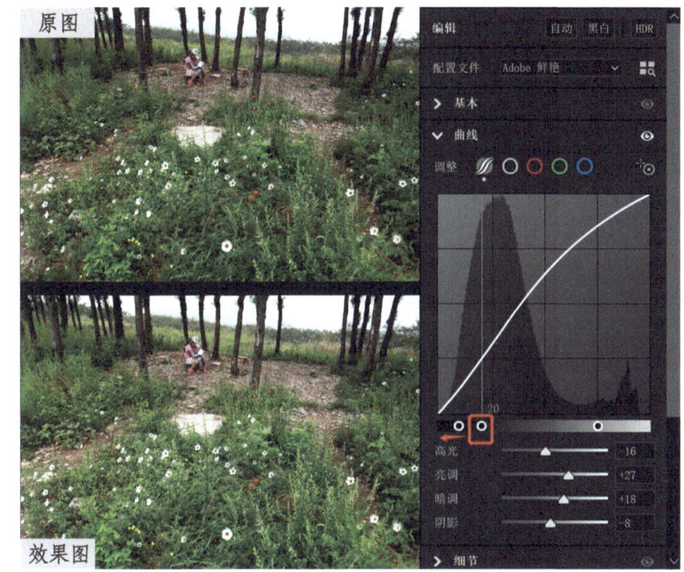

使用“参数曲线”调整前后效果对比如原图和效果图所示。

原图

效果图

小结

1. 目标调整工具的功能强大、操控性很强。它的优点是简单、快速、精准、有效，缺点是只能对画面整体进行调整。

2. 参数曲线将图像的影调分为“高光”“亮调”“暗调”“阴影”4 个区域，是区域性的联动调整。

第五节 “点曲线”的高级使用技法

在 Camera Raw 中，“点曲线”是影调和色调调整的重要工具，是“基本”面板编辑后的强力补充，更是主观调色的首选工具之一。

学习目的：学习使用“点曲线”对图像进行影调和色调的精细调整的技法，从而实现个性化的编辑效果。

一、初步认识“点曲线”

1. 在点曲线编辑器中（Windows 系统的快捷键为 Ctrl+2，macOS 系统的快捷键为 Command+2），水平轴表示原始色调值（输入值），其中最左端表示黑色，越靠近右端色调亮度越高。垂直轴表示更改后的色调值（输出值），其中最底端表示黑色，越靠近顶端色调亮度越高，最顶端表示白色。输出值高于输入值时，影调变亮，反之影调变暗。

2. 在点曲线编辑器上方依次排列着“RGB”通道（合成通道）、“红色”通道、“绿色”通道、“蓝色”通道，可对影调和色调进行精细调整。

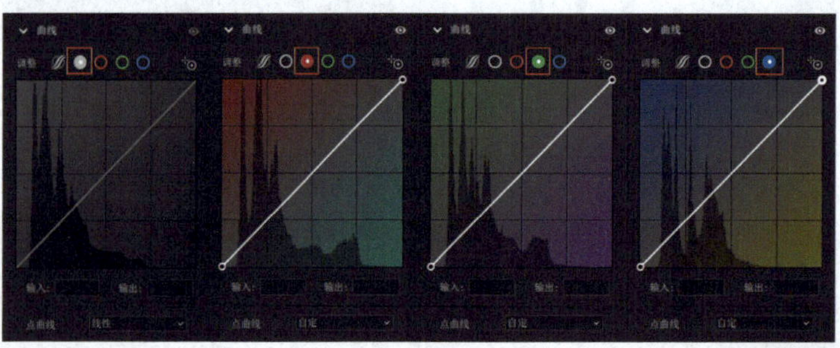

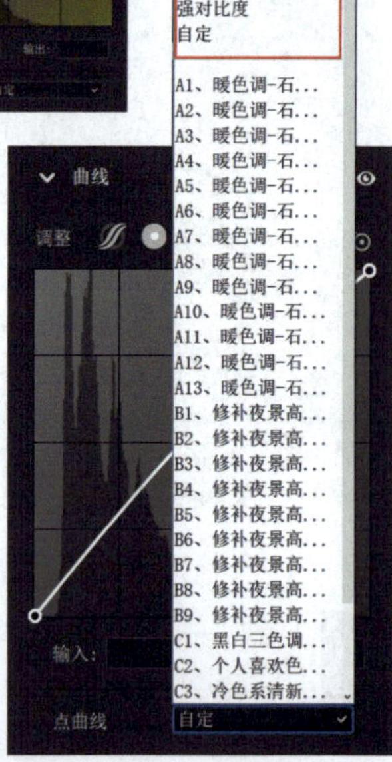

3. 在面板底部的“点曲线”下拉列表中，依次有“线性”（45° 斜线为默认值）“中对比度”“强对比度”等预设，手动调整对比度时，选择“自定”。

在点曲线编辑器中设置的个性化预设，也会保存在此目录中。

二、“点曲线”调整图像反差的高级使用技法

1. 提高对比度

（1）在 Camera Raw 中打开案例图像，切换至“配置文件”面板，在“Adobe Raw”组中选择“Adobe 鲜艳”，单击“后退”按钮，返回“编辑”面板。

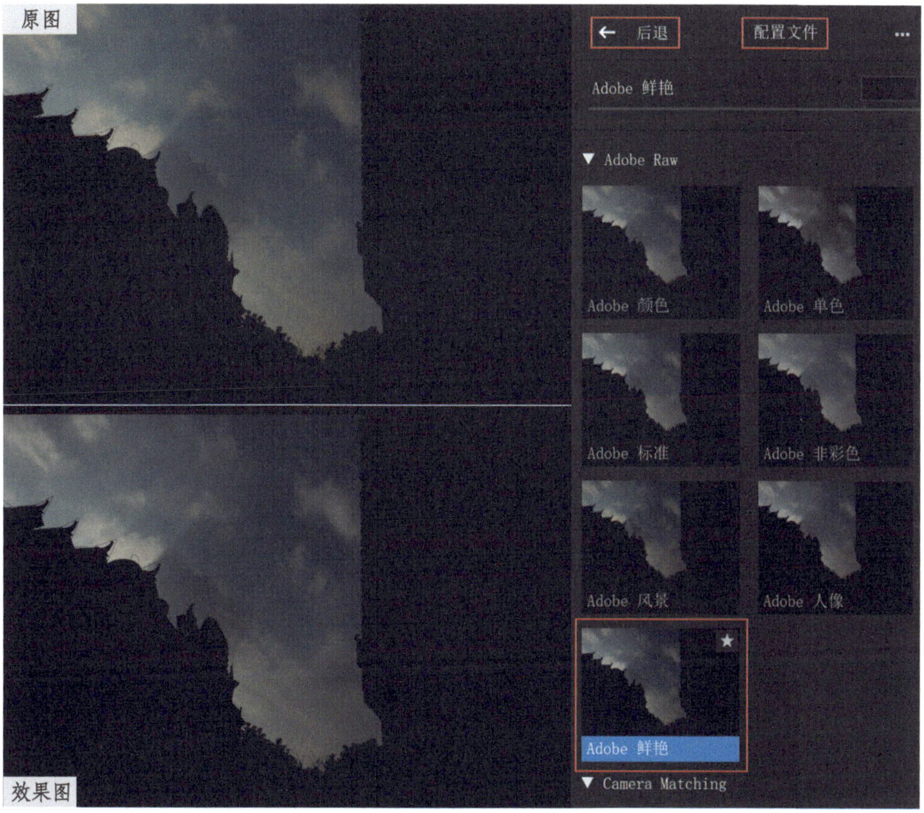

原图
后退
配置文件
Adobe 鲜艳
Adobe Raw
Adobe 颜色
Adobe 单色
Adobe 标准
Adobe 非彩色
Adobe 风景
Adobe 人像
Adobe 鲜艳
Camera Matching
效果图

（2）展开“曲线”面板，在点曲线编辑器中，直接拖曳白色调整点，直至“输入”值为 188、“输出”值为 255。

（3）在“曲线”面板中，选择“目标调整工具”，在图像最亮处单击，此时会在曲线上创建相应选区的调整点，该调整点的“输入”值为141、“输出”值为190。

调整图像时，选择“目标调整工具”，直接在图像最亮处按住鼠标左键并向左（右）拖曳，可直接编辑调整；也可先放大图像创建精准的调整点，再恢复合适的视图大小，查看全图编辑效果。

（4）使用“目标调整工具”在白云较亮处单击，创建第二个调整点（“输入”值为102、“输出”值为137）。

（5）使用“目标调整工具”在白云阴影处单击，创建第三个调整点（“输入”值为73、“输出”值为98）。

（6）使用“目标调整工具”在图像剪影较亮处单击，创建第四个调整点（“输入”值为 11、“输出”值为 15）。

（7）按 + 或 - 键（切换英文输入法）顺时针或逆时针选中第一个调整点，按↑键使“输入”值为 141、“输出”值为 214，天空最亮处明度提高。在 Windows 系统中按住 Ctrl 键（macOS 系统中按住 Command 键）并按 Tab 键，向上选择调整点；按住 Ctrl+Shift 快捷键（macOS 系统中按住 Command+Shift 快捷键）并按 Tab 键，向下选择调整点（不需要切换输入法）。

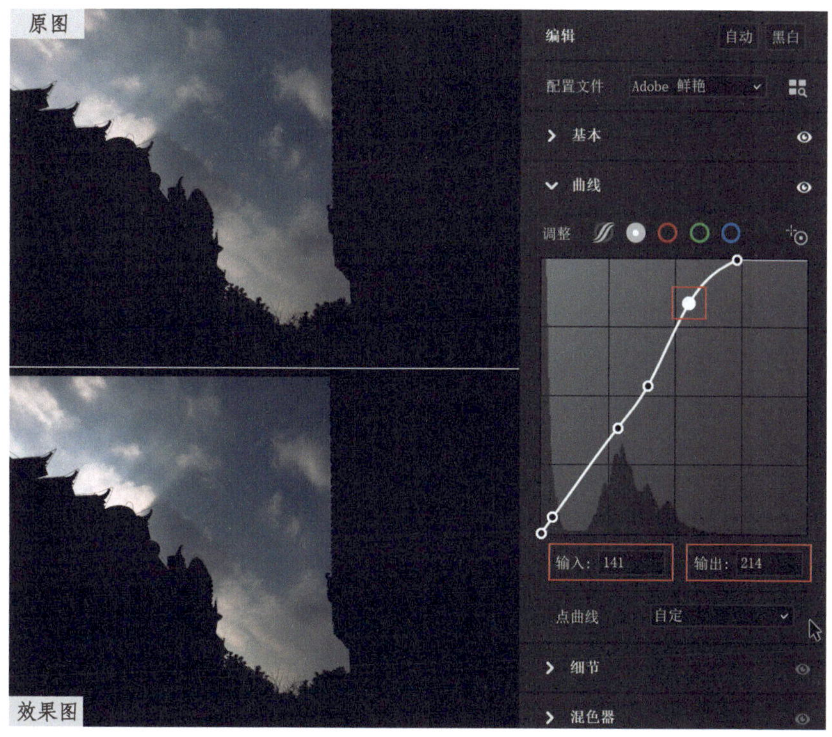

（8）依次选择第二、三、四个调整点，按方向键使调整点的“输出”值依次为 164、95、4，“输入”值依次为 102、73、11，图像中的反差得到加大。

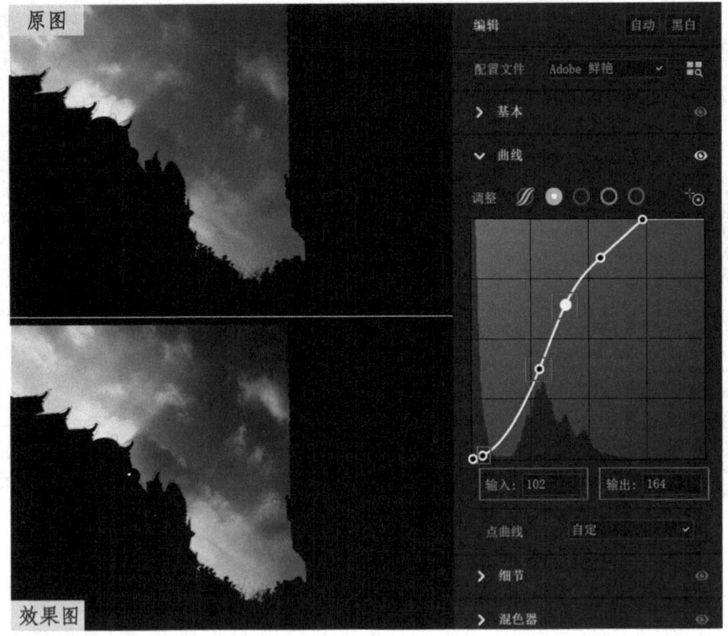

（9）图像中间调的亮度还不够，选中第三个调整点，按住 Shift 键并单击第二个调整点，同时选择这两个调整点，按方向键使该区域明度整体的“输出”值上升至 4（使用此方法，可同时选择更多调整点），图像中间调的亮度被提升。

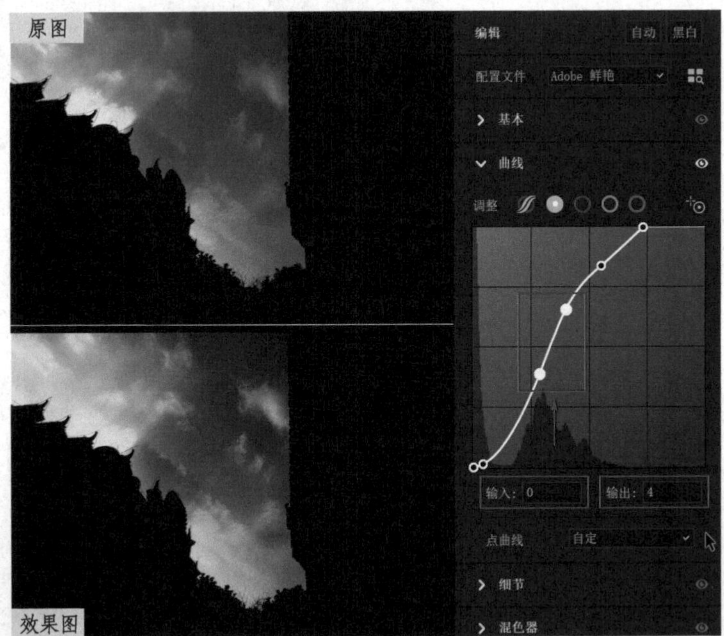

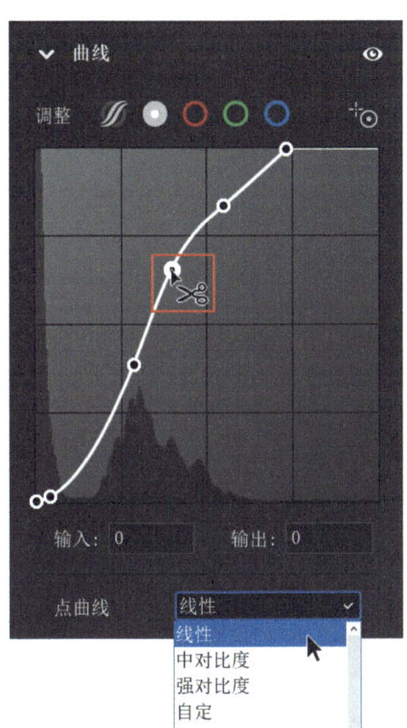

（10）在 Windows 系统中按住 Ctrl 键（macOS 系统中按住 Command 键），当鼠标指针靠近调整点时，将自动切换成剪刀工具，单击可删除对应调整点。选中调整点并将其拖曳到曲线外也可删除调整点。推荐在调整点上双击以将其删除。若要删除全部调整点，可在“点曲线”下拉列表中选择“线性”。

提高对比度前后的效果对比如原图和效果图所示。

2. 降低对比度

有些图像不仅不能提高对比度，反而需要降低对比度，保留图像的云雾效果，使图像更具感染力。

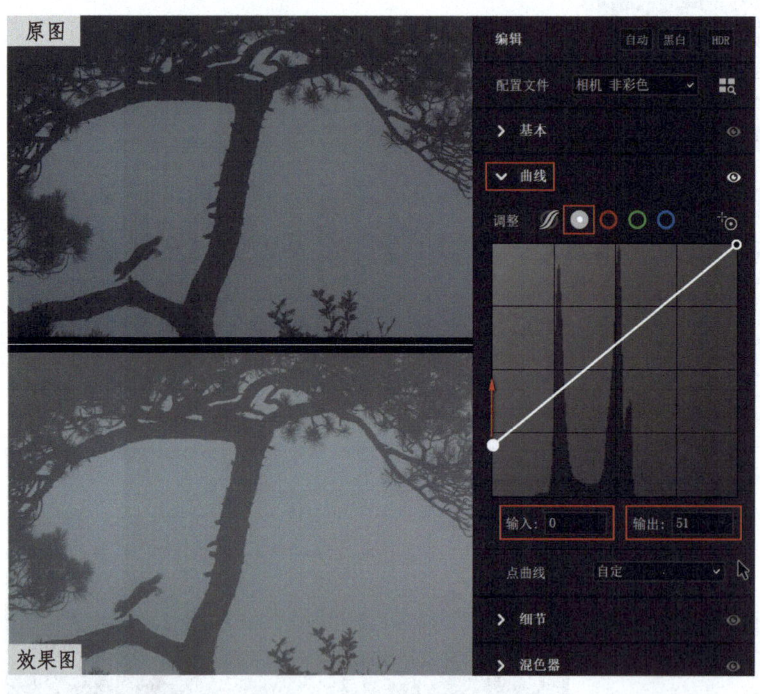

（1）打开案例图像，展开“曲线”面板，在点曲线编辑器中，直接拖曳黑色调整点直至“输出”值为51、“输入”值为0。

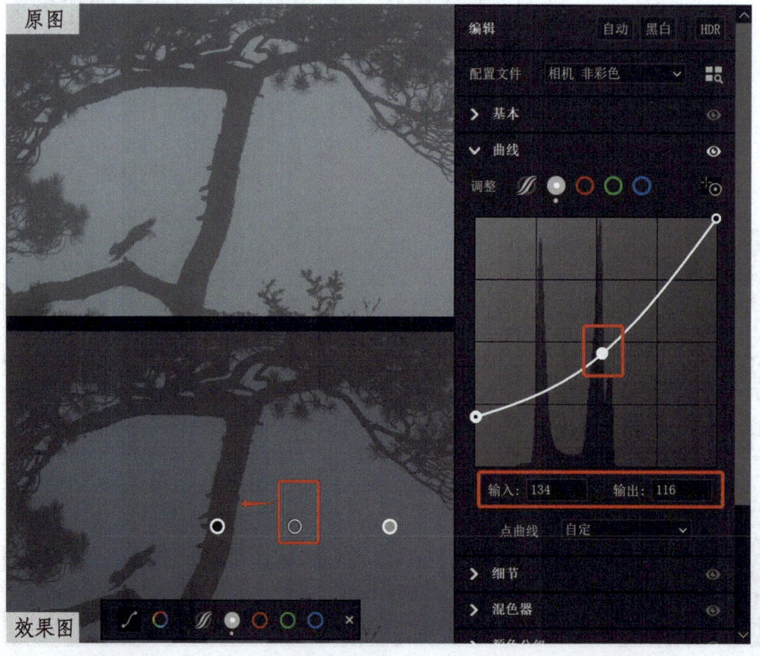

（2）选择“目标调整工具”，在天空处按住鼠标左键并往左拖曳，直至“输出”值为116，压暗高光，使反差缩小。

（3）在图像阴影处按住鼠标左键并往右拖曳，直至“输出”值为 84，反差再次缩小，图像的影调趋于完美。

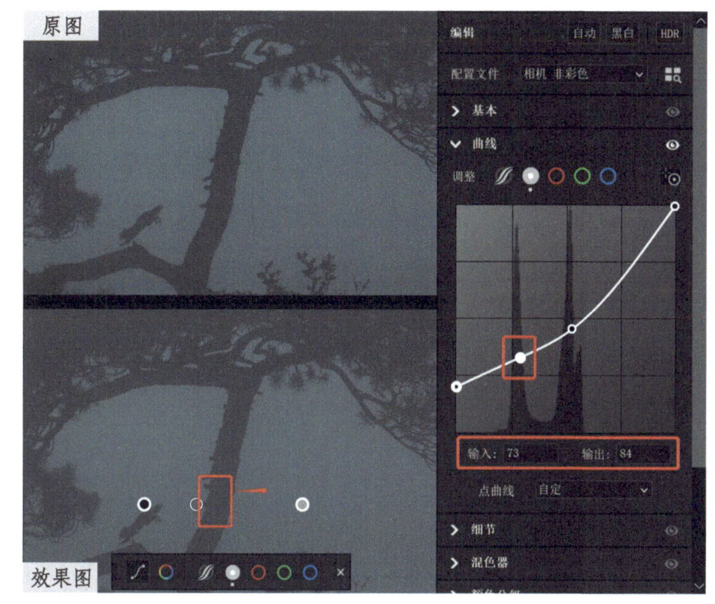

原图

调整前后效果对比如原图和效果图所示。

效果图

三、“点曲线”调整色调的高级使用技法

1. 添加冷色调

（1）本案例延续上图操作。选择“蓝色”通道，选择“目标调整工具”，在图像的高光处按住鼠标左键并往右拖曳，直至“输出”值为 143，给图像添加蓝色。

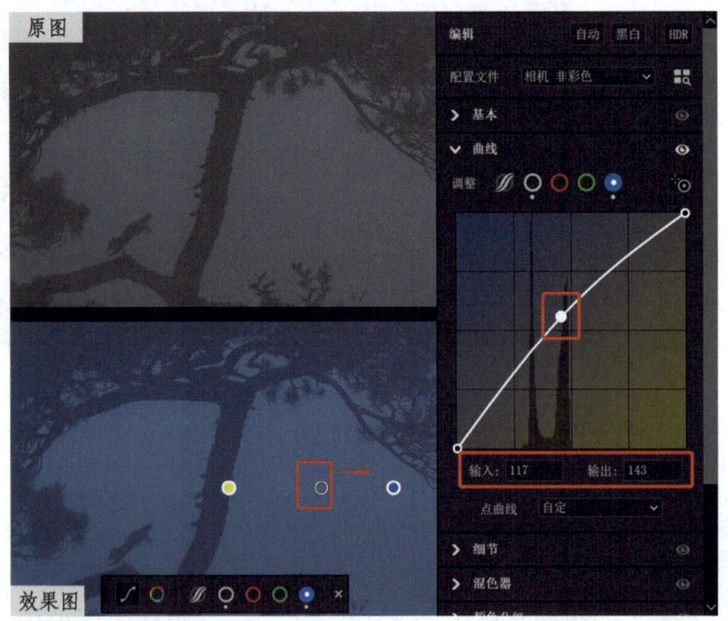

（2）选择“红色”通道，在图像的高光处按住鼠标左键并往左拖曳，直至“输出”值为 112，给图像添加青色。

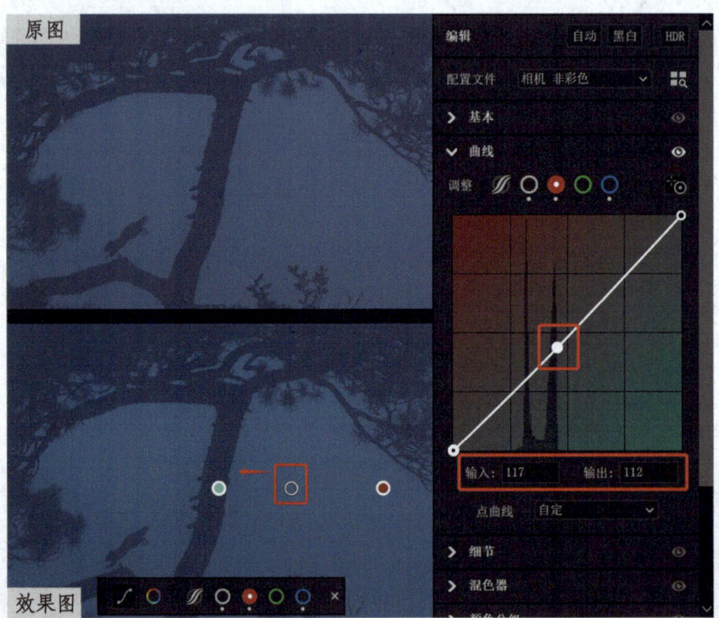

（3）选择“绿色”通道，在图像高光处按住鼠标左键并往左拖曳，直至“输出”值为119，给图像添加绿色。冷色调制作完成，图像变得神秘而梦幻。

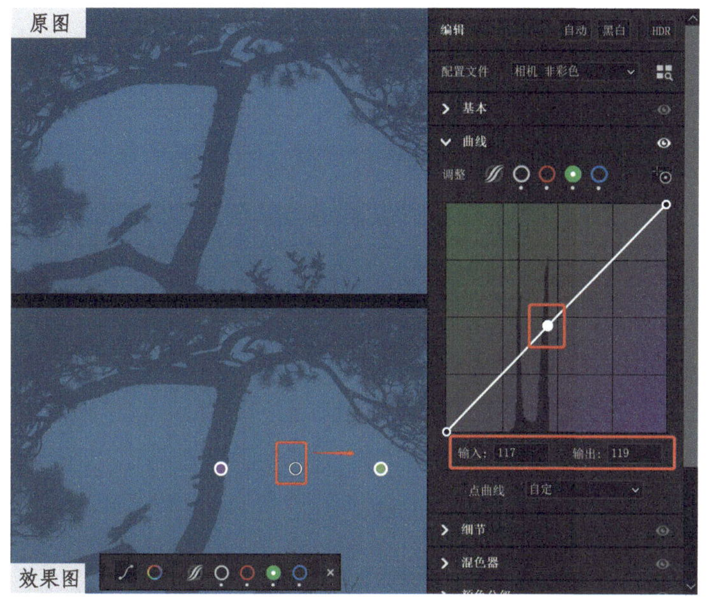

图像调整前后对比如原图和效果图所示。

2. 添加暖色调

（1）在“提高对比度”案例图像上进行练习。在 Camera Raw 中打开案例图像。展开“曲线”面板，选择“蓝色”通道。在点曲线编辑器中，直接拖曳白色调整点，直至“输出”值为 133、“输入”值为 255，给图像最亮处添加黄色。

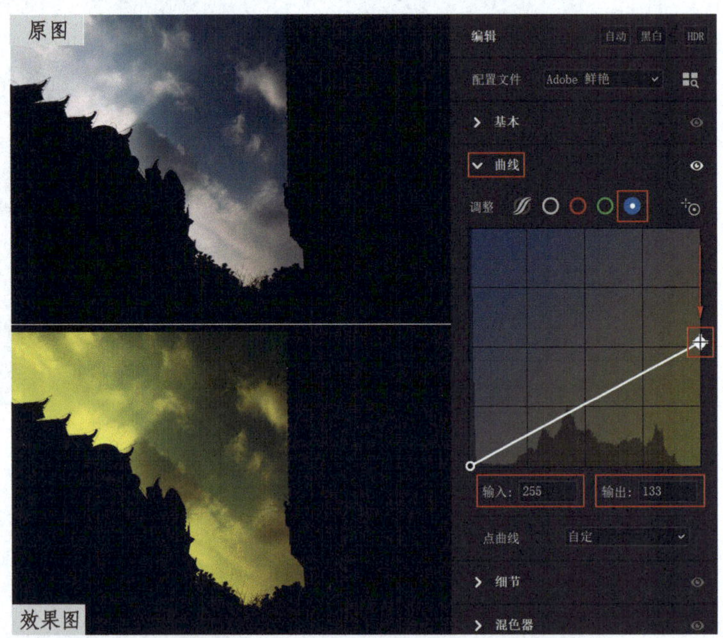

（2）选择“目标调整工具”，在白云高光处按住鼠标左键并向下拖曳，直至“输出”值为 68、“输入”值为 179，在图像高光区域添加更多的黄色。

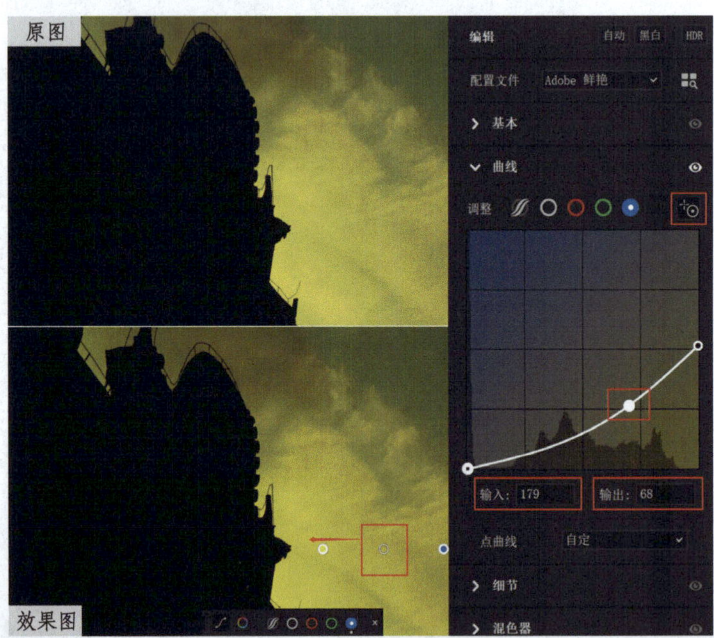

（3）在白云阴影处按住鼠标左键并向右拖曳，直至“输出”值为 55，在图像阴影区域添加少量黄色。

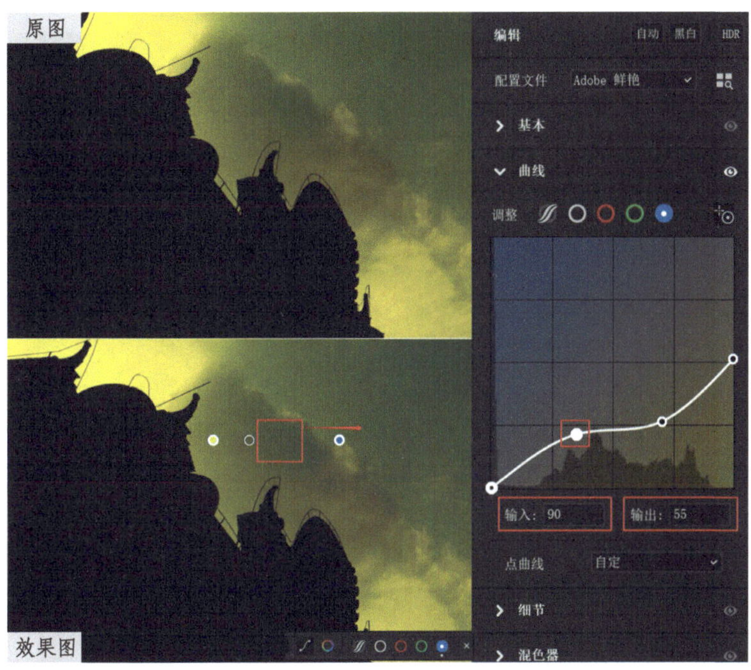

（4）选择“红色”通道，在点曲线编辑器中，直接拖曳白色调整点，直至“输入”值为 227、“输出”值为 255，给图像最亮处添加红色。

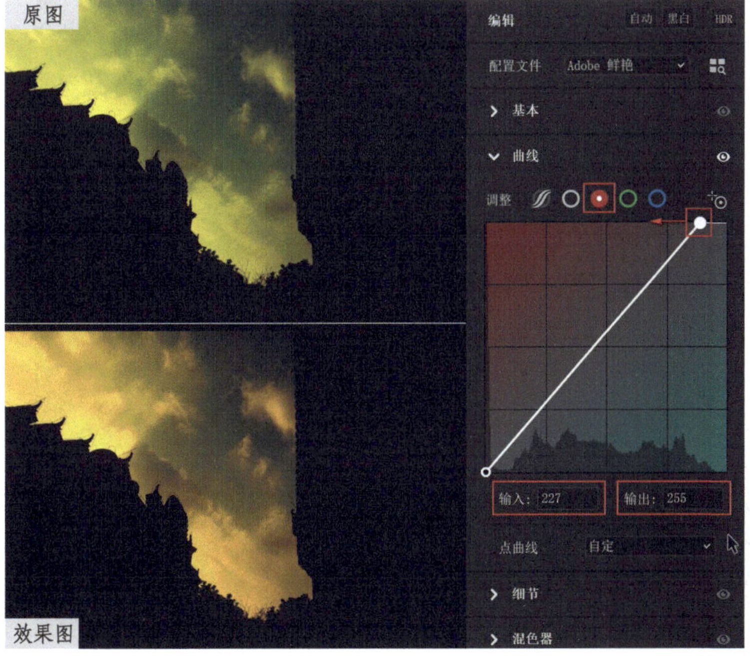

（5）单击“目标调整工具”，在白云高光处按住鼠标左键并向右拖曳，直至“输出”值为 220，在图像高光区域添加更多的红色。

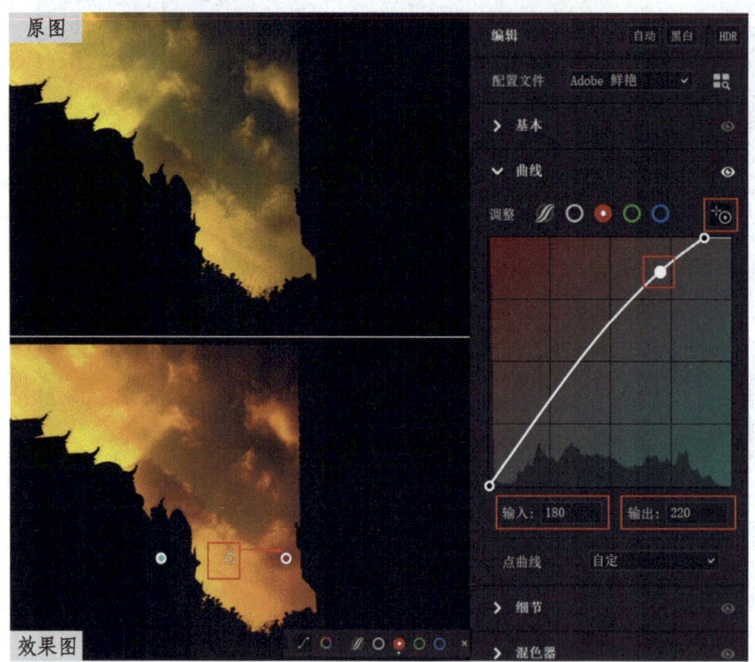

（6）在白云阴影处按住鼠标左键并向左拖曳，直至“输出”值为 105，在图像阴影区域添加少量红色。

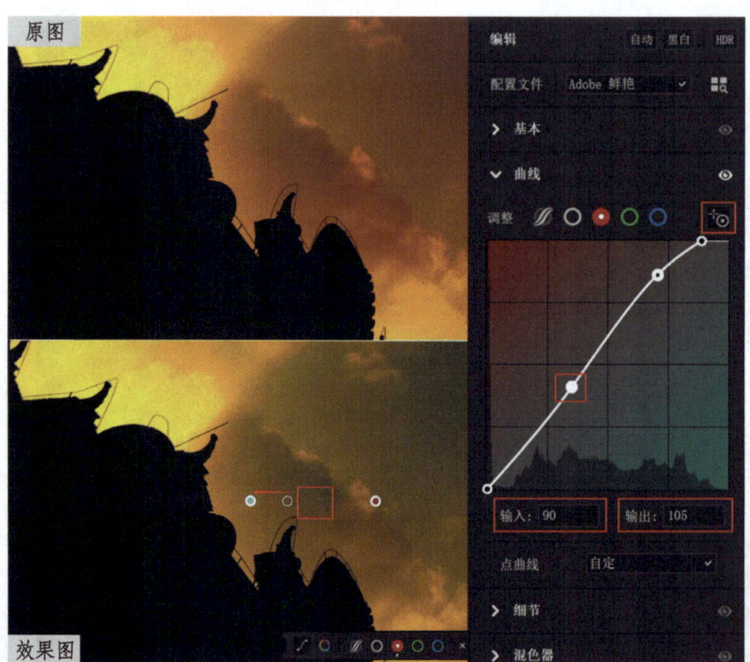

（7）选择“绿色”通道，在点曲线编辑器中，直接拖曳白色调整点，直至“输出”值为 248、“输入”值为 255，给图像最亮处添加洋红色。

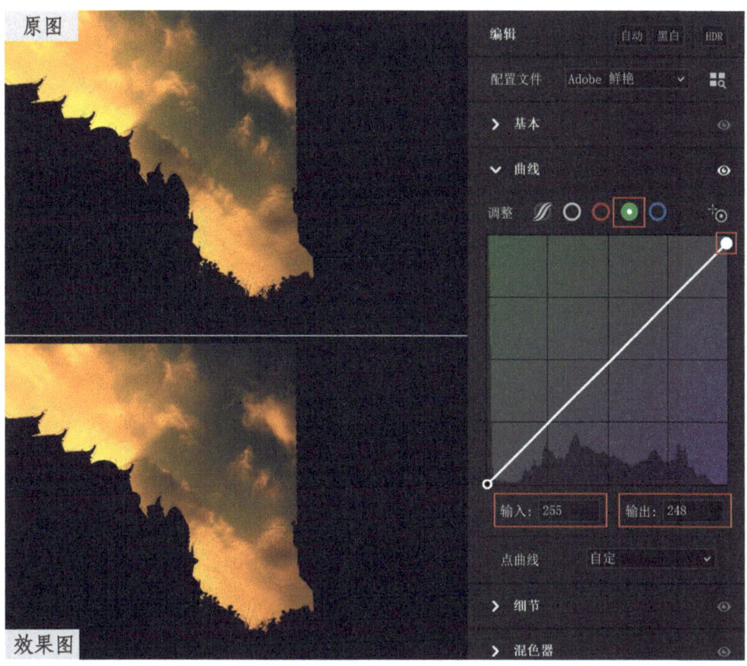

（8）选择“目标调整工具”，在白云高光处按住鼠标左键并向左拖曳，直至“输出”值为 166，在图像高光区域添加更多的洋红色。

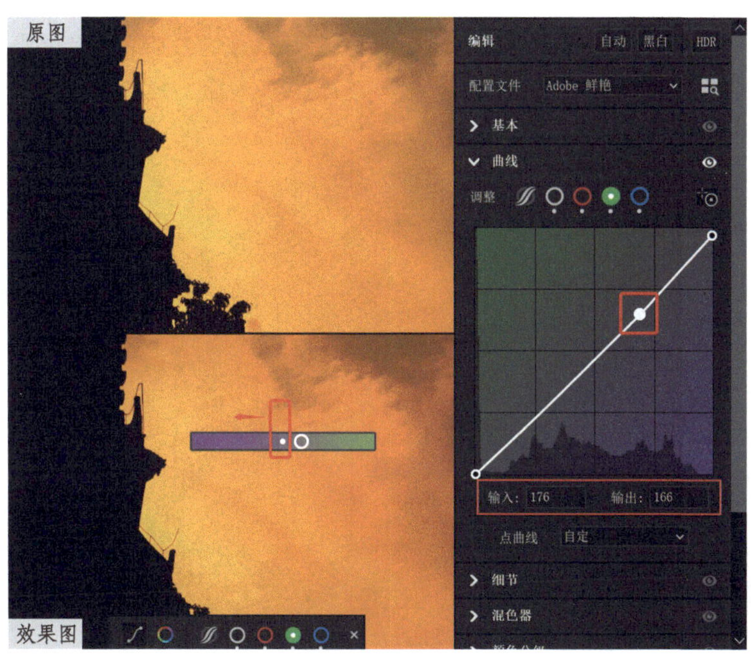

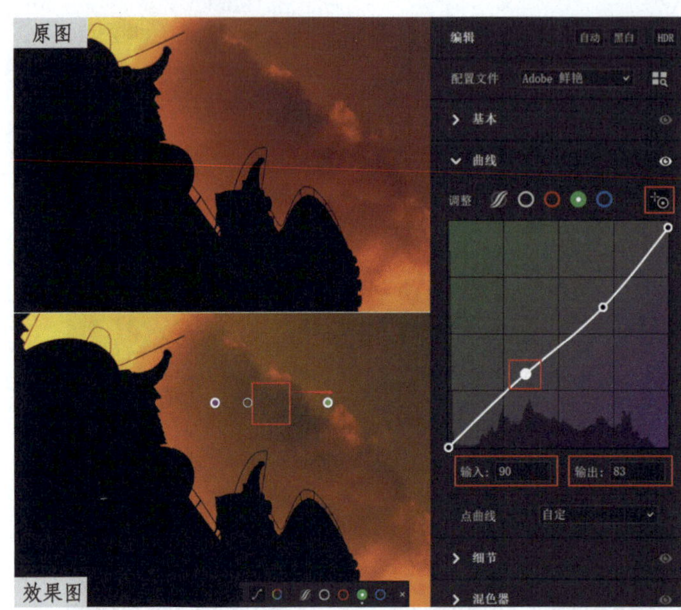

（9）在白云阴影处按住鼠标左键并向右拖曳，直至“输出”值为83，在图像阴影区域添加少量洋红色。

图像调整前后效果对比如原图和效果图所示。

3. 保存喜欢的预设

如果喜欢这种“暖色调”的编辑效果，就把这次的设置保存下来，方便下次使用时直接从“点曲线”预设中选取调用。

（1）在工具栏中单击“更多图像设置”图标，展开图像设置菜单，选择“存储设置”选项。

（2）在弹出的“存储设置”对话框中，单击“全部不选”按钮。

（3）勾选“点曲线”复选框并单击“存储”按钮。

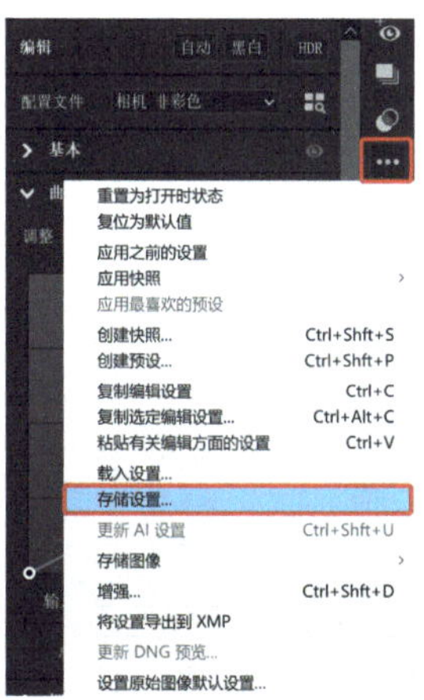

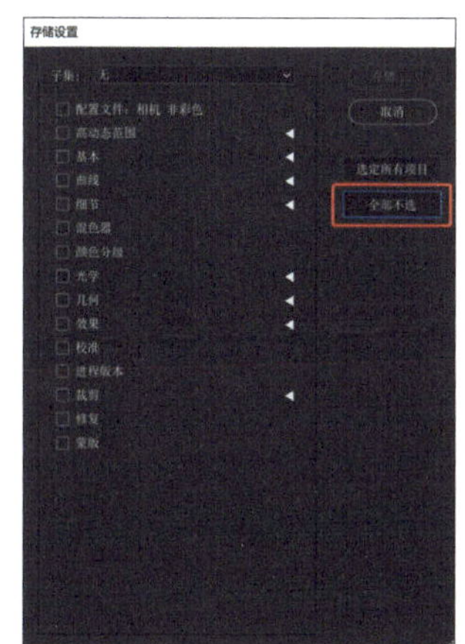

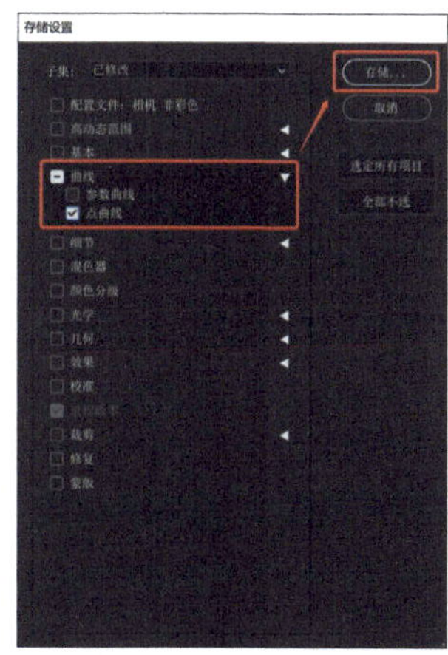

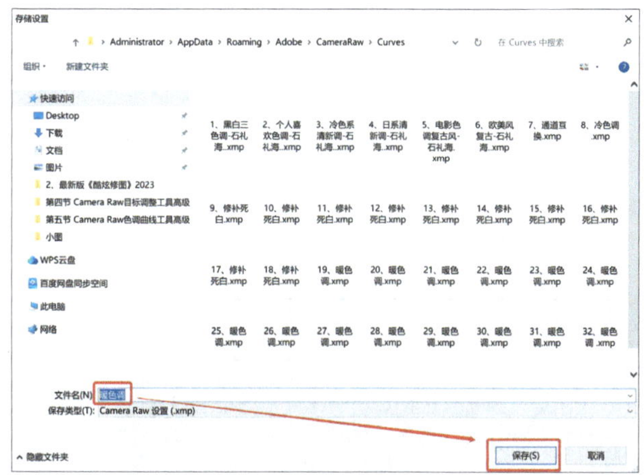

（4）在弹出的“存储设置”对话框中输入文件名，单击“保存”按钮存储预设。

小结

1. 在“曲线”面板的各个通道中，可以为图像强行添加颜色，这正是它的“独门绝技”（在其他面板或滤镜中，是不能为“死白”或“死黑”区域添加颜色的）。

2. 暖色调包含大量的黄色、部分的红色、少量的洋红色。所以，为图像添加暖色调时一定要先调整“蓝色”通道，再调整“红色”通道，最后调整“绿色”通道。

3. 冷色调包含大量的蓝色和少量的青色，绿色是中间色，依据图像要求和个人喜好，既可以给冷色调图像添加绿色，也可以给暖色调图像添加绿色。

第六节 颗粒和晕影效果的高级使用技法

Camera Raw 的“颗粒”滑块可以用来为照片制作模拟胶片的效果，也可以减少高感光度带来的噪点和瑕疵。此外，它还可以有效地掩盖在大尺寸输出时由于差值运算带来的不自然失真。

学习目的：学习并深入理解颗粒和晕影效果的工作原理，并运用高级使用技法来掌握它们的操作。

一、颗粒效果的高级使用技法

1. 初步认识“颗粒”区域

“颗粒”控件位于“效果”面板中（Windows 系统的快捷键为 Ctrl+8，macOS 系统的快捷键为 Command+8），将“颗粒”滑块右边的三角形按钮展开，显示所有与“颗粒”相关的滑块。

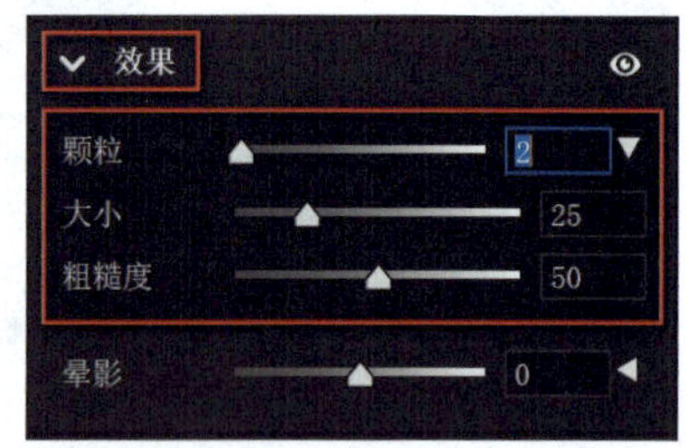

①颗粒：控制应用于图像的颗粒数量，向右拖曳滑块可增加颗粒数量。当其值为默认值 0 时，其他滑块为灰色，不可调整。

②大小：控制颗粒大小，默认值为 25。值越大，底层图像越模糊，可使图像和颗粒更好地融合。

③粗糙度：控制颗粒的匀称度；默认值为 50。向左拖曳滑块，颗粒将趋于匀称；向右拖曳滑块，颗粒将趋于不匀称。

2. 弥补高噪点瑕疵

（1）案例图像使用高感光度拍摄，噪点很高。如果想大尺寸放大冲印，为了弥补图像中的瑕疵，就应添加颗粒效果。

（2）添加颗粒效果时，最好将图像放大至 100%，可在“选择缩放级别”中放大图像。

设置如下：“颗粒”值为 50、“大小”值为 25（为了不让图像变得模糊）、“粗糙度”值为 35。调整后的图像瑕疵被弥补。

3. 模拟胶片颗粒效果

（1）案例图像中为老工厂里椅子上的餐具，通过应用胶片颗粒效果，使其显得更有厚重感。

（2）由于图像画质很好，不需要添加过多颗粒。设置如下：“颗粒”值为 30、“大小”值为 30、“粗糙度”值为 75。调整后的图像极具胶片效果。

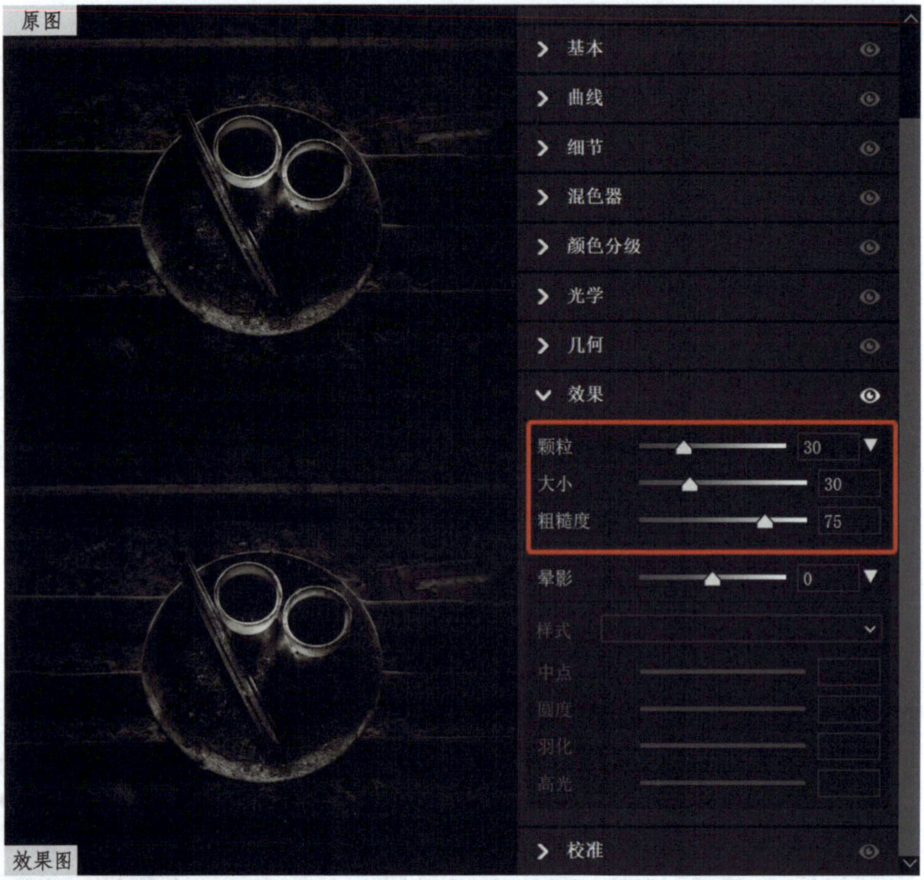

二、晕影效果的高级使用技法

在 Camera Raw 中，“晕影”滑块是摄影师常用的一种工具，可以创造不同的晕影效果和超现实感，为图像营造出梦幻般的风格。

1. 初步认识“晕影”

（1）“晕影”位于“效果”面板底部，将“晕影”滑块右侧的三角形按钮展开，显示所有与“晕影”相关的控件。

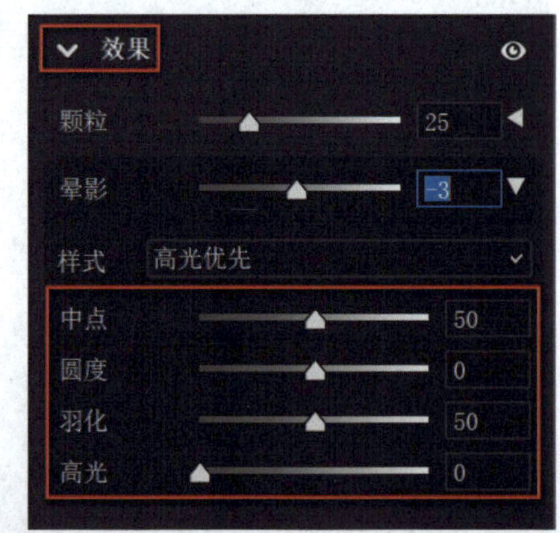

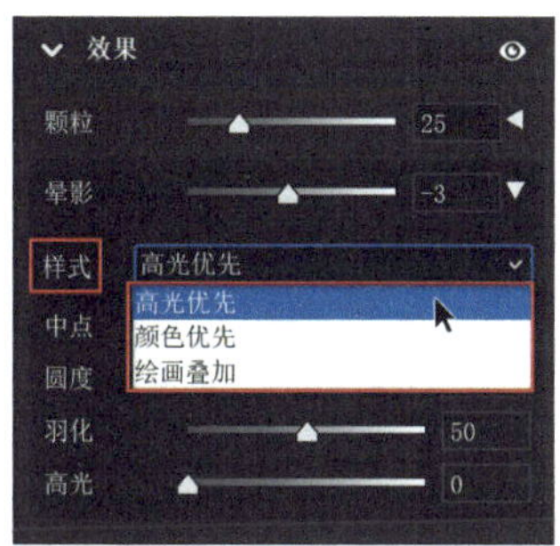

（2）晕影效果的“样式”有 3 个选项，分别是“高光优先”“颜色优先”“绘画叠加”。晕影效果区域还有“晕影”“中点”“圆度”“羽化”“高光”等滑块，将它们密切搭配使用是创建艺术化晕影效果的关键。

①高光优先：在保护高光对比度的同时应用晕影效果，但可能会导致图像暗部区域的颜色发生变化。适用于具有重要高光区域的图像。

②颜色优先：在保留色相的同时应用晕影效果，但可能会导致高光部分丢失细节。

③绘画叠加：将图像颜色与黑色或白色混合来应用效果。适用于需要柔和效果的图像，但可能会降低高光部分对比度。

④晕影：正（负）值可使画面中心向周边变亮（变暗）。当其值为默认值 0 时，以下其他控件为灰色，不可调整。

⑤中点：数值越高越容易将调整范围限制在图像的四角区域，而数值越低越会将调整范围向图像的中心区域延伸，默认值为 50。

⑥圆度：正（负）值可增强圆形效果（椭圆效果），默认值为 0。

⑦羽化：数值增大（减小）将增强（减弱）效果与其周围像素之间的柔化效果，默认值为 50。

⑧高光：控制图像高光区域的“穿透”程度，为图像高光区域“保驾护航”，默认值为0（当“晕影”控件为负值时，在“高光优先”或“颜色优先”样式中，此滑块可用）。

2. 高光优先

（1）给图像添加暗角晕影效果。

在 Camera Raw 中打开案例图像，展开晕影效果区域。晕影效果默认“样式”为“高光优先”，将“晕影”滑块拖曳至 -17，给图像添加暗角晕影效果。为了直观地观察晕影分布的区域，将“羽化”滑块拖曳至0。

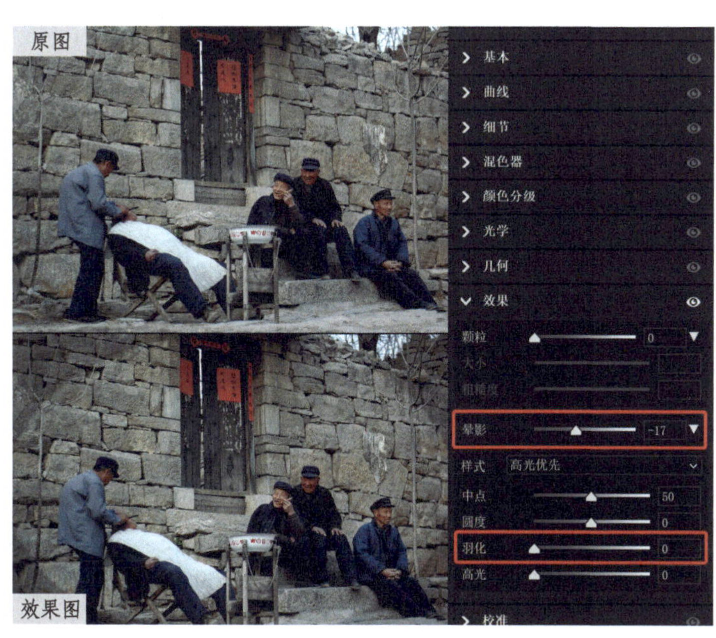

（2）在 Windows 系统中，按住 Alt 键（macOS 系统中按住 Option 键）并拖曳“中点”滑块至 30，添加晕影的区域将以更直观的效果显示，可方便调整控件。

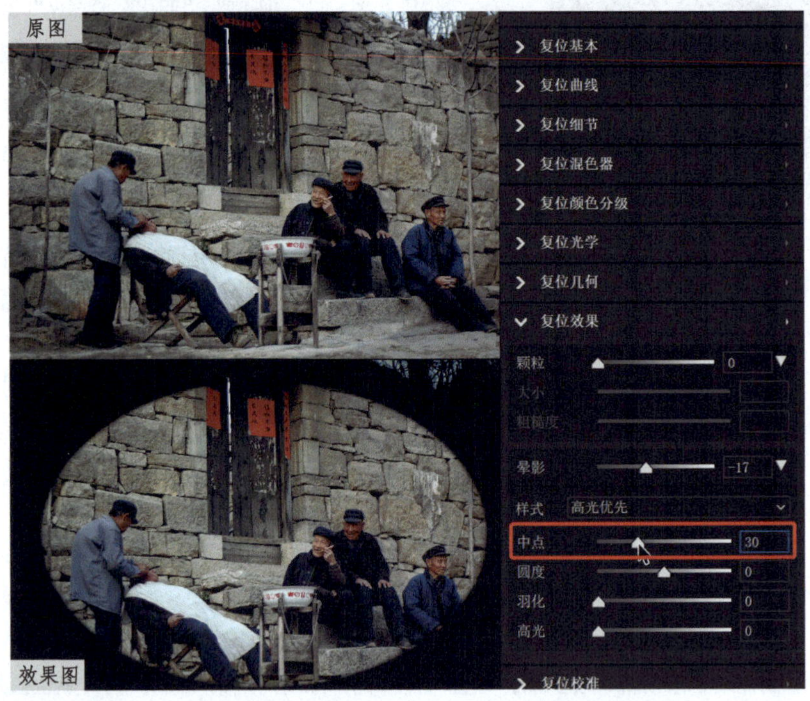

（3）在 Windows 系统中，按住 Alt 键（macOS 系统中按住 Option 键）并拖曳“圆度”滑块至 -50，确保主体区域不被黑色遮蔽。

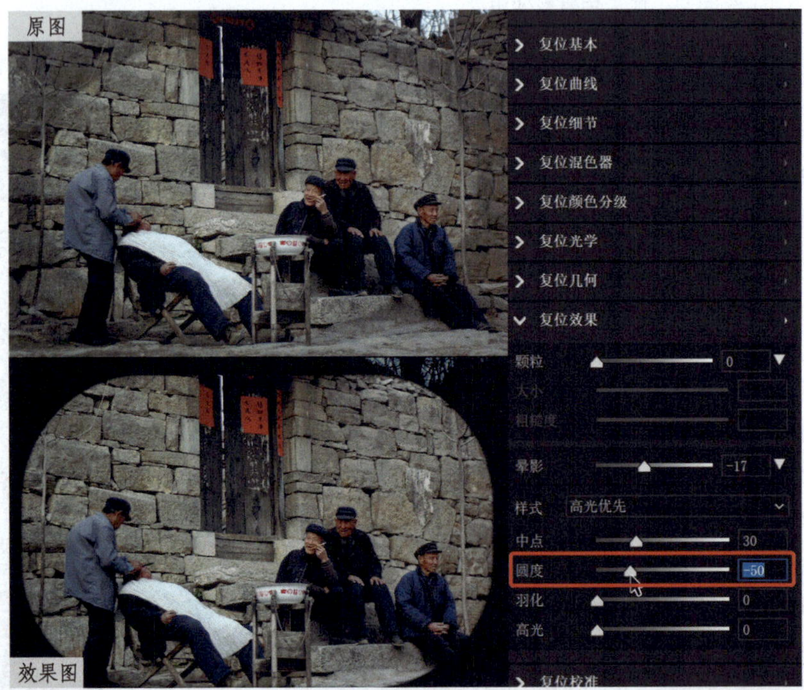

（4）在 Windows 系统中，按住 Alt 键（macOS 系统中按住 Option 键）并拖曳“羽化”滑块至 100，暗角呈渐变式地靠近主体时为最佳效果。

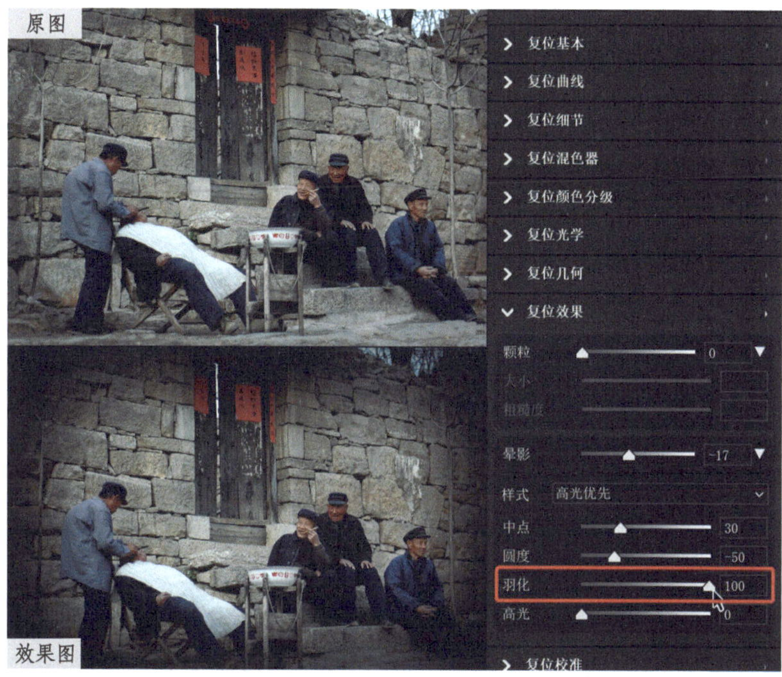

（5）在 Windows 系统中，按住 Alt 键（macOS 系统中按住 Option 键）并拖曳“高光”滑块至 15，暗角高光的细节得到轻微恢复。双击“晕影”滑块可删除晕影效果。

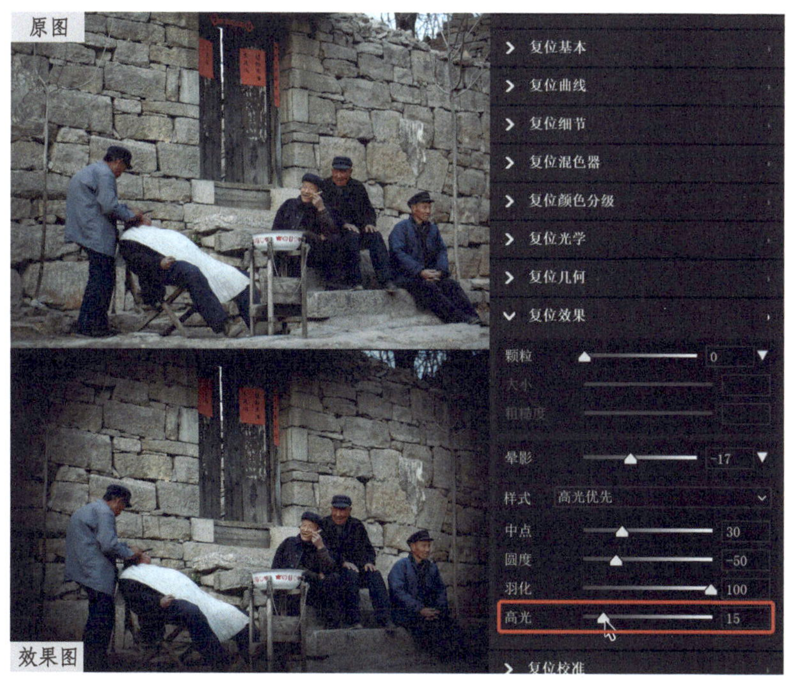

图像调整前后效果对比如原图和效果图所示。

原图

效果图

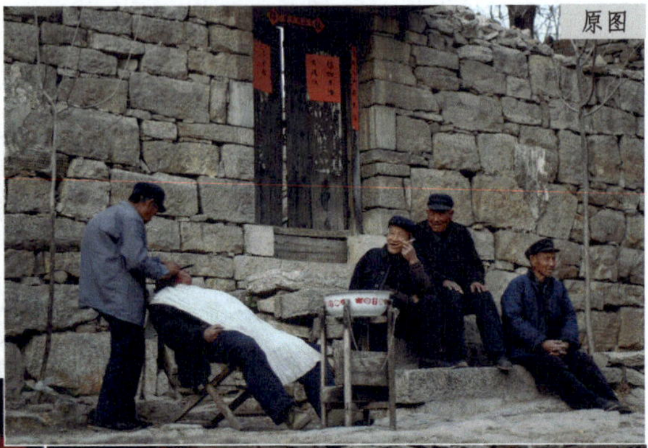

原图

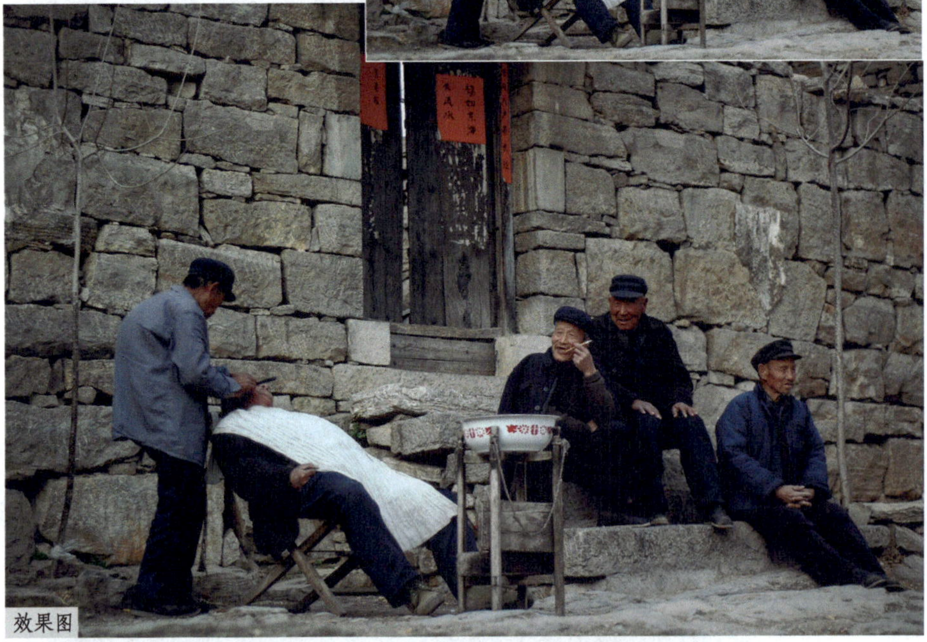

效果图

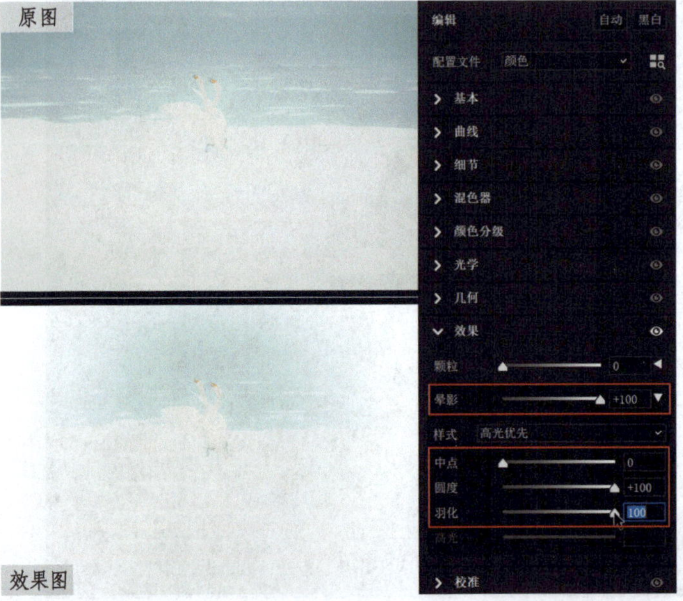

添加亮角晕影效果。

打开案例图像，添加亮角晕影效果（“高光”滑块不可用），设置如下：“晕影”值为+100、“中点”值为0、“圆度”值为+100、“羽化”值为100。

3. 颜色优先

当图像色彩鲜艳时，选择“颜色优先”样式，既能压暗周边环境高光又能有效地保护原有色。设置如下：“晕影”值为 -30、“中点”值为 6、“圆度”值为 -24、“羽化”值为 88、“高光”值为 0。

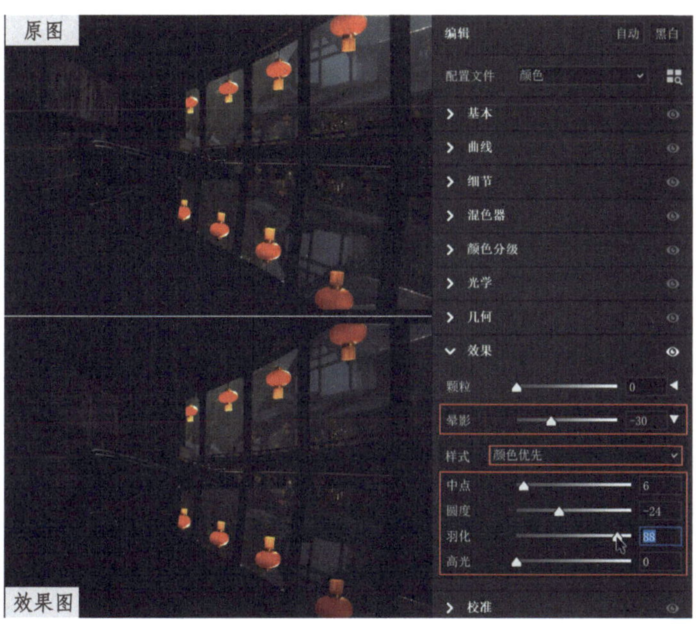

4. 绘画叠加

选择“绘画叠加”样式可使画面产生模糊柔化效果。设置如下：“晕影”值为 -28、“中点”值为 25、“圆度”值为 -27、“羽化”值为 75。

5. 创建流媒体交流图片

（1）制作流媒体交流图片时，样式为“高光优先”，设置如下：“晕影”值为+100（“晕影”值为-100时画布为黑色）、“中点”值为40、“圆度”值为-100、“羽化”值为3。

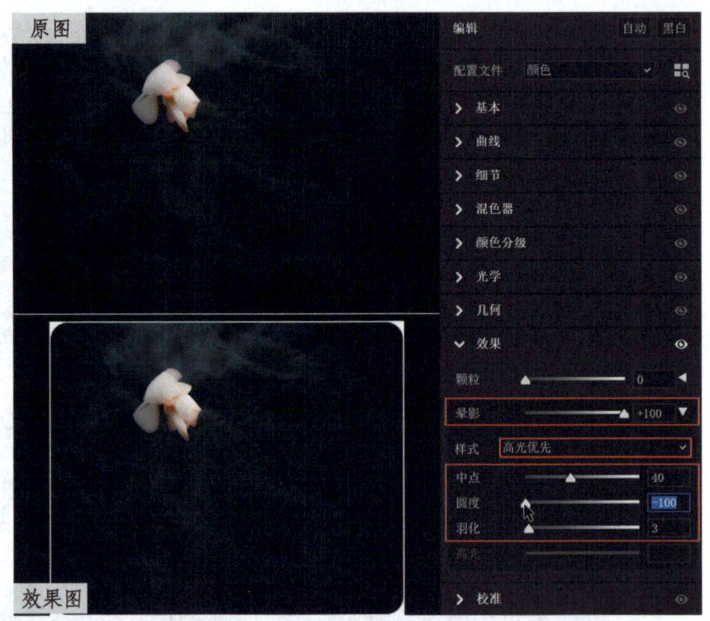

（2）调整滑块参数，设置如下：“晕影”值为+100、“中点”值为24、“圆度”值为+3、“羽化”值为3。

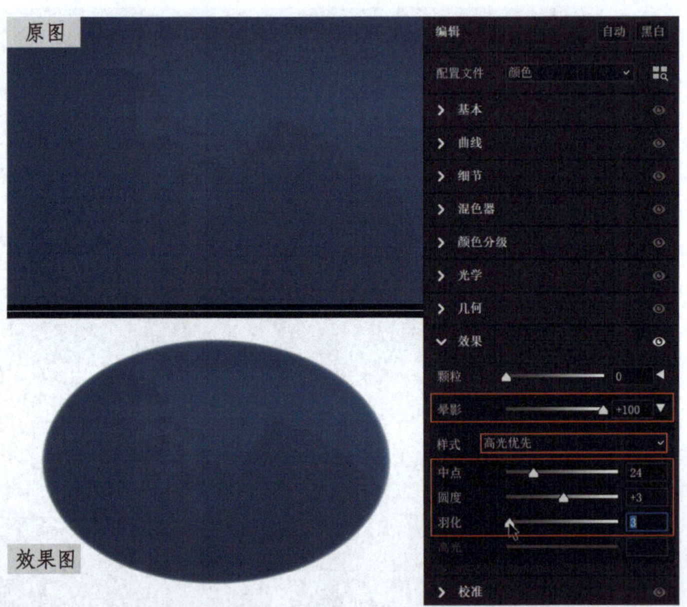

（3）使用不同的参数组合，可以给图像制作不同的晕影效果。设置如下："晕影"值为 -100、"中点"值为 50、"圆度"值为 +100、"羽化"值为 3、"高光"值为 0。

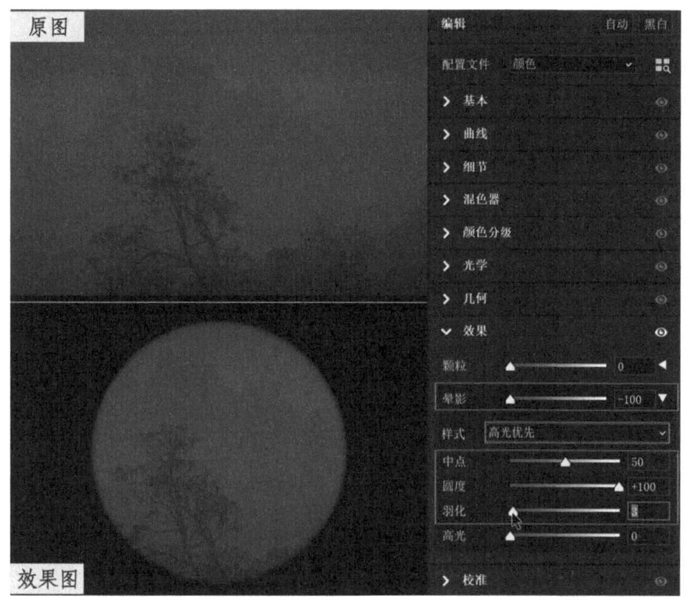

（4）如果主体区域不在晕影效果内，可选择"裁剪"工具裁剪边框，晕影效果会跟随裁剪区域移动。

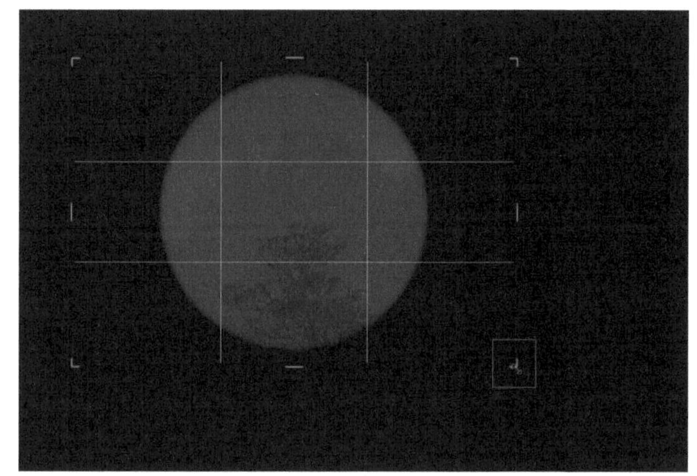

小结

1. 在打印的过程中，图像的原数据会相应减少，如果添加的像素颗粒不足，那么图像最终效果将无法达到预期。

2. 在制作晕影效果时，选择合适的"样式"是非常重要的。

（1）不以色彩为主的图像（如人文纪实、线条、黑白图像等）一般应选择"高光优先"样式，以弱化周边高光，突出主体。

（2）若是以色彩为主的图像，则可以选择"颜色优先"样式，即在保护原有色彩不变的前提下，弱化周边高光，使主体更加突出。

（3）以柔美风格为主的图像（如人物肖像、花卉、雪景、云雾缭绕的风光景色等），一般应选择"绘画叠加"样式，目的在于柔化并弱化周边环境，以突出主体。

第七节 颜色取样器在区域曝光法中的使用技法

美国摄影师安塞尔·亚当斯（Ansel Adams）的区域曝光理论是摄影科学中不可或缺的基本理论之一。将其理论应用到数码后期处理中，可以以较真实的方式呈现出所拍摄的景致。安塞尔·亚当斯将图像的影调划分为 0~10 共 11 个区域，每个区域在图像影调中起着不同的作用，为个性化后期处理提供了理论依据。

一、区域曝光法各分区的影调特点与作用

图表区域值域为 Camera Raw 默认色彩空间 Adobe RGB （1998）。当色彩空间为 Prophoto RGB 时，各区域值域会有所变化；当色彩空间为 Lab Color 时，各区域值域会以 0~100 显示，更直观、有效。

①暗部区域（0）：纯黑区域，可以赋予图像厚重感，但也可能使图像失去活力。

②暗部区域（33）：近似于纯黑区域，可以产生最细微的影纹、肌理和细节变化，但也可能使图像变得沉闷。

③暗部区域（51）：有影纹的暗部区域，可产生轻微的影纹、肌理和细节变化。

④细节区域（72）：暗部细节最重要的影调区域，清晰细节最暗的区域。3 区确立了影像的基调。如果把主要细节都放到 3 区表现，则会产生神秘感。例如黑色的小狗、黑色的鞋子、浓重的阴影、煤等。

⑤细节区域（94）：影调较深的中灰区域，具有丰富细节的过渡区域。4 区与 6 区这两个过渡区域对图像的反差起到决定性的作用。如果过渡区域被缩小，影像反差则加大——与 4 区所占比例无关，而与这个区域如何实现暗部到亮部的过渡有关。例如树干、深蓝色的天空等。

⑥细节区域（118）：中灰区域。5 区位于灰阶的中央，在区域系统中扮演着“视觉中枢”的角色。例如草地、树叶、大红色的花、干净的蓝天等。

⑦细节区域（143）：较浅的中灰区域。6 区包含丰富的细节，它是中间影调向高光区域过渡的起始区域。6 区是高调影像的基础。高光与重点部位会非常吸引人们的注意，例如纯黄色、亮粉色、婴儿蓝色、婴儿粉色等区域。

⑧细节区域（169）：表现高光区域中的细节。7 区是细节区域中最亮的一个区域。如果细节大部分都落在了这个区域，则图像效果就会显得非常柔美、明亮、轻盈和浪漫。例如白雪、白云、白雾、白烟、白霜、白沙等。

⑨高光区域（197）：有影纹的高光区域。8 区是最亮的有影纹的区域。尽管 8 区没有锐利的细节，但它是图像的视觉亮点区域。

⑩高光区域（225）：近似于纯白的区域。由于 9 区接近于白色，所以通常作为图像中的高光与重点部位区域，它连同 10 区构成了 8 区中的影纹。

⑪高光区域（255）：纯白区域。10 区的重点表现力对图像而言是非常重要的。与黑色一样，过多的白色也会影响图像的感染力。图像中的白色过多就会形成空洞感或者过于刺激的视觉冲击。

区域曝光法各分区影调特点与作用

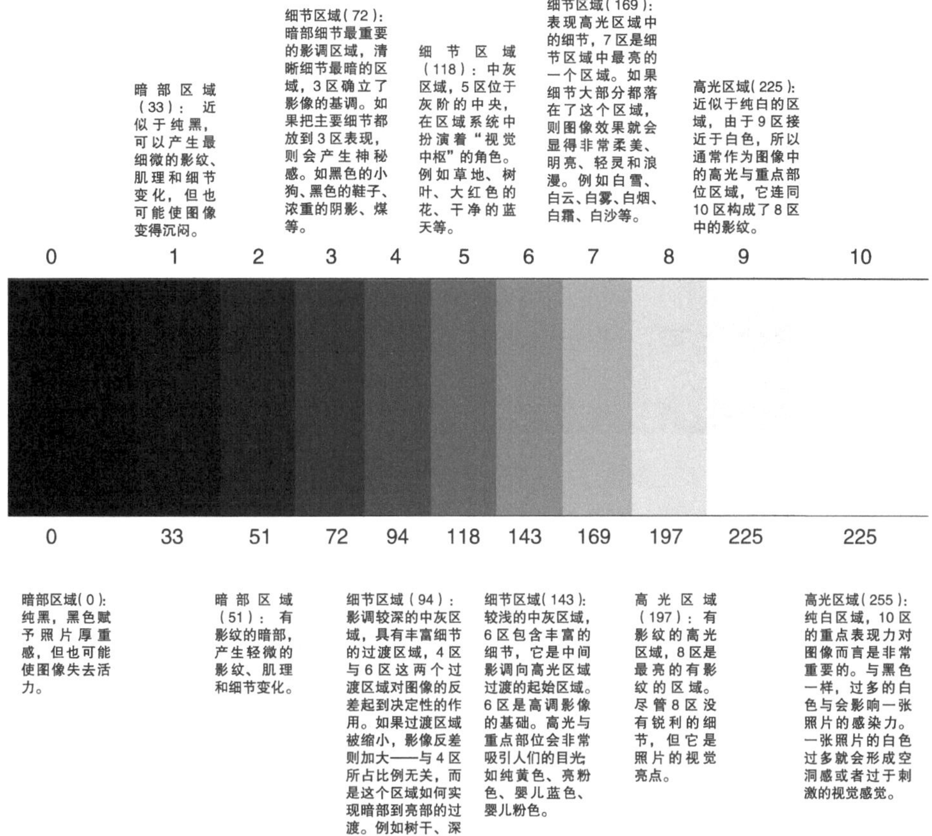

二、区域曝光法的应用

如何将安塞尔·亚当斯的区域曝光理论应用到数码图像处理中？那就是好好学习区域曝光法各分区的影调特点与作用，利用工具栏中的“切换取样器叠加”工具为影调调整服务。

（1）在 Camera Raw 中打开案例图像，在工具栏中单击“切换取样器叠加”工具图标（快捷键为 S），展开“颜色取样器”面板，“颜色取样器工具”会在图像预览界面中显示，在图像中的不同影调处单击以取样，图像的明度和颜色信息将显示在图像预览界面上方（色彩空间为 Lab Color）。

①L 表示亮度，值域为 0~100（也就是区域曝光法中的 0~10 区）。

②a 表示从红色至绿色范围的取值。

③b 表示从黄色至蓝色范围的取值。

a 和 b 的值域都是 －128~+127，其中 a 的值为 +127 时是红色，过渡到 －128 的时候就变成绿色；而 b 的值为 +127 时是黄色，为 −128 时是蓝色。

（2）要删除单个颜色取样点，在 Windows 系统中可按住 Alt 键（macOS 系统中按住 Option 键），鼠标指针靠近颜色取样点时将自动切换成剪刀工具，单击即可删除取样点。要删除全部颜色取样点，可单击“重置取样器”图标。

（3）在“颜色取样器”面板最右边单击“关闭取样器”图标（如下图红色方框所示），可以暂时隐藏“颜色取样器”面板。再次单击“切换取样器叠加”图标，颜色取样点信息将重新显示。

（4）最多可给图像添加 9 个颜色取样点。

1. 建议将区域曝光法的图表区域值域打印出来，放在计算机旁边，这样更有利于学习区域曝光法各分区的影调特点与作用。

2. 区域曝光法特别适用于高反差的图像，如风景、建筑、人像等。

第八节 颜色分级的高级使用技法

颜色分级是摄影师极为珍视的一种调色工具，借助它强大而又易用的色盘调整功能，可以调节中间调、阴影和高光的色调和亮度；还可以修改图像的整体色调，而不会影响中间调、阴影和高光的设置，从而达到色彩叠加的创意效果。

学习目的：深刻理解并掌握“颜色分级”工具的使用技法，以便营造出精细、逼真、互补的效果或形成对比鲜明的外观，从而将图像的创意度提升到更高水平。

一、初步认识“颜色分级”面板

1. 展开“颜色分级”面板（Windows 系统的快捷键为 Ctrl+5，macOS 系统的快捷键为 Command+5），在“调整”选项中有 5 个模式，分别是“三向模式”“阴影”“中间调”“高光”“全局”。

（1）“三向模式”为默认模式，面板中有 3 个色盘，每个色盘下方有控制明亮度的滑块，以及面板底部的“混合”和“平衡”滑块。拖曳色盘下方控制明亮度的滑块，面板顶部显示“H”（色相）值为 0、“S”（饱和度）值为 0、“L”（明亮度）值为 37，说明该滑块只能调整特定区域的明亮度，而“色相”和“饱和度”不受影响。

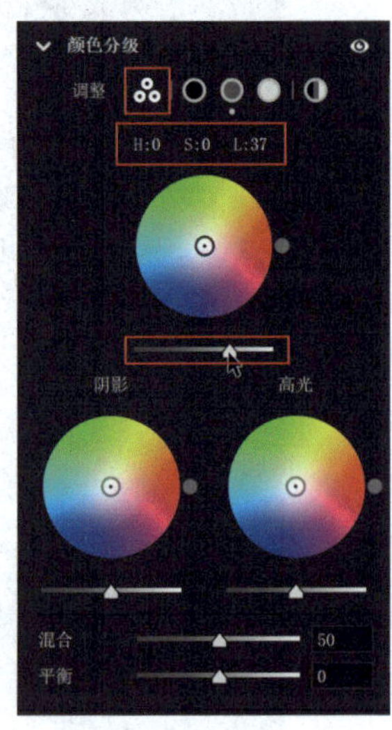

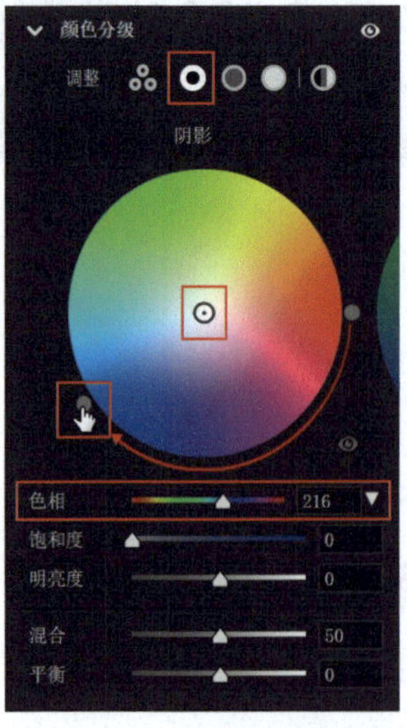

（2）选择“阴影”模式，展开“阴影”小面板。单击色盘外围的“色相”滑块并拖曳至 216（或拖曳色盘下方的“色相”滑块），以更改阴影区域的颜色色调。

色盘中心的“饱和度”滑块没有变化时（或色盘下方的“饱和度”滑块为 0 时），图像的特定区域的颜色不会发生任何改变。

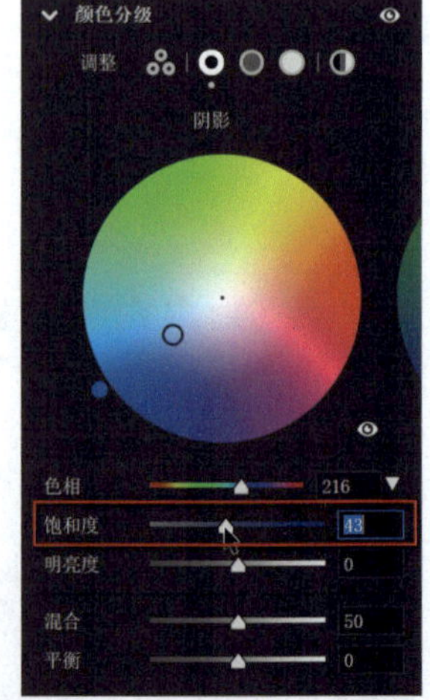

（3）拖曳色盘下方的“饱和度”滑块至 43，以更改阴影区域的颜色饱和度。

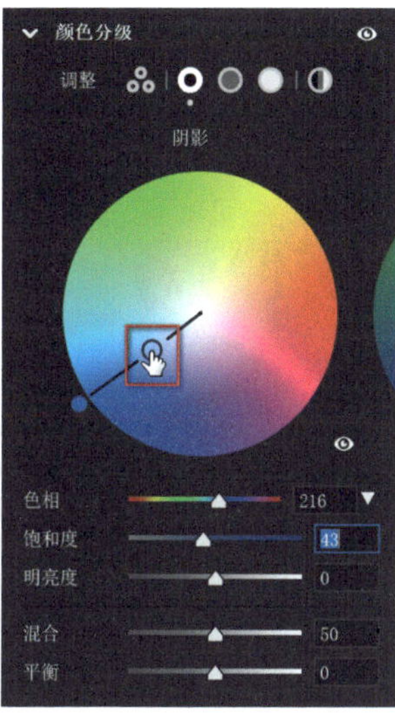

（4）也可以按住 Shift 键锁定“色相”值，再拖曳色盘中心的“饱和度”滑块至“饱和度”值为 43，以更改阴影区域的颜色饱和度。不按住 Shift 键，色相会由于单击点不精确而发生改变。

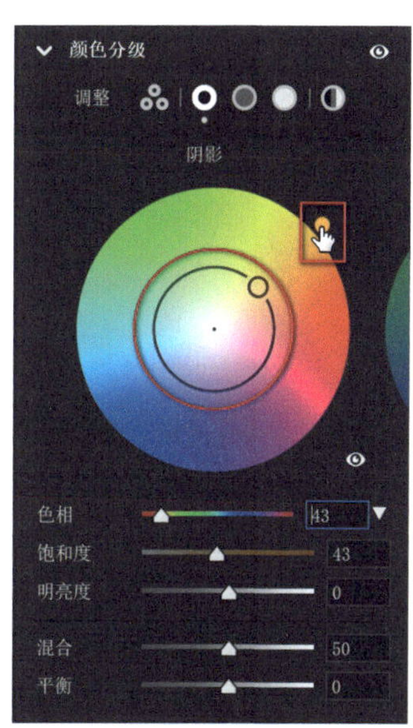

（5）同样，也可以按住 Ctrl 键（macOS 系统中按住 Command 键）锁定“饱和度”值，拖曳色盘外围的色相滑块至“色相”值为 43，以更改阴影区域的颜色色调，防止由于误击滑块，而使“饱和度”值发生改变。“中间调”和“高光”小面板的使用技法与“阴影”小面板的类似。

（6）选择“全局”模式展开“全局”小面板。该面板可以调整图像的整体颜色，而不影响中间调、阴影和高光的设置。

单击面板右上角的眼睛图标，可以查看面板整体调整前后的效果；单击面板右下角的眼睛图标，可以查看小面板调整前后的效果。

如果在某种模式下有编辑操作，则在相应模式图标下方会显示点状指示器。

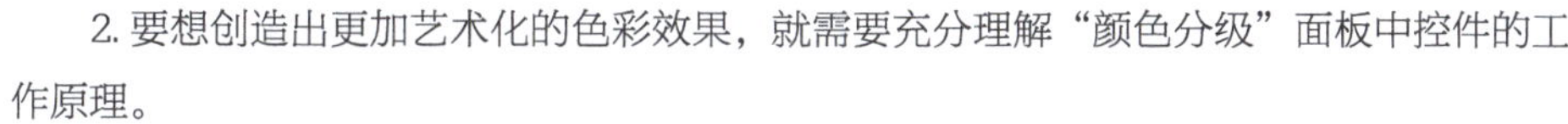

2. 要想创造出更加艺术化的色彩效果，就需要充分理解“颜色分级”面板中控件的工作原理。

①色盘：可见光范围内的色彩组成的色相盘。

②色相：控制着色区域的颜色色调。

③饱和度：控制着色区域颜色的饱和度。

④明亮度：控制着色区域的亮度阈值。

⑤混合：控制着色区域的融合范围。将“混合”值设置为 100 ，融合范围最大；将“混合”值设置为 −100，融合范围最小。

⑥平衡：控制整体色调偏向高光还是阴影。将“平衡”值设置为 100，整体色调偏向高光区域；将“平衡”值设置为 −100，整体色调偏向阴影区域。

二、给图像添加冷、暖色调

1. 在 Camera Raw 中打开案例图像，切换至“配置文件”面板，在“Camera Matching”组中选择“风景”，单击“后退”按钮，返回“编辑”面板。

2. 展开“基本”面板，对图像做如下设置：“曝光”值为 -5.00、“白色”值为 +77、“去除薄雾”值为 +52、“自然饱和度”值为 +37、“饱和度”值为 +10（压黑提白法）。

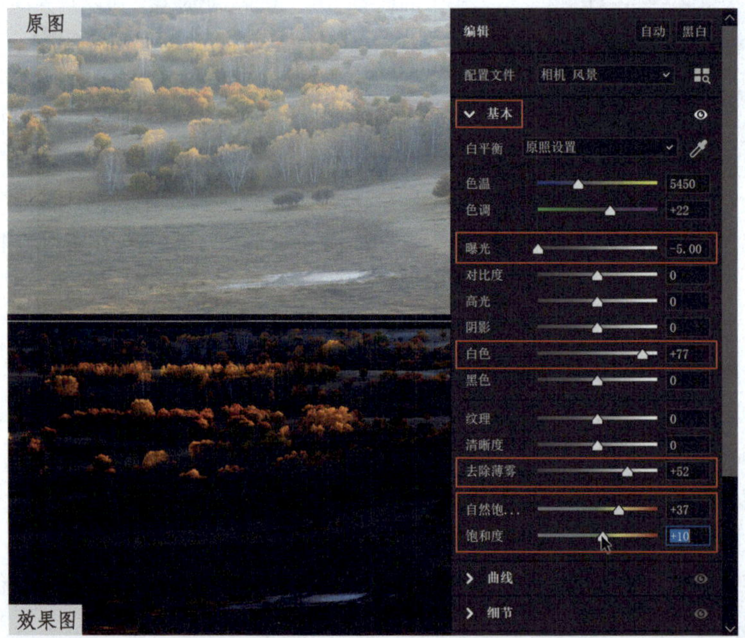

3. 展开“颜色分级”面板，选择“高光”模式并依次设置如下：“色相”值为 37、“饱和度”值为 86、“明亮度” 值为 +21。提亮图像的高光区域并添加暖色调效果。

“色相”数值在 30~45 时，可给图像添加暖色调效果。

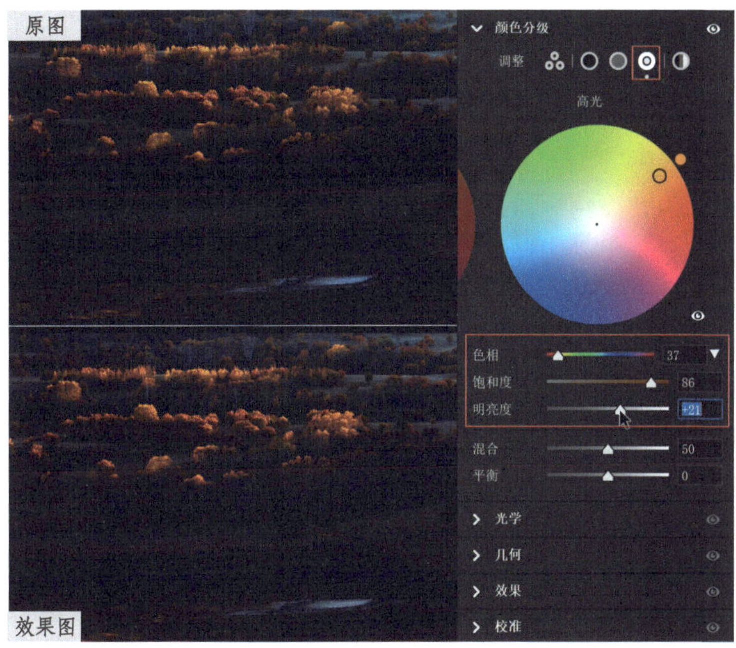

4. 选择“阴影”模式并依次设置如下：“色相”值为 212、“饱和度”值为 24、“明亮度”值为 −15。压暗图像的阴影区域并添加冷色调效果。

“色相”数值在 212~222 时，可给图像添加冷色调效果。

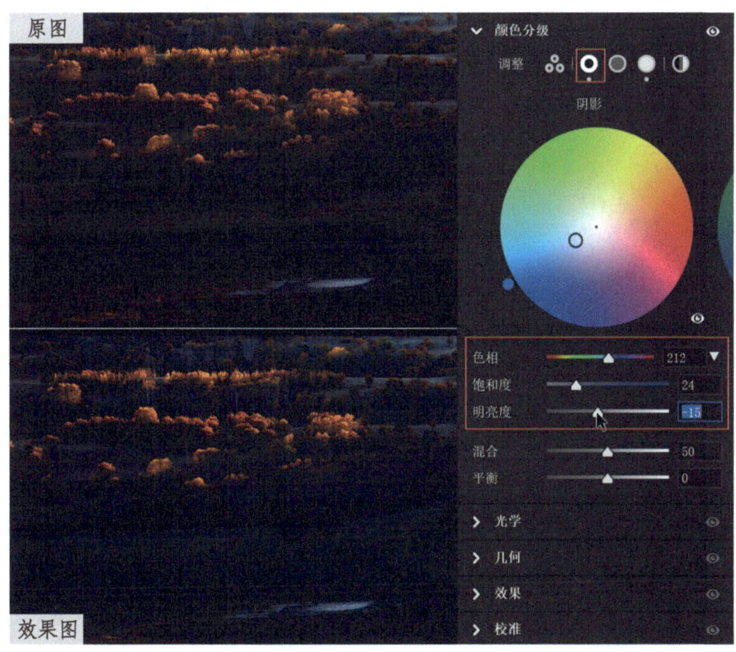

5. 选择“中间调”模式并依次设置如下：“色相”值为 300、“饱和度”值为 16、“明亮度”值为 +62。提亮图像的中间调区域并添加暖色调。

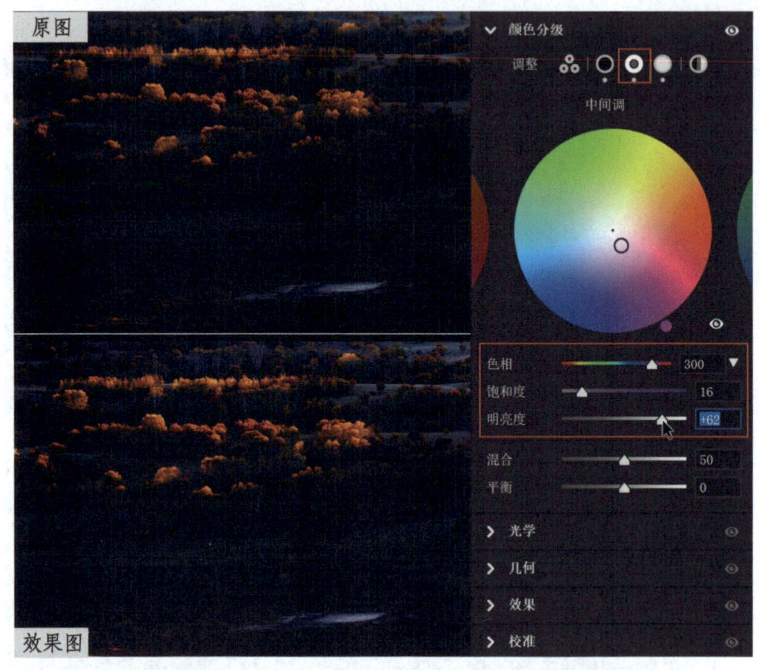

6. 设置“混合”值为 31、“平衡”值为 +53，使着色色调融合度降低，以便使画面冷暖分明，着色色调整体偏向高光区域（渲染暖色调）。

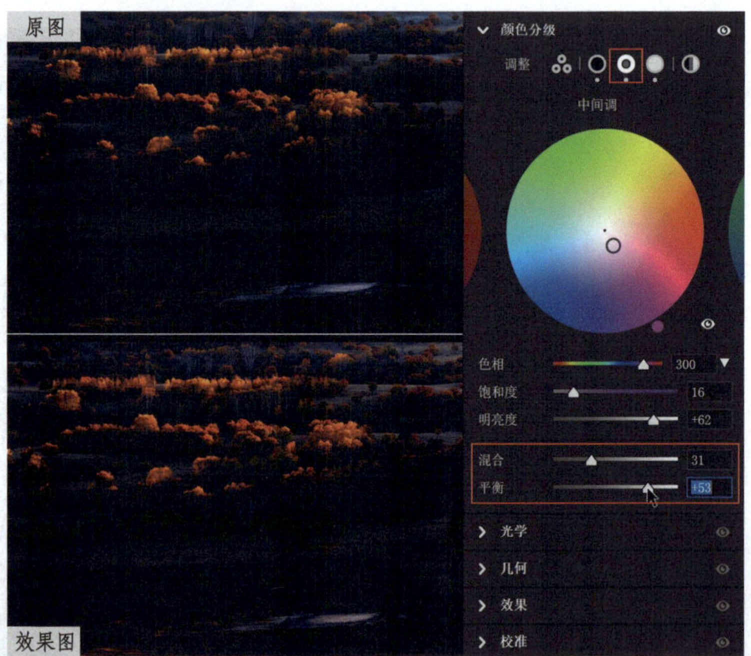

7. 选择“全局”模式并依次设置如下：“色相”值为33、“饱和度”值为23、“明亮度”值为+30。微调图像的整体色调。

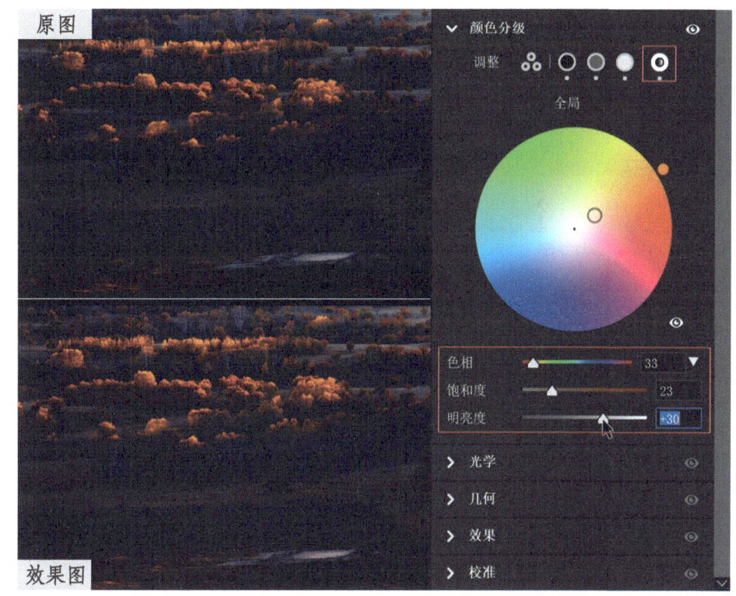

调整前后效果对比如下所示。

三、制作经典的青绿山水画效果

《千里江山图》是青绿山水画王冠上的明珠，是北宋画家王希孟的作品，也是其唯一传世的巨制杰作。摄影师们可以使用“颜色分级”面板仿制其经典的青绿色。

1. 在 Camera Raw 中打开案例图像，展开“基本”面板，设置如下参数渲染图像：“色温”值为 8700、“曝光”值为 −1.85、“对比度”值为 +24、“高光”值为 −3、“阴影”值为 −19、“白色”值为 +55、“黑色”值为 −10、“自然饱和度”值为 +32、“饱和度”值为 +12。

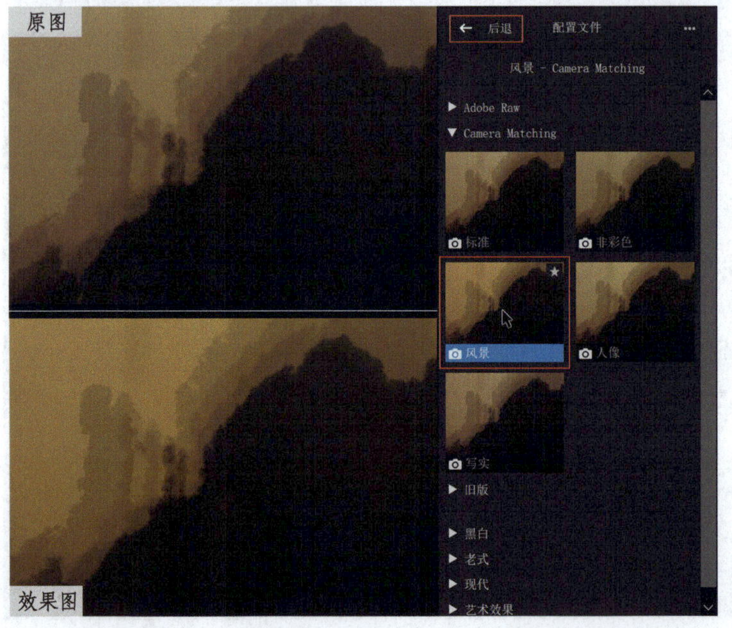

2. 切换到“配置文件”面板，在“Camera Matching”组中选择“风景”，增强图像的影调效果，单击“后退”按钮，返回“编辑”面板。

3. 展开“颜色分级”面板，选择“高光”模式并依次设置如下：“色相”值为 37、“饱和度”值为 100、“明亮度”值为 +24。提亮图像的高光区域并添加黄色色调。

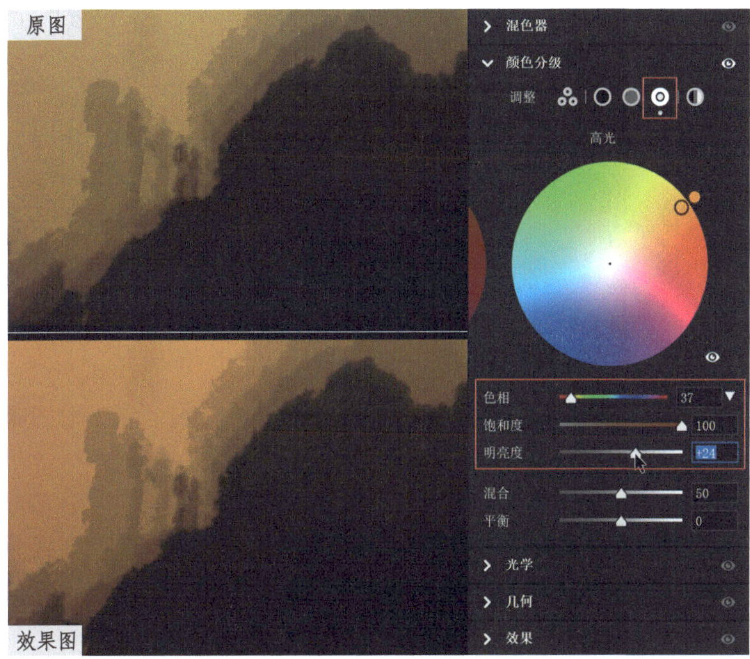

4. 选择“阴影”模式并依次设置如下：“色相”值为 222、“饱和度”值为 39。为图像的阴影区域添加蓝色色调。

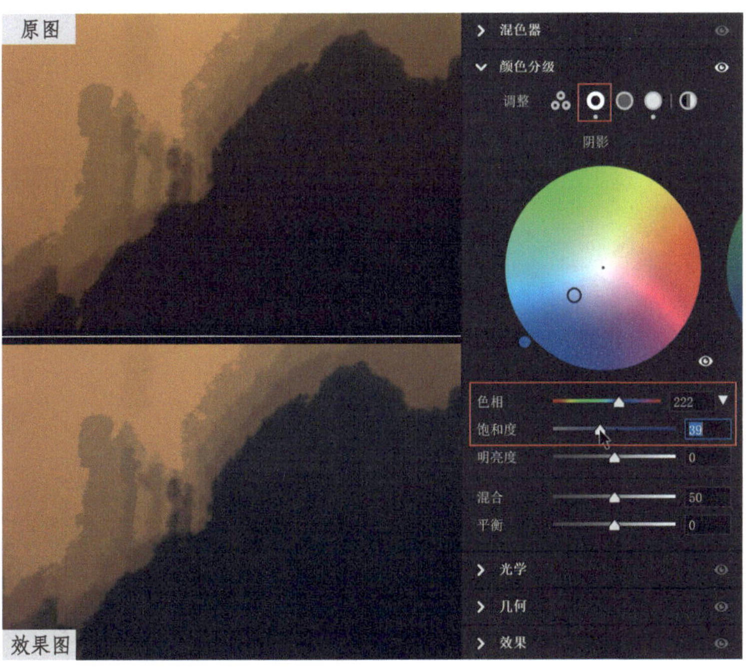

5. 选择“中间调”模式并依次设置如下：“色相”值为 177、“饱和度”值为 100、“明亮度”值为 -100。压暗图像的中间调区域并添加青色色调。

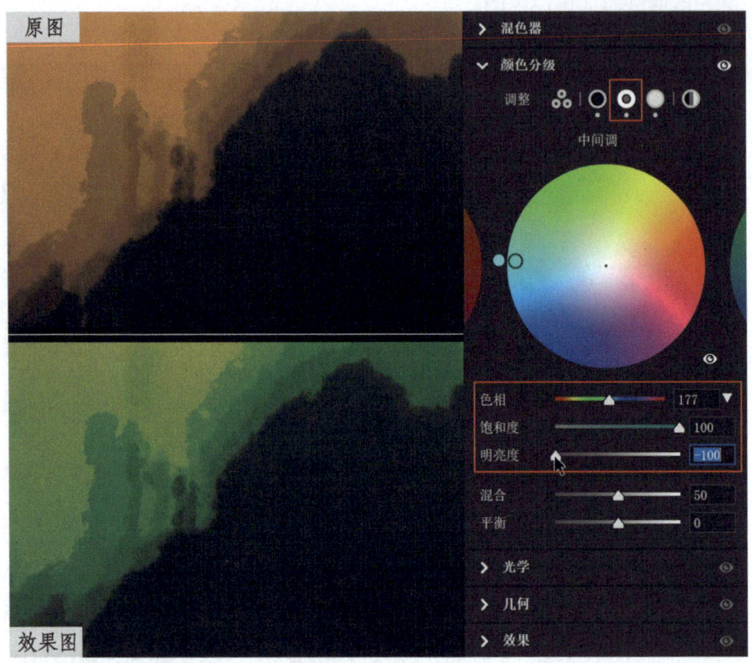

6. 设置“混合”值为 86、“平衡”值为 +26，使着色色调的融合度扩展，以便色彩浸染，着色色调整体偏向高光区域（渲染黄色）。

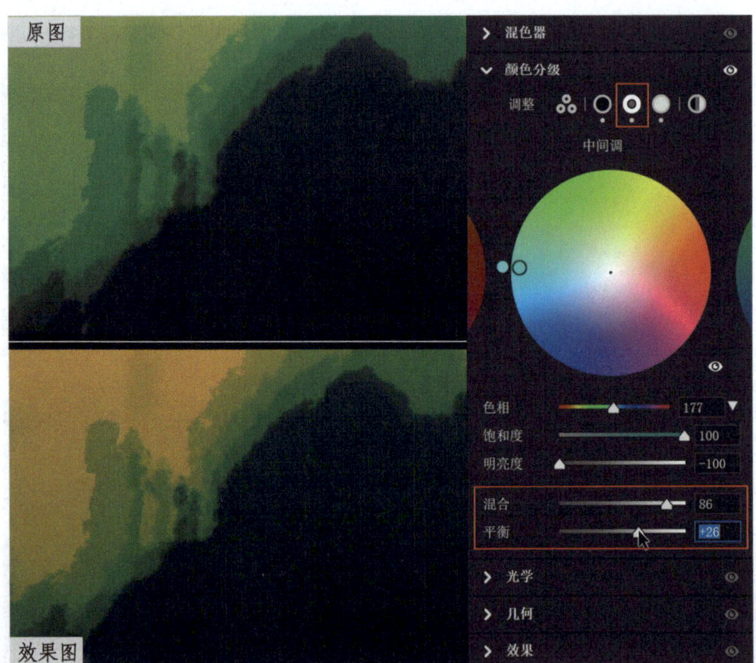

7.选择“全局”模式并依次设置如下：“色相”值为38、“饱和度”值为31、“明亮度”值为-77。微调图像的整体明度和色调。

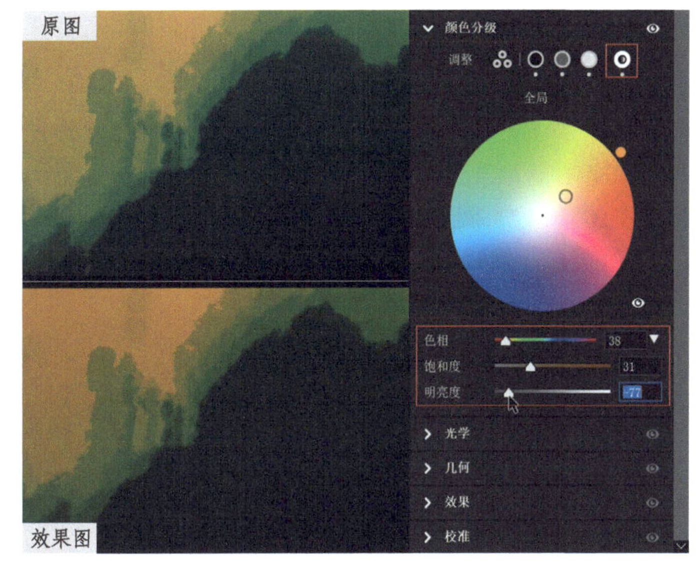

用“颜色分级”面板制作青绿山水画效果，调整前后效果对比如原图和效果图所示。

小结

如果将“颜色分级”面板的各个控件比作一家人，那么“高光”（老大）、“阴影”（老二）和“中间调”（老三）就是家中的3个孩子，“混合”和“平衡”就相当于妈妈，用来调节大家的关系；而“全局”则是爸爸，看管着整个家庭。当孩子们有磕磕碰碰时，假如妈妈会偏向老二，“平衡”为负值；偏向老大，“平衡”则为正值。当孩子们发生激烈矛盾时，妈妈会立即让他们暂时分开，这时“混合”为负值；当孩子们无比欢乐时，“混合”则为正值，让他们尽情玩耍。而爸爸在一旁则会总揽全局，“全局”为此家庭提供支撑。

第九节 相机校准技法

“校准”面板专门用于校准图像的色彩以及渲染色彩的面板。在 Camera Raw 中，所有处理过的图像都会在该面板中保存，以便维护（或更新）图像编辑效果的一致性。此外，可以在这里比较新旧处理版本的编辑效果。

学习目的：深入学习并掌握相机校准技术，能够精确地校准图像，以及艺术化地渲染图像。

一、认识“校准”面板

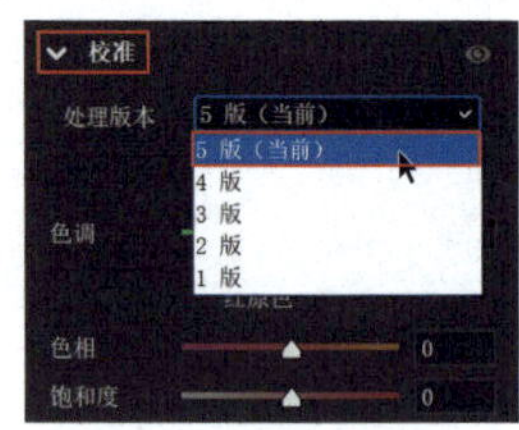

1. 在“校准”面板的“处理版本”下拉列表中，有 5 种不同时期的处理版本可供选择。“5 版（当前）”为最新的处理版本。如果希望与旧版本的编辑保持一致，可以选择相应早期的处理版本选项。

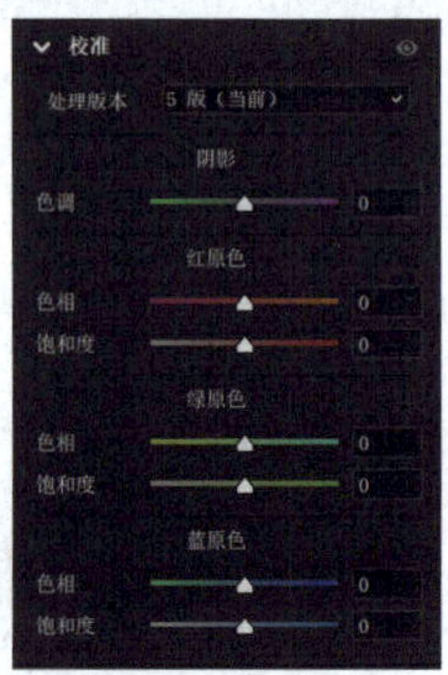

2. 每款相机拍摄的图像都有其独特的“脸谱”，可能会偏红、偏黄、偏绿，或者存在于图像的阴影之中。在“校准”面板中，可以通过调节阴影和各原色滑块，对出现的轻微色偏进行微调，或者进行艺术化的设置。

二、“校准”面板中滑块的工作原理

在学习“校准”面板中滑块的工作原理之前，先复习一下“混色器”面板中滑块的工作原理，以便有效地理解“校准”面板和“混色器”面板中滑块的不同，从而更容易地掌握“校准”面板中的滑块，轻松地校准图像和艺术化地渲染图像。

1. 在 Camera Raw 中打开案例图像，展开“混色器”面板，从“调整”下拉列表中选择“颜色”，并选择“红色”，将“色相”滑块分别拖曳至 -100 和 +100，查看色相和明度的变化。

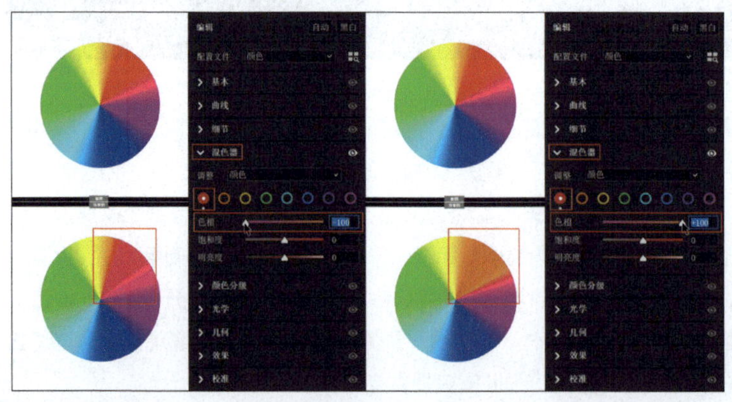

“红色”的色相和明度变化很大，而其他颜色没有发生变化，说明“混色器”面板是非常精准地基于色相范围来调整图像颜色的。

2. 展开“校准”面板，将“红原色”的“色相”滑块分别拖曳至 -100 和 +100，查看色相和明度的变化。

“红原色”的色相和明度变化很大，而其他颜色也发生了不同程度的变化，说明“校准”面板基于红原色、绿原色和蓝原色之间的联动调整。所以，在修图时，可以使用“校准”面板中的滑块，将图像中的环境色去除，从而获得真实（或个性化）的色彩。

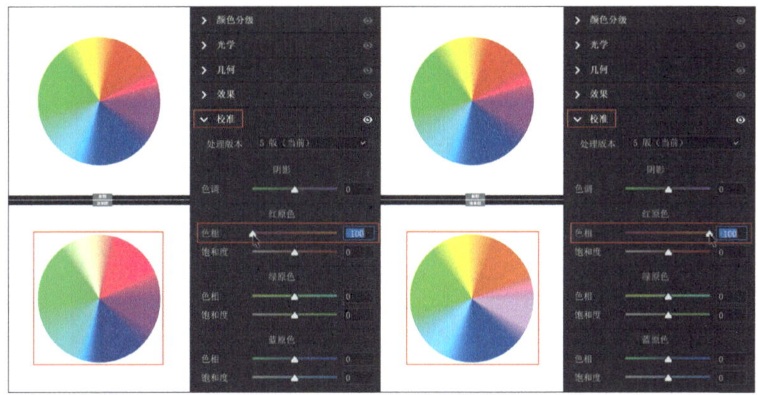

三、相机校准技法

相机校准技法可以让摄影师精确、完美地还原图像的真实色彩，还可以通过“校准”面板中的各种滑块，对图像进行艺术化的修改，令整幅图像具有自己独特的个性。

1. 在 Camera Raw 中打开案例图像，切换到“配置文件”面板，在“Camera Matching”组中选择“深”，单击“后退”按钮，返回“编辑”面板。

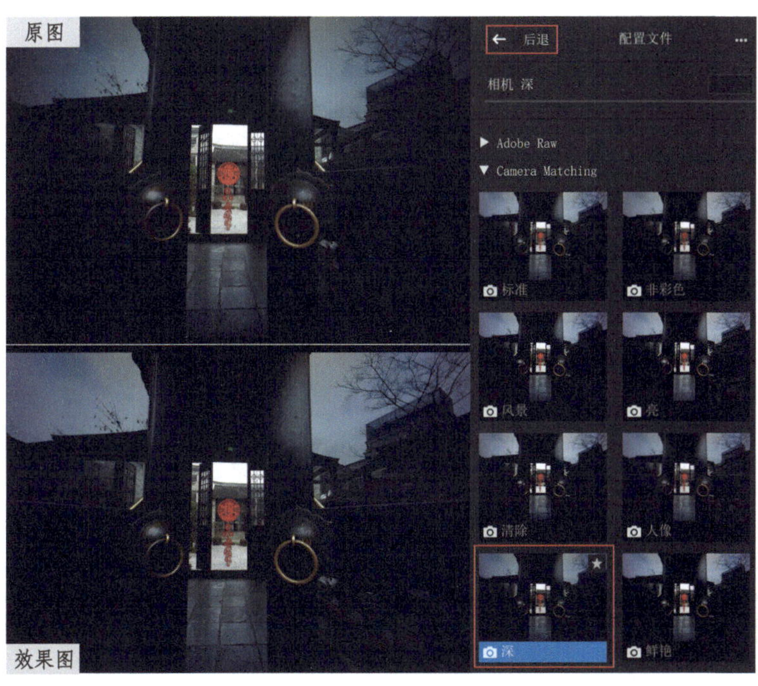

2. 展开“几何”面板，选择“Upright”栏中的“自动” 模式，图像的透视倾斜得到了很好的校正。

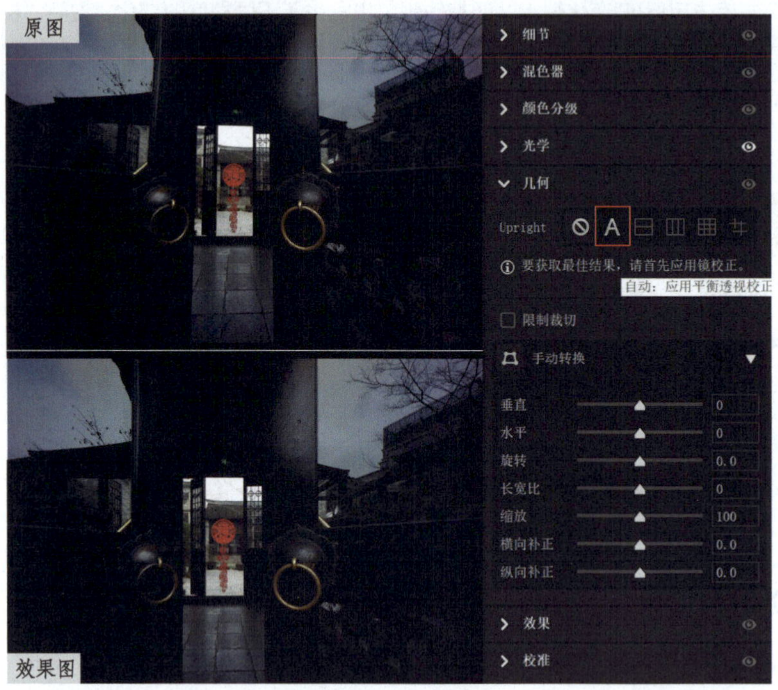

3. 展开“基本”面板，渲染图像并做如下设置：“高光”值为 -28、“纹理”值为 +30、“自然饱和度”值为 +30。

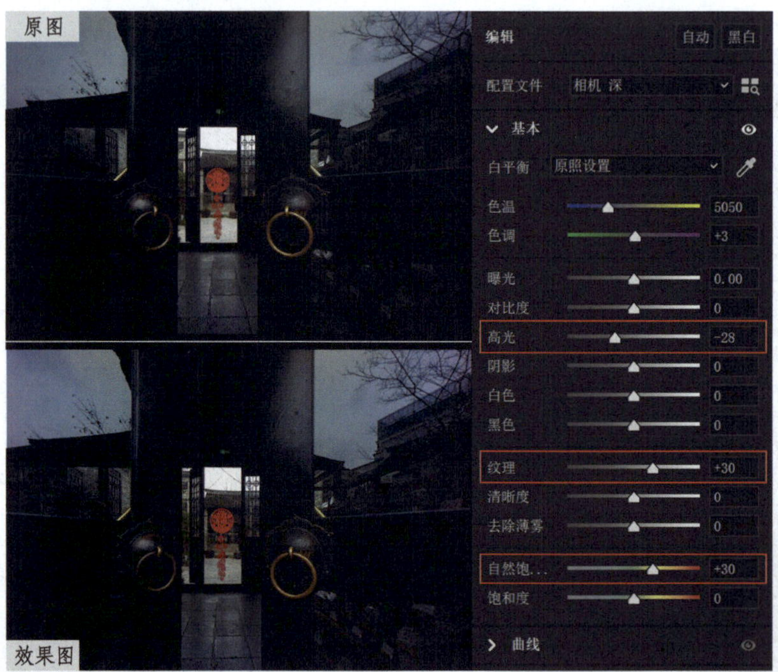

4. 图像整体偏紫色和洋红色，展开“校准”面板，将“蓝原色”的“色相”滑块拖曳至 -50，减少图像中的紫色和洋红色。

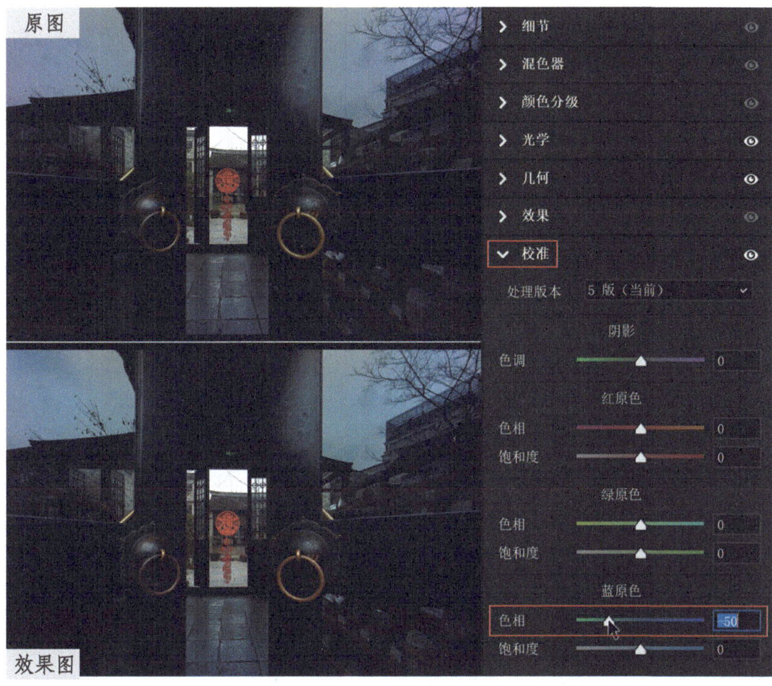

5. 将“蓝原色”的“饱和度”滑块拖曳至 -28，图像中的紫色和洋红色变得更少。

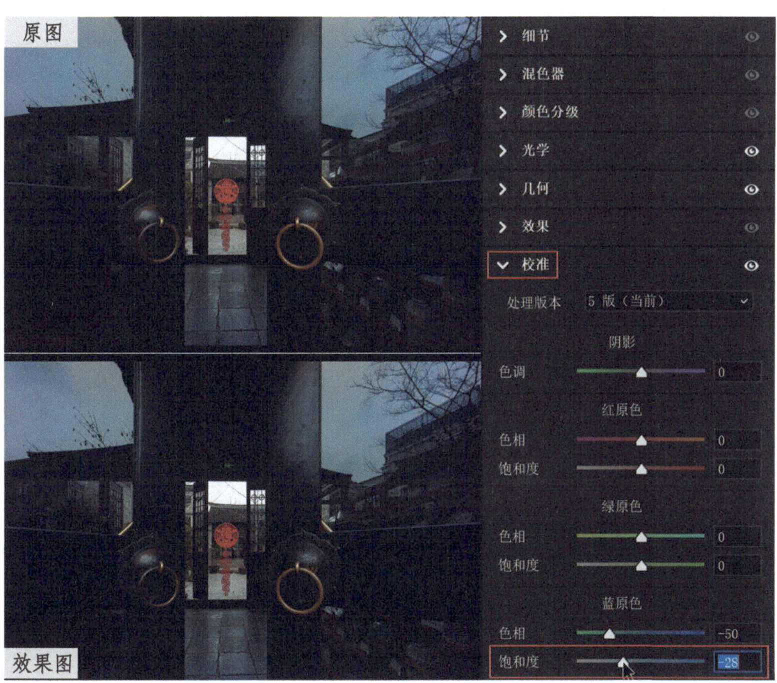

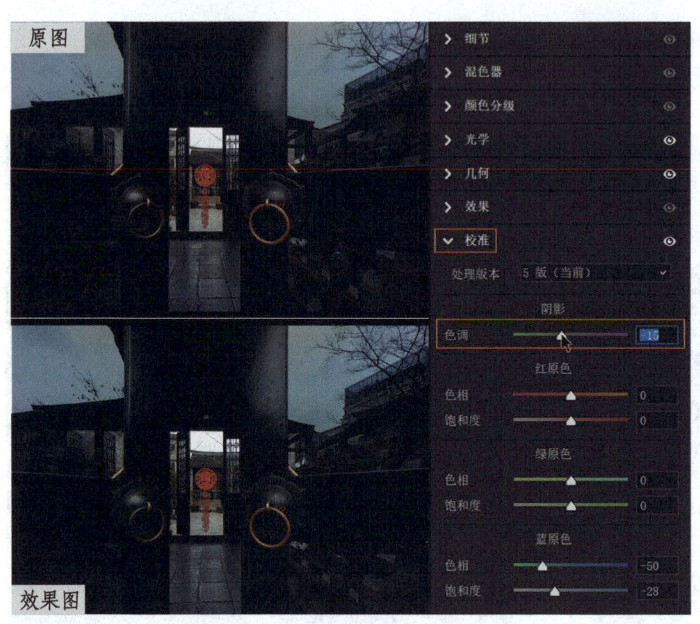

6. 将“阴影”的“色调”滑块拖曳至 -15，建筑内的洋红色消失，完美还原了图像的真实色彩。

校准前后效果对比如原图和效果图所示。

对于特定相机或镜头的独特“脸谱”，可以将校准设置存储为预设。当再次打开同款相机或镜头拍摄的图像时，单击存储的预设，色偏将被自动校准。在工具栏中单击“更多图像设置”图标…，在展开的菜单中选择“存储设置”选项。

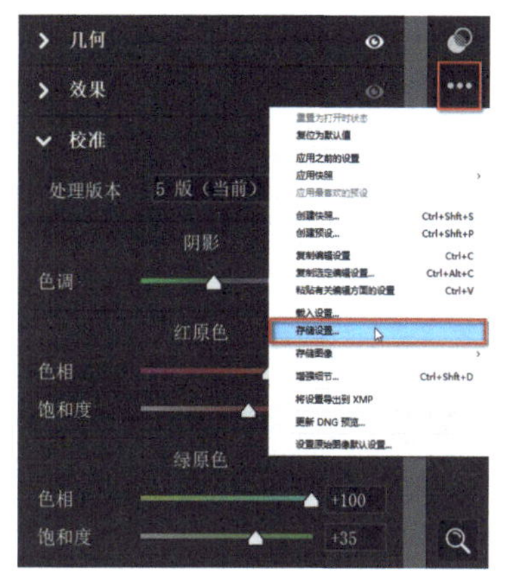

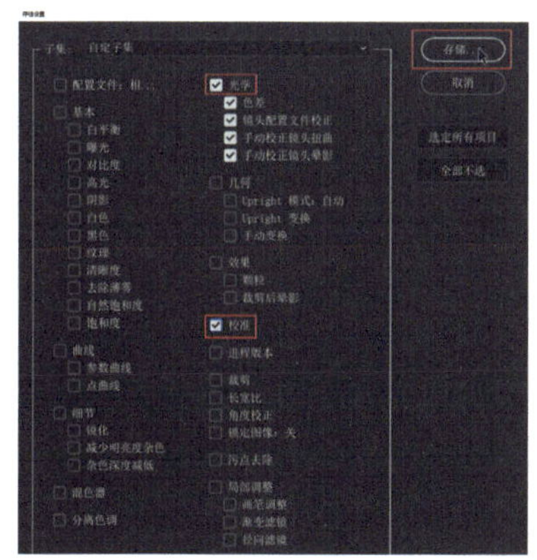

在打开的“存储设置”对话框中，勾选存储设置选项中的“光学”和“校准”复选框，单击“存储”按钮保存。

案例图像是使用德国福伦达 VM 12mm f/ 5.6 Ultra Wide Heliar Aspherical 定焦镜头拍摄的，由于在之前的操作（见第二章的“手动设置‘配置文件’对图像进行校正的技法”）中，设置了“存储新镜头配置文件默认值”，所以图像的镜头畸变被自动校正。

在弹出的“存储设置”对话框中，输入文件名（如“福伦达 12 定焦”），并单击“保存”按钮。

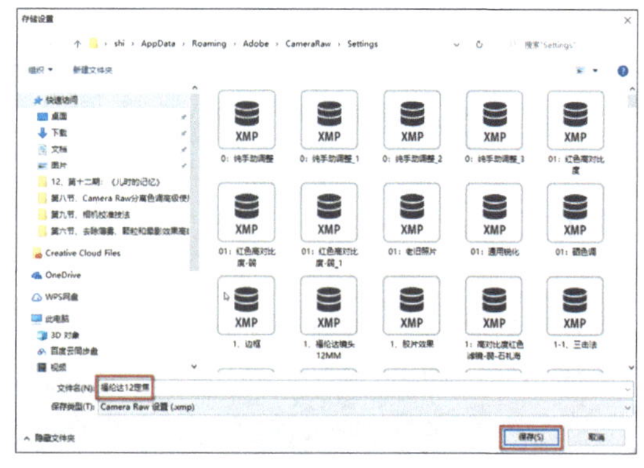

在工具栏中单击“预设”图标，展开“预设”面板（快捷键为 Shift+P），保存的预设在“用户预设”组中显示。单击新建预设右边的“删除预设”图标，可删除新建预设。

若要安装左图中所示的其他预设，可参考第八章第四节，或观看本书提供的教学视频文件“懒汉调图”安装方法。

四、艺术化地渲染图像

使用“校准”面板，可以轻松地调节图像的色彩，令图像呈现出精致而艺术化的渲染效果。

1. 在 Camera Raw 中打开案例图像，展开“几何”面板（Windows 系统的快捷键为 Ctrl+7，macOS 系统的快捷键为 Command+7），选择“Upright”的“自动”模式并勾选“限制裁切”复选框，对图像进行平衡透视校正。

2. 展开“基本”面板，渲染图像并进行如下设置：“色温”值为 2450、“色调”值为 +8、“曝光”值为 +2.25、“对比度”值为 −8、“高光”值为 −69、“阴影”值为 +51、“白色”值为 +15、“黑色”值为 −57、“纹理”值为 +10、“清晰度”值为 +8。

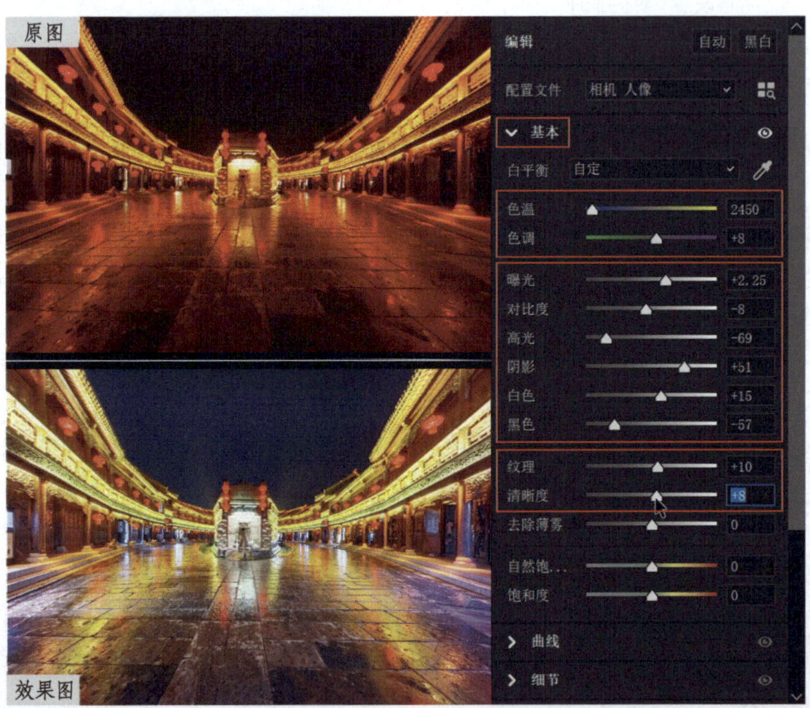

3. 展开“校准”面板，将“红原色”的“色相”滑块拖曳至+17，“饱和度”滑块拖曳至－6，恢复图像的细节，红色变成金黄色。

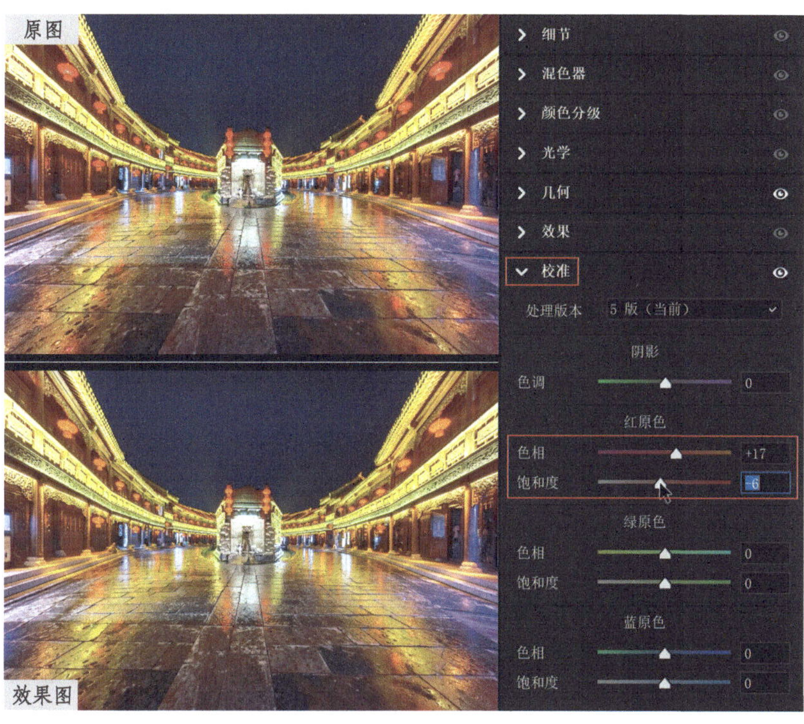

4. 将“绿原色”的“色相”滑块拖曳至－14，暖色调更加趋向金黄色。

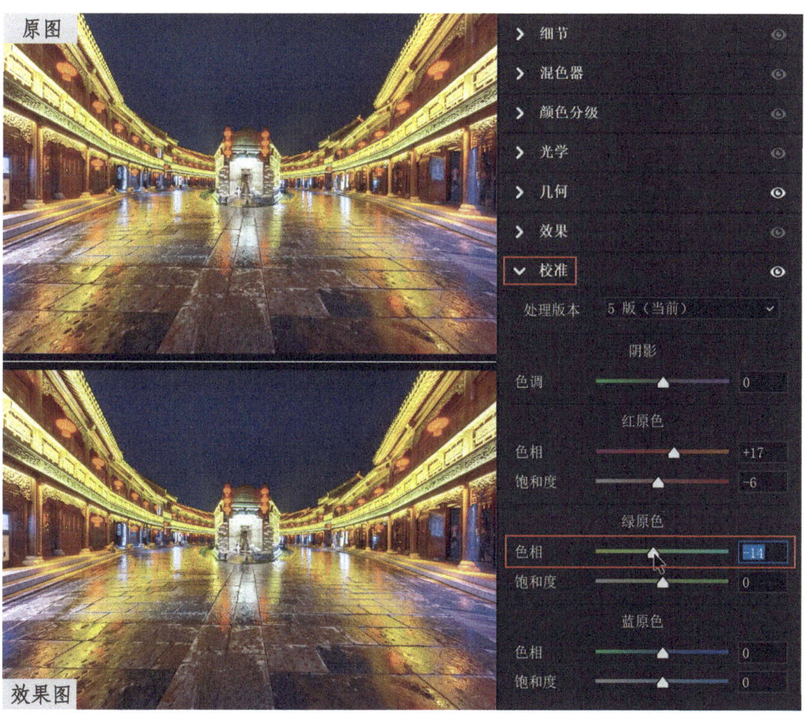

5. 将“蓝原色”的“色相”滑块拖曳至 -68，黄色变成金黄色，天空的紫色几近消失，蓝色被还原。

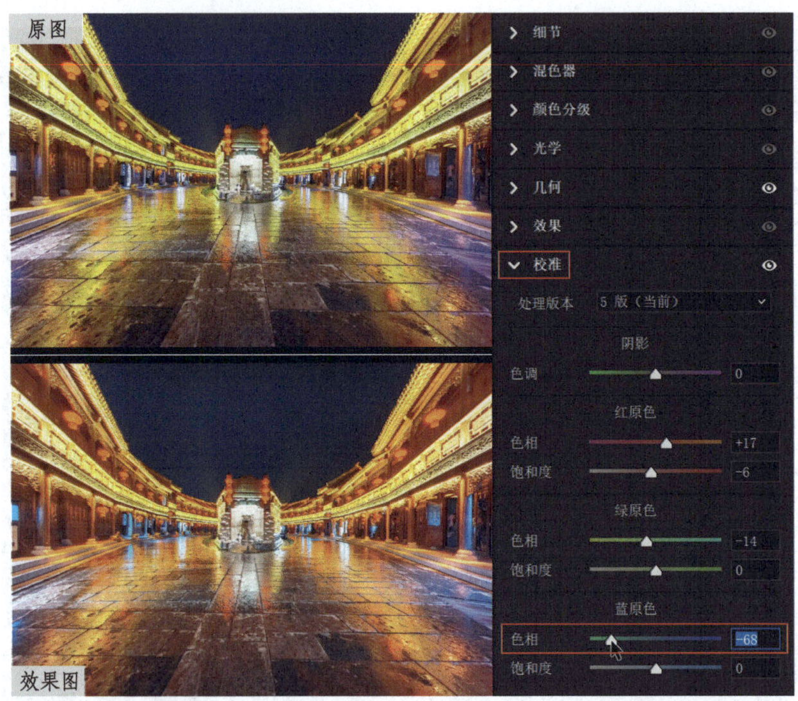

6. 切换到“配置文件”面板，在“Adobe Raw”组中选择“Adobe 风景”，增强图像的影调效果，调整完成。

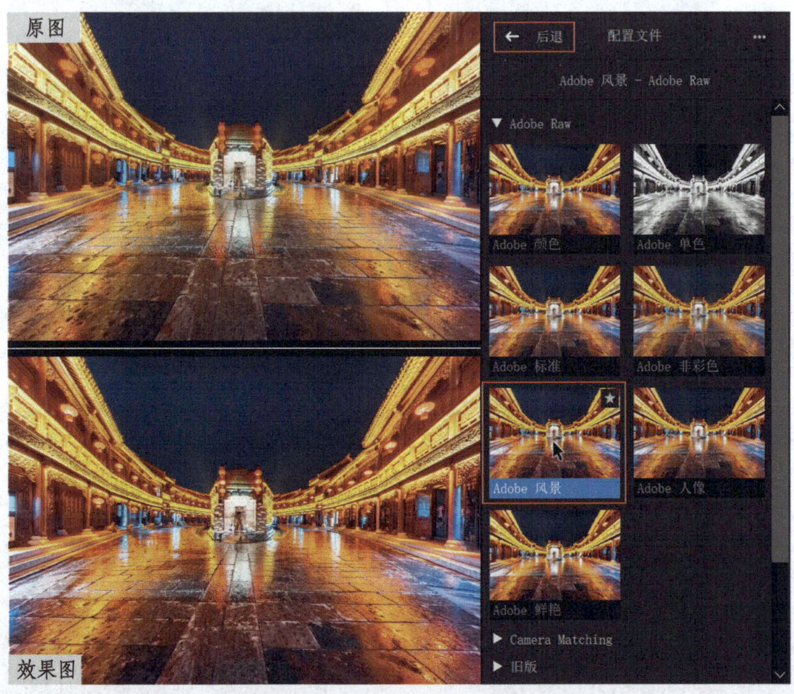

校准前后效果对比如原图和效果图所示。

原图

效果图

小结

较新处理版本使用较先进的运算方法和较新控件来重新运算和编辑图像，而保留的旧版本有利于 Camera Raw 兼顾老用户的使用体验。

第四章 局部精细调整工具的高级使用技法

Camera Raw 蒙版面板拥有多种强大的局部调整工具，可以轻松地将这些工具组合起来，对图像的局部区域进行极其精准的调整，更好地实现用户的调整预想。

第一节 蒙版面板功能介绍

从 Camera Raw 14.0 开始，人工智能（Artificial Intelligence，AI）局部调整工具出现了，而 Camera Raw 15.0 在之前版本的基础上更进一步，使智能蒙版调整功能变得更加强大。如果说 Camera Raw 14.0 是“史诗级”的更新，那么 Camera Raw 15.3 就开启了全新的、“超准确”的“一键式智能调图时代”。

学习目的：了解并掌握蒙版面板局部调整工具的使用方法和功能，以便于实际应用。

一、局部调整工具功能介绍与设置

在“工具栏”中单击“蒙版”图标（快捷键为 M），弹出“创建新蒙版”面板。“创建新蒙版”面板提供了以下 9 种局部调整工具。

①主体：由 AI 提供支持，自动选择照片中的主体。

②天空：由 AI 提供支持，自动选择照片中的天空。

③背景：由 AI 提供支持，自动选择照片中的背景。

④物体：由 AI 提供支持，Camera Raw 将根据选区分析对象并自动选择对象，有两种选择方式：“画笔选择”和“矩形选择”。“画笔选择”即在对象上涂抹，以创建优化的蒙版；“矩形选择”即在对象周围绘制一个矩形，以创建优化的蒙版。

⑤画笔：可在图像中涂抹以调整区域。

⑥线性渐变：可以对图像进行线性渐变调整。

⑦径向渐变：可以给图像中不规则的任意区域添加圆形或椭圆形渐变晕影效果。

⑧范围：由使用亮度范围和色彩范围蒙版，可以对图像中特定的颜色区域或亮度区域进行精准调整。

⑨人物：由 AI 提供支持，Camera Raw 可以检测出照片中的人物，用户可以自行选择人物或其身体特定区域，例如皮肤、衣服、眼睛等，进行个性化调整。

二、蒙版编辑面板功能介绍与设置

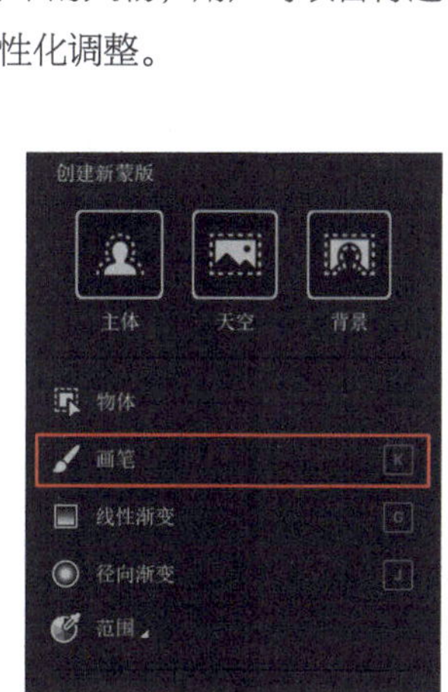

1. 在“创建新蒙版”面板选项中选择任何一个调整工具，“编辑”面板都将自动切换成蒙版编辑面板。

在蒙版编辑面板中，“蒙版”“亮”“颜色”“曲线”“效果”“细节”区域分别管理不同的调整控件，它们的作用如下。

（1）“蒙版”区域。

①预设：用于存储用户调整的滤镜设置。

②数量：用于调整滤镜设置的预设量，向左拖曳滑块预

设量减小，向右拖曳滑块预设量增大，默认值为 100。

（2）“亮”区域。

①曝光：调整整体图像亮度。它很像相机里的曝光补偿，如果图像过暗，可增大曝光值；如果图像过亮，则可减小曝光值。

②对比度：增大或减小图像的反差。主要影响图像中间调，提高对比度会使暗区域变得更暗、亮区域变得更亮，而降低对比度则会产生相反的效果。

③高光：调整图像的明亮区域。向左拖曳滑块可使高光区域变暗恢复细节，向右拖曳滑块可使高光区域变亮并逐渐失去细节。

④阴影：调整图像的黑暗区域。向左拖曳滑块可使阴影区域变暗，向右拖曳滑块可使阴影区域变亮并恢复细节。

⑤白色：调整对白色的修剪。向左拖曳滑块可减少对高光区域的修剪，向右拖曳滑块可增加对高光区域的修剪。

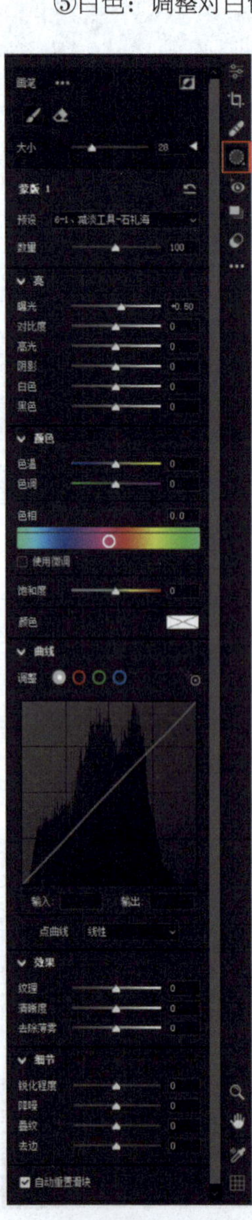

⑥黑色：调整对阴影区域的修剪。向左拖曳滑块可使黑场更黑，向右拖曳滑块可减少对阴影区域的修剪。

（3）“颜色”区域。

①色温：向左拖曳滑块，可给图像添加冷色调、减少暖色调；向右拖曳滑块，可给图像添加暖色调、减少冷色调。

②色调：向左拖曳滑块，可给图像添加绿色色调、减少洋红色色调；向右拖曳滑块，可给图像添加洋红色色调、减少绿色色调。

③色相：更改图像特定区域的颜色。

④使用微调：实现极其精确的色相调整。

⑤饱和度：用于更改图像中各种颜色的鲜明或纯净程度。

⑥颜色：将色调应用到调整的区域。单击“颜色”样本框，可选择色相和饱和度。

（4）“曲线”区域。

①调整：对图像特定区域进行影调和色调的调整。

②点曲线：用于存储用户的曲线调整设置。

（5）“效果”区域

①纹理：增强或减弱图像中的纹理。向左拖动滑块可以弱化细节，向右拖动滑块可以突出细节。调整“纹理”滑块时，颜色和色调不会发生变化。

②清晰度：通过提高局部对比度来增加图像的深度，对中间色调的影响最大。它类似于用曲线调整反差，但是它将图像分割为多个小的区域进行精确调整。调整时，建议将图像放大至 100%，要使图像的视觉冲击力更强，可以适当增大数值，直到在图像边缘细节处看到光晕，然后略微减小数值；减小数

值时，对图像视觉冲击力的影响与增大数值相反。

③去除薄雾：增减图像中薄雾或雾气的量。

（6）“细节”区域。

①锐化程度：增强边缘清晰度以显示图像中的细节。负值使细节变模糊。

②降噪：减少明亮度杂色，当打开阴影区域时这一点会变得很明显。

③叠纹：消除图像中的摩尔纹。

④去边：消除物体边缘的彩色镶边条纹。

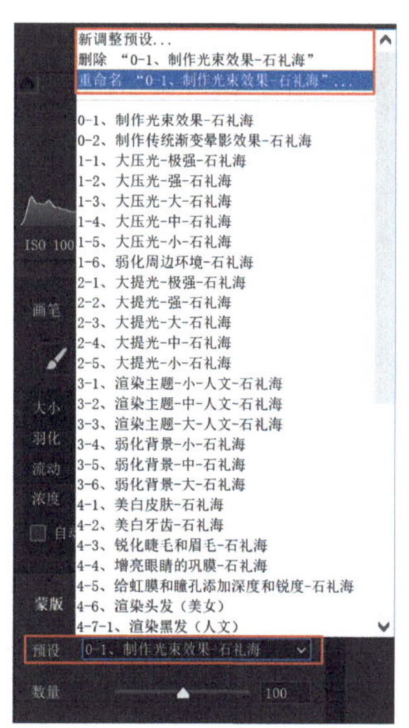

（7）在蒙版编辑面板中单击“重置蒙版调整”图标 ，可将所有滑块重置为零。

（8）在蒙版编辑面板中单击“反转此蒙版组件的选定区域” 图标，可将当前蒙版选区反向选取。

（9）在蒙版编辑面板底部，取消勾选“自动重置滑块”复选框，所有滑块将记住上次的编辑调整，不再自动重置。

2. 在蒙版面板顶部，单击“预设”下拉按钮展开列表，可以查看用户保存的预设，也可以删除预设或对预设进行重命名。

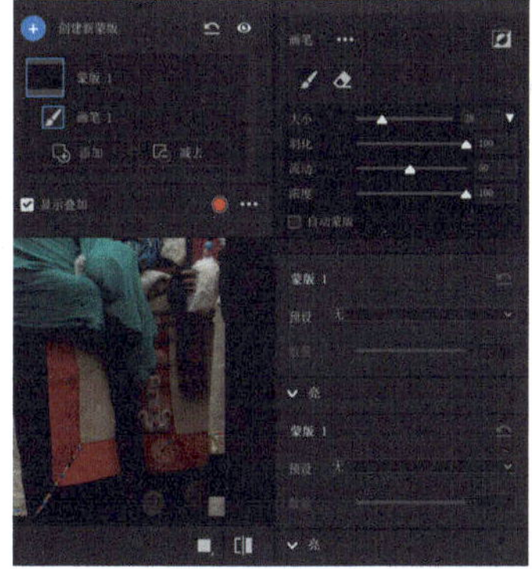

三、“创建新蒙版”面板功能介绍与设置

当选择任何一种局部调整工具时，“创建新蒙版”面板将自动移动至画布中。

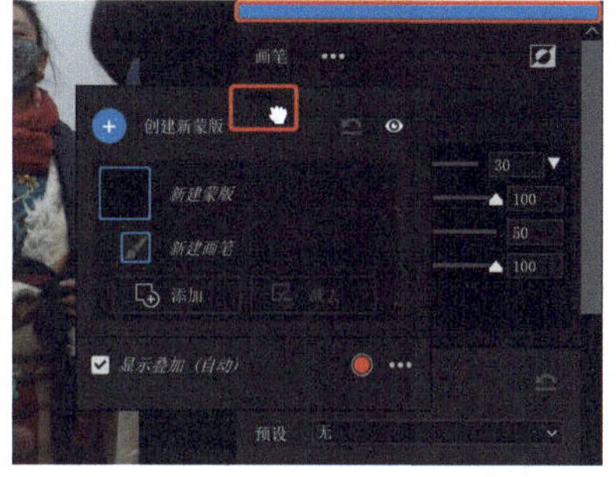

（1）将鼠标指针悬停在“创建新蒙版”面板顶部的竖线图标上，当出现“抓手工具”时，单击并拖动可改变“创建新蒙版”位置，在目标位置松开鼠标以完成移动。

（2）在“创建新蒙版”面板底部，单击“更多叠加设置”图标 ，展开更多叠加设置，默认情况下，所选区域显示为“颜色叠加”。勾选“白色叠加于黑色”选项，可让蒙版以黑白灰色显示蒙版效果。这样既可以使新创建的“蒙版”的缩览图和蒙版显示保持一致，也能与 Photoshop 中的蒙版显示方式保持一致，增强用户体验。

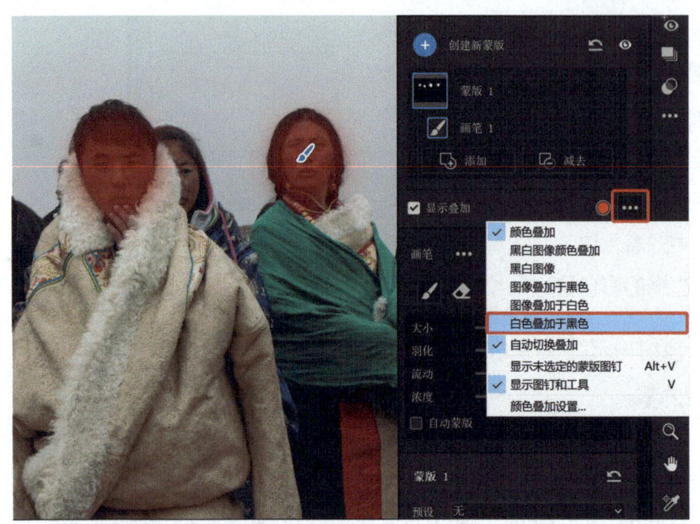

用户可以从“黑白图像颜色叠加”“黑白图像”“图像叠加于黑色”“图像叠加于白色”等一系列选项中选择蒙版显示方式。

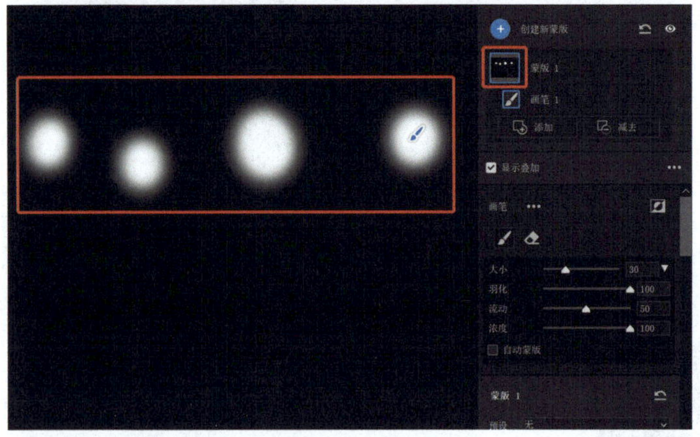

（3）一旦设置完成，蒙版的显示效果如下：图像显示的黑色部分会被遮挡，而白色部分将会受到影响，灰色部分则是渐变影响范围。

（4）如果用户想使用默认的颜色叠加显示，可以通过选择“颜色叠加设置”选项，在弹出的“蒙版叠加颜色”拾色器界面中选择自己喜欢的颜色叠加显示方式，同时可以更改其“亮度”和“不透明度”的值，并在“受影响区域”和“未受影响的区域”之间进行切换显示。

在实际操作过程中，如果不想让蒙版图标显示出来，可以按 V 键来隐藏它。

（5）“创建新蒙版”面板底部的“显示叠加”默认为勾选状态，当拖曳任意滑块时，“显示叠加”复选框自动取消勾选。“显示叠加”的作用是切换蒙版叠加的可见性（快捷键 Y），使用 Shift+Y 可切换叠加模式。

（6）右键单击需要重命名的蒙版（或者双击蒙版）或者单击蒙版旁边的“更多选项”图标，展开“更多选项”菜单，然后选择“重命名”选项，就可以为该蒙版进行重命名了。

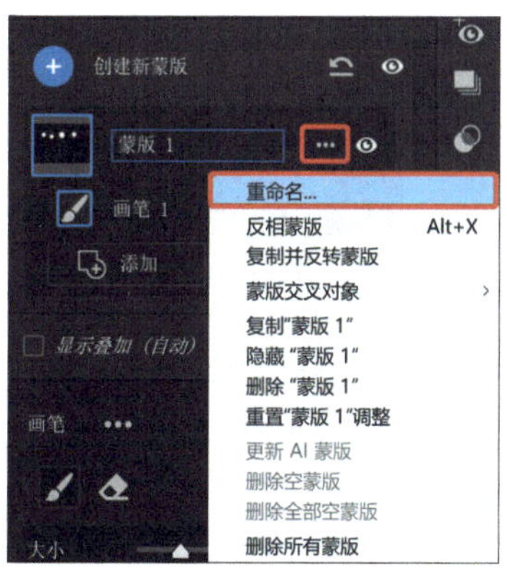

“更多选项”菜单的具体说明如下。

①如果新创建的蒙版在画布中，重命名时弹出“重命名蒙版列表项目”界面，输入名称并单击“确定”按钮保存名称。

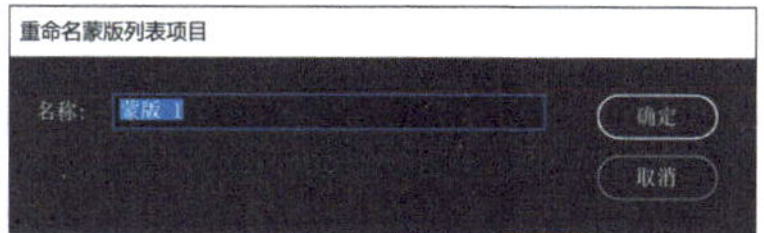

②选择“反向蒙版”选项，可以将当前的蒙版选区或蒙版组合选区进行反向选取。

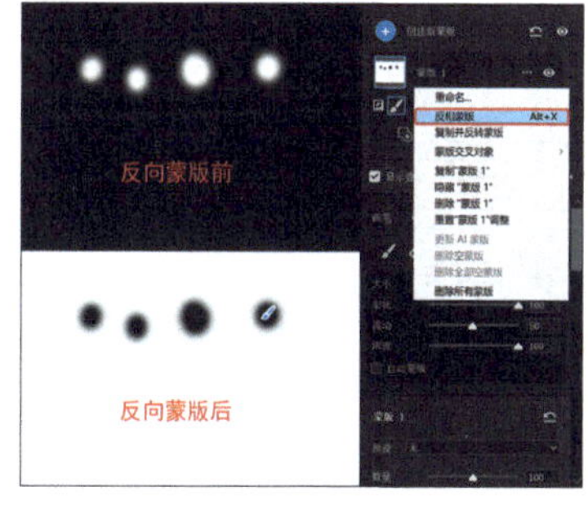

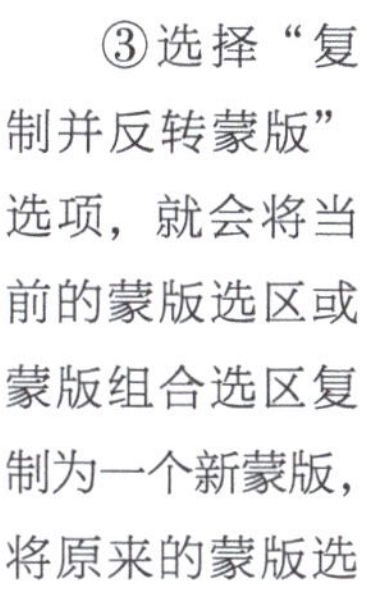

③选择“复制并反转蒙版”选项，就会将当前的蒙版选区或蒙版组合选区复制为一个新蒙版，将原来的蒙版选区反向选取。所有蒙版编辑控件的值也会被重置为零。

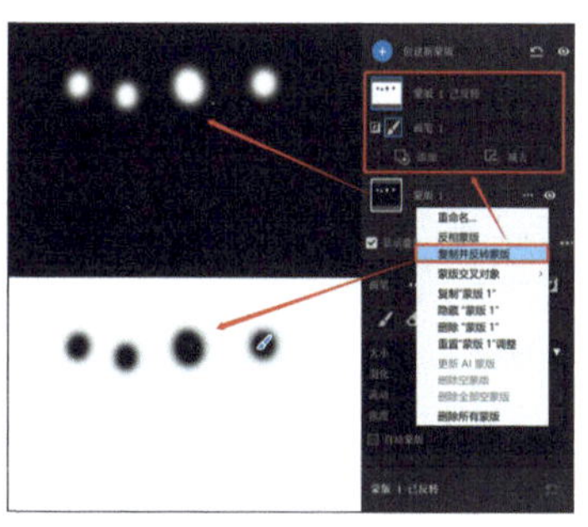

④选择“蒙版交叉对象”选项，可以在当前蒙版中添加一个或多个局部调整工具，以便精细地优化所选的区域，而蒙版选区之外的区域则不会被选择。

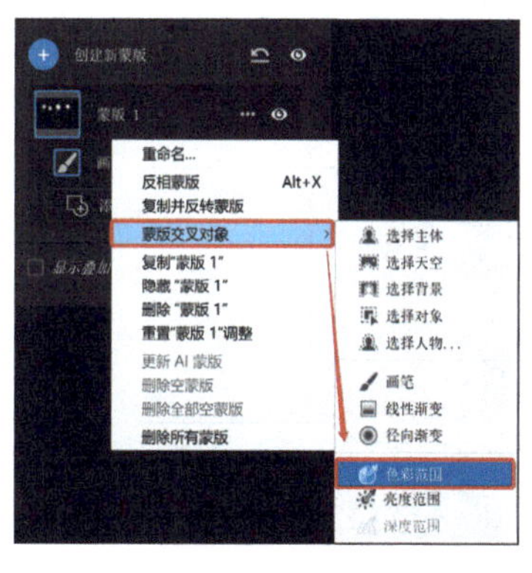

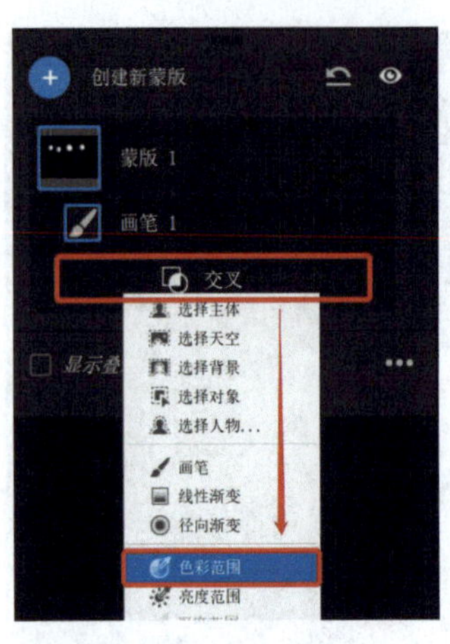

⑤按住 Shift 键时，在新创建的蒙版中，“添加”和“减去”按钮会立即变成“交叉”按钮，这就相当于“蒙版交叉对象”，使用此方法省时省力。

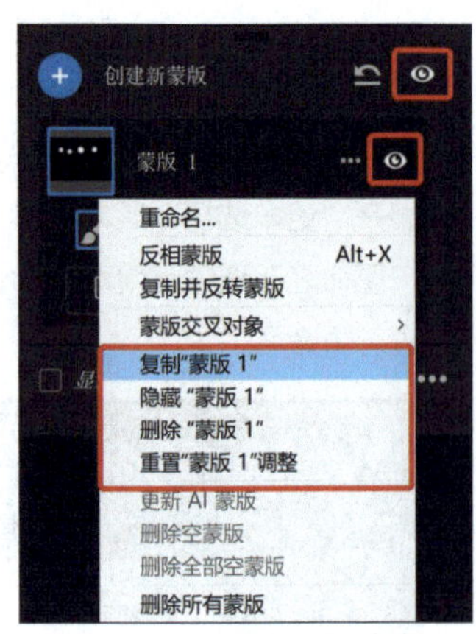

⑥“复制”就是将当前蒙版完全复制一份，生成一个新的蒙版，而蒙版滑块值保持不变。“隐藏”则是使当前蒙版不显示编辑效果，等同于单击蒙版中的眼睛图标。“删除”则是将当前蒙版删除。“重置调整”则是将当前蒙版中的滑块重置。“切换可见性”则是通过单击创建新蒙版面板顶部的眼睛图标，可以快速地切换所有蒙版编辑前后的效果对比。

⑦“更新 AI 蒙版”是 Camera Raw 中一种不断改进的自我纠错提醒，其可以检测使用 AI 智能调整工具制作的蒙版选区的情况，并在必要时进行更新和纠正。一般情况下，使用以 Camera Raw 相同版本制作的蒙版，可以忽略它的提醒。

在“创建新蒙版”中存在空白蒙版时，有“删除空蒙版”和“删除全部空蒙版”两个选项可供用户操作。“删除空蒙版”就是删除没有任何蒙版工具的蒙版（如“蒙版 2”）；“删除全部空蒙版”则是删除所有没有任何蒙版工具的蒙版；“删除所有蒙版”则是将所有蒙版完全清除。

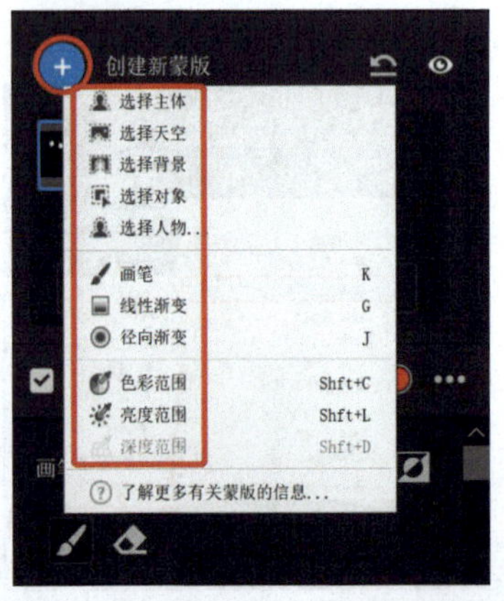

（7）单击“创建新蒙版”顶部的“+”号图标，可以展开蒙版的各种局部调整工具。

（8）在新创建的蒙版中有“添加”和“减去”两个控件，可以向当前蒙版添加一个或多个局部调整工具以进一步优化选区。

①单击“添加”按钮，可以在弹出的菜单中展开蒙版的各种局部调整工具。“添加”是将图像的其他区域添加到蒙版中，而这些区域将会受到调整的影响。

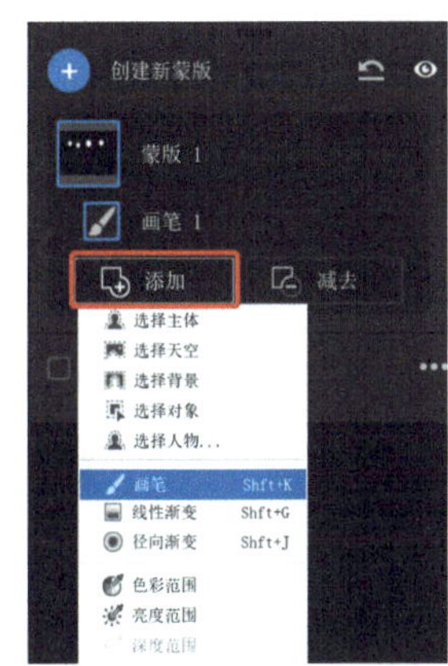

②单击“减去”按钮，可以在弹出的菜单中展开蒙版的各种局部调整工具。“减去”是将图像的相应区域从蒙版中移除，使其免受调整效果的影响。

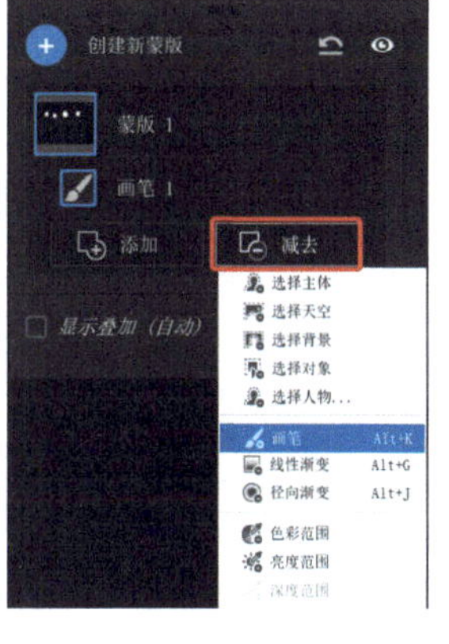

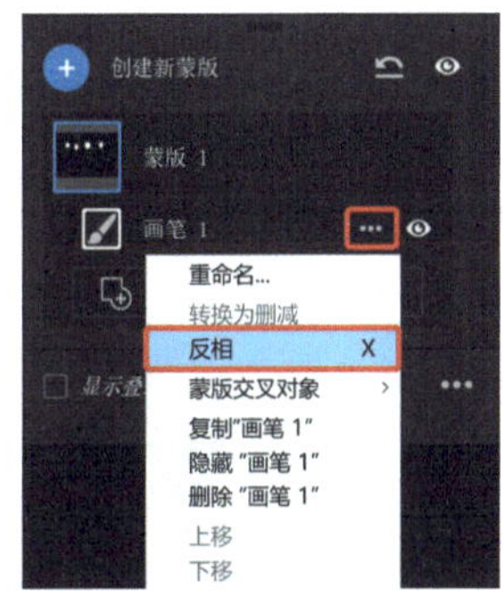

（9）单击蒙版工具的“更多选项”图标•••，可以展开“更多选项”菜单，并可以使用蒙版的反向选择功能来调整蒙版。

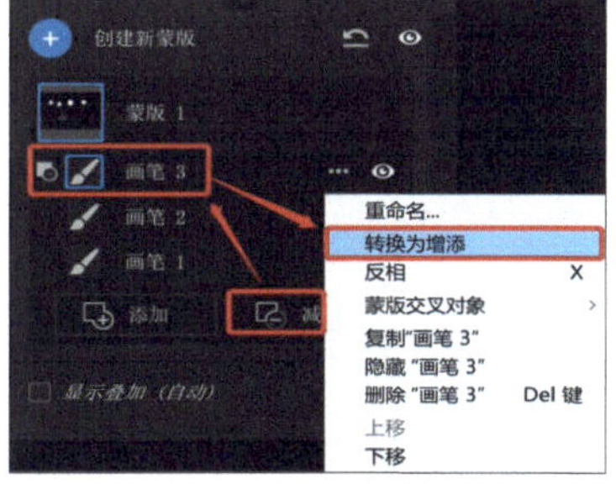

（10）如果用户将图像的相应区域从蒙版中移除，单击该蒙版工具的“更多选项”图标•••，展开“更多选项”菜单，可以将其“转换为增添”。“转换为增添”意味着仅限于被移除的区域进行内部反向选择，由黑色遮挡变成白色显示（可以理解为将其重新添加到蒙版）。

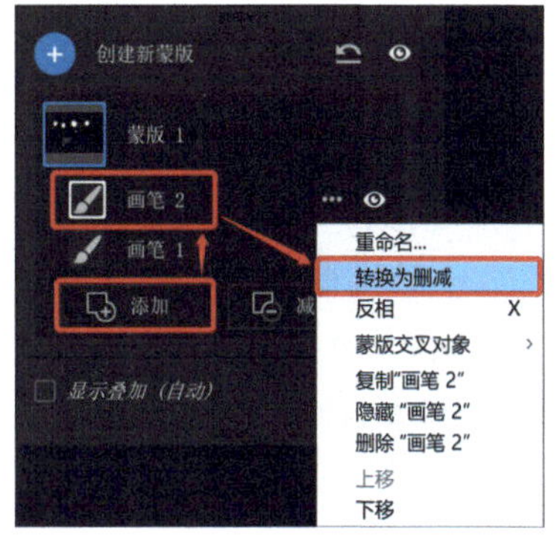

（11）如果用户将图像的其他区域添加到蒙版中，单击蒙版工具的“更多选项”图标•••，展开“更多选项”菜单，可以将其“转换为删减”。“转换为删减”意味着仅限于被添加的区域进行内部反向选择，由白色显示变成黑色遮挡（可以理解为将其移除）。

“下移”（“上移”）就是将“画笔 2”蒙版移动至“画笔 1”下方（上方），蒙版显示以上方蒙版优先。

由 AI 提供支持，可以快速而准确地选择和编辑特定区域，从而使得影调和色调调整变得更加简单、智能。

第二节 “画笔”工具的高级使用技法

Camera Raw 的“画笔”工具是一种功能强大的局部调整工具，配合其他局部调整工具，可以实现对图像局部的精细调整。

学习目的：学习使用“画笔”工具的高级技巧，以便在智能局部调整工具未准确捕捉到用户想要调整的区域时，可以手动选择并调整想要编辑的区域。

一、“画笔”工具的功能介绍

1. 在“工具栏”中单击“蒙版”图标（快捷键为 M），弹出“创建新蒙版”面板，选择“画笔”工具（快捷键为 K）。在“画笔”面板顶部单击“更多画笔设置”图标，展开更多画笔设置，选择“重置画笔设置”选项，可将画笔的滑块恢复为默认设置。单击“反转此蒙版组件的选定区域”图标，可将画笔选区进行反向选择。单击“大小”滑块最右边的三角形按钮，可折叠画笔控件。

画笔控件功能介绍如下。

①大小：用来控制画笔的半径。

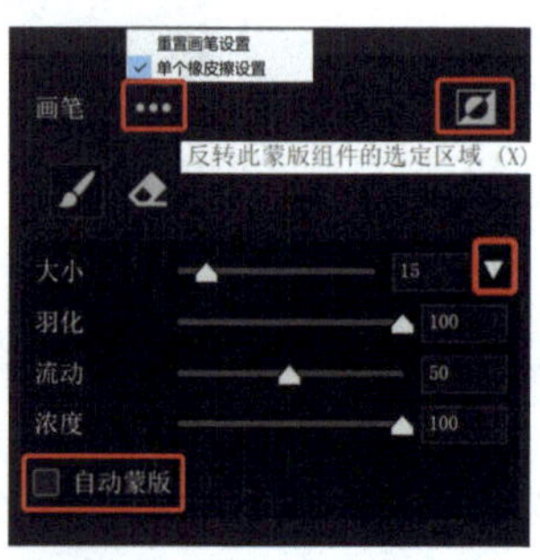

②羽化：控制选区内外衔接的部分自然融合的效果，“羽化”值越大，融合得越柔和。当“羽化值”为 0 时，画笔也会有轻微的柔边效果（适用于涂抹画笔选区），默认值为 100。

③流动：控制画笔应用效果的力度，默认值为 50。

④浓度：控制画笔应用效果的透明程度，默认值为 100。

⑤自动蒙版：将画笔应用效果限制到颜色相似的区域中。

2. 画笔设置如下。

画笔内的“十”字线为应用点，内圆为应用效果区域，外圆为应用效果渐变区域。

（1）调整画笔半径。

①在图像预览界面中，按住鼠标右键，向左（右）拖曳可缩小（扩大）画笔半径。

②按 [和] 键可调整画笔半径（英文输入法下）。

③拖曳“大小”滑块可调整画笔半径。

④滚动鼠标滚轮可调整画笔半径。

（2）调整画笔的“羽化”值。

①在图像预览界面中，同时按住 Shift 键和鼠标右键，向左（右）拖曳可使“羽化”值降低（增大），画笔变硬（画笔变柔和）。

②按住 Shift 键并按 [和] 键可调整画笔的“羽化”值。

③拖曳“羽化”滑块可调整画笔的“羽化”值。

（3）调整画笔的“流动”值。

①按 + 或 - 键可控制画笔的“流动”值（英文输入法下）。

②拖曳“流动”滑块可调整画笔的“流动”值。

（4）调整画笔的“浓度”值。

①按数字键 0~10 可调整“浓度”值。

②拖曳“浓度”滑块可调整“浓度”值。

二、“画笔”的高级使用技法

使用“画笔”工具，运用恰当的设置，采取直接涂抹的方式，突出主体并弱化背景，使主体从背景中“跳”出来。

1. 在 Camera Raw 中打开案例图像，切换到“配置文件”面板，在“Camera Matching”组中选择“写实”，增强图像的影调效果。

2. 在“工具栏”中选择“蒙版”（快捷键为 M），在弹出的“创建新蒙版”面板中选择“画笔”工具（快捷键为 K），“画笔”面板中的控件设置如下：“羽化”值为 100、“流动”值为 100、“浓度”值为 100。将“曝光”滑块拖曳至 +0.50。调整好画笔大小，采取直接涂抹的方式，按住鼠标左键在主要人物面部区域精心涂抹应用效果，主体被渲染。松开鼠标，应用点处显示画笔的锚点。

拖曳锚点，可改变图像应用效果的区域。如需撤销上次的调整，在 Windows 系统中按 Ctrl+Z 快捷键（Mac 系统中按 Command+Z 快捷键），如需撤销多步调整，重复操作即可。

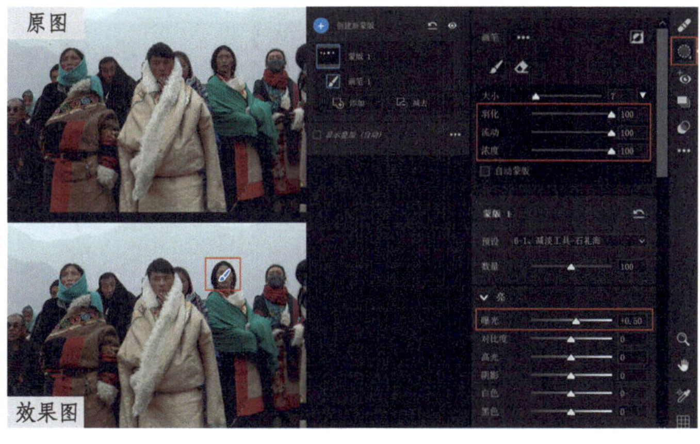

3. 对图像应用效果后，还可以修改控件预设量。为了进一步渲染人物，将“色温”滑块拖曳至 +10，对主体人物应用暖色调。

4. 如果喜欢这种渲染主体面部的设置，可以将它保存为预设，方便日后选择使用。单击“预设”下拉按钮展开下拉列表，选择“新调整预设”选项。

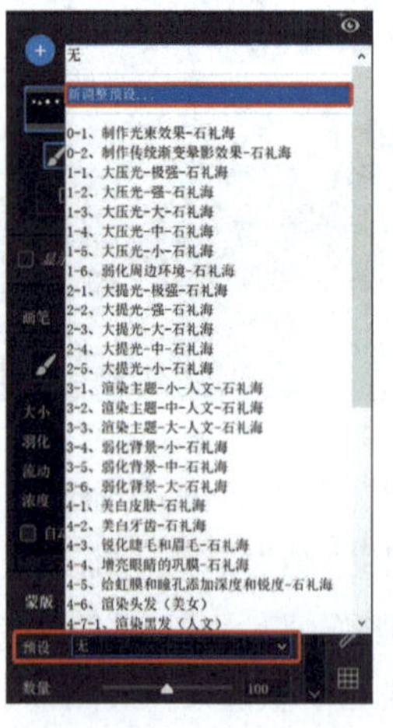

5. 在弹出的“新建蒙版调整预设”对话框中，输入名称并单击“确定”按钮保存预设。

6. 新建的预设组合保存在“预设”下拉列表中，单击即可应用对应预设。

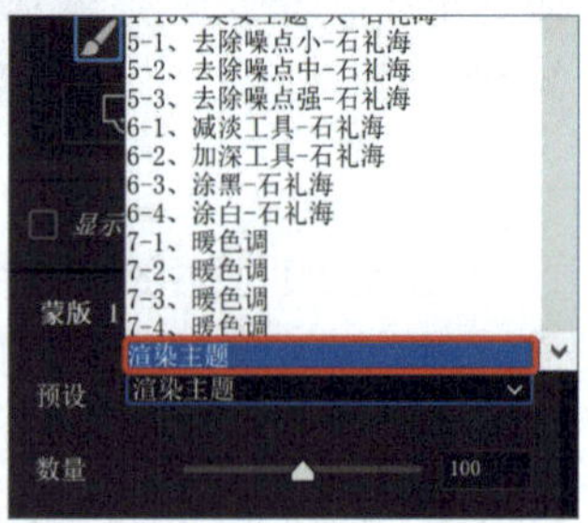

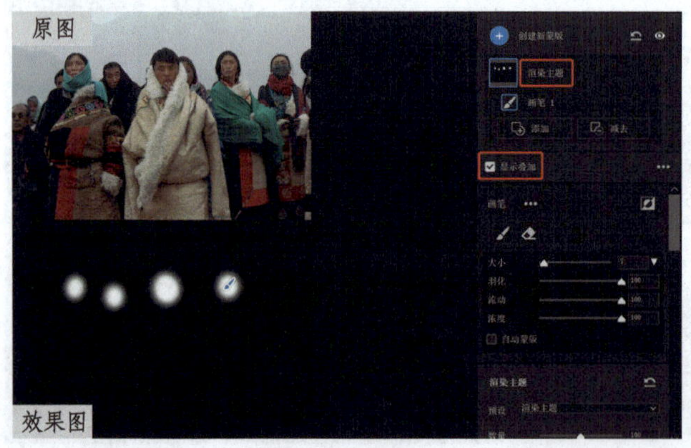

7. 为了查看涂抹区域的精确范围，勾选“显示叠加”复选框，图像预览界面中可显示出蒙版叠加效果。图像中的白色区域应用了效果，而黑色区域被遮挡，灰度区域为渐变影响范围（在应用完效果后，要取消“显示叠加”复选框的勾选，以免影响下一步的操作）。

要修改蒙版名称，只需在蒙版名称上双击，输入新名称“渲染主题”，再按 Enter 键确定即可。

8.单击“渲染主题”蒙版右侧的“更多选项”图标，展开“更多选项”菜单，然后选择“复制‘渲染主题’”。

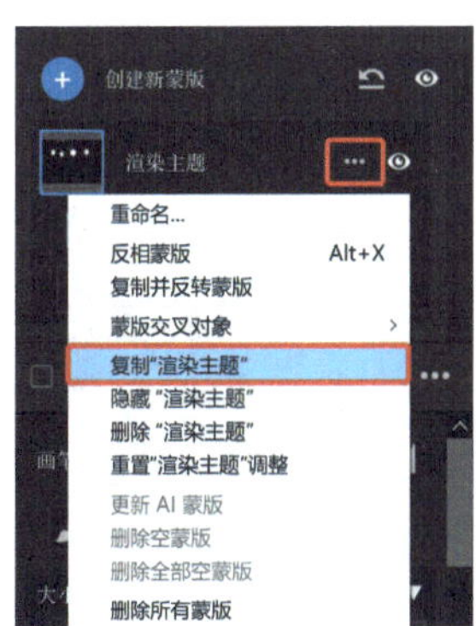

9. 为新建蒙版输入新名称“再次渲染主题”。按住 Shift 键，“添加”和“减去”按钮立即变成“交叉”按钮，单击“交叉”按钮，并在弹出的菜单中选择“画笔”工具。

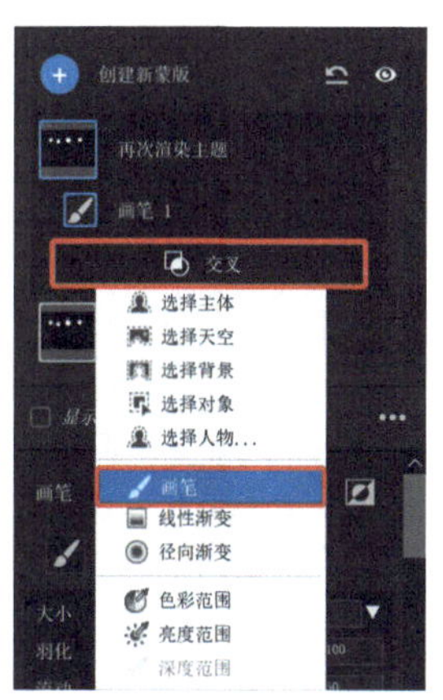

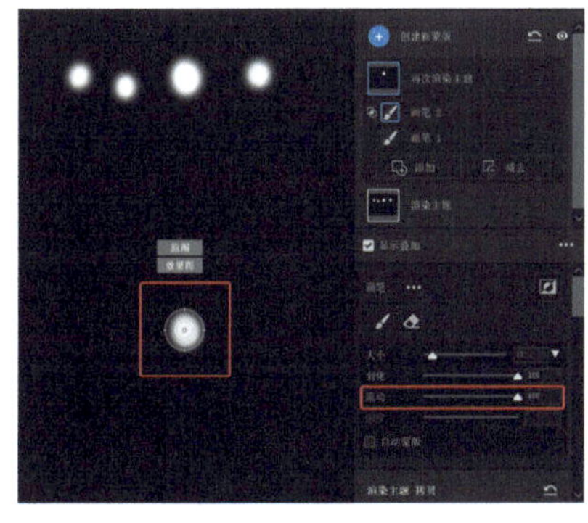

10.“画笔”面板的控件设置如下：“羽化”值为 100、“流动”值为 100。调整好画笔的大小，在图像的目标位置涂抹。只在需要应用效果的区域涂抹，其他的区域将被黑色遮挡而不会应用任何效果。

11. 双击“色温”滑块，将其快速重置为零，曝光值保持不变，让主体再次突显出来。如果画笔的锚点影响查看效果，可按 V 键将之隐藏，在查看结束后再次按 V 键将它显示出来，以免影响到下一次操作。

12. 单击“创建新蒙版”面板顶部的“+”号图标，展开蒙版局部调整工具，选择“画笔”调整工具（快捷键为 K）。“画笔”面板中的控件设置如下“羽化”值为 100、“流动”值为 100、“浓度”值为 100。设置“曝光”值为 -0.50、“色温”值为 -16，然后使用一个较大的画笔（如效果图所示），小心翼翼地在前景、背景处分别进行涂抹，以弱化背景。

为新建蒙版输入新名称“渲染主题”（将蒙版的编辑效果应用于图像后，才能更改蒙版的名称）。

13. 当画笔涂抹到主体人物附近时，将画笔适当往上拖曳，以避开主体。

14. 勾选“显示叠加”复选框，在图像预览界面中显示蒙版叠加效果，协助查看涂抹区域准确范围。如果发现主体人物的画面效果因受到弱化背景的影响而有所损害，可以清除应用的效果。

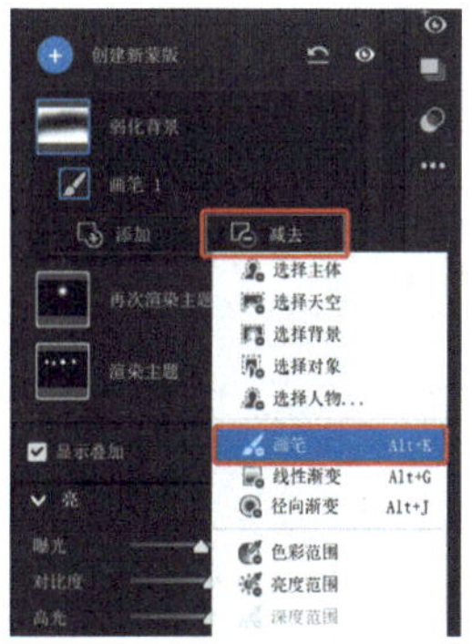

15. 在“弱化背景”蒙版中单击“减去”按钮，从展开的菜单中选择“画笔”工具（快捷键为 Alt+K）。

16. “画笔”面板中的控件设置如下：“羽化”值为 100、“流动”值为 100、“浓度”值为 100。使用较小的画笔（如下图所示）在目标位置进行涂抹，以使主体人物面部不受弱化影响。

应用局部调整前后效果对比如原图和效果图所示。

三、“自动蒙版”的高级使用技法

自 Camera Raw 诞生以来，“自动蒙版”功能就已存在，只是较少有人注意。启用“自动蒙版”功能时，画笔会自动进入智能遮挡模式，因为 Camera Raw 会自动分析涂抹点（画笔中心的“十”字线）的色调和颜色，然后将效果应用到与它们具有相似色调和颜色的区域中。因此，在进行局部精细的涂抹时，速度要慢一点儿。

1. 在 Camera Raw 中打开案例图像，展开“基本”面板，对图像进行如下调整：“曝光”值为 +0.55，增加亮度；“对比度”值为 +18，加大反差；“高光”值为 −68，修复高光区域的细节；“阴影”值为 +29，丰富阴影细节；“黑色”值为 −29，校准黑场；“纹理”值为 +7，展现细节；“清晰度”值为 +5，加大中间调的反差；“自然饱和度”值为 +7，丰富不饱和的色彩；“饱和度值”为 +9，提升图像整体的颜色饱和度。

2. 在“工具栏”中单击“蒙版”图标（快捷键为 M），在弹出的“创建新蒙版”面板中选择“画笔”（快捷键为 K），“编辑”面板自动切换成“画笔”面板。“画笔”面板中的控件设置如下：“羽化”值为 100、“流动”值为 100、“浓度”值为 100。勾选“自动蒙版”复选框。在鞋垫边缘区域精细涂抹应用效果，将画笔内“十”字线靠近边缘涂抹，只要不超出范围，“自动蒙版”功能就会出色地完成任务。当外边缘接近闭合时，勾选“显示叠加”复选框，即可在图像预览界面中显示蒙版叠加效果，白色区域应用了效果，而黑色区域被遮挡，灰度区域为渐变应用效果区域。

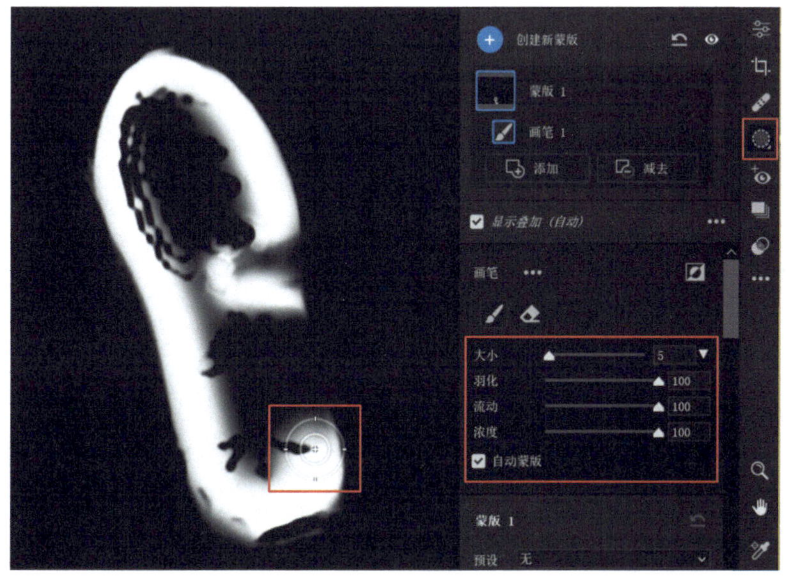

3. 完成涂抹鞋垫外边缘区域后，取消勾选“自动蒙版”复选框，便可以使用画笔快速而均匀地涂抹鞋垫内部。为新建的蒙版输入“渲染鞋垫”作为名称。

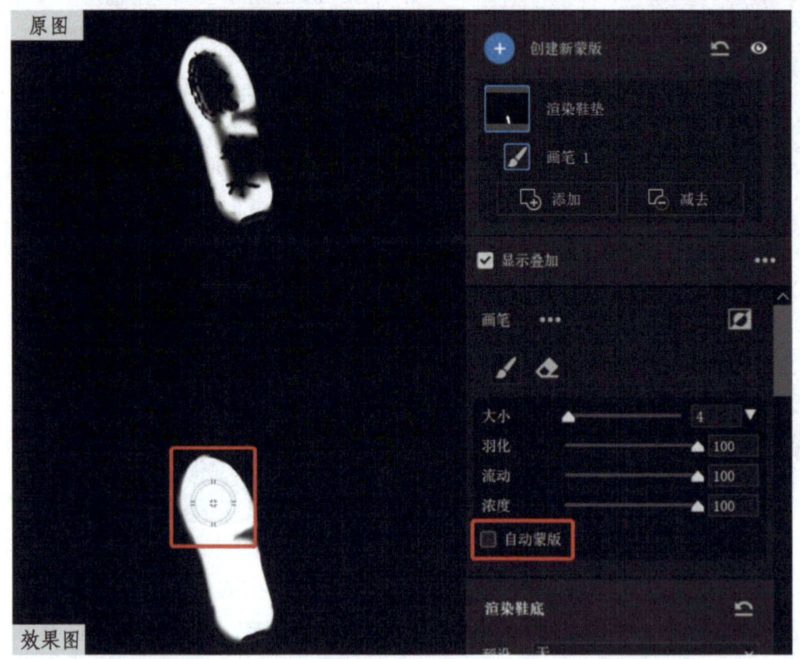

4. 取消勾选“显示叠加”复选框，并设置“曝光”值为 +0.50、“色温”值为 +33，渲染鞋垫。

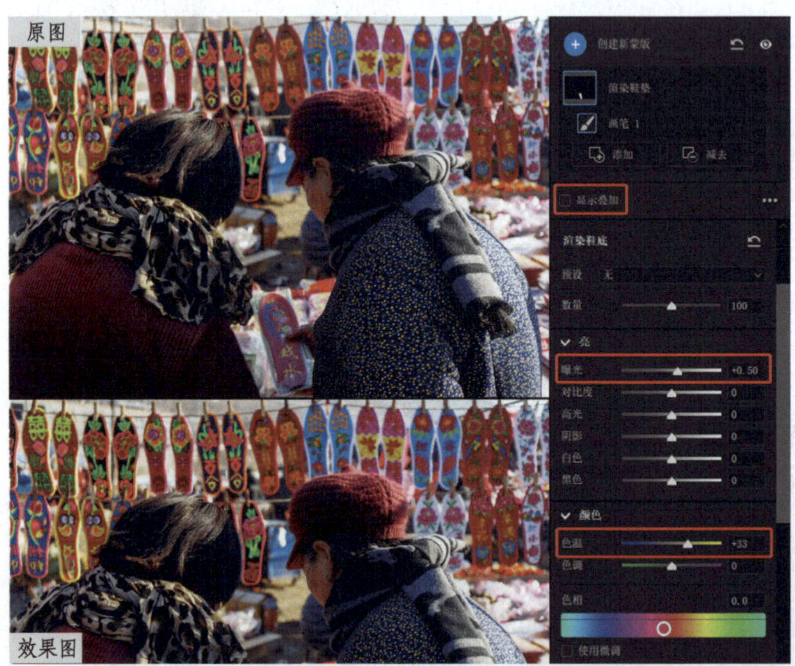

5. 单击“渲染鞋垫”蒙版右侧的“更多选项”图标展开“更多选项”菜单，选择“复制并反转蒙版”选项。这将使原有的蒙版选区被反转，所有蒙版编辑控件也会被重置为零。

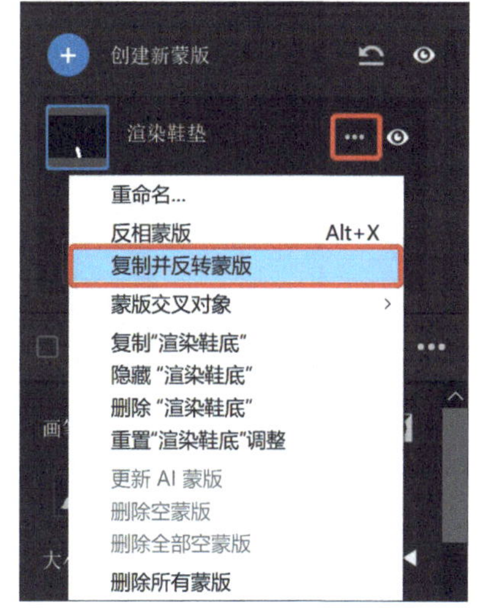

6. 为复制并反转的蒙版输入“弱化背景”作为名称。设置“高光”值为 -40、“色温”值为 -3，以弱化背景、突出主题。

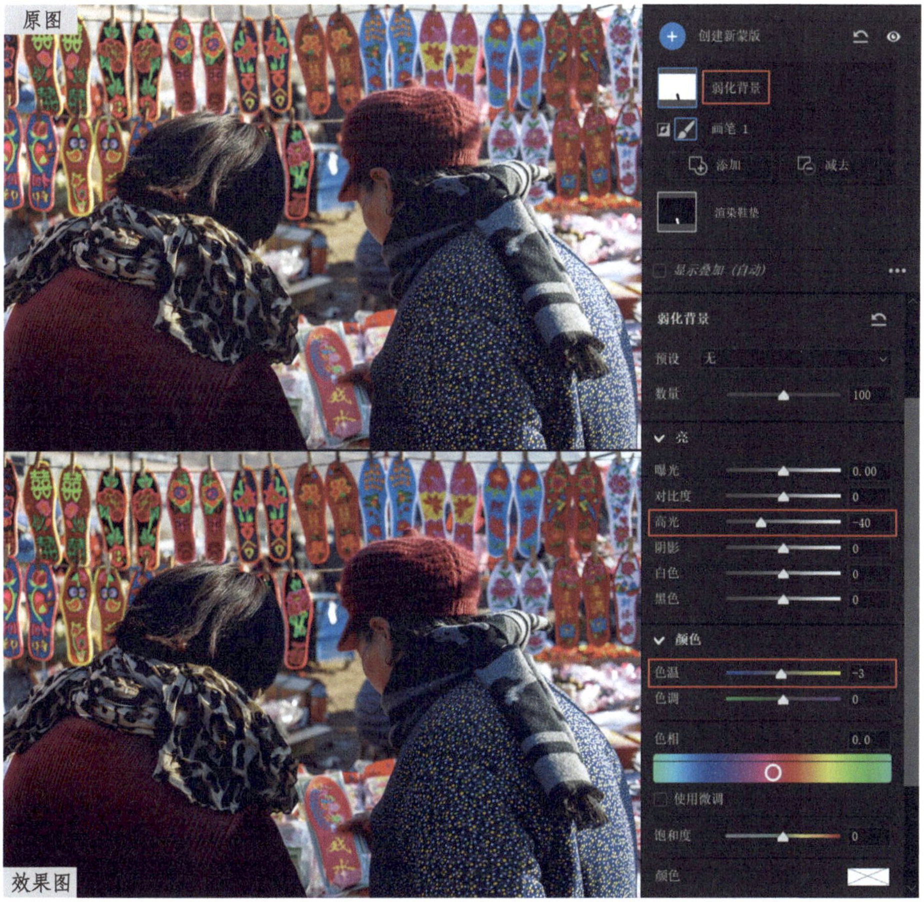

调整前后效果对比如原图和效果图所示。

原图

效果图

小结

1. 使用“画笔”工具并采取直接涂抹法时，对图像增大“曝光”值（+0.50）所产生的效果，和 Photoshop 中“减淡工具”的效果相似；对图像减少“曝光”值（-0.50）所产生的效果，和 Photoshop 中“加深工具”的效果相似。

2. 使用直接涂抹法时，画笔不能太小，“羽化”值一般要保持在 100。否则，图像上可能会留有后期修图的痕迹。

第三节 “线性渐变”工具的高级使用技法

使用“线性渐变”工具可以进行线性渐变调整，与传统的中密度渐变滤镜效果类似。此外，通过与其它调整工具的配合，“线性渐变”工具还可以对图像总体或局部区域进行精细调整。

学习目的：学习使用“线性渐变”工具来精细调整图像的整体或局部区域的高级技巧。

一、“线性渐变”调整工具功能介绍

在“工具栏”中单击“蒙版”图标（快捷键为 M），弹出“创建新蒙版”面板，选择“线性渐变”（快捷键为 G）。“线性渐变”工具的红白圆点线处的应用效果最强，而白蓝圆点线处的应用效果最弱，两个圆点之间的连线则指示了应用效果的渐变区域。

（1）可以通过拖曳红白圆点线或白蓝圆点线来扩展或收缩线性渐变范围，但是线性渐变的方向不变。

（2）通过拖曳两个圆点之间的连线或蓝白方框锚点，可以改变“线性渐变”的位置。

（3）通过拖曳两个圆点之间的白线和底部的白蓝圆点，可以改变线性渐变的方向。

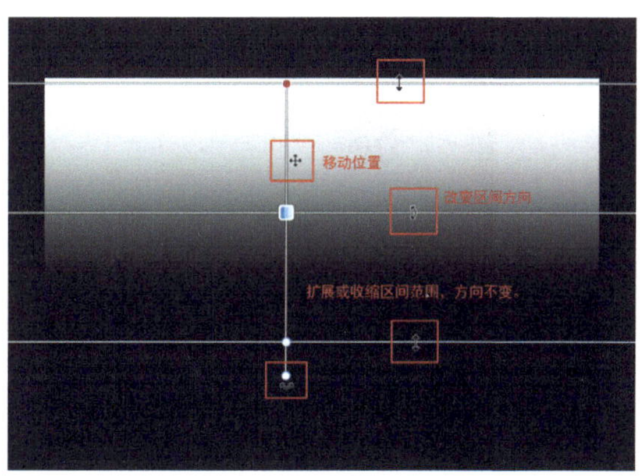

二、“线性渐变”应用局部精细调整的高级使用技法

使用“渐变滤镜”调整工具，配合画笔可达到渲染或弱化局部区域的目的。

1. 在 Camera Raw 中打开案例图像，单击“蒙版”图标（快捷键为 M），在“创建新蒙版”面板中选择“线性渐变”（快捷键为 G）。设置“曝光”值为 +0.65，以增加亮度；“对比度”值为 +15，以加大反差；“高光”值为 −44，修正高光区域的细节；“阴影”值为 −15，减弱阴影的细节；“白色”值为 −18，来增加最亮区域的明度；“黑色”值为 −18，以校准黑场；“色相”值为 -6.3，以改变颜色；“饱和度”值为 +11，以提高颜色的饱和度；“曲线”为强对比度，以加大反差；“纹理”值为 +5，以展现细节；“清晰度”值为 −5，以增大中间调反差；“锐化”值为 +15，使图像变得清晰、锐利。

按住 Shift 键（使线性渐变的走向为直线），在画布上从内向外拉出渐变效果。红白圆点线处的应用效果最强，因此，整个图像都受到了渐变的影响。为新建蒙版输入名称“整体性调整”。

2. 单击"创建新蒙版"面板顶部的"+"号图标，展开蒙版局部调整工具，选择"线性渐变"调整工具，设置"曝光"值为 -0.50、"对比度"值为 -13、"高光"值为 -13、"阴影"值为 +13、"白色"值为 -13、"色温"值为 -4、"饱和度"值为 -4，以便压暗天空，更好地突出主题。

按住 Shift 键，从上至下在图像的顶部拉出渐变效果（如下图所示），然后将新建的蒙版命名为"压暗天空"。

3. 图像的前景相对较亮，需要弱化它以突出主体。因此，在“压暗天空”蒙版中单击“添加”按钮，然后从弹出的菜单中选择“画笔”调整工具（快捷键为 Shift+K）。

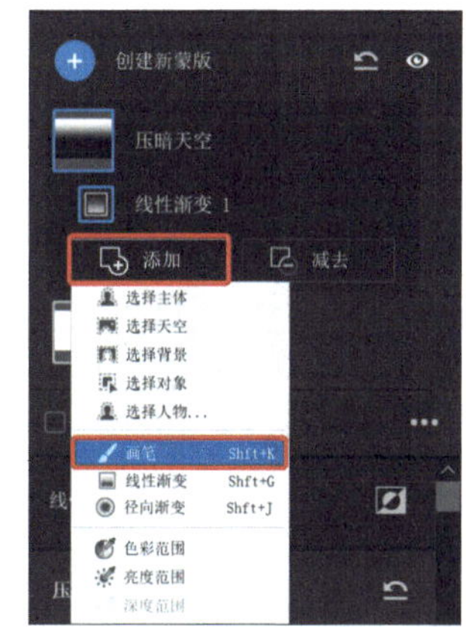

4. 将“画笔”面板控件中的“羽化”值调整为100、“流动”值调节至100、“浓度”值设定为30，不要勾选“自动蒙版”复选框；调整画笔大小，在前景区域涂抹应用效果（即使用户重复涂抹，前景对编辑的影响也仅限于30%）。从显示叠加来看，主体也受到弱化天空的影响，因此需要去除。

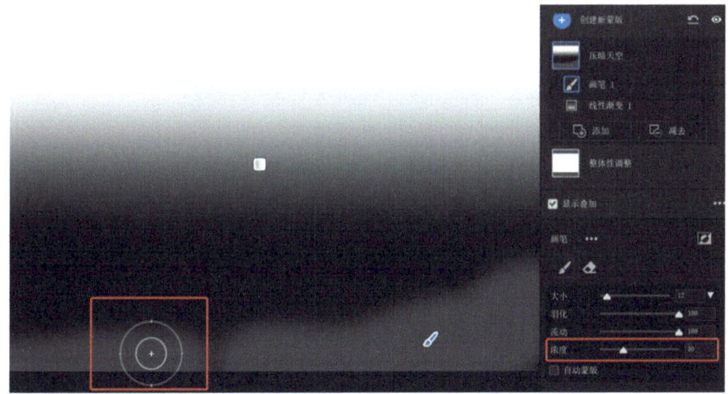

5. 在“压暗天空”蒙版中单击“减去”按钮，然后从弹出的菜单中选择“画笔”调整工具（快捷键为 Alt+K）。将“画笔”面板控件中的“羽化”值调整为 100、“流动”值调整为 100、“浓度”值调整为 100。勾选“自动蒙版”复选框，开启调整画笔智能遮挡模式（只要画笔内“十”字线不超出范围，“自动蒙版”功能就会出色地完成任务），然后调整画笔大小，在人物区域精细涂抹，以去除弱化天空的影响。

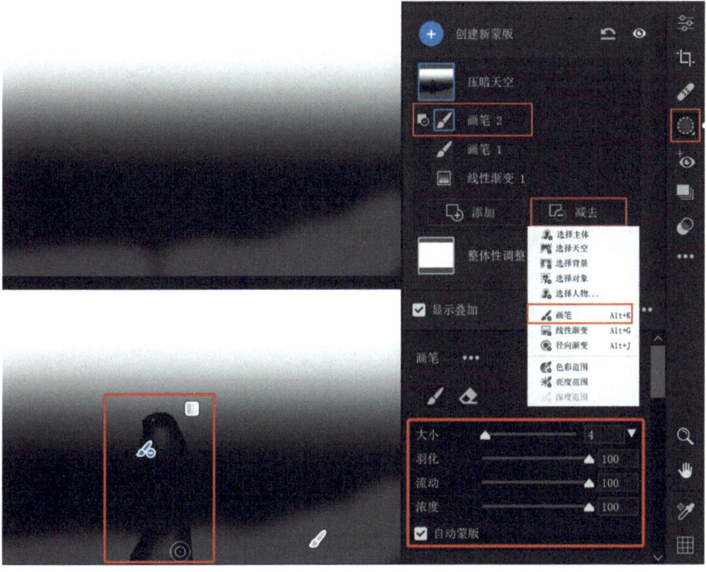

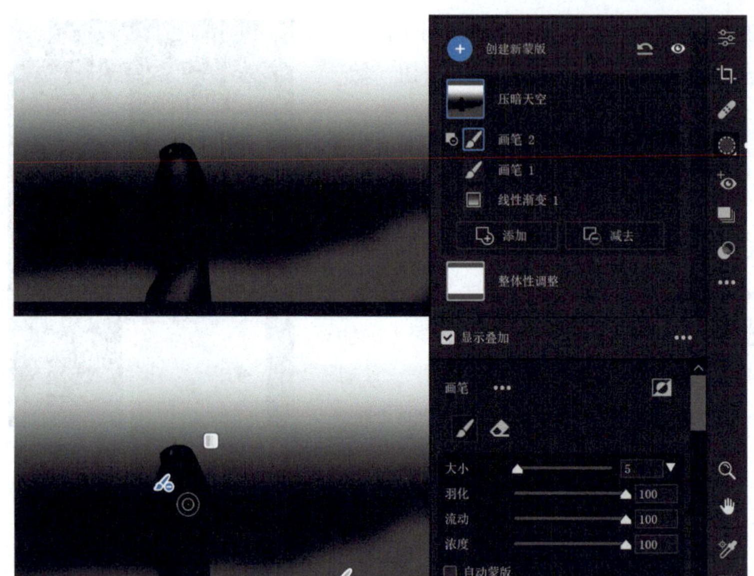

6. 取消勾选“自动蒙版”复选框，调整画笔大小，在人物内部区域精细绘制，使主体更加醒目。

原图

调整前后效果对比如原图和效果图所示。

效果图

三、“渐变晕影效果”的高级使用技法

使用“线性渐变”调整工具，可以制作出精美的、不规则的晕影效果，对图像中的局部区域进行精细的调整。其最大优势在于，可以充分利用 RAW 格式的宽容度，制作出来的晕影效果更加逼真、自然。

1. 在 Camera Raw 中打开案例图像，切换到“配置文件”面板，在“Camera Matching”组中选择“非彩色”，单击“后退”按钮，返回“编辑”面板。

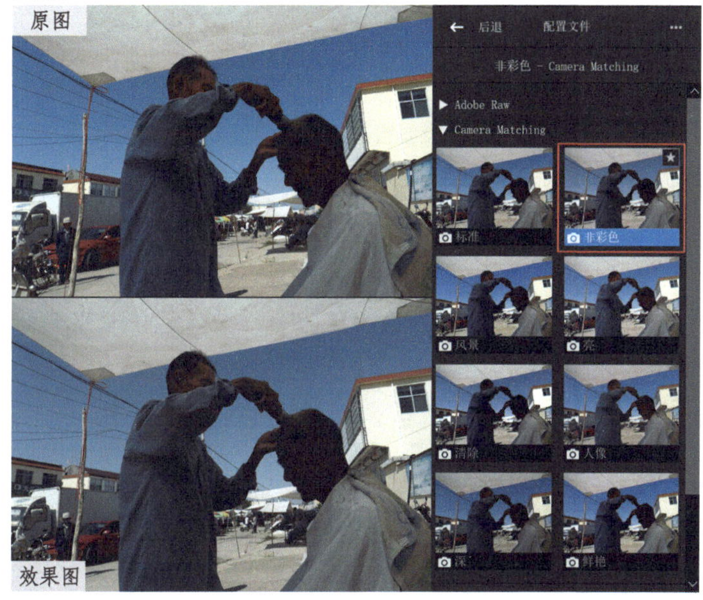

2. 展开“基本”面板，设置“色温”值为 5300、“曝光”值为 +1.90、“对比度”值为 +30、“高光”值为 -64、“阴影”值为 +50、“白色”值为 0、“黑色”值为 -12、“纹理”值为 +20、“清晰度”值为 +10、“去除薄雾”值为 0、“自然饱和度”值为 -15、“饱和度”值为 -8（编辑效果只考虑主体，不考虑背景，对背景用“线性渐变”调整工具进行弱化处理）。

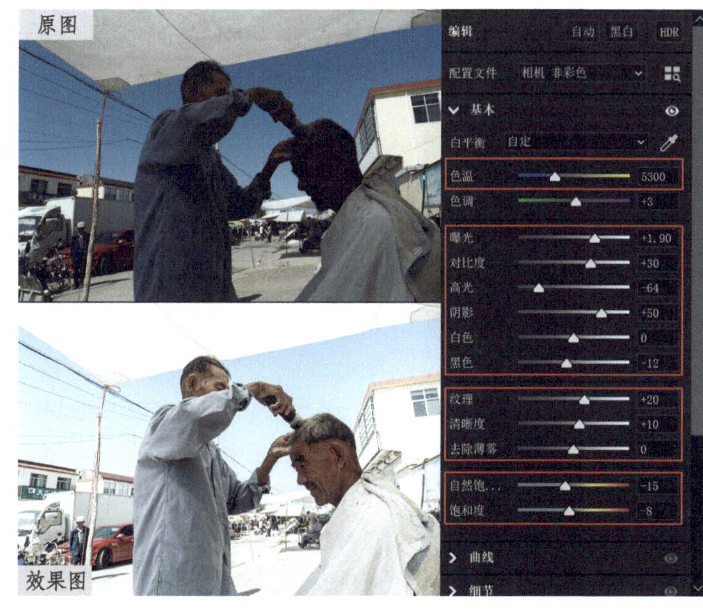

3. 单击“蒙版”图标（快捷键为 M），在“创建新蒙版”面板中选择“线性渐变”（快捷键为 G）。设置“曝光”值为 -1.50，目的是压暗周边环境，制作晕影效果；设置“对比度”值为 -25，降低大压光给图像带来的高反差；设置“高光”值为 -20、“白色”值为 -20，降低晕影区域的高光亮度，有利于弱化背景；设置“阴影”值为 +25，使晕影区域暗部细节恢复；设置“纹理”值为 -25、“清晰度”值为 -5、“锐化程度”值为 -52，柔化背景；设置“饱和度”值为 -20 ，降低晕影区域的颜色饱和度（所有设置都可以在应用效果后再微调）。

按住 Shift 键（使渐变滤镜的走向为直线），在画布上从内向外拉出渐变效果。红白圆点线处的应用效果最强，因此，整个图像都受到了渐变的影响。

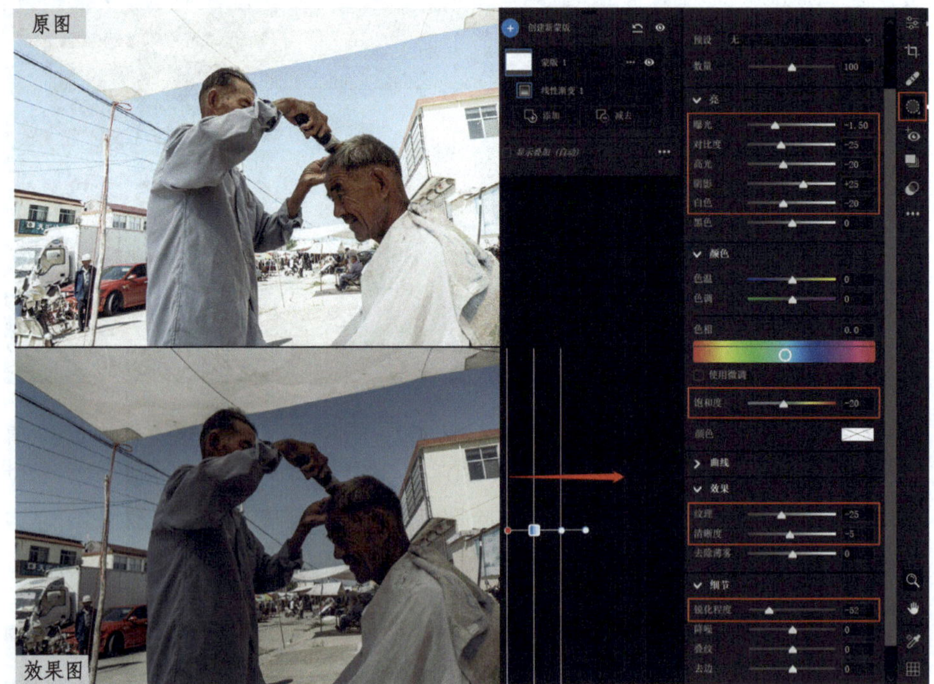

4. 将新建蒙版命名为“渐变晕影效果”，并在“创建新蒙版”面板中单击“减去”按钮，然后从弹出的菜单中选择“画笔”调整工具，设置“大小”值为 100、“羽化”值为 100、“流动”值为 75、“浓度”值为 100，不勾选“自动蒙版”复选框。

5. 在图像的主体处单击，以单击点为中心向图像外围应用 8% 的恢复量。按两次 [键（英文输入法），缩小画笔“大小”值至 90，在图像的主体处再次单击。如此重复操作 8 次，画笔“大小”值缩小至 34。

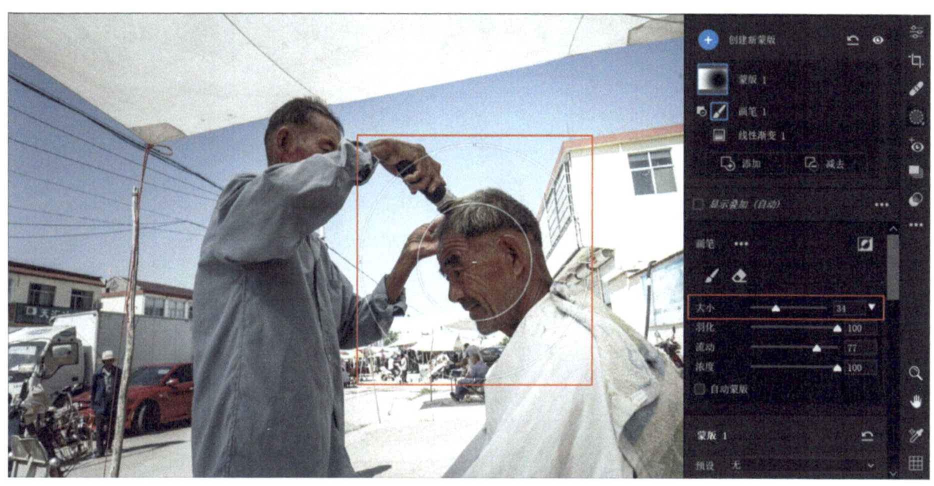

6. 这时画笔的大小正好适合制作图像不规则渐变晕影效果。在“剃头匠”和其他想恢复细节的区域小心单击（不能涂抹）并仔细观察恢复效果。

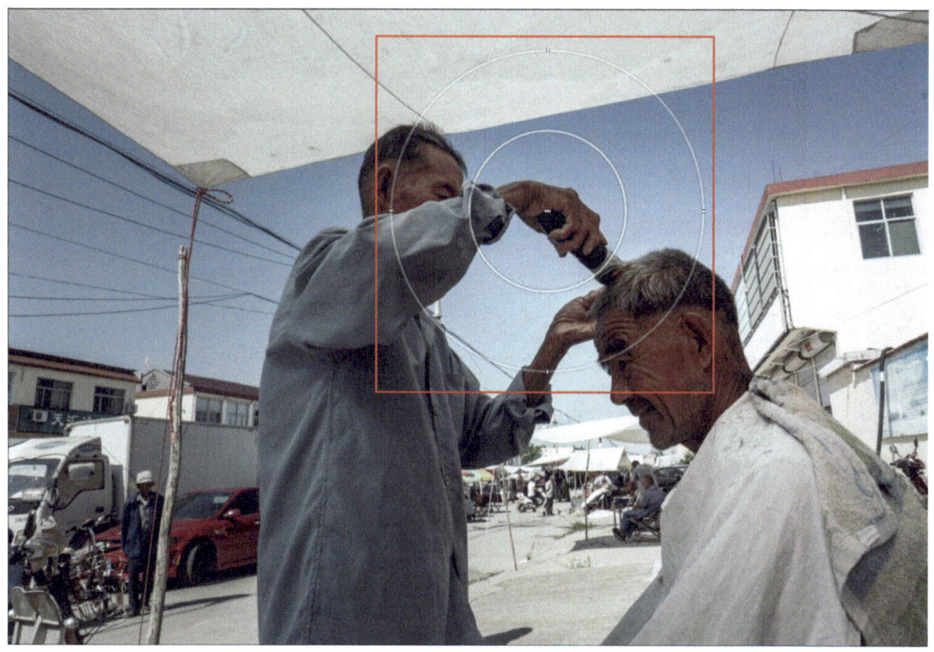

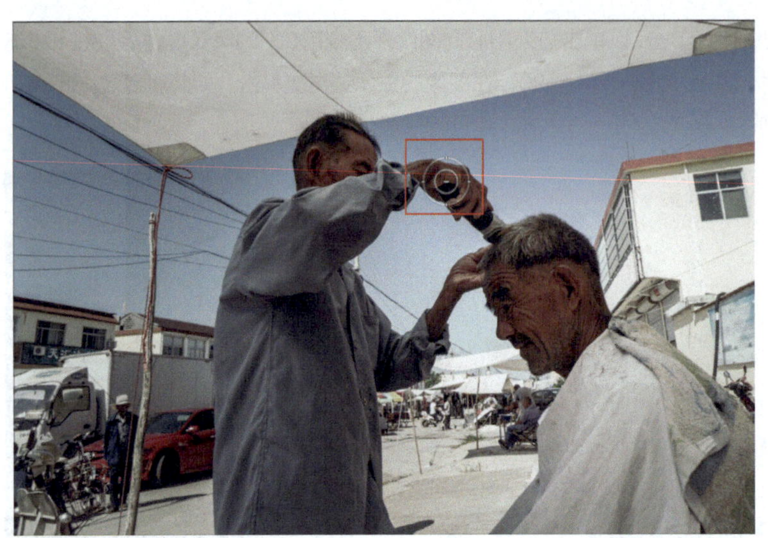

7. 缩小画笔，继续在剃头匠手上单击并查看效果。

8. 勾选“显示叠加”复选框，即可在图像预览界面中显示蒙版叠加效果，白色区域应用了效果，而黑色区域被遮挡，灰度区域为渐变应用效果区域。

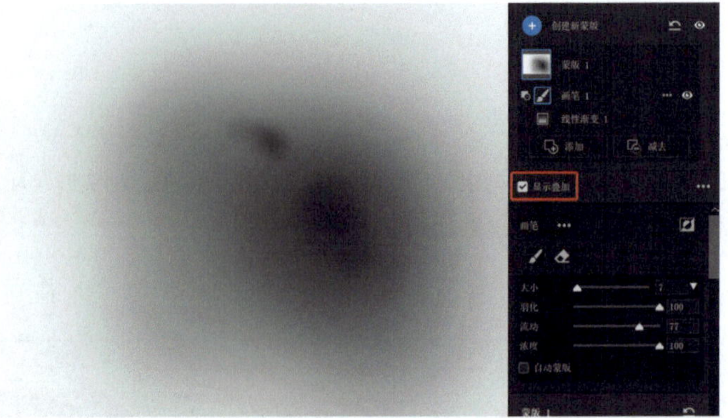

9. 如果某些区域的晕影效果没有达到要求，可在“创建新蒙版”面板中单击“添加”按钮，然后从弹出的菜单中选择“画笔”调整工具，设置“羽化”值为100、“流动”值为77、“浓度”值为100，不勾选“自动蒙版”复选框。调整好画笔大小，对需要弱化的区域添加晕影效果。

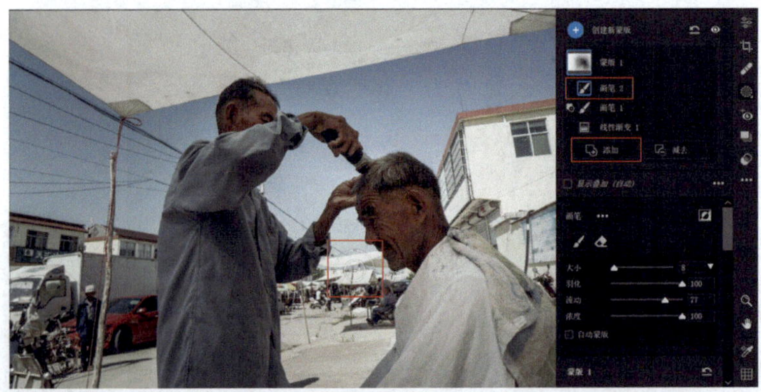

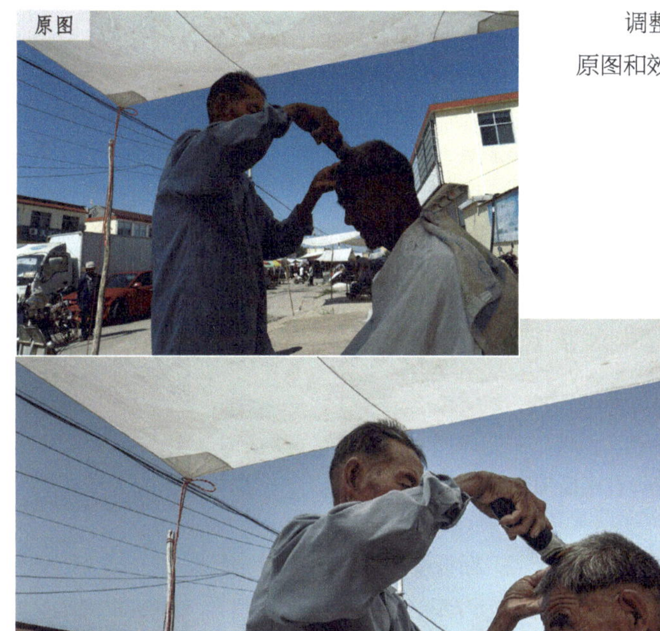
原图
效果图

调整前后效果对比如原图和效果图所示。

1. 从 Camera Raw 14.0 开始，画笔的“流动”值通过单击图像会生成新的显示编辑效果，与之前的版本完全不同。不同“流动”值对应的显示或擦除编辑效果比例如下。

（1）“流动”值为 10，显示或擦除编辑效果 0.31%（0.31%×321 次≈ 100%）。

（2）“流动”值为 50，显示或擦除编辑效果 2.63%（2.63%×38 次≈ 100%）。

（3）“流动”值为 60，显示或擦除编辑效果 3.85%（3.85%×26 次≈ 100%）。

（4）“流动”值为 70，显示或擦除编辑效果 5.56%（5.56%×18 次≈ 100%）。

（5）“流动”值为 75，显示或擦除编辑效果 7.14%（7.14%×14 次≈ 100%）。

（6）“流动”值为 77，显示或擦除编辑效果 7.69%（7.69%×13 次≈ 100%）。

（7）“流动”值为 80，显示或擦除编辑效果 9.1%（9.1%×11 次≈ 100%）。

（8）“流动”值为 90，显示或擦除编辑效果 16.7%（16.7%×6 次≈ 100%）。

（9）“流动”值为 100，显示或擦除编辑效果 100%。

2. 设置“流动”值为 77，可以显示或擦除编辑效果 7.69%，是单击营造渐变晕影效果的最佳值；设置“流动”值为 50，显示或擦除编辑效果 3.33%，是单击去除边缘后期痕迹的最佳值。

3. 在使用画笔涂抹时，所呈现的显示编辑效果和流动值保持一致。

第四节 “色彩范围”工具的高级使用技法

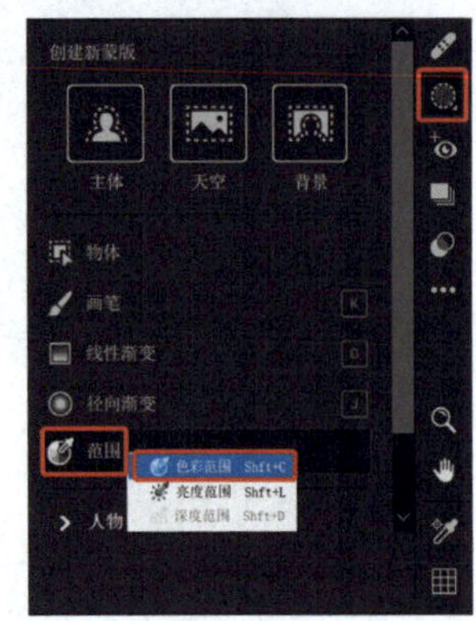

使用“色彩范围”局部调整工具，可以精确地选择图像中颜色范围或颜色范围的局部进行调整。

学习目的：学习使用“色彩范围”工具的高级技法来准确地选择用户想要编辑的颜色区域。

一、“色彩范围”调整工具的功能介绍

1. 在工具栏中单击“蒙版”图标（快捷键 M），弹出“创建新蒙版”面板，在“范围”中选择“色彩范围”（快捷键 Shift+C），鼠标指针在图像预览界面中显示为颜色滴管工具。

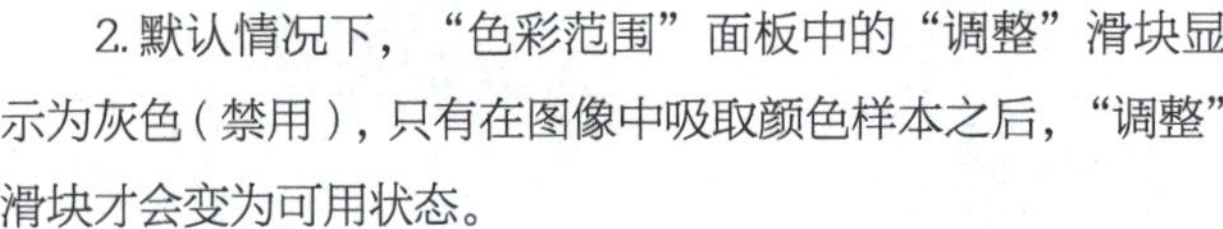

2. 默认情况下，“色彩范围”面板中的“调整”滑块显示为灰色（禁用），只有在图像中吸取颜色样本之后，“调整”滑块才会变为可用状态。

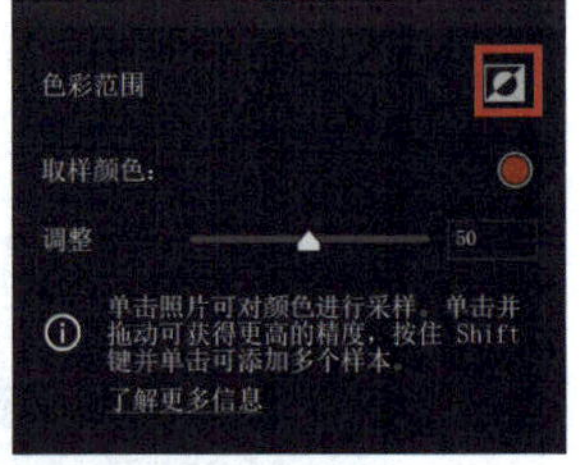

（1）“色彩范围”面板中的“调整”滑块默认值为 50，拖动“调整”滑块可以使选定的颜色范围缩小或扩大。

（2）“取样颜色”的显示取决于颜色滴管工具所吸取的颜色。

（3）要进行反向选择，可单击“反转此蒙版组件的选定区域”图标 。

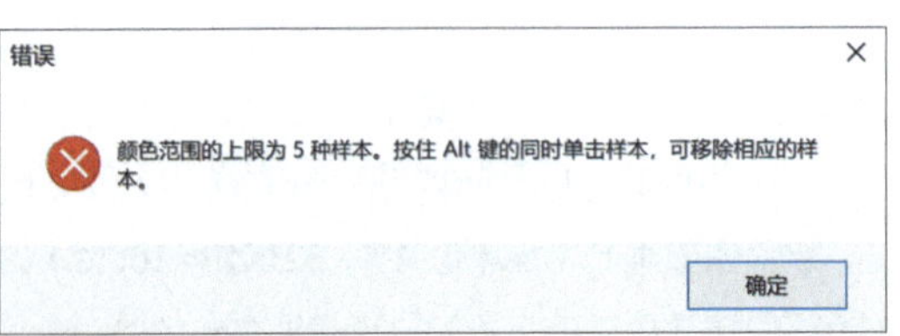

错误

颜色范围的上限为 5 种样本。按住 Alt 键的同时单击样本，可移除相应的样本。

确定

（4）添加多个颜色样本时，需要按住 Shift 键并单击，最多可添加 5 个颜色样本。

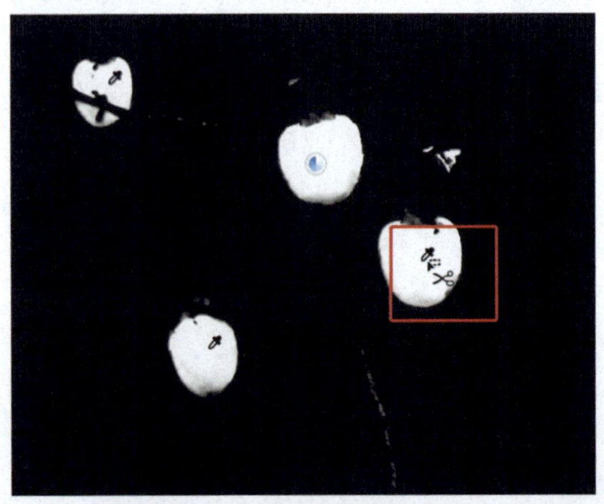

（5）在 Windows 系统中，按住 Alt 键（Mac 系统中按住 Option 键），当鼠标指针悬停在颜色取样点时，鼠标指针自动切换成剪刀工具，单击可删除颜色取样点。

二、“色彩范围”的高级使用技法

使用“色彩范围”调整工具，可以依据选取的颜色和色调，制作出精准的蒙版选区，从而实现图像的局部精细调整。

案例图像是一张在白天拍摄的深秋时节的柿子树的照片，现在想把它调整成晚间拍摄的效果。

1. 在 Camera Raw 中打开案例图像，切换到“配置文件”面板，在“Adobe Raw”组中选择“Adobe 颜色”，增强图片中的色调。单击“后退”按钮，返回“编辑”面板。

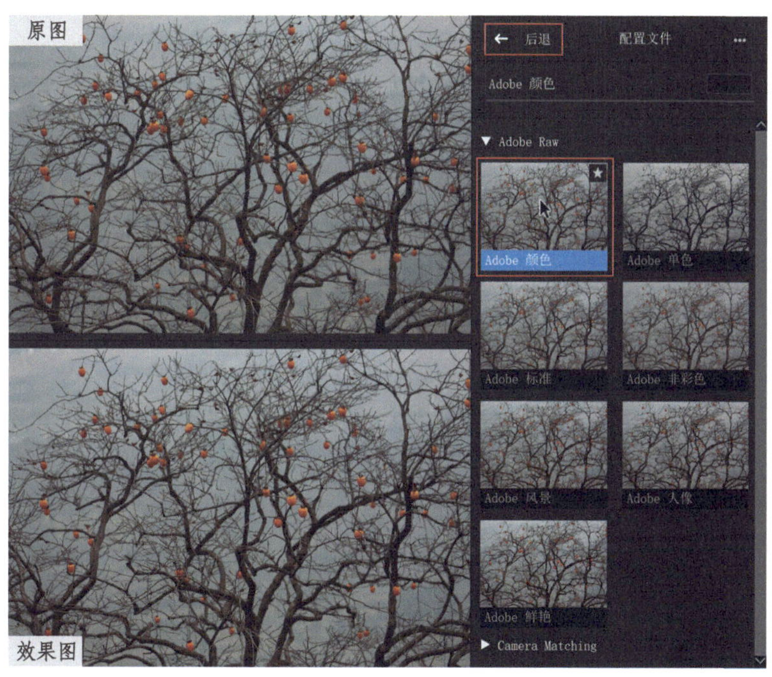

2. 展开“基本”面板，设置图像的“曝光”值为 -2.80，压暗整幅图像；设置“对比度”值为 -81，以减弱压暗图像带来的高反差效果；设置“高光”值为 -100，“阴影”值为 +100，“白色”值为 -100，“黑色”值为 +18，以模仿晚间的柔和光调；最后将“色温”滑块拖曳至 3650，以添加冷色调，完成由白天效果到晚间效果的转换。

3. 在工具栏中单击“蒙版”图标（快捷键 M），弹出“创建新蒙版”面板，在“范围”中选择“色彩范围”（快捷键 Shift+C），鼠标指针在图像预览界面中显示为颜色滴管工具（快捷键 V）。为了选择更多的颜色，创建精准的蒙版选区，不采取单击取样的方式，而是使用鼠标拖曳出颜色样本区域（如下图所示）。

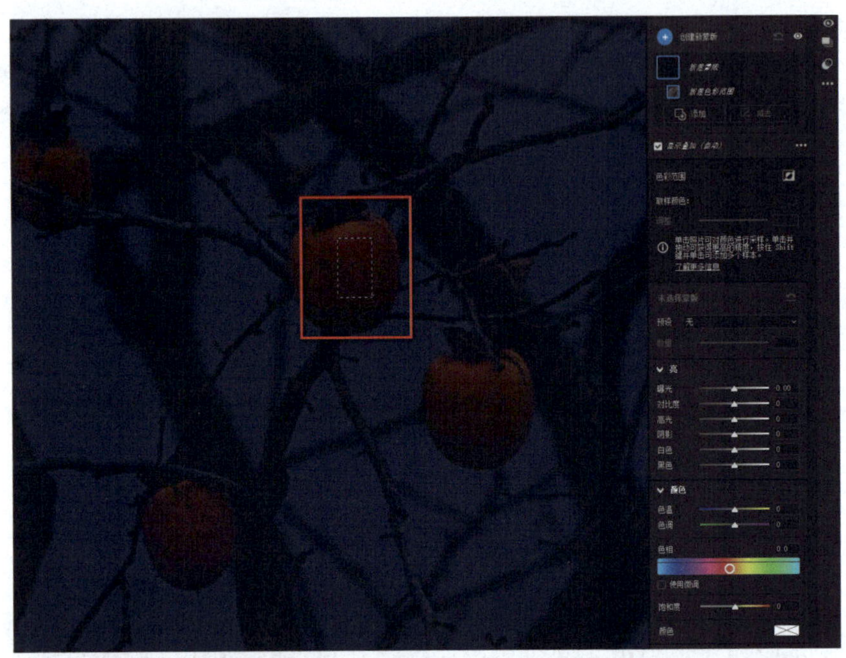

4. 按住 Shift 键可给图像添加多个样本，多个样本颜色相加，可使“色彩范围”蒙版选区的选取变得更加精准。柿子显示有灰色区域，说明柿子的颜色没有完全被选中，需要再次添加颜色样本（如下图所示）。

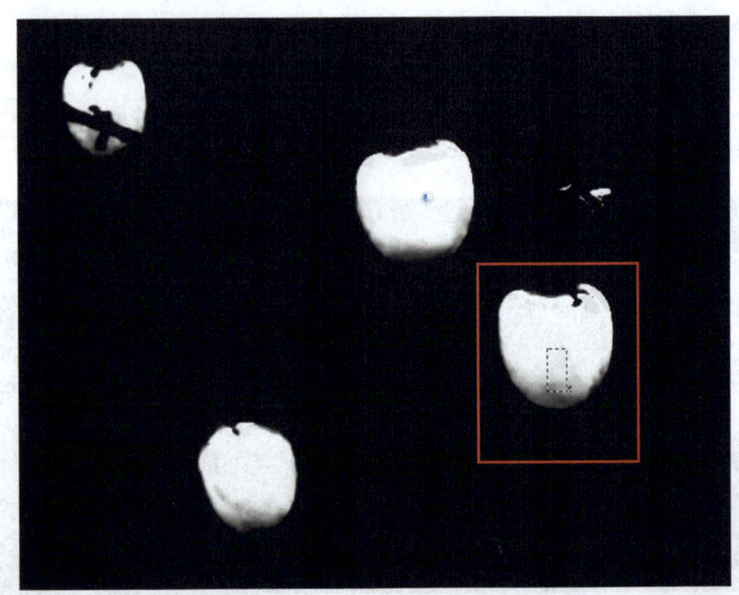

5. 可以看到少量背景区域呈现白色，说明图像受到效果影响。将“调整”滑块拖曳至39（背景区域刚好消失，为最佳数值），背景区域与柿子黑白分离，黑色区域被遮挡，白色区域应用了效果。

6. 将图像的“曝光”值设置为 +1.50，给柿子添加亮度；调整“清晰度”值至 -100，降低柿子中间调的对比度，达到柔化的效果；单击“颜色”控件右边的“颜色”样本框，弹出“拾色器”界面，在此设置“色相”值为 32、“饱和度”值为 100，以给柿子添加暖色调。单击“确定”按钮，完成柿子的调色。

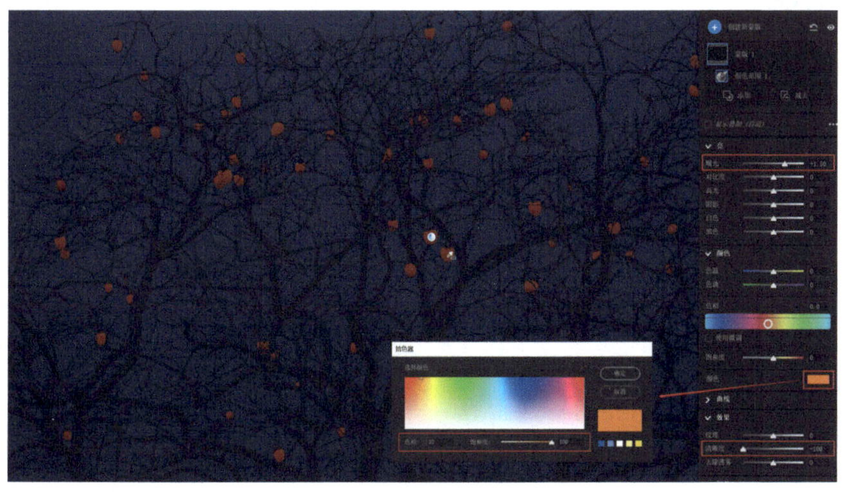

7. 如果觉得编辑效果不太好，可以调整蒙版中的“数量”滑块，将其拖曳至200，让编辑效果大幅提升。

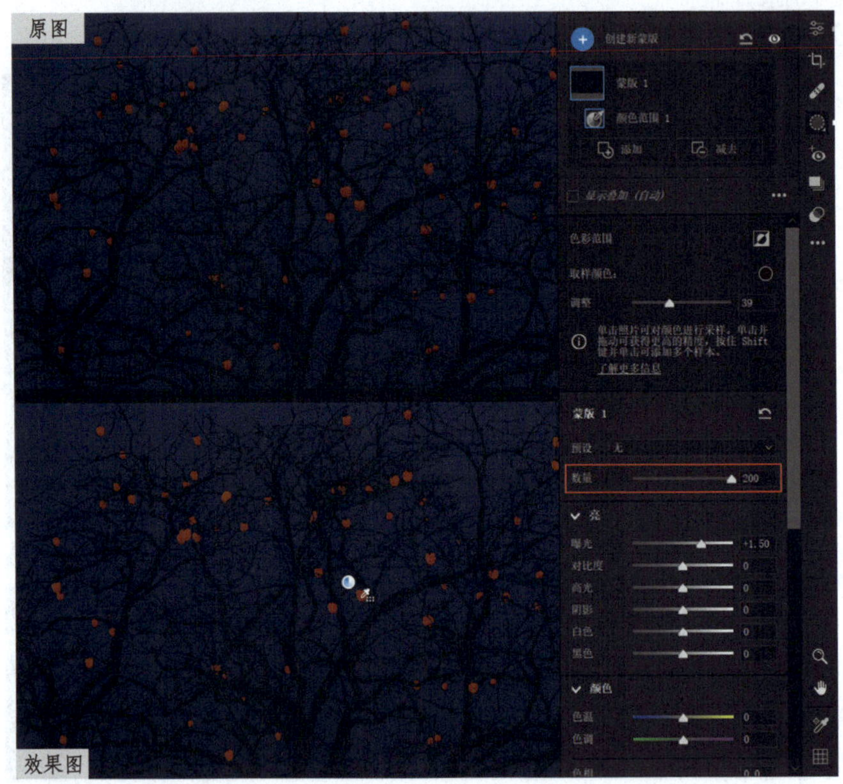

调整前后效果对比如下图所示。

小结

初学者往往会对何时使用“色彩范围”工具较为疑惑。一般来说，当调整区域色彩反差较大时，就可以选择使用“色彩范围”工具进行调整。

第五节 “亮度范围”工具的高级使用技法

使用“亮度范围”工具来调整阴影和高光的起始点，通过“平滑”滑块来实现选区的优化。

学习目的：学习使用“亮度范围”工具的高级使用技法，从而实现对局部区域的精细调整。

一、“亮度范围”调整工具的功能介绍

在工具栏中单击“蒙版”图标 （快捷键 M），弹出“创建新蒙版”面板，在“范围”中选择“亮度范围”（快捷键 Shift+L），鼠标指针在图像预览界面中显示为明亮度滴管工具。单击“反转此蒙版组件的选定区域”图标，可将亮度范围选区进行反向选择。

下图中的标记分别指代“亮度范围”工具的 4 个滑块。

①“阴影亮度范围”滑块。

②“高光亮度范围”滑块。

③“阴影亮度范围平滑”滑块。

④“高光亮度范围平滑”滑块。

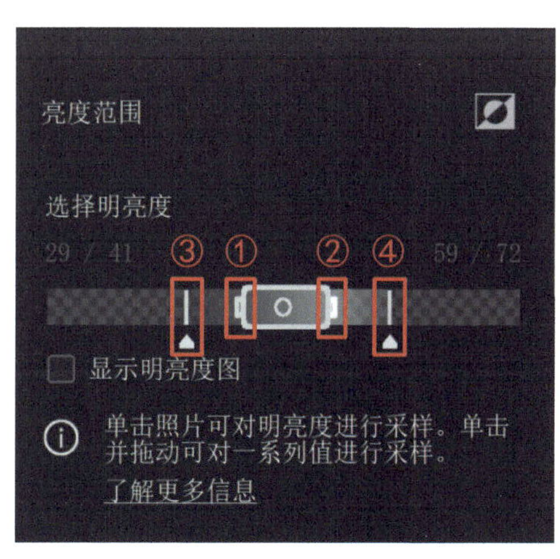

（1）使用“选择明亮度”滑块，可以通过调整“阴影亮度范围”滑块和“高光亮度范围”滑块来设定选定亮度范围的端点。此外，也可以使用明亮度滴管工具，单击并拖动照片中要调整的区域，建议选择较小的区域以精细地调整到特定的明亮度范围。再拖动阴影 / 高光范围平滑滑块，可以实现选定的区域的扩展或收缩。

（2）勾选“显示明亮度图”复选框，可以黑白可视化效果查看图像的蒙版信息，红色部分表示应用效果的区域。

二、“亮度范围”的高级使用技法

通过“亮度范围”蒙版设置阴影和高光的起始点，使用阴影 / 高光范围平滑滑块来优化选区，并配合其它调整工具，对图像局部进行精细调整。为案例图像的天空添加冷、暖色调效果，并降低天空的明亮度渲染气氛。

1. 在 Camera Raw 中打开案例图像，切换到“配置文件”面板，在“Adobe Raw”组中选择“Adobe 风景”，单击“后退”按钮，返回“编辑”面板。

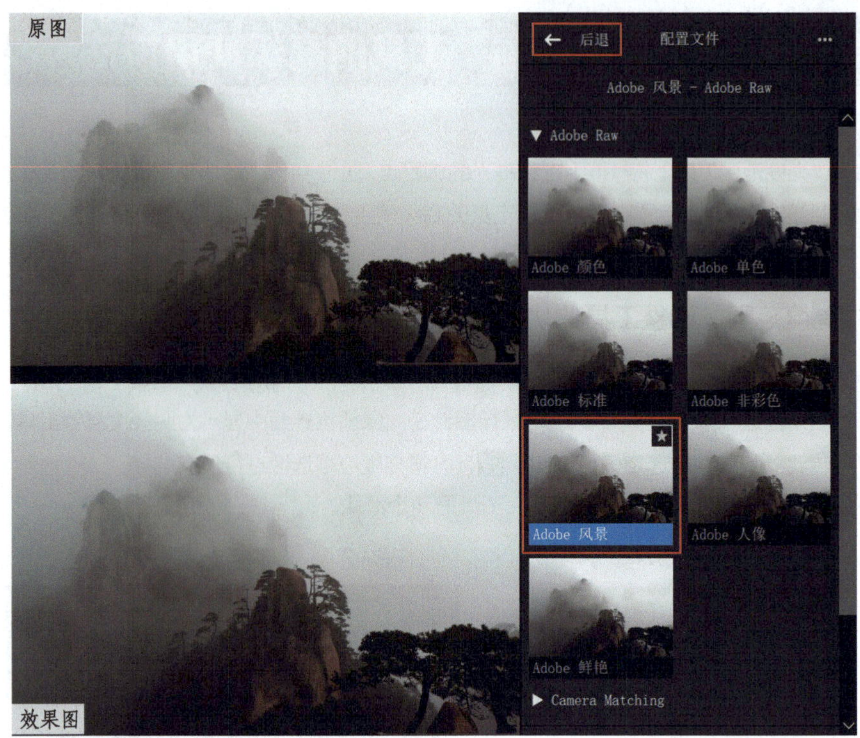

2. 在工具栏中单击“修复”工具图标，“编辑”面板自动切换成“修复”面板，在“修复”模式下，设置“羽化”值为 0、“不透明度”值为 100（默认值），调整好画笔大小，以涂抹的方式去除图像中的污点。

3. 展开“基本”面板，设置图像“色温”值为 7100、“色调”值为 +20，给图像添加暖色调并减少绿色；设置“曝光”值为 +0.18，提高图像整体的明亮度；设置“对比度”值为 -18，降低逆光拍摄给图像带来的高反差；设置“高光”值为 -72 ，使图像的高光部分恢复细节；设置“阴影”值为 +38 ，丰富图像阴影区域的细节；设

置“白色”值为 +35，使天空明暗对比增强；设置“黑色”值为 -22，调整图像中的黑场；设置“清晰度”值为 +18，提高图像的中间调对比度；设置“自然饱和度”值为 +23 ，使天空的蓝色活跃起来；设置“饱和度”值为 +10，提升图像整体的颜色饱和度。

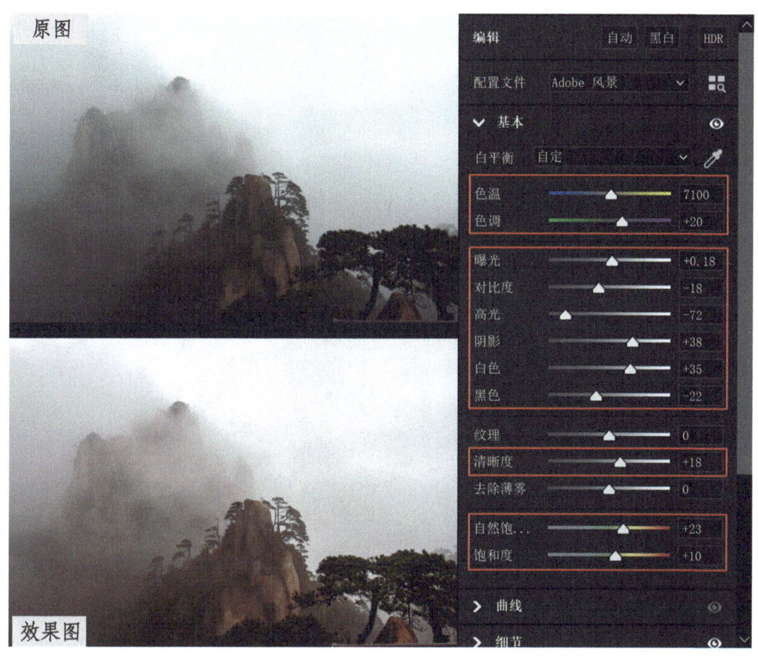

4.在工具栏中单击“蒙版”图标（快捷键为 M），在“创建新蒙版”面板中选择“线性渐变”（快捷键为 G）。将“曝光”滑块拖曳至 -1.15、“色温”滑块拖曳至 -4、“去除薄雾”滑块拖曳至 -11，压暗天空并给天空添加薄雾效果。按住 Shift 键（使线性渐变走向为直线）在图像上由上至下拉出渐变效果。为新建蒙版输入名称“弱化天空”。

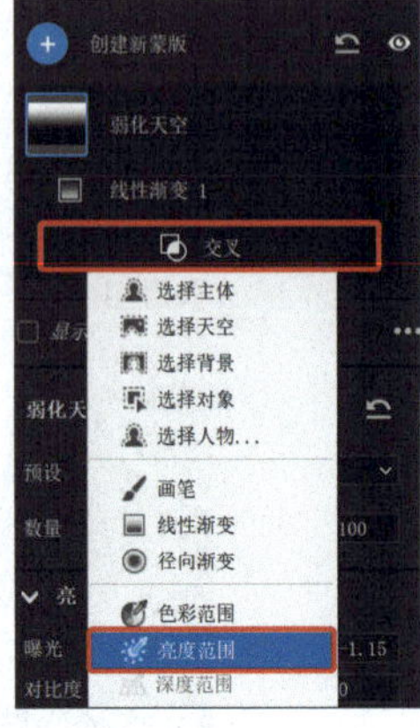

5. 按住 Shift 键，蒙版中的“添加”和“减去”按钮立即变成“交叉”按钮，单击“交叉”按钮并在弹出的菜单中选择“亮度范围”。

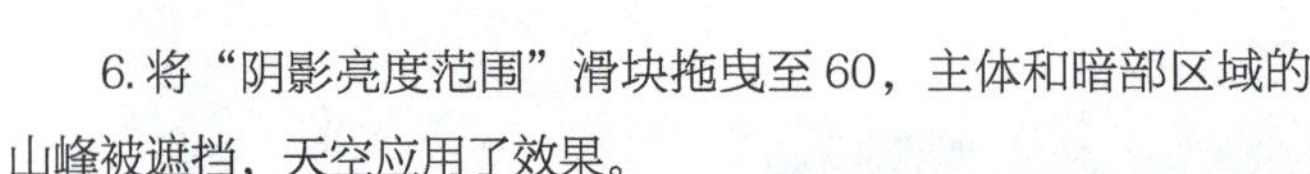

6. 将“阴影亮度范围”滑块拖曳至 60，主体和暗部区域的山峰被遮挡，天空应用了效果。

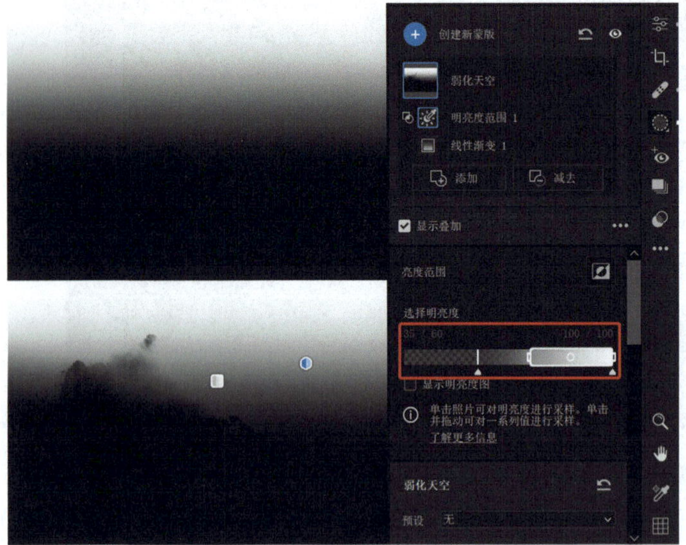

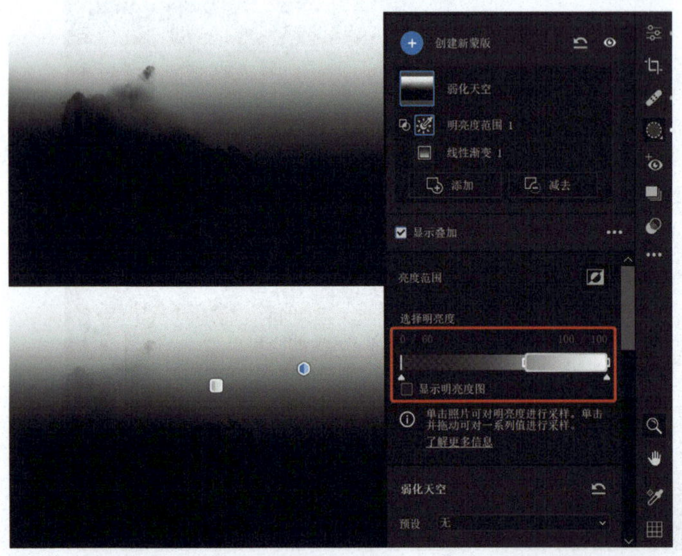

7. 将“阴影亮度范围平滑”滑块拖曳至 0；扩展天空选区的应用范围。图像中的白色区域应用了效果，而黑色区域被遮挡，灰度区域为渐变应用效果区域。

8. 单击“创建新蒙版”面板顶部的“+”号图标，展开蒙版局部调整工具，选择“亮度范围”调整工具，新建一个蒙版为天空阴影区域添加冷色调效果。

9. 将“阴影亮度范围”滑块拖曳至53，将“高光亮度范围”滑块拖曳至84，找到天空中的阴影区域。为新建蒙版输入名称“冷色调”。

10. 将“阴影亮度范围平滑”滑块拖曳至7，将“高光亮度范围平滑”滑块拖曳至97，使天空中的阴影区域得以扩展。

11. 设置“曝光”值为-0.35，单击“颜色”样本框，弹出“拾色器”界面，调整“色相”至222，调整“饱和度”至45，对天空中的阴影区域应用冷色调效果。

12. 单击“创建新蒙版”面板顶部的“+”号图标，展开蒙版局部调效工具，选择“亮度范围”调整工具，新建一个蒙版来增强天空中高光区域的暖色调效果。

将“阴影亮度范围平滑”滑块拖曳至99，将“高光亮度范围平滑”滑块拖曳至90，收缩应用效果区域，天空中只有极少的高光区域被完美选择。

13. 单击“颜色”样本框，弹出“拾色器”界面，设置“色相”值为33、“饱和度”值为21，并单击“确定”按钮，调整“曝光”值为+0.25，以给天空高光区域添加暖色调效果。

使用“亮度范围”工具给图像添加冷、暖色调效果前后对比如下所示。

原图

效果图

小结

1. 当需要调整的区域明暗反差较大时，选择“亮度范围”蒙版，如果同时存在明暗和色彩反差的调整要求，则两种蒙版都可以使用。

2. 使用“亮度范围”蒙版时，要特别注意对灰度的控制，因为灰度是渐变应用效果区域，也是不产生后期痕迹的关键所在。

第六节 “径向渐变”工具的高级使用技法

“效果”面板可以对裁剪后的图像中心区域创建晕影效果。而“径向渐变”面板可以给不规则的任意区域，添加多个圆形或椭圆形渐变晕影效果。使用“径向渐变”工具配合其它调整工具，可以给图像的主体创造更加“神奇”的渐变晕影效果或对局部进行精细调整。

学习目的：学习“径向渐变”工具局部精细调整的高级使用技法，特别是双滤镜重叠法，既能弱化周边环境外部区域，又能渲染主体内部区域。

一、“径向渐变”面板控件功能介绍

在“工具栏”中单击“蒙版”图标（快捷键M），弹出“创建新蒙版”面板，选择“径向渐变”（快捷键为J），“编辑”面板自动切换成“径向渐变”面板。

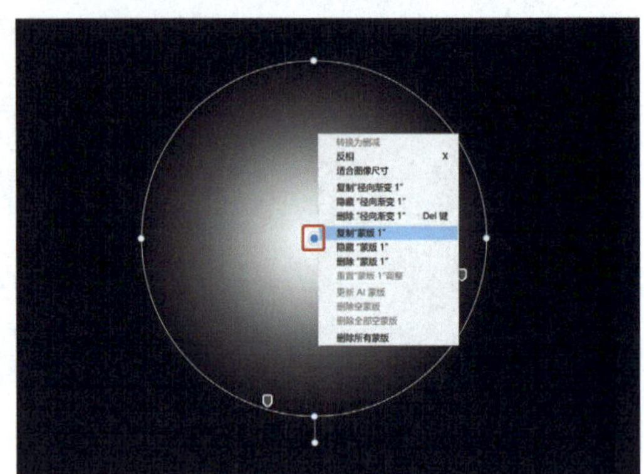

（1）按住Shift键并拖动鼠标指针，可以创建圆形径向渐变；不按Shift键时，拖动鼠标指针，可以创建椭圆形径向渐变。当将鼠标指针移到白蓝圆点上并右键单击时，会出现上下文菜单，功能十分强大。

（2）单击图标，在外部和内部之间切换滤镜效果，按X键可切换效果方向。

（3）“羽化”可以调整滤镜应用效果（内部或外部）的衰减程度，默认值为50。

（4）当鼠标指针靠近“径向渐变”的白蓝圆点并悬停时，会出现双向箭头提示，拖曳该双向箭头，可以扩展或收缩径向渐变范围，其方向不变。

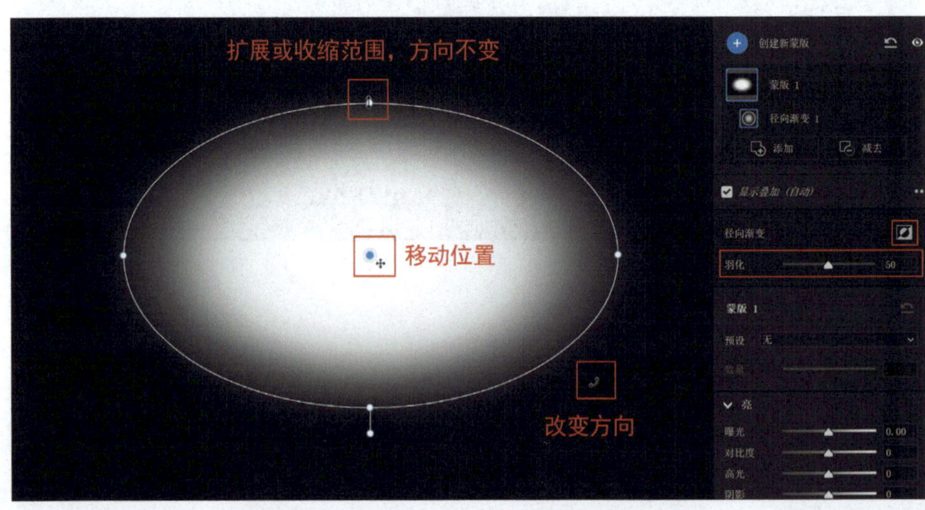

（5）当鼠标指针靠近“径向渐变”外沿并悬停时，会出现旋转箭头提示，拖曳该双向箭头可以改变其方向。

（6）当鼠标指针悬停在“径向渐变”内部时，出现移动箭头提示时，拖曳该移动箭头，可以改变“径向渐变”的位置。

二、制作传统晕影效果高级使用技法

使用“径向渐变”调整工具制作传统渐变晕影效果时，在设置好各控件后，只需在图像或画布中双击即可应用。

1. 在“工具栏”中单击“蒙版”图标（快捷键 M），弹出“创建新蒙版”面板，选择“径向渐变”（快捷键 J）。

在蒙版面板中设置如下：“曝光”值为 -0.50，“对比度”值为 -8，“高光”值为 -20，“阴影”值为 +20，“白色”值为 0，“黑色”值为 +5，“纹理”值为 -5，“羽化”值为 100，单击图标（将编辑效果应用于“径向渐变”的外部）。在图像任意处双击即可应用效果。这是非常实用的一组滤镜设置组合，专门用于制作传统渐变晕影效果。读者如果喜欢，可以将其设置为预设。

2. 如果希望达到更强烈的晕影效果，可以在蒙版中增加“数量”值，然后再次对图像应用晕影效果。

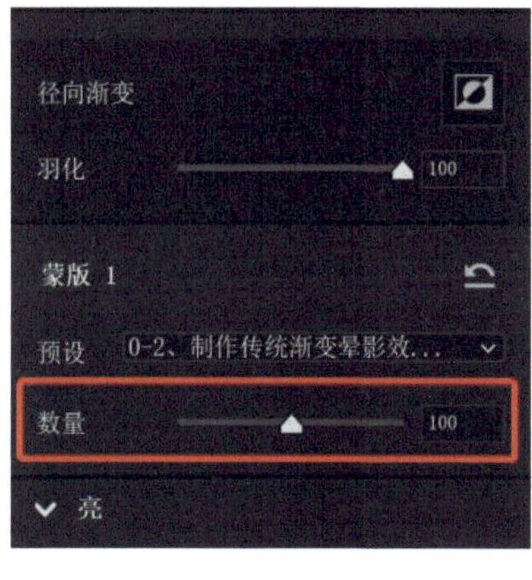

三、双滤镜重叠法的高级使用技法

使用“径向渐变”工具可以轻松制作出自然的渐变晕影效果。

1. 在 Camera Raw 中打开案例图像，切换到“配置文件”面板，在“Camera Matching”组中选择“风景”，单击“后退”按钮，返回“编辑”面板。

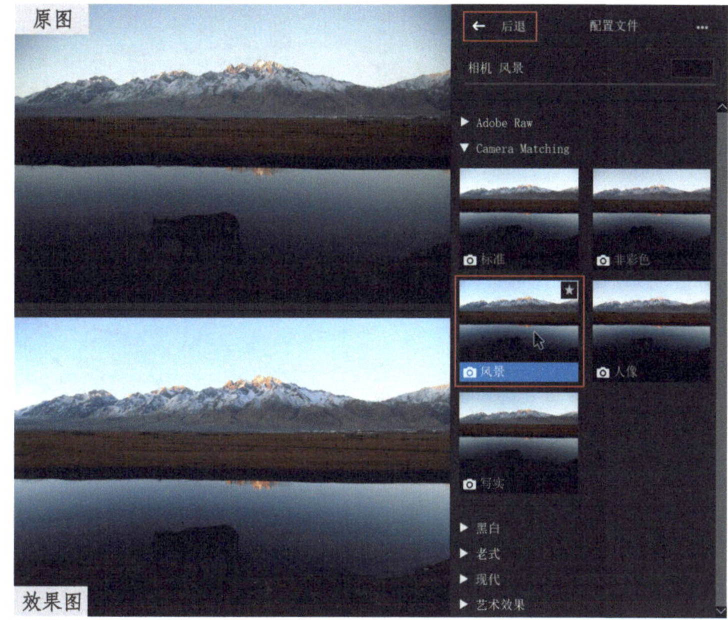

2. 为了实现更强烈的晕影效果，单击“工具栏”中的“蒙版”图标（快捷键 M），弹出“创建新蒙版”面板，选择“径向渐变”（快捷键 J）。将“曝光”滑块拖曳至 -2.00，来压暗天空及周边亮度，并单击图标（将编辑效果应用于“径向渐变”的外部）。然后，在毛驴处按住鼠标左键并拖拽绘制一个大的椭圆形区域，此时就会将晕影效果应用到天空及周边区域上。为新建蒙版输入名称“弱化背景”。

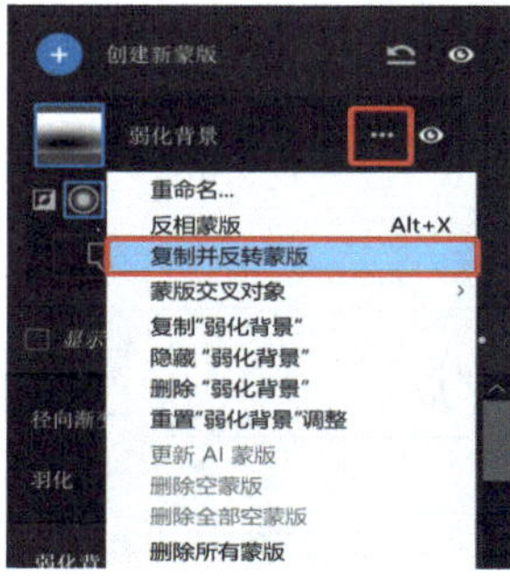

3. 单击“弱化背景”蒙版右侧的“更多选项”图标，展开“更多选项”菜单，然后选择“复制并反转蒙版”，为新建蒙版输入名称“渲染主题”。

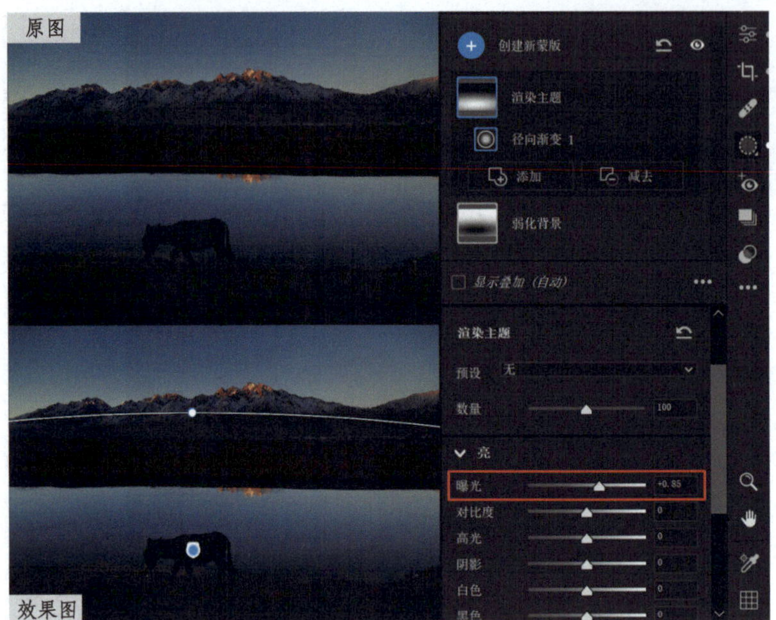

4．将“曝光”滑块拖曳至+0.85，增加毛驴及周边的亮度。这就是双滤镜重叠法。

调整前后效果对比如原图和效果图所示。

四、制作局部精细晕影效果的高级使用技法

在“双滤镜重叠法的高级使用技法”案例的基础上，使用“径向渐变”工具，配合其他局部调整工具，可以非常精准地创作出精致的局部晕影效果。

1. 单击“创建新蒙版”面板顶部的“+”号图标，展开蒙版局部调整工具，选择“径向渐变”（快捷键为 J），然后为新建蒙版输入名称“渲染山峰倒影”。

单击“颜色”样本框，弹出“拾色器”界面，设置“色相”值为 45、“饱和度”值为 100，并单击“确定”按钮，用暖色调渲染水中山峰倒影。在山峰倒影处按住鼠标左键并拖曳出一个细小的椭圆形选区，实现由中心向选定区域渐变的晕影效果。

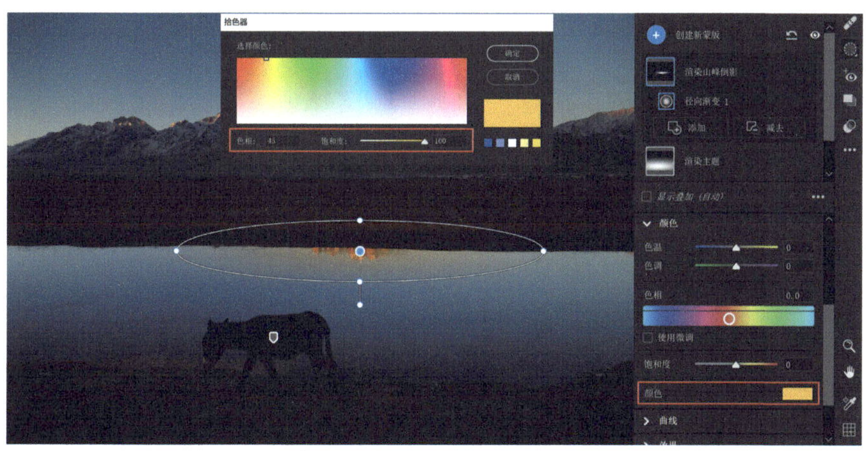

2. 放大图像并单击“创建新蒙版”顶部的“+”号图标，展开蒙版局部调整工具，选择“颜色范围”调整工具。使用颜色滴管工具，在山峰倒影处拖曳出一个颜色样本区域，从而将山峰以外的颜色区域隐藏起来。

3. 在 Windows 系统中按住 Alt 键（Mac 系统中按住 Option 键），并拖曳“色彩范围”面板中的“调整”滑块至 39，山峰倒影上方的草原和水面区域被遮挡，山峰应用了编辑效果呈金黄色。

图像中的白色区域应用了效果，而黑色区域被遮挡，灰度区域为应用渐变效果的区域。

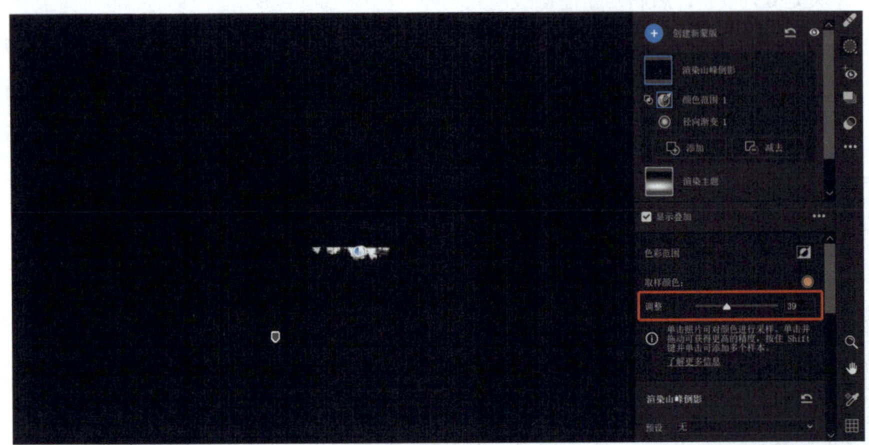

4. 单击“渲染山峰倒影”蒙版右侧的“更多选项”图标，展开“更多选项”菜单，选择“复制‘渲染山峰倒影’”并输入新名称“渲染山峰”。

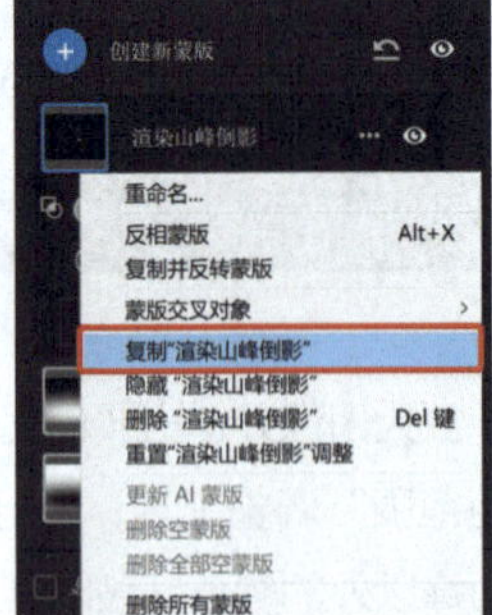

5. 单击“渲染山峰”蒙版中的“径向渐变”图标，激活“径向渐变”调整工具。将图像恢复至初始视图大小，按住 Shift 键（可以在水平或垂直方向移动效果），将复制后的效果垂直移动到图像顶部山峰位置，只有山峰顶部光照区域应用了暖色调效果。

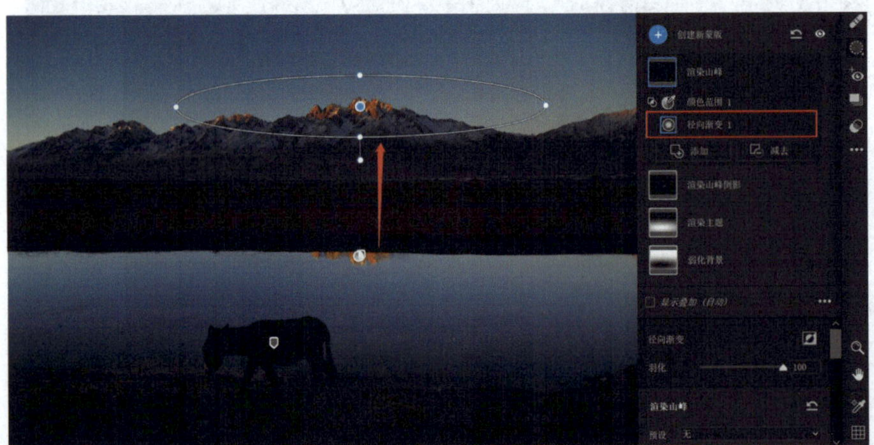

6. 按住 Shift 键并向左拖曳效果，在保持长宽比不变的情况下，扩展效果应用范围，使左右两边的光照区域也应用暖色调效果。

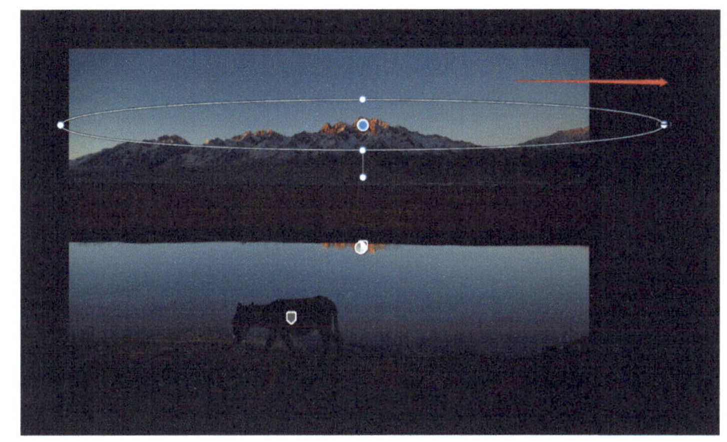

调整前后效果对比如原图和效果图所示。

原图

效果图

小结

双滤镜重叠法在实际修图过程中的作用显著。由于渐变区域的长宽比不变、"羽化"值不变，所以渐变区域可以无痕迹地衔接，应用效果区域内外过渡自然，从而达到弱化周边环境、突出主体的目的。

第七节 “智能蒙版”工具的高级使用技法

AI 支持的调整工具包括“选择主体”“选择天空”“选择背景”“选择物体”“选择人物”等，Camera Raw 能够智能分析图像，自动选取用户想要调整的区域，从而使影调和色调的调整变得更加简便、高效。

学习目的：掌握使用“智能蒙版”工具进行图像局部精细调整以实现快速、准确的处理效果的技法。

一、“选择主体”应用局部精细调整的高级使用技法

“选择主体”工具由 AI 提供支持，它可以自动识别并选取照片中的主体，专门为用户方便地选取人物、动物和前景对象而设计。

1. 在 Camera Raw 中打开案例图像，展开“基本”面板，设置图像的“色温”值为 4950，以校准白平衡；“曝光”值为 +0.20，以提高亮度；“对比度”值为 +4，以加大反差；“高光”值为 −47，以修复高光区域细节；“阴影”值为 +42，以丰富阴影细节；“白色”值为 +9，以增强最亮区域的明度值；“黑色”值为 −18，以校准黑场；“纹理”值为 +7，以展现更多细节；“清晰度”值为 +4，以加大中间调反差；“自然饱和度”值为 +7，以丰富不饱和的色彩；“饱和度”值为 +7，以提升图像整体颜色饱和度。

2. 展开“几何”面板，在“Upright”功能中选择“自动”模式，对图像进行自动倾斜校正。

3. 单击“蒙版”图标（快捷键 M），在“创建新蒙版”面板中选择“主体”选项。

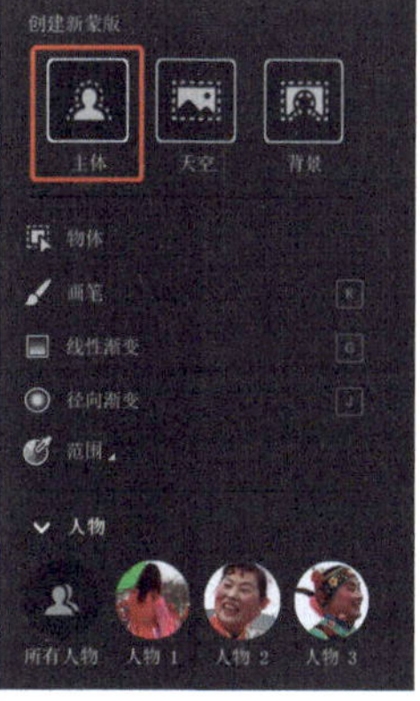

4. “选择主体”由 AI 提供支持，自动选择照片中的主体，然后将新创建的蒙版命名为“渲染主题”。

5. 需要去除远景房屋被错误选入的部分。在“渲染主题”蒙版中单击“减去”按钮，然后从弹出的菜单中选择“画笔”调整工具（快捷键 Alt+K）。将“画笔”面板控件中的“羽化”值调整为 100、“流动”值调整为 100、“浓度”值调整为 100。勾选“自动蒙版”复选框，开启调整画笔智能遮挡模式，然后调整画笔大小，并在远景房屋区域精细涂抹以清除。

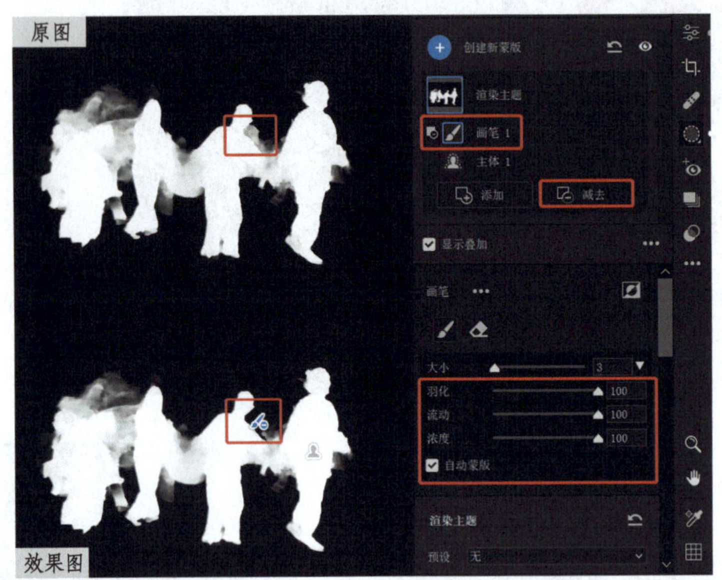

6. 将人物辫子添加到主题蒙版中。在“渲染主题”蒙版中单击“添加”按钮，然后从弹出的菜单中选择“画笔”调整工具。将“画笔”面板控件中的“羽化”值调整为 100、“流动”值调整为 100、“浓度”值调整为 100。勾选“自动蒙版”复选框，开启调整画笔智能遮挡模式，然后调整画笔大小，并在人物的辫子处涂抹以添加到蒙版中。

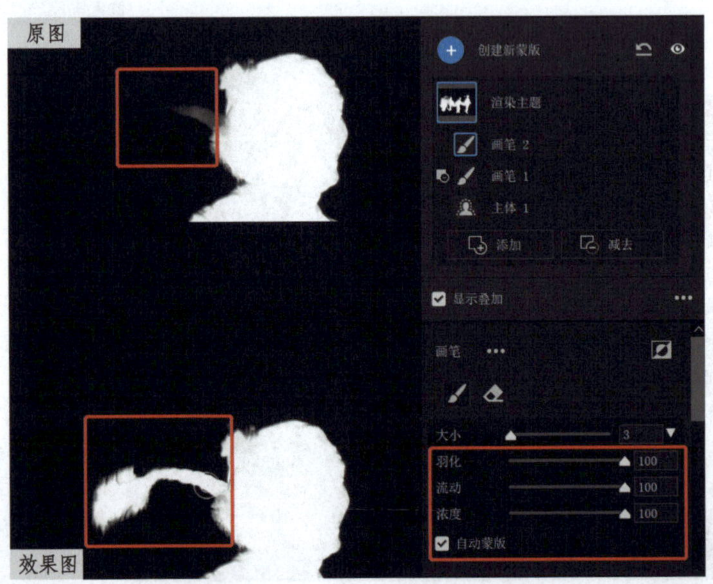

7. 将“曝光”滑块拖曳至 +0.25、“对比度”滑块拖曳至 +3、“阴影”滑块拖曳至 −3、“色温”滑块拖曳至 +3、“纹理”滑块拖曳至 +8、“清晰度”滑块拖曳至 +5、“锐化程度”滑块拖曳至 +10。

原图

效果图

调整前后效果对比如原图和效果图所示。

原图

效果图

二、“选择天空”应用局部精细调整的高级使用技法

“选择天空”工具由 AI 提供支持，它能够自动识别并选取照片中的天空。案例图像在“选择主体”应用的局部精细调整技法的基础上进一步编辑制作，以提供更好的编辑效果。同时提升了图像的延展性和完整性，旨在为用户提供更出色的编辑体验。

1. 在 Camera Raw 中打开案例图像，从工具栏中单击“蒙版”图标（快捷键 M），单击“创建新蒙版”面板顶部的“+”号图标，展开蒙版局部调整工具，选择“选择天空”调整工具。

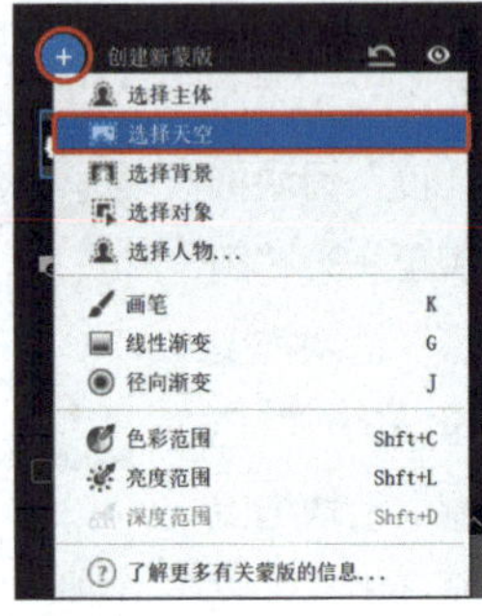

2. 为新创建的天空蒙版输入名称“渲染天空”。

3. 天空已经被准确地选择，但主体受到了轻微影响，需要进行清除。在“渲染天空”蒙版中单击“减去”按钮，在弹出的菜单中选择“选择主体”，即可消除对主体的影响。

4. 将“曝光”滑块拖曳至 -0.30、“色温”滑块拖曳至 -6，即可降低天空亮度并为其赋予淡淡的冷色调效果。

原图

效果图

调整前后效果对比如原图和效果图所示。

原图

效果图

三、“选择背景”应用局部精细调整的高级使用技法

“选择背景”工具由 AI 提供支持，它能够自动识别并选取照片中的背景。案例图像在“选择天空”应用的局部精细调整技法的基础上进一步编辑制作。

1. 在 Camera Raw 中打开案例图像，从工具栏中单击“蒙版”图标（快捷键 M），单击“创建新蒙版”面板顶部的“+”号图标，展开蒙版局部调整工具，选择“选择背景”调整工具。

2. 将新创建的蒙版命名为“弱化背景”，然后将“曝光”滑块拖曳至 -0.25、“对比度”滑块拖曳至 -3、“阴影”滑块拖曳至 +3、“色温”滑块拖曳至 -3、“饱和度”滑块拖曳至 -5、“清晰度”滑块拖曳至 -6、“锐化程度”滑块拖曳至 -15，以弱化背景、突出主题。

调整前后效果对比如原图和效果图所示。

四、“选择人物”应用局部精细调整的高级使用技法

“选择人物”由 AI 提供支持，Camera Raw 可以检测出照片中的人物，用户可以自行选择人物或其身体特定区域，例如皮肤、衣服、眼睛等，进行个性化调整。案例图像在“选择背景”应用的局部精细调整技法的基础上进一步编辑制作。

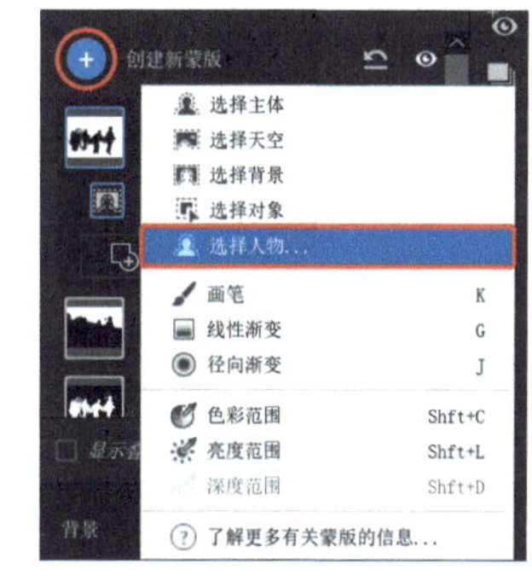

1. 在Camera Raw 中打开案例图像，从工具栏中单击“蒙版”图标（快捷键 M），单击“创建新蒙版”面板顶部的“+”号图标，展开蒙版局部调整工具，选择“选择人物”调整工具。

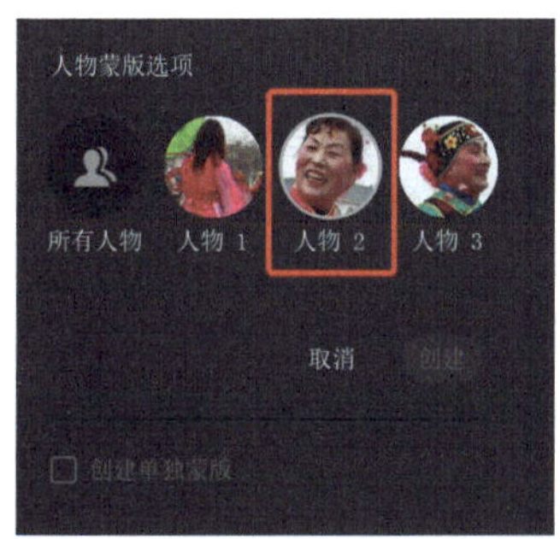

2. 单击“选择人物”工具后，蒙版列表视图将会暂时隐藏，“编辑”面板会自动切换为“人物蒙版选项”面板。为了突出视觉重点，这里选择“人物 2”蒙版。

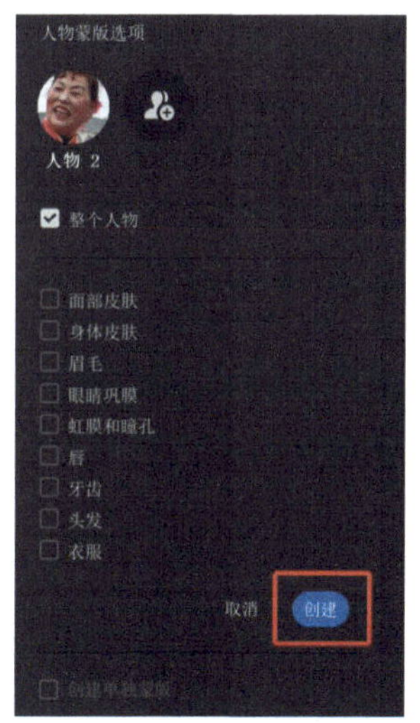

3. 选择“人物 2”蒙版后，“人物蒙版选项”面板将更新为包括“整个人物”和特定身体区域复选框，这里勾选“整个人物”复选框。

4. 将新创建的蒙版命名为“渲染重点人物”，然后将“曝光”滑块拖曳至 +0.20、“色温”滑块拖曳至 +3，“饱和度”滑块拖曳至 +18，以突出重点人物的渲染效果。

调整前后效果对比如原图和效果图所示。

编辑人物面部特写图像时，使用“选定人物”智能调整工具可以更好地发挥其“神奇的功效”。

1. 在 Camera Raw 中打开案例图像，打开“配置文件”面板，在“现代”组中选择“现代 04”，增强图像的影调效果，单击“后退”按钮，返回“编辑”面板。由于案例图像不是 RAW 格式文件，所以没有“Adobe Raw”和“Camera Matching”的配置文件。

2. 在工具栏中单击“修复”工具图标，“编辑”面板自动切换成“修复”面板。在“内容识别移除”模式下，调整好画笔大小，设置“不透明度”值为 100。在人物面部瑕疵处单击，轻松地清除美女面部的瑕疵。

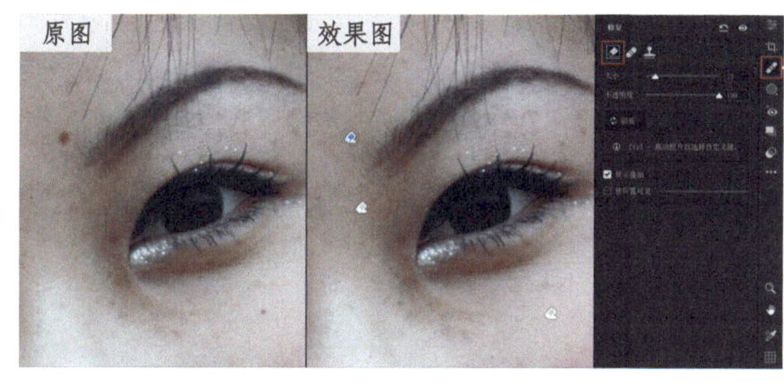

3. 单击“蒙版”图标（快捷键 M），在“创建新蒙版”面板中选择“人物 1”蒙版。

4. 选择“人物 1”蒙版后，“人物蒙版选项”将更新为包括“整个人物”和特定身体区域的选项，勾选“整个人物”复选框并单击“创建”按钮。

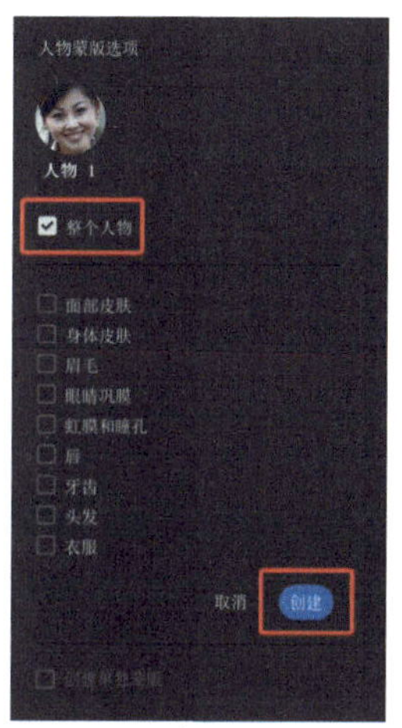

5. 将新创建的蒙版命名为“渲染人物”，然后将“曝光”滑块拖曳至 +0.50、“对比度”滑块拖曳至 +9、“高光”滑块拖曳至 −45、“色温”滑块拖曳至 −6、“去除薄雾”滑块拖曳至 +5，这样可以让人物更加冷艳迷人。

6.单击“渲染人物”蒙版右侧的“更多选项”图标，展开“更多选项”菜单，选择“复制并反转蒙版”选项，将渲染人物的蒙版选区反向选取，所有蒙版编辑控件的值也会被重置，然后为复制蒙版输入名称“弱化背景”。

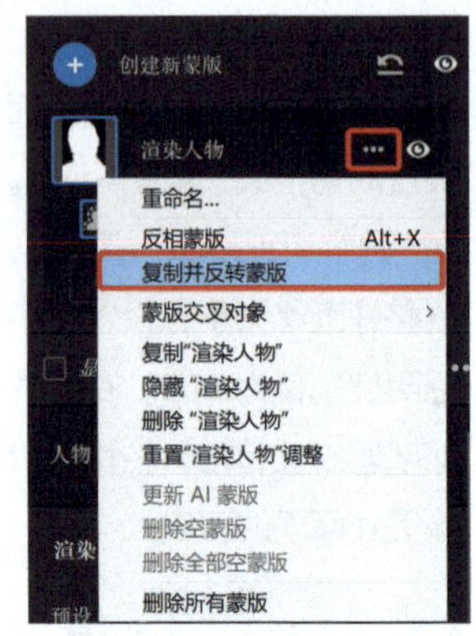

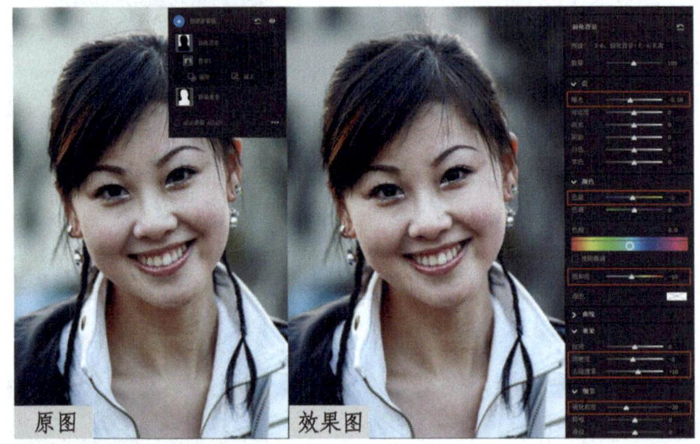

7.将“曝光”滑块拖曳至 -0.50、“色温”滑块拖曳至 -5，“饱和度”滑块拖曳至 -10、“清晰度”滑块拖曳至 -8、“去除薄雾”滑块拖曳至 +10、“锐化程度”滑块拖曳至 -30，以弱化背景、突出美女。

8.单击“创建新蒙版”面板顶部的“+”号图标，展开蒙版局部调整工具，选择“选择人物”调整工具。

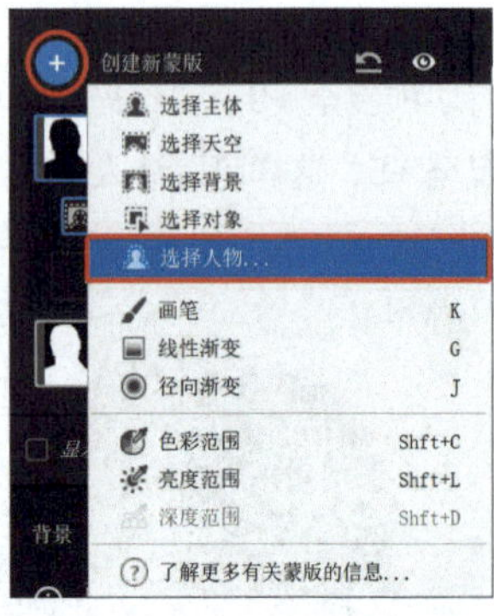

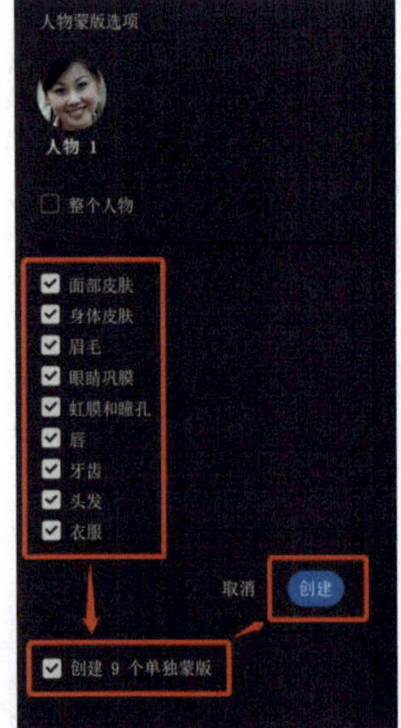

9.选择“选择人物”工具后，蒙版列表视图会暂时隐藏，“编辑”面板会自动切换为“人物蒙版选项”面板。为了美化人物身体特定区域，先取消勾选“整个人物”复选框，然后勾选“面部皮肤”“身体皮肤”“眉毛”“眼睛巩膜”“虹膜和瞳孔”“唇”“牙齿”“头发”“衣服”复选框。在人物蒙版选项的底部，勾选“创建 9 个单独蒙版”复选框并单击“创建”按钮。这样可以创建 9 个单独的蒙版来修饰美女身体的不同区域。

10. 单击激活“人物 1- 面部皮肤”蒙版，将“曝光”滑块拖曳至 +0.30、“高光”滑块拖曳至 +5、“纹理”滑块拖曳至 -10、“清晰度”滑块拖曳至 -38，以达到柔化人物面部皮肤的效果。

11. 单击激活“人物 1- 身体皮肤”蒙版，将“曝光”滑块拖曳至 +0.20、“阴影”滑块拖曳至 +16、“纹理”滑块拖曳至 -10、“清晰度”滑块拖曳至 -33，以达到柔化美女身体皮肤的目的。

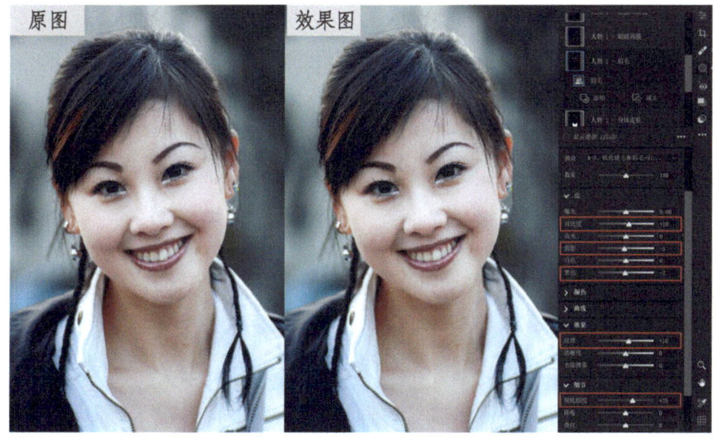

12. 单击激活“人物 1- 眉毛”蒙版，将“对比度”滑块拖曳至 +10、“阴影”滑块拖曳至 -5、“黑色”滑块拖曳至 -2、“纹理”滑块拖曳至 +10、“锐化程度”滑块拖曳至 +25，以达到突出人物眉毛的效果。

13. 单击激活“人物 1- 虹膜和瞳孔”蒙版，将“曝光”滑块拖曳至 +0.20、“对比度”滑块拖曳至 +20、“白色”滑块拖曳至 +20、“纹理”滑块拖曳至 +20、“清晰度”滑块拖曳至 +20，以使美女的眼睛更加清澈、有神。

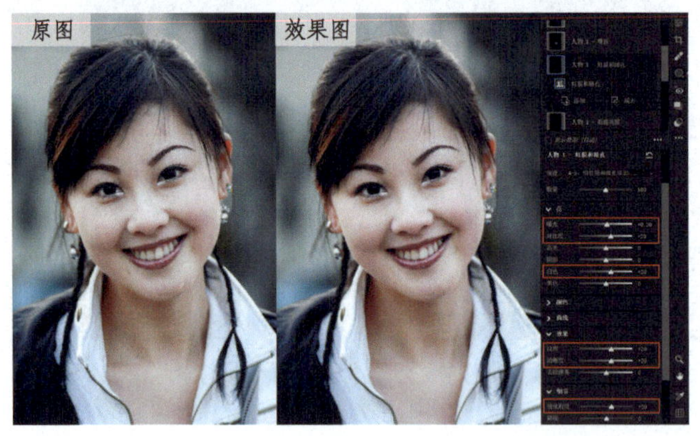

14. 单击激活“人物 1- 嘴唇”蒙版，将“曝光”滑块拖曳至 +0.15；单击“颜色”样本框弹出“拾色器”界面，将“色相”滑块拖曳至 32、将“饱和度”滑块拖曳至 47 并单击“确定”，以使美女的嘴唇更加楚楚动人。

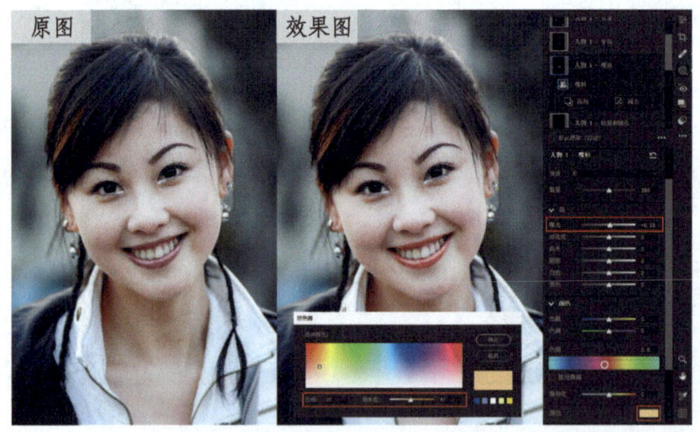

15. 单击激活“人物 1- 牙齿”蒙版，将“曝光”滑块拖曳至 +0.25、将“高光”滑块拖曳至 +15、将“白色”滑块拖曳至 +10、将“色温”滑块拖曳至 -5、将“饱和度”滑块拖曳至 -30，这样可以让美女的牙齿更加洁白。

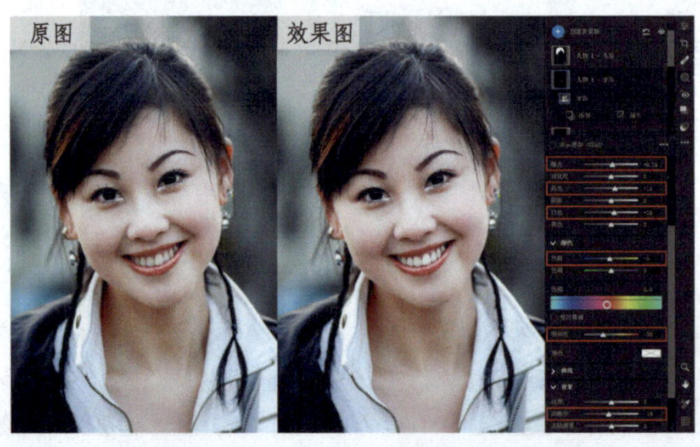

16. 单击激活“人物 1- 头发”蒙版，然后展开“曲线”面板。在曲线编辑器中，创建一个高光区域调整点，将“输入”值设置为 192，“输出”值设置为 196；再创建一个阴影区域调整点，将“输入”值设置为 64，“输出”值设置为 56。这样可以增大美女头发的反差，使其更具立体感。

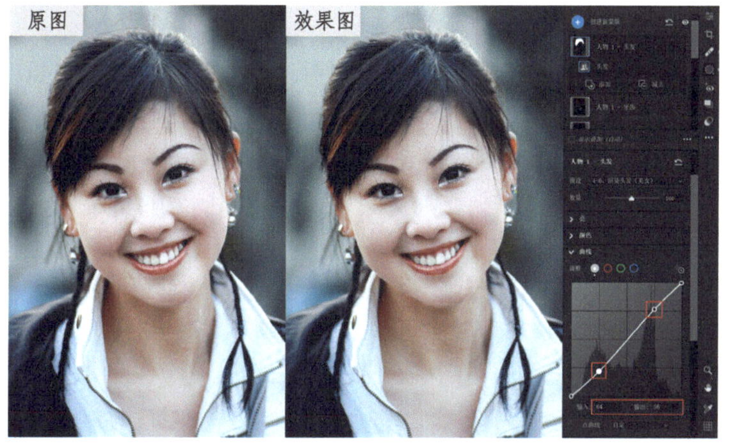

17. 单击激活“人物 1- 衣服”蒙版，将“高光”滑块拖曳至 -16，恢复衣服高光区域细节。

调整前后效果对比如左图所示。

五、“物体”应用局部精细调整的高级使用技法

“物体”由AI提供支持，Camera Raw将根据选区分析对象并自动选择对象。用户可以使用两种选择方式来操作物体：“画笔选择”和“矩形选择”。“画笔选择”即通过在对象上涂抹来创建优化的蒙版；“矩形选择”即在对象周围绘制一个矩形以创建优化的蒙版。用户可根据图像需要自行选择使用哪种方式。

1. 在Camera Raw中打开案例图像，展开“基本”面板，设置“曝光”值为-0.45，压暗亮度；“对比度”值为-2，减小反差；“高光”值为-45，修复高光区域细节；“阴影”值为+31，丰富阴影细节；“白色”值为+20，增强最亮区域的明度值；“黑色”值为-14，校准黑场；“清晰度”值为-9，减小中间调反差；“自然饱和度”值为+12，丰富不饱和的色彩；“饱和度值”为+3，提升图像整体颜色饱和度。

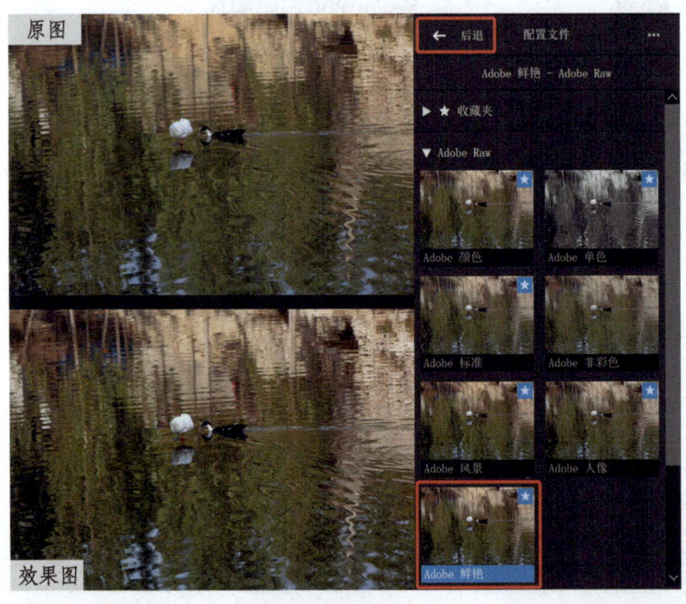

2. 展开“配置文件”面板，在“Adobe Raw”组中选择“Adobe鲜艳”，增强图像的影调效果，单击“后退”按钮，返回“编辑”面板。

3. 单击“蒙版”图标（快捷键 M），在“创建新蒙版”面板中选择“物体”选项。

4. 从“物体”蒙版选择方式中选择“矩形选择”，在鸭子周围绘制一个矩形，以添加到蒙版中。

5. 在“渲染鸭子”蒙版中单击“减去”按钮，然后从弹出的菜单中选择“画笔”调整工具（快捷键为 Alt+K），以便将水中石头和水面杂物去除。

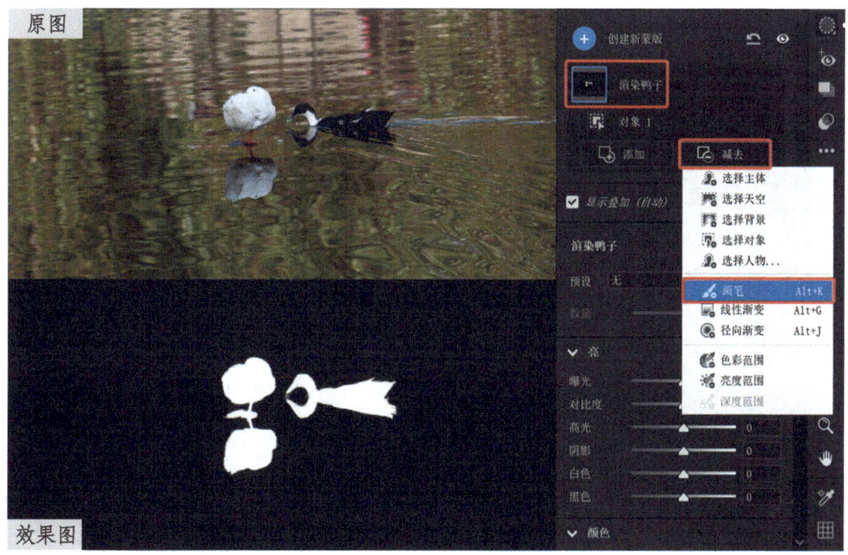

6. 将“画笔”面板控件中的“羽化”值调整为 100、“流动”值调整为 100、“浓度”值调整为 100。勾选“自动蒙版”复选框，开启调整画笔智能遮挡模式（只要画笔内“十”字线不超出范围，“自动蒙版”功能就会出色地完成任务），然后调整画笔大小，在水中石头和水面杂物外边缘区域精细涂抹。之后取消勾选 " 自动蒙版 " 复选框，调整画笔大小，在水中石头和水面杂物内部区域快速涂抹，将其清除。

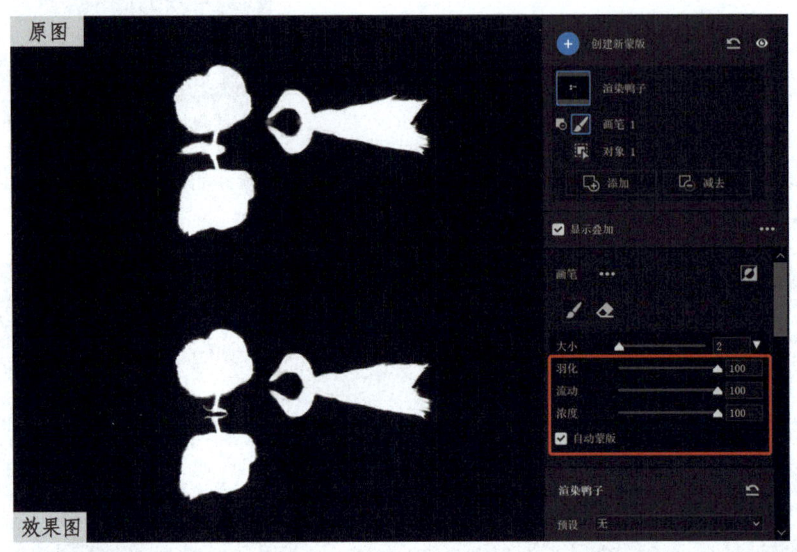

7. 将“曝光” 滑块拖曳至 +0.25、“对比度”滑块拖曳至 +3、“阴影”滑块拖曳至 +20、“色温”滑块拖曳至 +3、“纹理”滑块拖曳至 +8、“锐化程度”滑块拖曳至 +10，以调整鸭子的影调和色调。

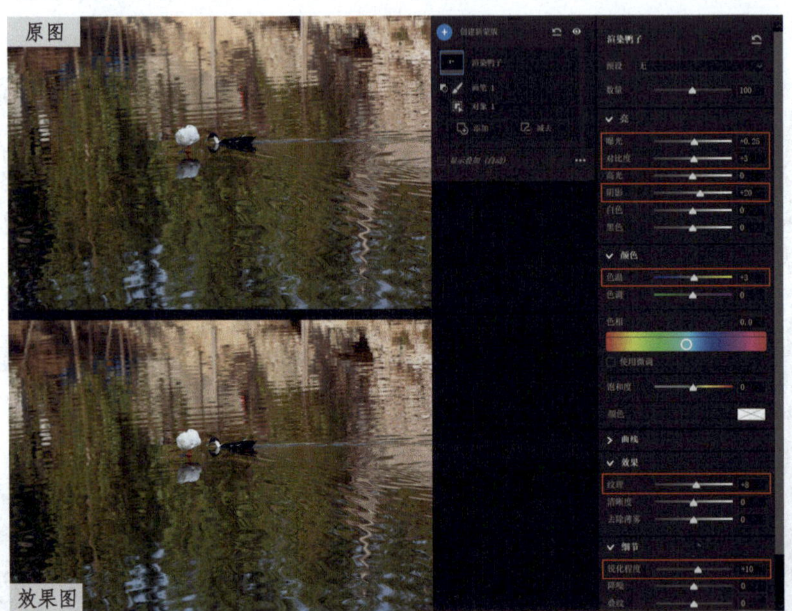

8. 单击“渲染鸭子”蒙版右侧的“更多选项”图标，展开“更多选项”菜单，选择“复制‘渲染鸭子’”，然后为复制蒙版输入名称“渲染鸭喙和鸭爪”。

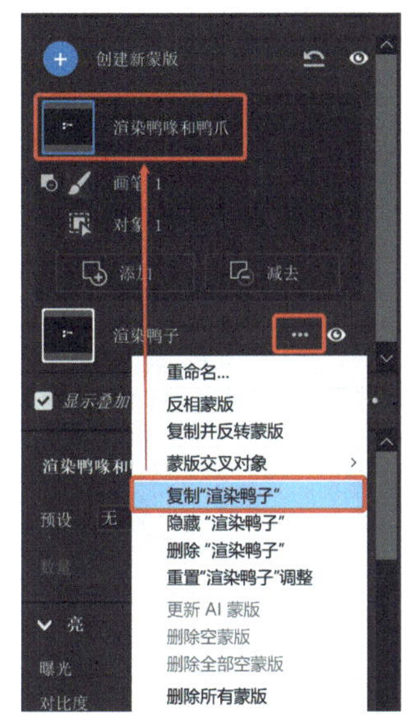

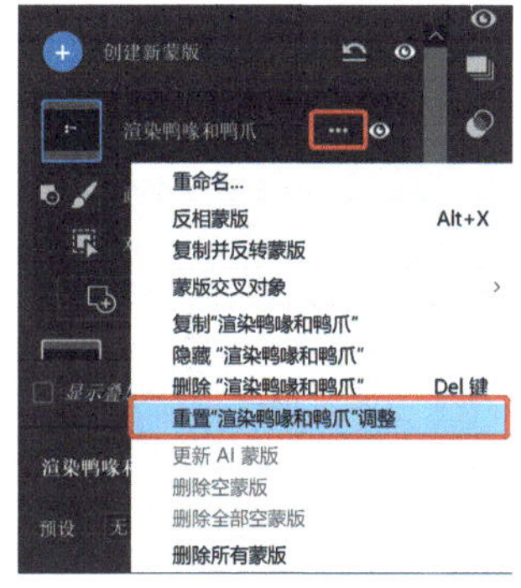

9. 单击“渲染鸭喙和鸭爪”蒙版右侧的“更多选项”图标，展开“更多选项”菜单，选择“重置‘渲染鸭喙和鸭爪’调整”，将所有调整控件重置。

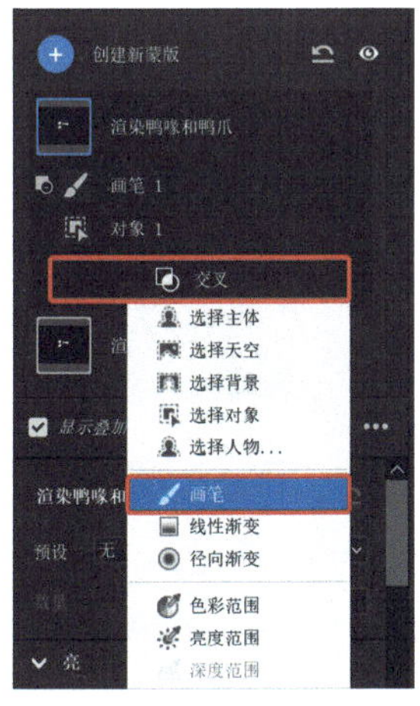

10. 按住 Shift 键，“添加”和“减去”按钮立即变成“交叉”按钮，单击“交叉”按钮并在弹出的菜单中选择“画笔”。

11. 将“画笔”面板控件中的“羽化”值调整为 100、“流动”值调整为 100、“浓度”值调整为 100。勾选“自动蒙版”复选框，并开启调整画笔智能遮挡模式。然后调整画笔大小，在鸭喙区域精细涂抹，在鸭爪和身体连接处精细涂抹。之后取消勾选“自动蒙版”复选框，调整画笔大小，在鸭爪其他区域快速涂抹，鸭喙和鸭爪区域被选择而其他区域被遮挡。

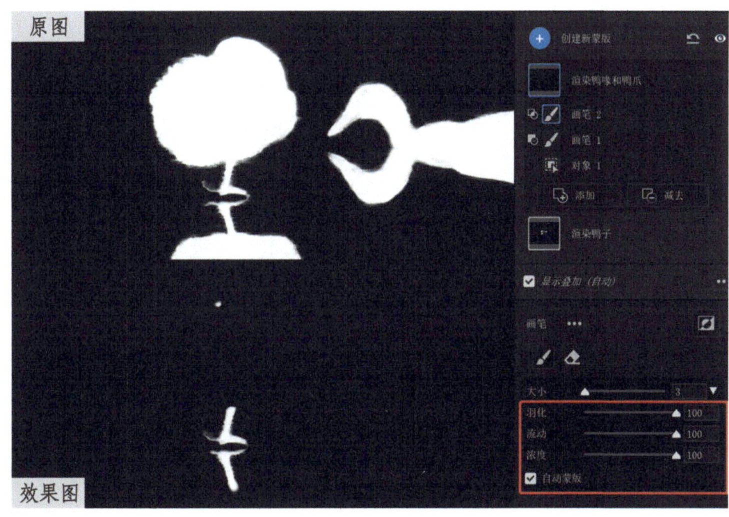

12. 将“曝光”滑块拖曳至+0.20、“色温”滑块拖曳至+11、“饱和度”滑块拖曳至+15，以增强鸭喙和鸭爪颜色的鲜艳程度。

13. 单击“渲染鸭子”蒙版右侧的“更多选项”图标，展开“更多选项”菜单，选择“复制并反转蒙版”，将渲染鸭子的蒙版选区反向选取，所有蒙版编辑控件的值也会被重置为零，然后为复制蒙版输入名称“弱化背景”。

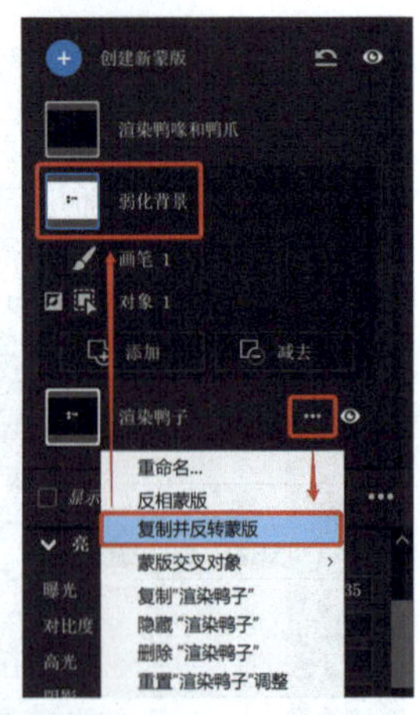

14. 将“曝光”滑块拖曳至-0.35、“对比度”滑块拖曳至-3、“阴影”滑块拖曳至+3、“色温”滑块拖曳至-3、“饱和度”滑块拖曳至-5、“纹理”滑块拖曳至-22、“清晰度”滑块拖曳至-6，以弱化背景突出主题。

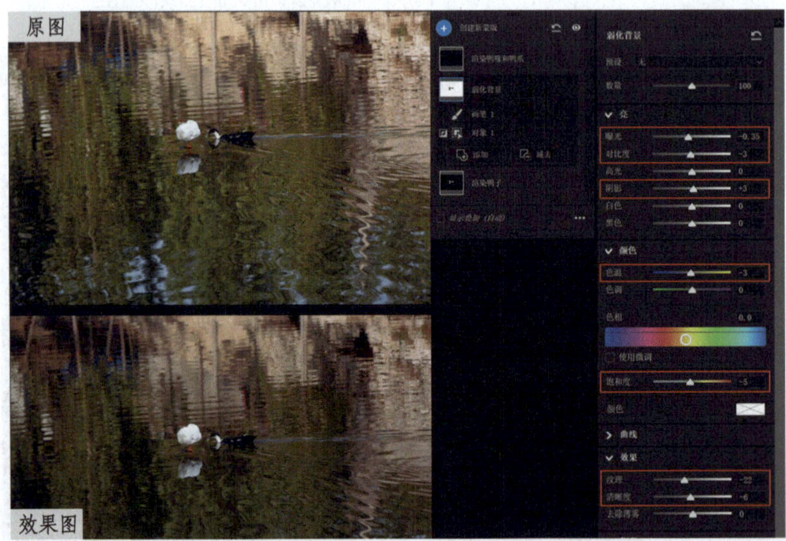

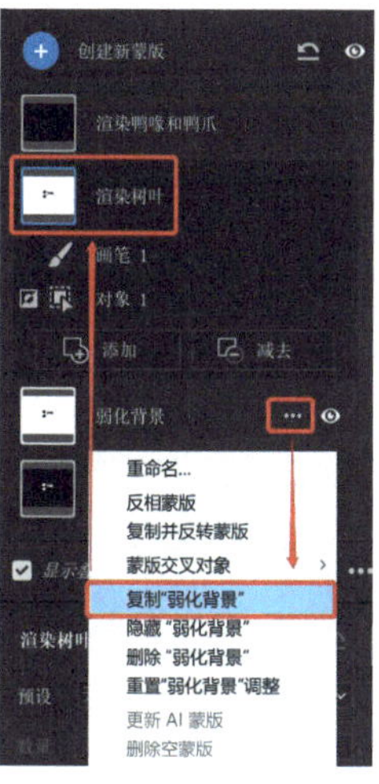

15. 单击“弱化背景”蒙版右侧的“更多选项”图标，展开“更多选项”菜单，选择“复制‘弱化背景’”，然后为复制蒙版输入名称“渲染树叶”。单击“渲染树叶”蒙版右侧的“更多选项”图标，展开“更多选项”菜单，选择“重置‘弱化背景’调整”，让所有蒙版编辑控件的值重置。

16. 按住 Shift 键，“添加”和“减去”按钮立即变成“交叉”按钮，单击“交叉”按钮并在弹出的菜单中选择“亮度范围”，优化当前的蒙版选区（选择树叶）。

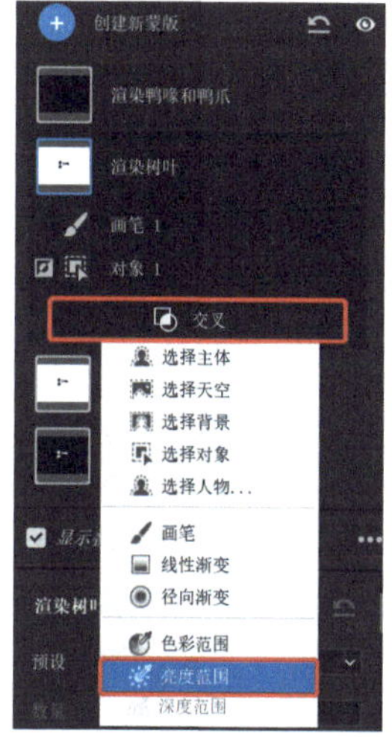

17. 拖曳“高光亮度范围”滑块至 79，“高光亮度范围平滑”滑块保持 100，高光区域被遮挡，树叶选区被完美选择。图像显示的白色区域应用了效果，而黑色区域被遮挡，灰度区域为渐变应用效果区域。

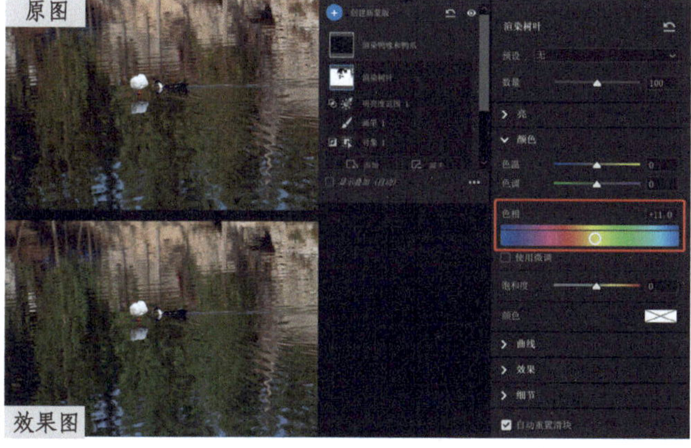

18. 将“源色相”向右拖曳至 +11.0，树叶颜色变得更加翠绿。

19. 单击“渲染树叶”蒙版右侧的“更多选项”图标，展开“更多选项”菜单，选择“复制渲染树叶”选项，然后为复制蒙版输入名称“渲染山村”。单击“渲染山村”蒙版右侧的“更多选项”图标，展开“更多选项”菜单，选择“重置‘渲染山村’调整”选项，让所有蒙版编辑控件的值重置。

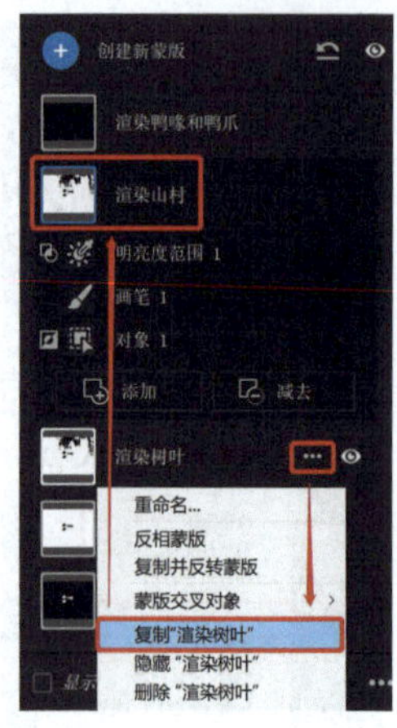

20. 单击“明亮度范围 1”蒙版右侧的“更多选项”图标，展开“更多选项”菜单，选择“反相”选项。这样树叶会被遮挡，而山村则被完美地选中。

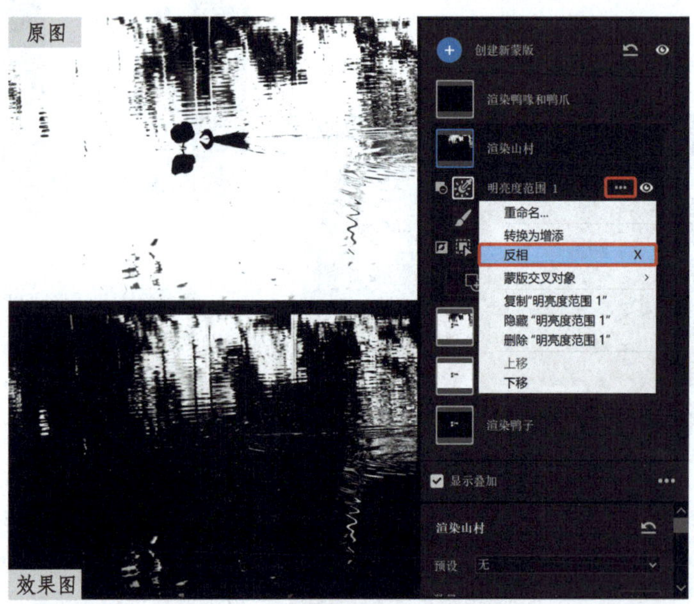

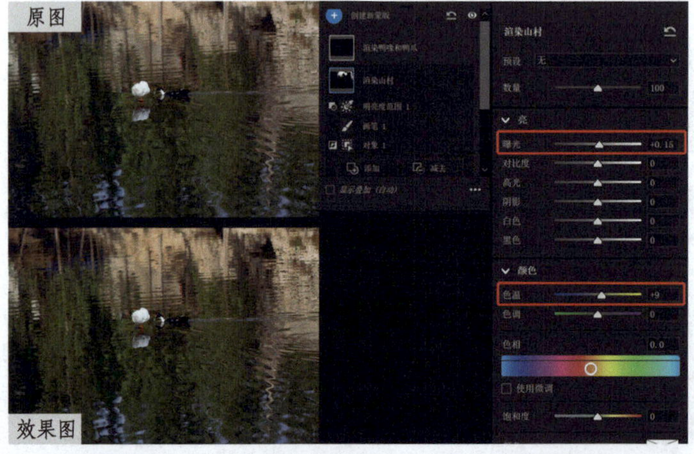

21. 将“曝光”滑块拖曳至 +0.15、“色温”滑块拖曳至 +9，以弱化背景、突出主题。

调整前后效果对比如原图和效果图所示。

原图

效果图

小结

1. 在蒙版实操过程中，最常用的快捷键是 Shift 键、Y 键和 V 键。记住这些快捷键可以让编辑操作更加高效。

（1）按住 Shift 键可以使线性渐变的走向变为直线，并且使“添加”和“减去”按钮变成“交叉”按钮。

（2）按住 Y 键可以在“显示叠加”和“隐藏叠加”之间切换，调整蒙版的可见性。

（3）按住 V 键可以在蒙版图标显示和隐藏之间切换，方便查看编辑效果。

2. 虽然“智能蒙版”工具可以方便地调整影调和色调，但有时会出现选择错误的情况。因此，需要配合其他局部调整工具使用，才能实现编辑区域的精准选择。我们只有全面地学习蒙版工具，才能在实际操作中得心应手。

第五章 高光比图像的高级处理技法

在后期修图的过程中，一些摄影师常常会遇到高光比和高反差的图像，不仅难以处理，而且容易导致修图后的痕迹变得严重、图像失真。为此，本章推荐两种特殊的方法——“之字法”和“三击法”，这两种方法可以轻松处理高光比和高反差的图像，让修图更为精细。

第一节　“之”字法

“之”字法就是在“基本”面板中，将“高光”滑块向左拖曳，将“阴影”滑块向右拖曳，将“白色”滑块向左拖曳，形成“之”字形。

学习目的：掌握高光比和高反差图像的修图技巧。

1. 在 Camera Raw 中打开案例图像，在工具栏中单击“修复”工具图标，“编辑”面板自动切换成“修复”面板，在“修复”模式下，设置“羽化”值为 0、“不透明度”值为 100 ，调整好画笔大小，去除图像中的污点。

2. 展开“基本”面板，单击“阴影修剪警告”和“高光修剪警告”按钮，图像中红色部分表示高光溢出，蓝色部分表示阴影溢出。

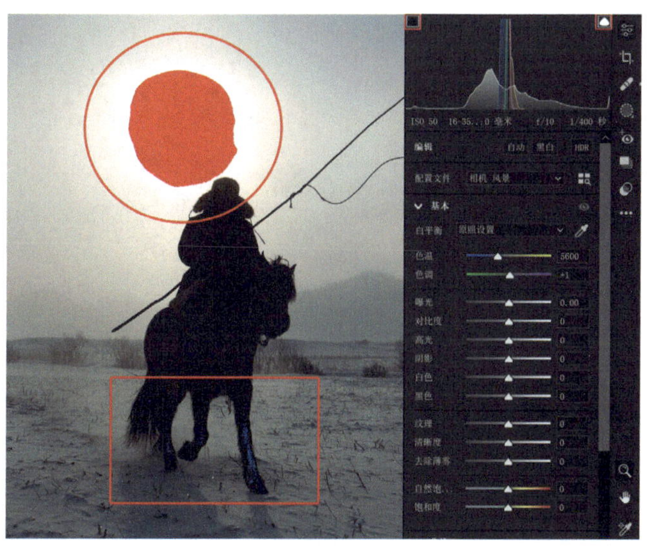

3. 将“高光”滑块拖曳至 －100，高光溢出警告消除；将“阴影”滑块拖曳至 +100，阴影溢出警告消除；将“白色”滑块拖曳至 －100，恢复高光溢出区域的细节。

4. 将“曝光”滑块拖曳至 +1.25、“对比度”滑块拖曳至 －21（图像反差太大，降低对比度可获得柔和的效果）、“黑色”滑块拖曳至 －18、“纹理”滑块拖曳至 +10、“清晰度”滑块拖曳至 －5、“去除薄雾”滑块拖曳至 +22，完成影调的调整。

5. 切换到“配置文件”面板，在“Adobe Raw”组中选择“Adobe 风景”，增强图像的色调。单击“后退”按钮，返回“编辑”面板。

6. 将“色温”滑块拖曳至 5100、“自然饱和度”滑块拖曳至 +42、“饱和度”滑块拖曳至 +10，完成色调的调整。画面过渡自然，没有后期处理的痕迹。

调整前后效果对比如原图和效果图所示。

原图

效果图

1.“之”字法的技巧是设置“高光”值为 -100、“阴影”值为 +100、“白色”值为 -100，这是处理高光比、高反差图像的关键步骤。

2.“对比度”值一定要减小，直至能看到反差效果，不能增大“对比度”值，因为图像的反差会过大。虽然“之”字法解决了高光比的问题，但是图像的高反差依然存在。如果提高对比度，图像将显得干涩。

3. 处理高光比、高反差图像时，先要解决图像的影调问题，才能选择合适的配置文件。

第二节 三击法

“三击法”是一种图像处理技巧。它的基本步骤是：首先使用“渐变滤镜”工具，将“曝光”值减小，从上至下拉出渐变效果，压暗天空；然后复制蒙版并翻转，再将“曝光”值增大，提亮暗部区域；最后使用“径向渐变”工具，将“曝光”值增大，由视觉点向外拉出大渐变效果，渲染主题。这种技巧非常适合天际线比较明显的图像。

学习目的：熟练掌握使用“三击法”调整高光比、高反差图像的技巧。

1. 在 Camera Raw 中打开案例图像，在“工具栏”中单击“蒙版”图标（快捷键 M），在弹出的“创建新蒙版”面板中选择“线性渐变”（快捷键 G）。

2. 将“曝光”滑块拖曳至 -1.00，按住 Shift 键（使线性渐变的走向为直线），由上至下拉满一个渐变效果（由图像的顶部至图像的底部），压暗天空。给新创建的蒙版输入名称“第一击”。

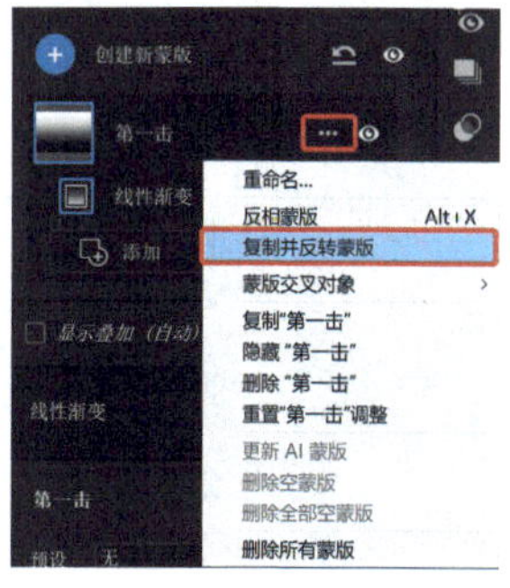

3. 单击“第一击”蒙版右侧“更多选项”图标，展开“更多选项”菜单，选择“复制并反转蒙版”选项，将第一击的蒙版选区反向选取，所有蒙版编辑控件的值也会被重置，然后给复制蒙版输入名称“第二击”。

4. 将“曝光”滑块拖曳至 +0.50，提亮暗部区域。

5. 单击“创建新蒙版”面板顶部的“+”号图标，展开蒙版局部调整工具，选择“径向渐变”调整工具。

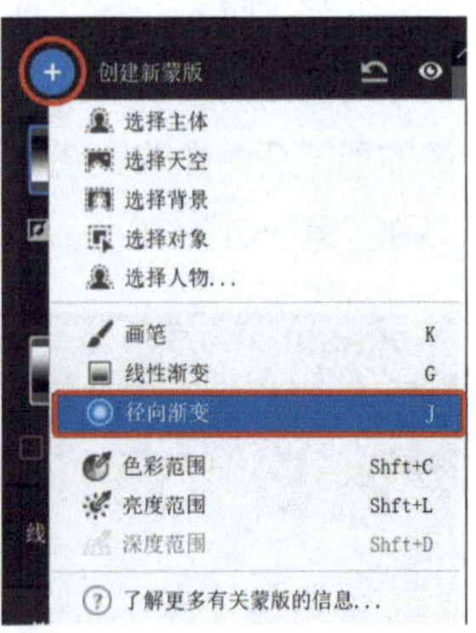

6. 将“曝光”滑块拖曳至 +0.50，从暗部区域视觉点向外拉出大渐变效果，将主体渲染并为新建蒙版输入名称“第三击”。

7. 在“第三击”蒙版中单击“减去”按钮，然后从弹出的菜单中选择“选择天空”调整工具，以使天空不被“第三击”所影响。使用“三击法”调整高光比、高反差图像的步骤到此结束。

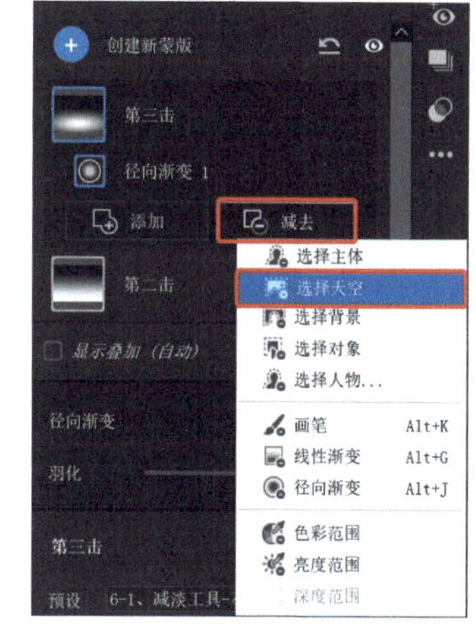

画面中的影调柔和，光影自然。调整前后效果对比如原图和效果图所示。

原图

效果图

小结

对于天际线比较复杂的图像，需要配合“明亮度范围”蒙版完成“三击法”的修图。

第六章 Camera Raw 图像锐化和减少杂色功能的高级使用技法

在 Camera Raw 中，实现图像锐化和减少杂色的操作是非常关键的。同时，我们需要掌握如何控制锐化和去除杂色的程度，以取得更佳的效果。然而，值得注意的是，有些图像并不适合使用 AI 进行去杂色处理。在“细节”面板中，不同滑块之间存在一定的关联，需要适当地调整以达到最佳效果。本章的案例将详细地讲解如何处理这些问题，帮助读者更好地掌握 Camera Raw 图像处理技能。

第一节　锐化功能的高级使用技法

目前为止，所有 RAW 格式的图像用 Camera Raw 打开后都需要进行锐化处理，因为 RAW 格式图像是未经处理的原始图像；另外，图像在打印过程中，原始信息会相应地减少，同时图像的锐度也会降低，所以在 Camera Raw 中锐化处理十分重要。

在 Camera Raw 中，为确保图像的最终打印效果良好，需要进行 3 次图像锐化处理。首先，在“细节”面板中对图像进行初始锐化；其次，在对图像局部区域进行精细调整时进行增强锐化（或反向锐化）；最后，对图像进行输出锐化处理。

对 JPEG 格式的图像在 Camera Raw 中进行初始锐化时要谨慎，因为相机已经自动给图像应用了初始锐化并减少了杂色。

学习目的：掌握“细节”面板中“锐化”组中的滑块的高级使用技法，理解“锐化”“半径”“细节”“蒙版”间的相互关系，并学习为不同类型的图像选取不同的锐化处理方法的技巧。

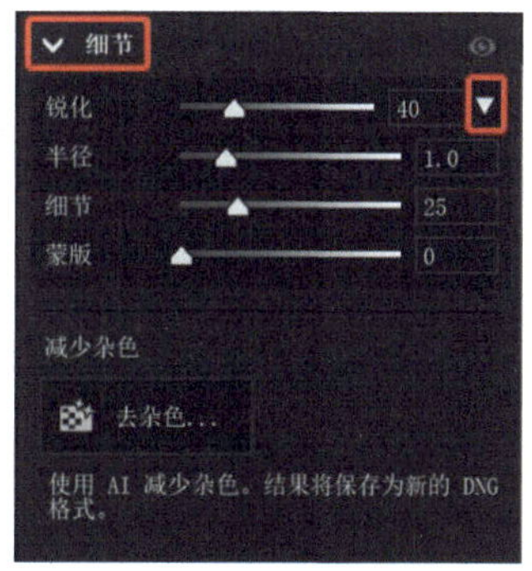

一、锐化相关滑块的功能介绍

展开“细节”面板，单击“锐化”滑块右侧的三角形按钮，以显示所有“锐化”组的滑块。“锐化”组包含 4 个滑块，分别是“锐化”“半径”“细节”“蒙版”。

（1）锐化：该滑块用于调整图像边缘的锐化程度。数值越高，锐化效果越强。默认值为 40（对于 JPEG 格式图像默认值为 0）。

在 Windows 系统中，按住 Alt 键（macOS 系统中按住 Option 键）并拖曳滑块，可以在图像预览界面中获得黑白可视化效果，以便更加清晰地观察锐化的效果。

（2）半径：调整图像边缘锐化的外延程度。对于具有微小细节的图像，建议使用较小的半径；而对于具有较粗略细节的图像，可以设置较大的半径。过大的半径通常会产生不自然的效果。该值默认为 1。

在 Windows 系统中，按住 Alt 键（macOS 系统中按住 Option 键）并拖动滑块，可以在灰度视图下查看半径向外延伸的程度。

（3）细节：调整图像边缘锐化影响的细节范围。较小的值主要用于锐化边缘以减少模糊，较大的值可突出图像中的纹理细节。默认值为 25，低于该值的数值会抑制边缘的锐化程度。

在 Windows 系统中，按住 Alt 键（macOS 系统中按住 Option 键）并拖动滑块，可以在灰度视图下查看细节应用的范围。

（4）蒙版：在图像边缘细节上添加滤镜蒙版。当值为 0 时，图像的所有部分均产生相同程度的锐化效果；当值为 100 时，锐化主要局限于边缘饱和度最高的区域。

在 Windows 系统中，按住 Alt 键（macOS 系统中按住 Option 键）并拖动滑块，可以在灰度视图下查看白色区域（被锐化的区域）和黑色区域（被过滤的区域）。

二、锐化方法

1. 通用锐化

对于比较柔和的图像，一般采用“三小一大”的原则进行锐化操作，即小锐化、小半径、小细节和大蒙版。这样的组合可以保证图像主体边缘的锐度，同时避免其他区域出现过度锐化的问题。

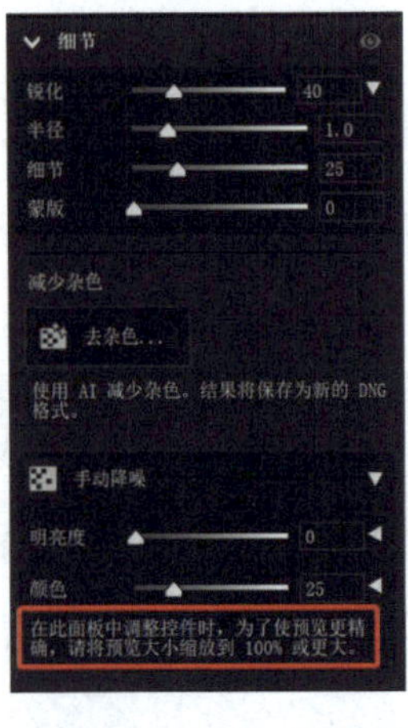

（1）为了精确地预览图像，我们需要将预览大小缩放到 100% 或更大。在 Camera Raw 中打开案例图像后，展开“细节”面板，在“手动降噪”区域底部会看到如左图的提示。

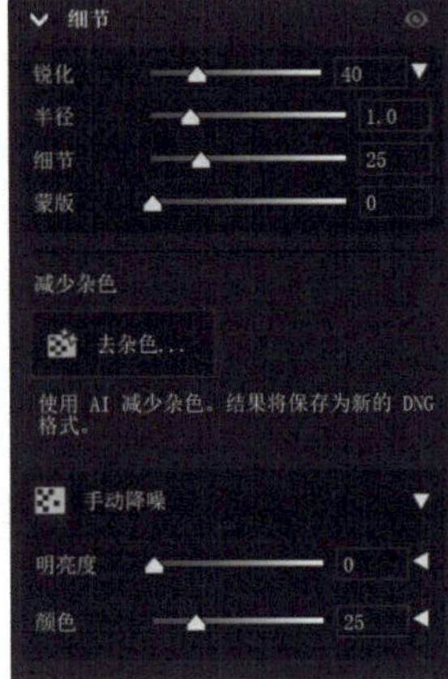

（2）将图像直接放大至 100%，Camera Raw 中的放大预览提示消失。

（3）按住空格键将主体内容移动至合适位置，在 Windows 系统中按住 Alt 键（macOS 系统中按住 Option 键）并拖曳“锐化”滑块至 31。建议在调节过程中，先将滑块恢复至 0，然后逐步增加数值并观察锐化效果，以避免过度锐化导致图像质量下降。

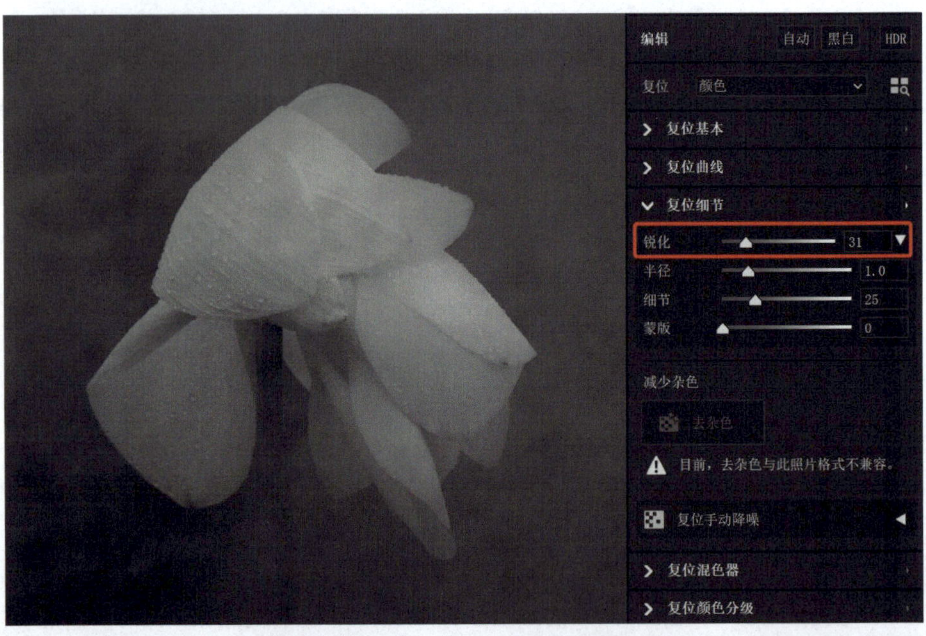

（4）在 Windows 系统中，按住 Alt 键（macOS 系统中按住 Option 键），并拖曳“半径”滑块至 0.8，荷花较粗的边缘区域将应用锐化效果，而图像中的柔和区域呈现灰色，表示没有应用任何效果。

这种调整方式是为了避免过度锐化图像，在处理过程中只对需要强化的部分进行强化，并在不需要的区域保留图像的柔和感。

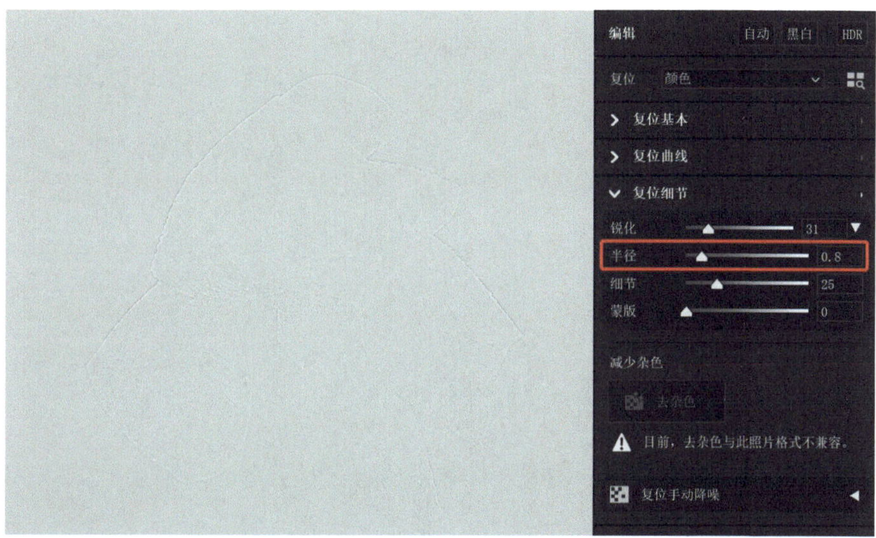

（5）在 Windows 系统中，按住 Alt 键（macOS 系统中按住 Option 键），并拖曳“细节”滑块至 20。这样设置之后，可以发现图像中应用锐化的区域减少了，只有荷花较宽的边缘区域得到了锐化。

这种调整方式可以进一步减少锐化处理对图像的影响，仅对需要加强锐度的部分进行处理，以保留尽可能多的图像柔和感。

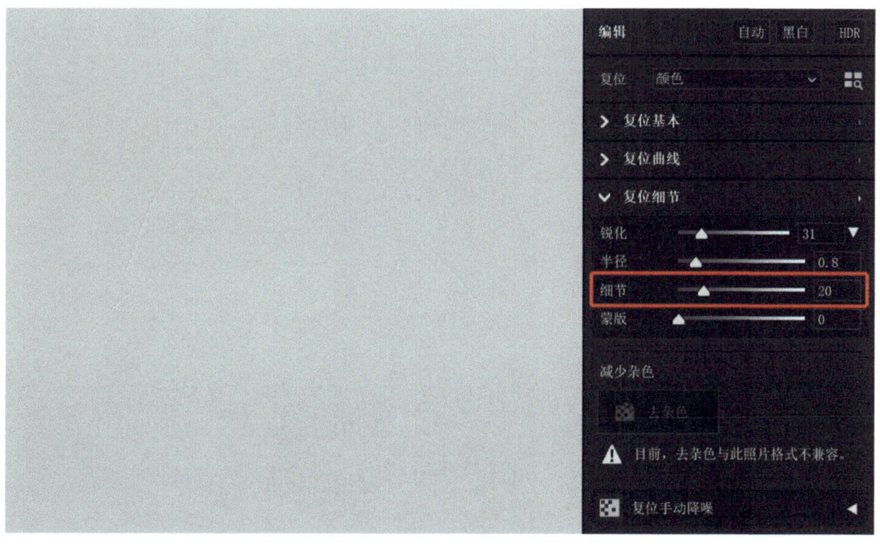

（6）在 Windows 系统中，按住 Alt 键（macOS 系统中按住 Option 键），并拖曳“蒙版”滑块至 65。这样设置之后，图像中的白色区域将应用锐化效果，黑色区域则被遮挡，表示没有应用锐化效果。

使用蒙版可以精确控制锐化效果的应用范围，可以只在需要加强锐度的部分进行处理，以保留图像的柔和感。

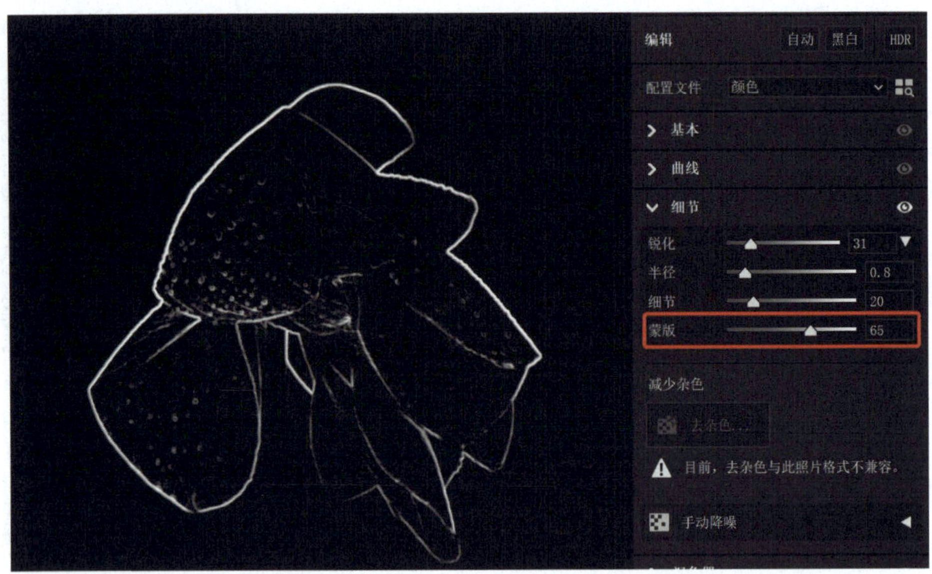

锐化前后效果对比如下图所示。

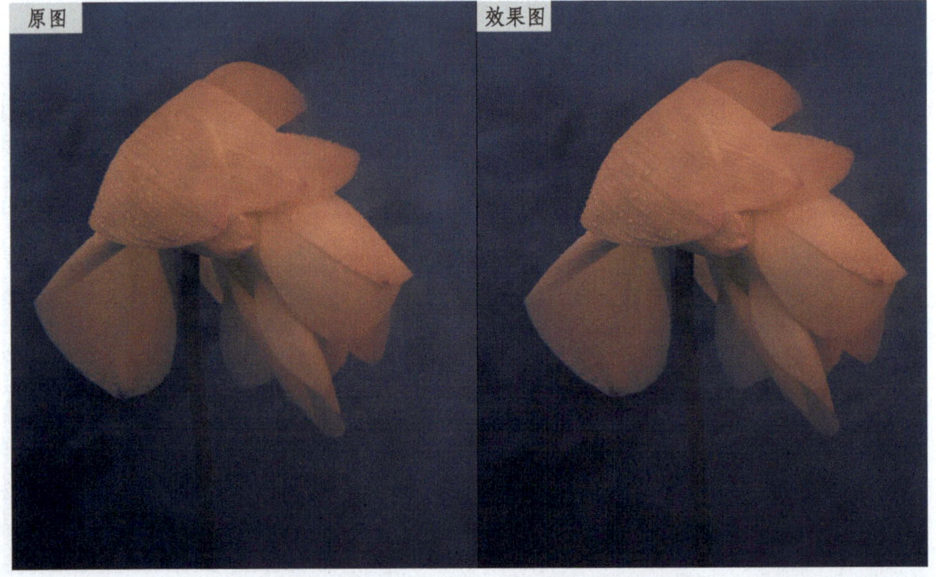

2. 人像锐化

对于人像锐化，也应该采取“三小一大”的原则，即小锐化、小半径、小细节和大蒙版。具体设置如下：“锐化”值为 40、“半径”值为 0.8、“细节”值为 25、“蒙版”值为 75。这样的设置不仅能保证人像五官的锐化，还能有效抑制人像皮肤的锐化。

在进行人像处理时，需要特别注意皮肤细节被过度锐化带来的负面影响，因此选择合适的参数调整方式非常重要。

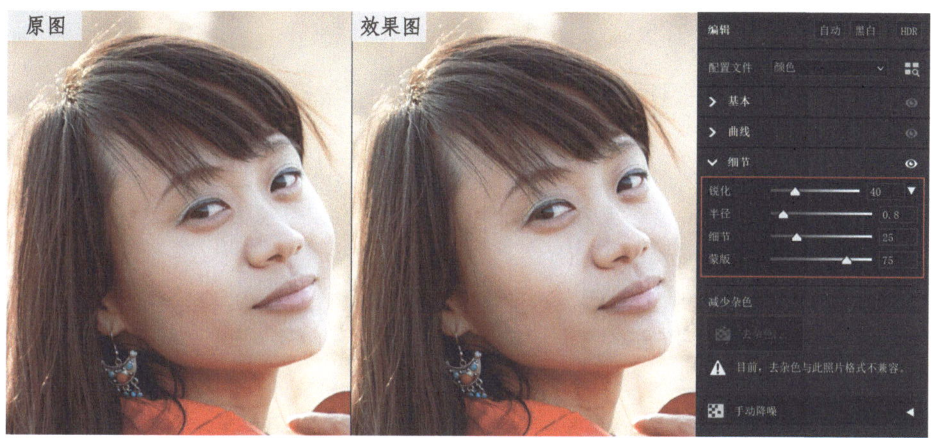

3. 风景锐化

对于风景锐化，应该采取“两小两大”的原则，即小半径、小蒙版、大锐化和大细节。具体设置如下：“锐化”值为 55、“半径”值为 0.8、“细节”值为 60、“蒙版”值为 15。这样的组合可以有效提高风景图像中细小、狭长的边缘的锐度，并同时保留其他区域的细节。

在进行风景图像处理时，同样需要注意过度锐化带来的负面影响。建议在调整时，先将各项参数恢复至 0，然后逐步增加数值并观察效果，以得到最佳的风景处理效果。此外，不同的风景图像也可能需要不同的参数调整方式，因此在处理不同的图像时需要灵活调整。

4. 轻微锐化

对于轻微锐化，建议采取“四小”的原则，即小锐化、小半径、小细节和小蒙版。具体设置如下：“锐化”值为 31、“半径”值为 0.8、“细节”值为 20、“蒙版”值为 20。这样的组合适用于低感光度、带有动感效果的柔和图像。

在进行轻微锐化时，需要注意保持图像的柔和感，不要过度处理产生不必要的细节。

5. 老人中近景锐化

对于老人中近景的锐化，建议采取“三大一小”的原则，即大锐化、大半径、大细节和小蒙版。具体设置如下：“锐化”值为 65、“半径”值为 1.4、“细节”值为 75、“蒙版”值为 8。这样的组合特别适合用于纪实摄影中描绘老年人的中近景，并能够生动地展现岁月的痕迹。

在进行老人中近景的锐化处理时，需要注意不要过度处理产生不必要的细节，要保持图像自然的感觉。

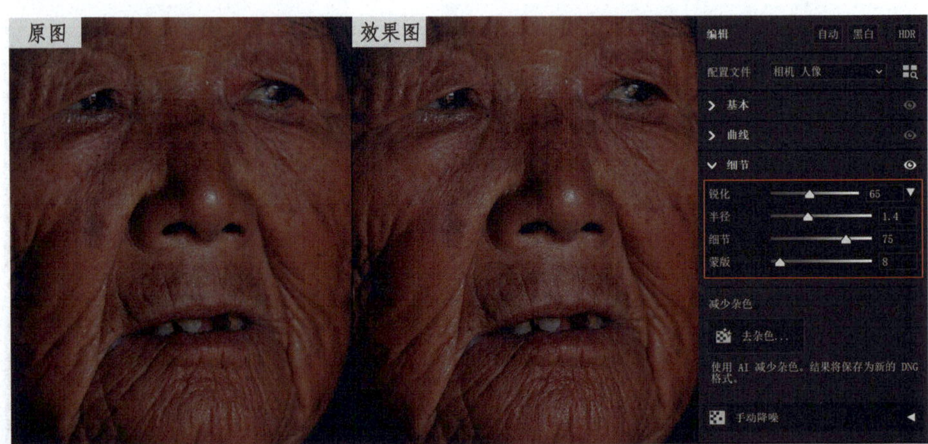

6. 建筑及静物特写锐化

针对建筑及静物特写的锐化，建议采取“两大两小”的原则，即大锐化、大细节、小半径和小蒙版。具体设置如下：“锐化”值为55、“半径”值为0.7、“细节”值为90、“蒙版”值为15。这样的组合可以有效提高建筑及静物特写的质感，并能够突出细节。

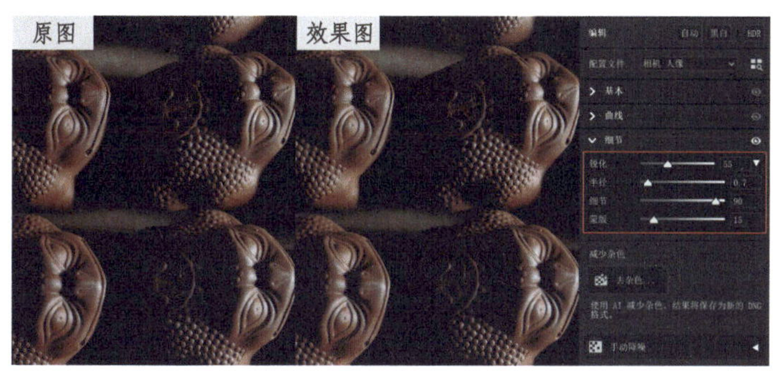

在进行建筑及静物特写的锐化处理时，需要注意不要过度处理产生不必要的细节或破坏图像的平衡感。

7. 模糊锐化

在进行图像模糊锐化时，建议采取“两大两小”的原则，即大锐化、大半径、小细节和小蒙版。具体设置如下：“锐化”值为100、“半径”值为2.0、“细节”值为8、“蒙版”值为10。这样的组合方案可以有效地实现图像的模糊锐化效果。

8. 防抖锐化

在对由于相机抖动产生了严重脱焦模糊的图像进行锐化时，建议采取“一大三小”的原则，即大锐化、小半径、小细节和小蒙版。具体设置如下：“锐化”值为150、“半径”值为0.8、“细节”值为8、“蒙版”值为15。这样的组合方案可以有效地进行防抖锐化，提高图像的清晰度和品质。

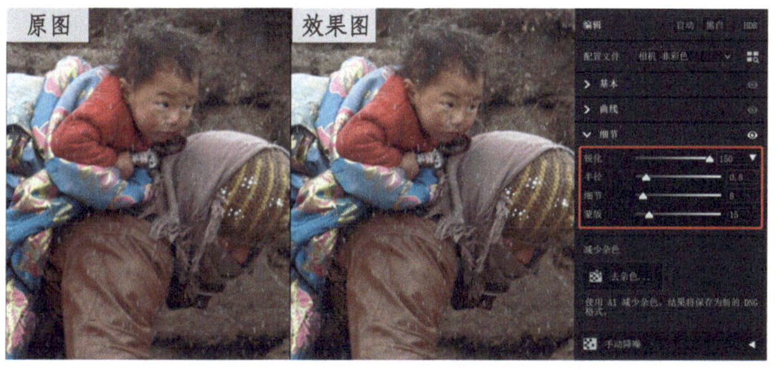

9. 输出锐化

在完成图像的调整后，单击“转换并存储图像”图标，在弹出的“存储选项”界面中选择保存的大小，可以选择大图或者小图。

（1）保存大图。大图主要用于普通打印、冲印或者艺术微喷。在 Camera Raw 中进行输出锐化是为了补偿在输出过程中原始数据减少所带来的图像锐度降低。在“输出锐化”设置中，选择“锐化”下拉列表中的“光面纸”或者“粗面纸”（取决于所用纸张），在“数量”下拉列表中选择“高”，以保证作品在输出或打印时有清晰的锐度。处理 JPEG 格式的文件时，不建议勾选任何复选框。

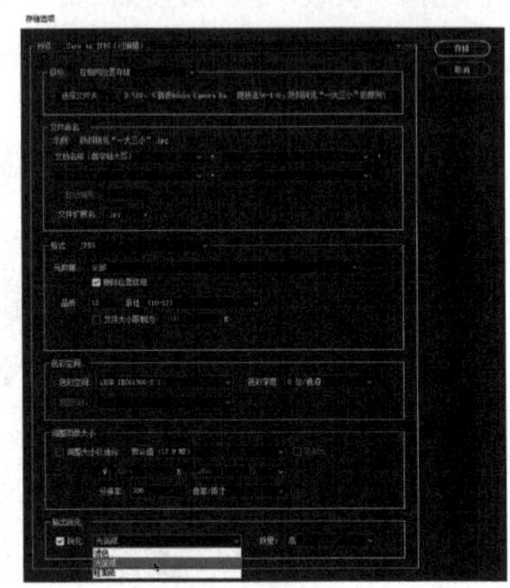

（2）保存小图。小图主要用于流媒体交流。在压缩图像的时候，图像的锐度会降低。在进行输出锐化时，应当选择合适的参数来提高图像的清晰度。在“输出锐化”设置中，选择“锐化”下拉列表中的“滤色”，在“数量”下拉列表中选择“低”，以保证小图的图像锐度。

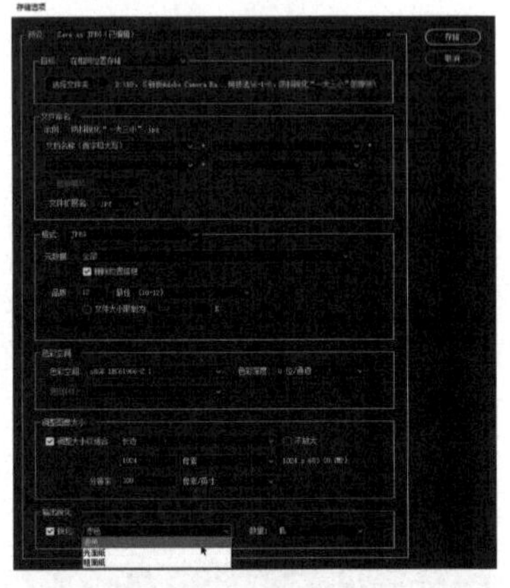

（3）其他。如果在 Camera Raw 中编辑的图像需要在 Photoshop 中打开，则“输出锐化”相关设置在“Camera Raw 首选项”界面的“工作流程”区域中。

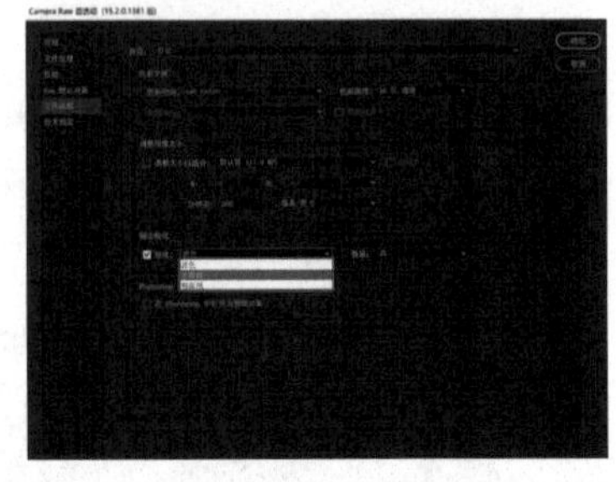

小结

在“锐化”组中的 4 个滑块中，实际上包含了两组应用效果。

1. 应用效果组：“锐化”和“半径”滑块起着应用锐化效果的作用。

2. 抑制效果组：“细节”和“蒙版”滑块起着抑制锐化效果的作用。

这两组应用效果，可以控制图像被锐化的区域以及防止出现过度锐化的情况。在调整图像锐化程度时，应当根据实际需要，合理调整这些滑块的数值。

第二节 手动降噪功能的高级使用技法

所有的图像都存在或多或少的杂色，这主要由相机传感器的质量及拍摄时选择的较高感光度决定。杂色主要隐藏在图像的阴影之中。图像杂色包括明亮度（灰度）杂色和单色（颜色）杂色，前者使图像呈粒状，后者使图像的颜色看起来不自然。高品质地输出图像，去除图像中的杂色尤为重要。在 Camera Raw 中可以很轻松地去除图像中的杂色。

学习目的：通过学习减少杂色功能的高级使用技法，掌握“明亮度”和“颜色”两组滑块相互之间的关系，从而有效处理图像中的杂色问题，并达到更高质量的输出效果。

一、手动降噪相关控件的功能介绍

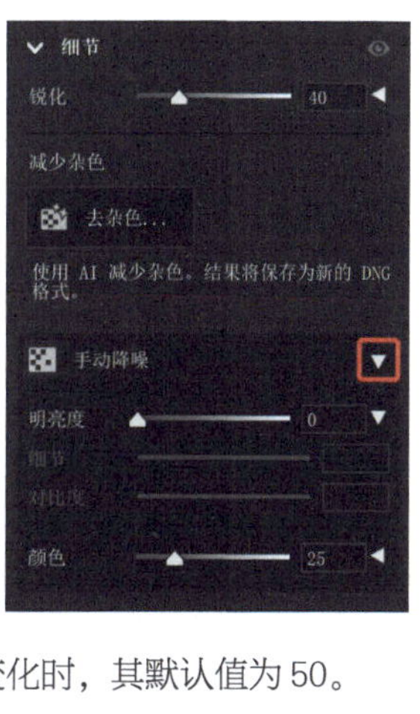

1. 展开“细节”面板，先在“手动降噪”右侧单击三角形按钮，然后在“明亮度”滑块右侧单击三角形按钮，以显示所有“明亮度”组的滑块。该组包括 3 个滑块：“明亮度”“细节”“对比度”。

（1）明亮度：可移除图像中呈粒状的亮度噪点。数值过大，使图像呈现平滑而失去锐度和细节，默认值为 0。

（2）细节：在移除杂色中起到阈值作用。值越高，保留的细节就越多，但产生的结果可能杂色较多。值越低，产生的结果就越干净，但也会消除某些细节。当“细节”数值变化时，其默认值为 50。

（3）对比度：用于控制图像明亮度对比。值越高，保留的图像纹理对比就越高，但可能会产生杂色或色斑。值越低，产生的结果就越平滑，但也可能使对比度较低。当“对比度”数值变化时，其默认值为 0。

在 Windows 系统中按住 Alt 键（macOS 系统中按住 Option 键）并拖曳以上 3 个滑块，可以在图像预览界面中获得黑白可视化效果。

2. 展开“细节”面板，单击“颜色”滑块右侧的三角形按钮，显示所有“颜色”组的滑块。“颜色”组也有 3 个滑块，分别是“颜色”“细节”“平滑”。

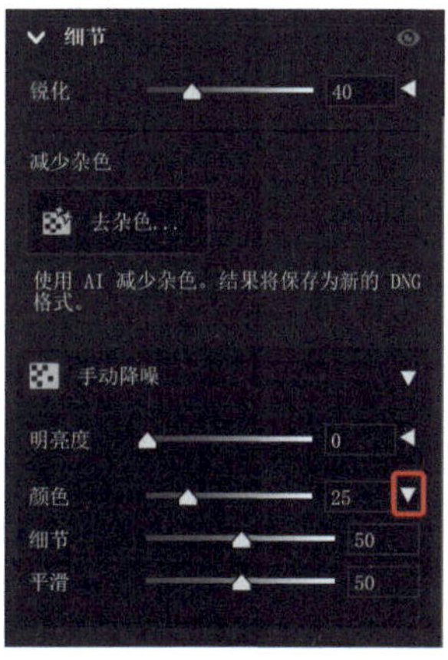

（1）颜色：可减少彩色杂色。其数值较大时，会使图像的颜色细节缺失，“误伤”图像中小区域的固有色块。其默认值为 25；但对于 JPEG 格式文件，其默认值为 0。

（2）细节：在移除颜色杂色时起到阈值的作用。其值越高，边缘就能保持得越细、色彩细节越多，但可能会产生彩色颗粒。其值越低，越能消除色斑，但可能会产生颜色溢出。其默认值为 50。

（3）平滑：控制颜色杂色伪影的平滑过渡，较高的数值会使图像颜色细节减少，默认值为 50。

在Windows系统中按住Alt键(macOS系统中按住Option键)并拖曳以上3个滑块，可以在图像预览界面中获得黑白可视化效果。

二、手动降噪高级使用技法

1. 在Camera Raw中打开案例图像，展开“基本”面板，设置如下：“色温”值为4100、“色调”值为+15、“曝光”值为+3.45、“对比度”值为-13、“高光”值为-59、“阴影”值为+30、“白色”值为+25、“黑色”值为-13、“纹理”值为+17、“清晰度”值为+12、“自然饱和度”值为-35、“饱和度”值为-10，完成影调和色调的调整。

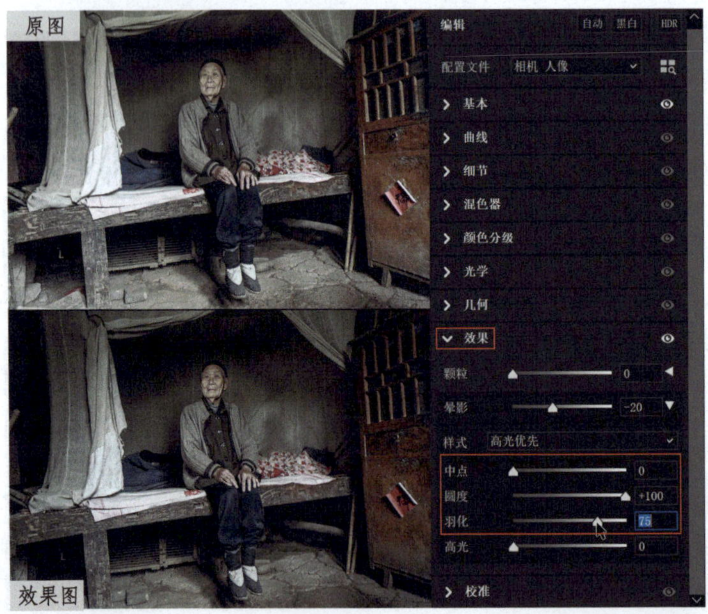

2. 展开“效果”面板，将“晕影”滑块拖曳至-20，“样式”选择“高光优先”，设置“中点”值为0、“圆度”值为+100、“羽化”值为75、“高光”值为0，为图像制作晕影效果，以弱化周边环境、突出主体。

3. 展开“细节”面板（Windows 系统的快捷键为 Ctrl+3，macOS 系统的快捷键为 Command+3），先对图像进行锐化处理。采取“三大一小”的锐化原则，设置“锐化”值为 48、“半径”值为 1.2、“细节”值为 35、“蒙版”值为 20。

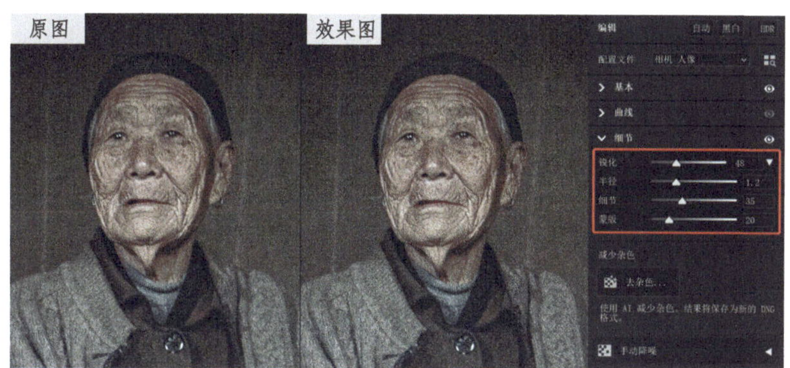

4. 手动降噪时最好先将图像放大至 400% ，这样有利于查看微小杂色的变化效果。先移除颜色杂色，这样就可以更清晰地查看亮度（灰度）杂色，而不受到颜色杂色的影响。按住空格键将图像移动至阴影区域，将“颜色”滑块向左拖曳至 0，可以看到图像中的颜色杂色。

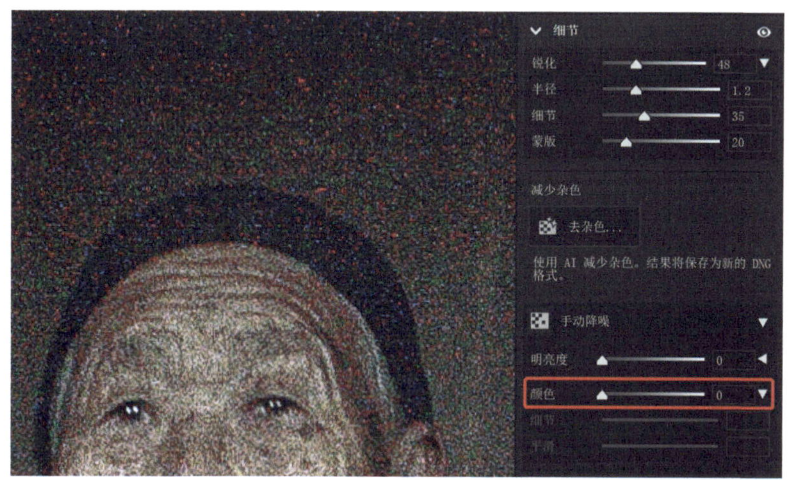

5. 边观察阴影区域最大的颜色杂色，边拖曳“颜色”滑块直至杂色变为中性色为止。

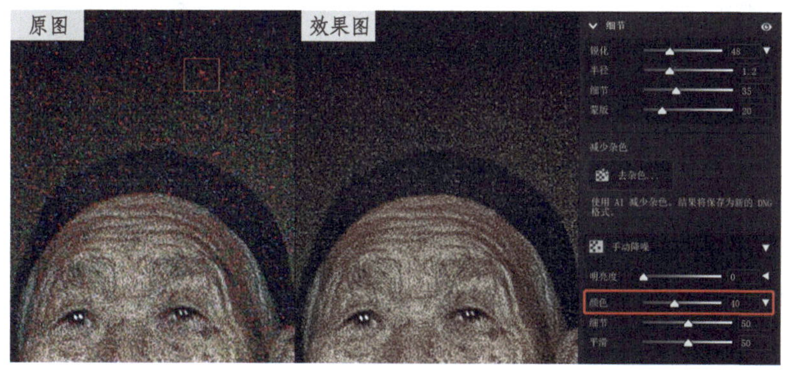

6. 由于调整数值较大，图像中被子的颜色有所缺失，且“误伤”了被子图案中的小区域固有色块。

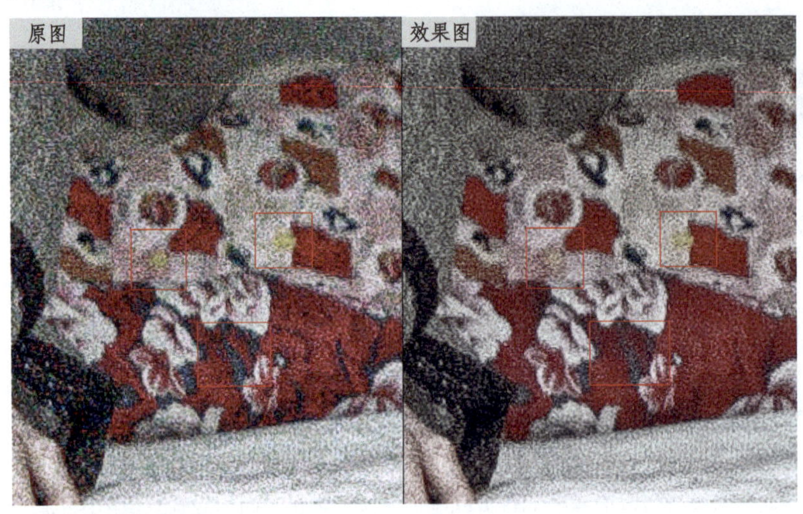

7. 将“细节”滑块拖曳至最大值 100，被子图案中的固有小色块基本恢复，但是阴影区域的颜色杂色也恢复了很多。

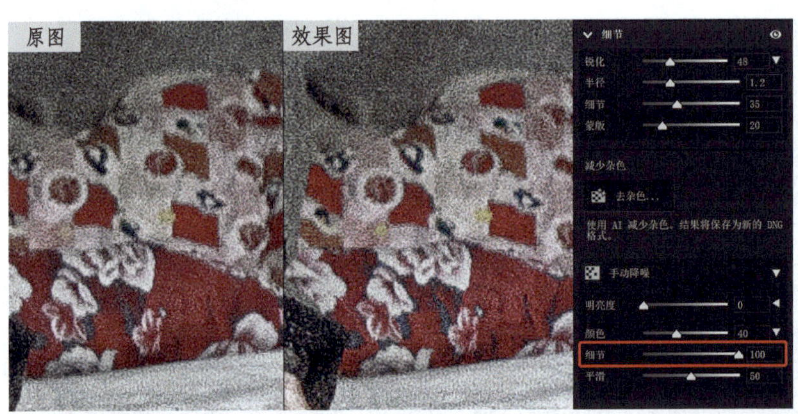

8. 将“平滑”滑块拖曳至最大值 100，恢复的颜色杂色仍不能很好地平滑过渡，说明根源在于“颜色”数值过高。

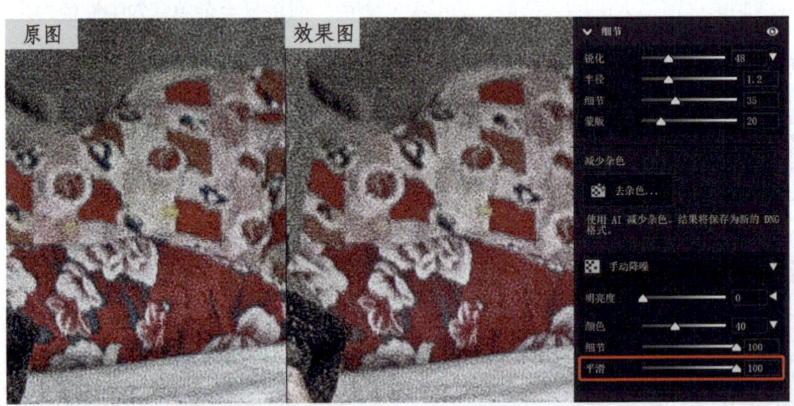

9. 设置“颜色”值为 30、“细节”值为 60、“平滑”值为 90，完成移除颜色杂色的任务，图案中小区域固有色块也得到了很好的恢复。

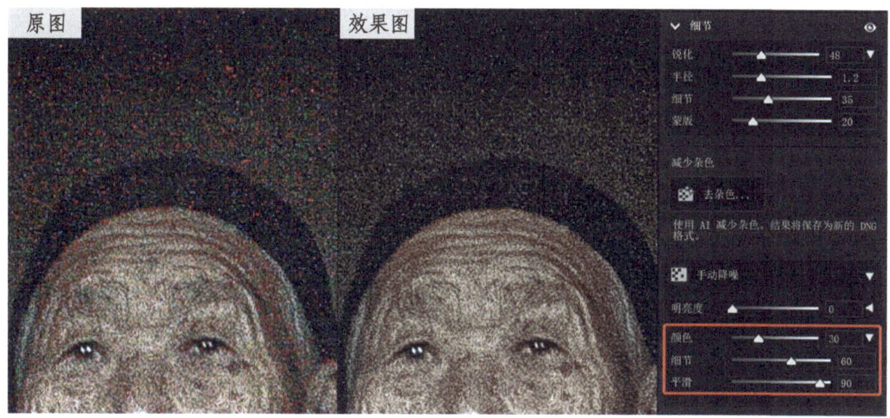

10. 移除亮度杂色。边观察粒状杂色边拖曳“明亮度”滑块至 35，既能移除亮度杂色，又能保留部分有益的粒状杂色；既能防止图像过度平滑，又能使图像具有胶片的颗粒感。

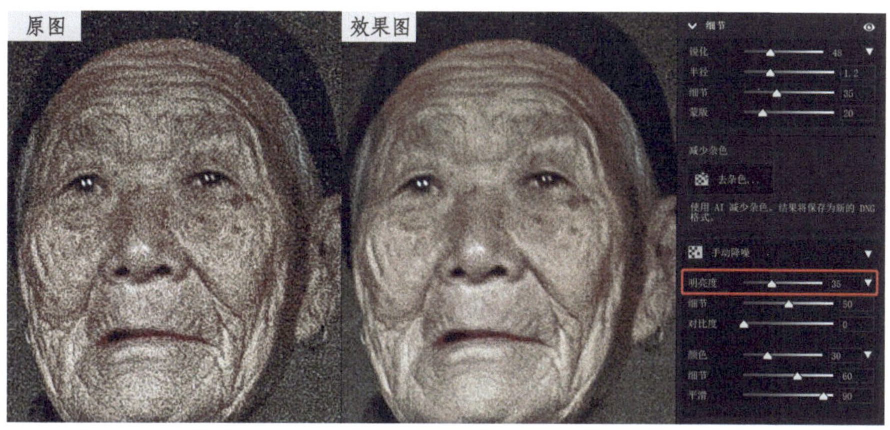

11. 将“细节”滑块拖曳至 60，恢复图像的锐度。由提高明亮度细节而产生的杂色几乎看不到了，降噪效果显著。

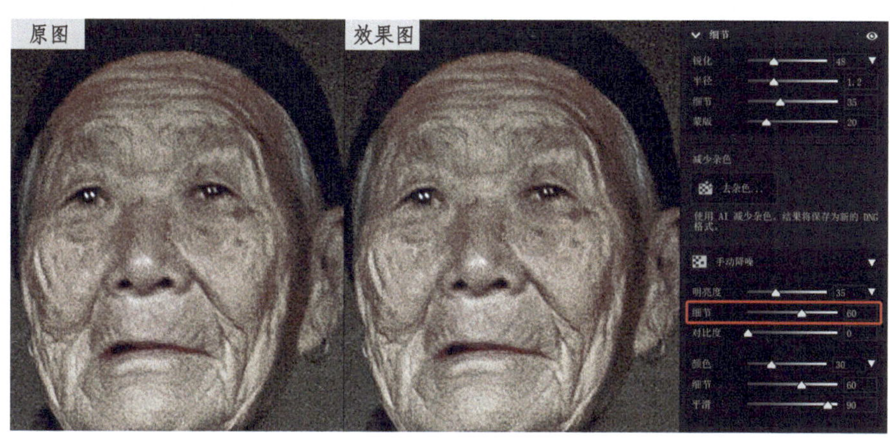

12. 将“对比度”滑块拖曳至 30，提高图像的对比度。而由此产生的细微色斑会在打印过程中消失。

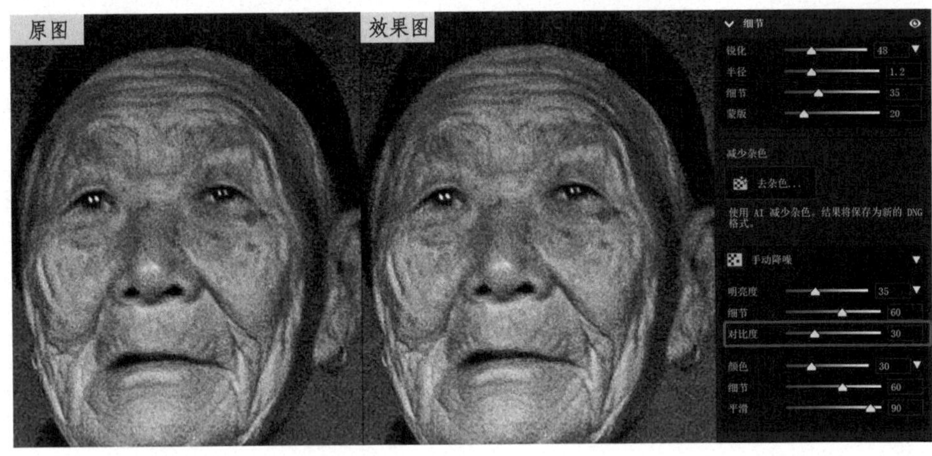

13. 消除图像中的杂色前后效果对比如下图所示。

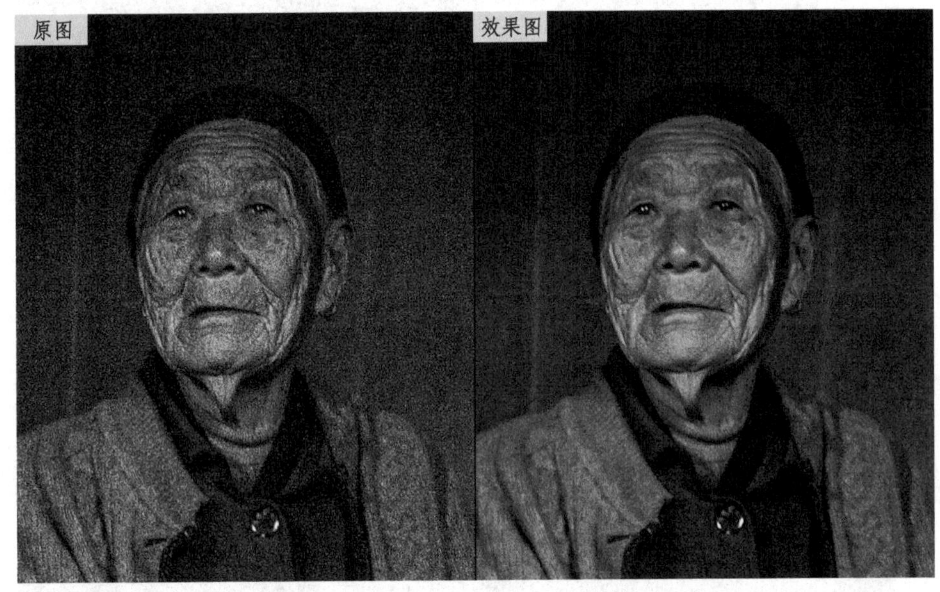

小结

其实，“明亮度”和“颜色”滑块也包含两组应用效果。

1. 应用效果组：“明亮度”和“颜色”滑块起着减少杂色的作用。

2. 抑制效果组：明亮度“细节”、颜色“细节”、“对比度”和“平滑”滑块起着抑制、减少杂色的作用。

所以，锐化和降噪都是“双刃剑”，只有熟悉并理解了各个控件的原理，才能掌握“细节”面板的实战应用。

第三节 AI 去杂色功能的高级使用技法

在 Camera Raw 中，AI 去杂色功能是通过 AI 降噪得以实现的。该功能可以识别 RAW 格式图像中的噪点和杂色，并将其自动去除，从而提高图像的清晰度和细节。

学习目的：了解 AI 去杂色功能的作用和原理，帮助用户更好地应用它来处理图像，从而达到更好的清晰度和细节效果。

一、手动降噪相关控件的功能介绍

1. 展开“细节”面板，在“减少杂色”区域中，单击 AI 去杂色功能的图标（Windows 系统的快捷键为 Ctrl+Shift+D，macOS 系统的快捷键为 Command+Shift+D），即可启动 AI 去杂色功能。

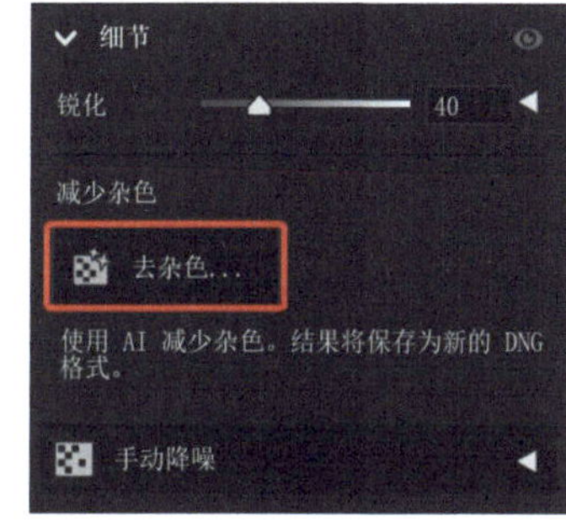

AI 去杂色功能所支持的图像格式相对有限。仅支持由 Bayer 和 X-Trans 两种图像传感器阵列技术相机拍摄的原始 RAW 格式文件；或者，在 Bridge、Camera Raw 或 Lightroom 等软件中将这些 RAW 格式文件转换为无压缩的 DNG 文件，才能提供 AI 所需的足够信息量以进行降噪处理。

2. 在这项功能中，只有一个滑块“数量”，默认值为 50。调整“数量”滑块可调节降噪强度来达到最佳效果。请注意，这个功能可能会在一些细节区域产生轻微的“像素化”效果，因此需要根据图像的实际情况进行“数量”值的调整。

AI 去杂色技术的工作原理：利用 AI 算法对图像中的噪点和杂色进行分类和处理，以提高图像质量。

（1）Camera Raw 分析原始文件中的图像数据，检测出图像中的噪点和杂色。

（2）使用 AI 算法对噪点和杂色进行分析和分类。

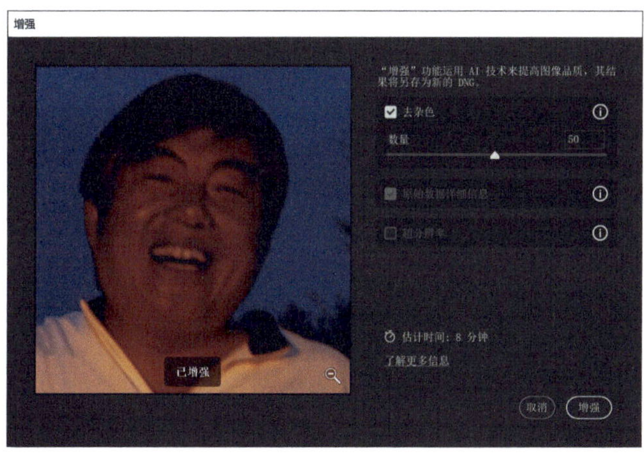

（3）根据分析结果，Camera Raw 利用 AI 技术自动选取和应用最优秀的去噪模型和去杂色模型，对图像中的噪点和杂色进行处理。

（4）Camera Raw 重新生成一张处理后的图像，使其更加“干净”，更加锐利，细节更加丰富，以提高图像质量。

3. 单击“增强”按钮，可以将原始图像转换为新的 DNG 文件。该新文件将以“已增强 -NR”作为名称保存，表示已经增强并应用了降噪效果。

4. 在图像降噪后，当用户单击“细节”面板中的“去杂色”按钮时，会发现该图标呈现灰色且不可控。这意味着用户只能使用这一种方法对图像进行一次增强处理，无法多次使用来降噪原始图像。因此，当进行图像降噪处理时，用户需要慎重考虑，谨慎选择“数量”值。

5. 以下类型的图像不适合使用 AI 去杂色功能。

（1）非原始 RAW 格式文件，例如 JPEG、TIFF 和 HEIC 图像。

（2）线性 DNG，例如在 Bridge、Camera Raw 和 Lightroom 中生成的 HDR 和全景 DNG 图像。

（3）DNG 代理和“智能预览”图像，例如某些软件自动生成一些低分辨率的缩览图。

（4）单色原始文件，例如徕卡的 M MONOCHROM 系列相机所拍摄的黑白原始图像文件。因为黑白原始图像文件捕捉到的是灰度信息，而没有彩色信息，信息量不够，所以不能使用 AI 去杂色功能。

（5）四色相机。AI 去杂色功能基于 RGB（红绿蓝）颜色模型，而不是基于四色（红绿蓝白）颜色模型。

（6）Foveon 传感器图像。Foveon 传感器的色彩模型不是基于 RGB 模式的，而是基于颜色分层模式的。

（7）FUJIFILM 相机拍摄的带有“.sr”“.exr”扩展名或 2×4 马赛克传感器的图像，使用了特殊的传感器设计和技术。这些传感器与传统的 RGB 模式不同，采用独特的色彩信息表达方式。

（8）Canon S-RAW/M-RAW 文件。佳能相机提供了两种特殊的 RAW 格式，即 Canon S-RAW/M-RAW。与传统的 RAW 格式相比，它们具有更小的文件大小，但只包含完整 RAW 文件数据的一部分。这意味着 S-RAW/M-RAW 文件缺少基础数据来完全支持 AI 去杂色功能。AI 去杂色功能只能用于处理完整的 RAW 文件数据。

（9）Nikon 小型原始文件，原因与 Canon S-RAW/M-RAW 文件类似。

（10）Pentax Pixel Shift Resolution （PSR）文件。Pentax 的 PSR 技术能将多张 RAW 文件合成一幅图像，但这种图像不支持 Camera Raw 15.3 中的 AI 去杂色功能。因为 PSR 文件组合了多个 RAW 文件，而这些文件并没有包含 AI 去杂色功能所需的全部基础数据。因此，Camera Raw 无法处理 PSR 格式的图像。

（11）Sony ARQ 文件。Sony ARQ 是一种特殊的 RAW 格式，使用了 ARQ（Automatic Repeat-reQuest，自动重传请求）技术来提升图像质量和缩小文件大小。ARQ 格式的图像具有更高的动态范围和更低的噪点。但需要注意的是，Camera Raw 15.3 中的 AI 去杂色功能不支持 ARQ 格式的图像。因为 ARQ 文件采用了特殊的算法降低文件大小，可能会导致某些信息丢失，而 AI 去杂色功能需要像素的详细信息来确定细节和颜色，因此处理 ARQ 图像时不能使用该功能。

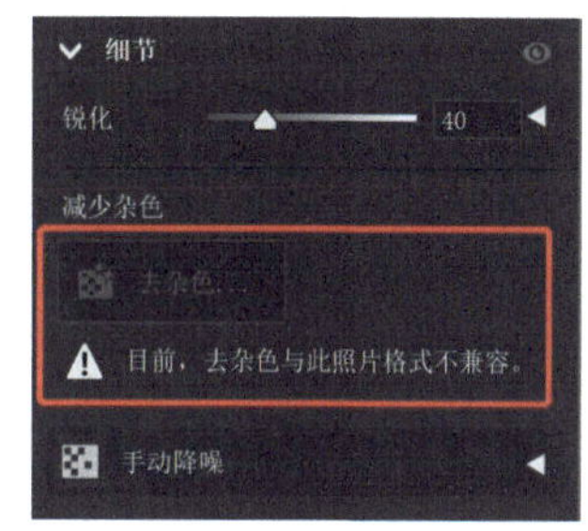

二、AI 去杂色功能的高级使用技法

1. 在 Camera Raw 中打开案例图像，展开“基本”面板，设置如下：“色温”值为 4200、“色调”值为 -18、“曝光”值为 +1.35、“对比度”值为 +18、“高光”值为 -78、“阴影”值为 +55、“白色”值为 +7、“纹理”值为 +7、“清晰度”值为 -7、“自然饱和度”值为 -25、“饱和度”值为 -15，完成影调和色调的调整。

原图

效果图

2.展开“细节”面板，先对图像进行锐化处理。设置“锐化”值为80、“半径”值为0.8、“细节”值为25、“蒙版”值为75，使图像细节更加清晰。

3.在“减少杂色”区域中，单击“去杂色”按钮。

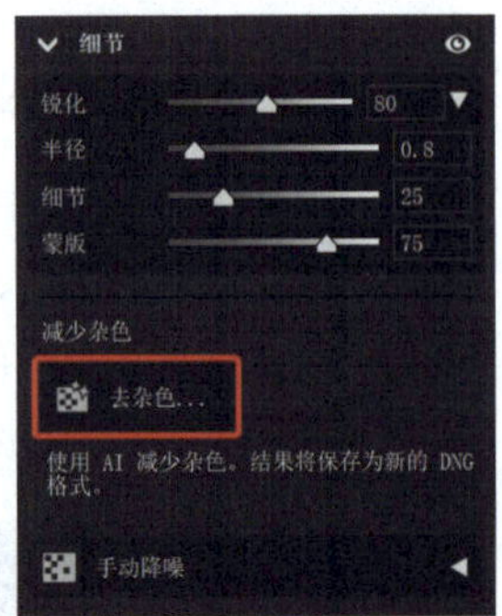

4.选择“去杂色”后弹出“增强”界面，“去杂色”复选框默认为勾选状态，“数量”值默认为50。该界面提供放大视图效果实时预览，按住鼠标左键可查看原始图像，松开鼠标可查看增强后的效果。

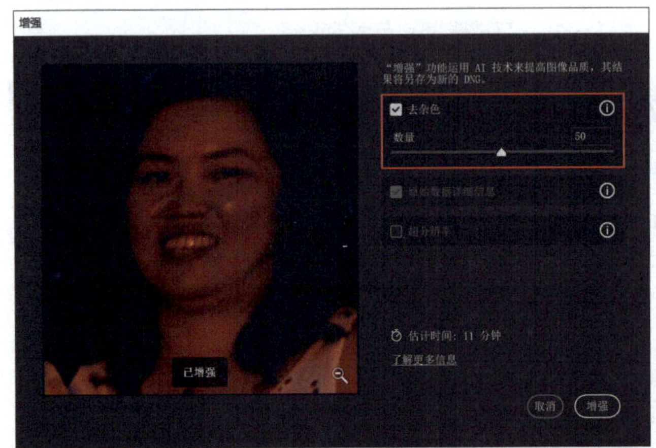

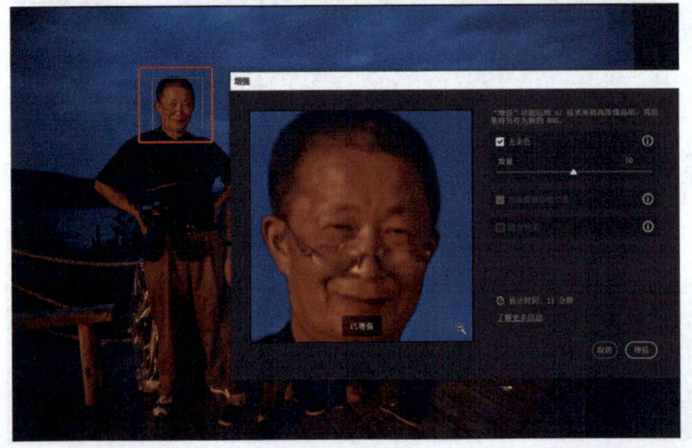

5.按住鼠标左键并拖曳图像查看所需区域，“定界框”将放置在相应区域内。“增强”界面会提供“定界框”内对应区域的放大预览。在图像的不同区域拖曳“定界框”，以预览应用“增强”前或后的效果。

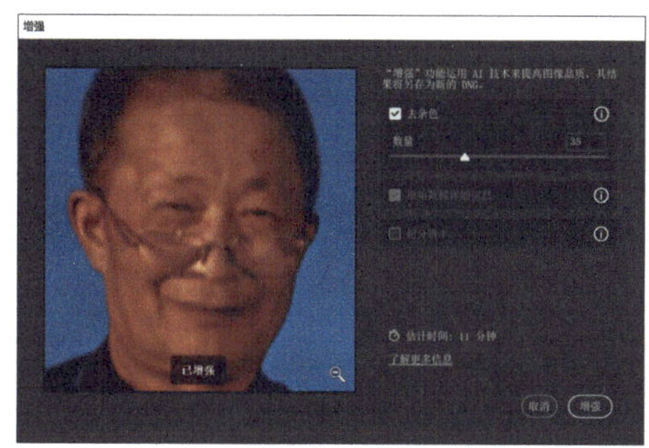

6. 将“数量”滑块拖曳至 35，消除主体“像素化”的感觉，同时使主体细节更加丰富，去除杂色的效果也将得到完美的呈现。

7. 单击“增强”按钮，以创建增强型 DNG 格式文件。

调整前后效果对比如原图和效果图所示。

原图

效果图

如果在应用 AI 去杂色功能时有大量的噪点要进行处理，可能需要使用多次应用降噪的技巧，然后在 Photoshop 中使用蒙版合成技术以获得最佳效果。

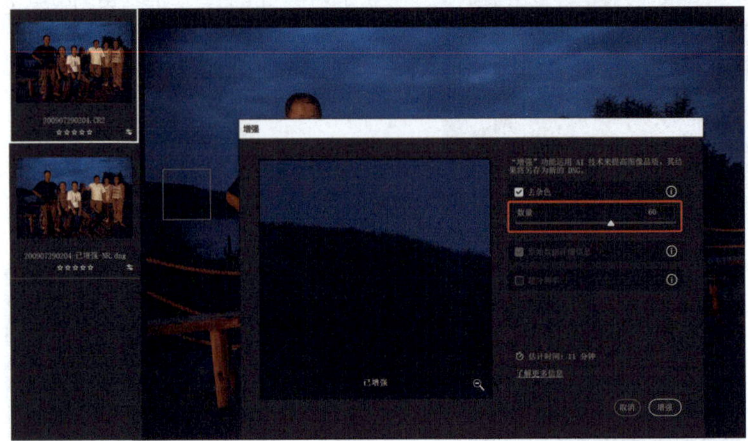

（1）对案例图像进行降噪处理，将“数量”滑块拖曳至 60，这样才能够使暗部区域的降噪效果较好。

（2）单击“增强”按钮，创建第二个增强型 DNG 格式文件。

（3）在 Bridge 中选择增强的图像，展开“工具”菜单，选择“Photoshop”中的“将文件载入 Photoshop 图层”命令。

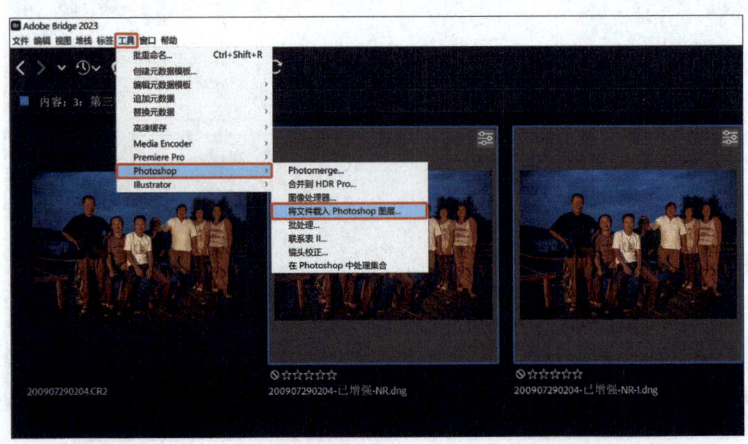

（4）第一次降噪的图像在图层上方。按住 Ctrl+Alt+2 键（macOS 系统中按住 Command+Option+2 键）找到图像中的标准高光选区。

（5）按住 Shift+Ctrl+Alt+2 键（macOS 系统中按住 Shift+Command+Option+2 键）可以将未选择区域中的高光选区添加到当前选区中。

（6）如果图像中亮度较高的区域未被完全选择，我们可以继续使用 Shift+Ctrl+Alt+2 键（macOS 中按住 Shift+Command+Option+2 键）来添加未选择区域中的高光选区。这样可以确保图像中的亮部区域完全被选择出来。

（7）在图层面板底部单击“添加图层蒙版”按钮。

（8）这张图像经过两次降噪处理，较亮的区域使用了 35 的降噪强度，而较暗的区域则使用了 65 的降噪强度。

（9）展开“图层”菜单，选择“拼合图像”命令。

（10）展开“图像”菜单，在“模式”中选择“8 位 / 通道”命令，之后可以保存图像。

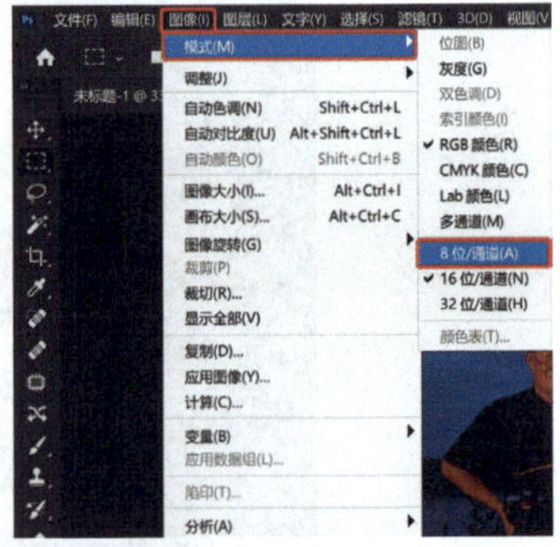

通过降噪流程，分别对不同区域施加 AI 降噪技术，可以让图像的降噪效果更加精细，二次 AI 降噪效果如左图所示。

小结

应用 AI 去杂色功能时，需要注意以下几个方面。

1. 使用 RAW 格式拍摄：由于 AI 去杂色功能只能用于处理完整的 RAW 文件数据，建议用户在创作时一定使用 RAW 格式拍摄。

2. 合理控制“数量”值：“数量”值低于 50，适用于轻度噪点降噪；“数量”值高于 50，适用于严重的噪点降噪。用户需要根据噪点的严重程度选择合适的“数量”值。

3. 不要过度降噪：在应用 AI 去杂色功能时，过度降噪会导致图像失去细节有“像素化”效果。因此，需要谨慎选择调整降噪程度，以确保保留图像的细节信息。

第四节 超分辨率功能的高级使用技法

在使用 Camera Raw 对原始的 RAW 格式图像进行“增强”处理后，该功能将会借助 AI 技术全面解析图像特定区域的像素，智能地放大图像、去除马赛克，生成更为清晰的细节，并呈现更加精准的边缘，改进颜色渲染，同时减少伪影等因素。其宽度和高度可以达到原始图像的两倍，或者其像素总数可以达到原始图像的四倍。该功能支持大多数文件类型，如 JPEG 和 TIFF 等。当需要进行大尺寸打印或者增加裁剪图像的分辨率时，使用超级分辨率功能将会特别有用。

在原始 RAW 格式图像拥有大量纹理、细节和色彩时，增强细节的功能表现得更为出色。经过该功能处理后的图像将保存为一种新的 DNG 格式图像。

学习目的：为了能够更好地处理和改进原始图像，以提高图像的质量和细节呈现，使其更适合广泛的应用场景。掌握增强细节和超级分辨率技术，对于数字图像领域的从业人员、摄影师或有相关学术兴趣的人士都具有重要意义。

一、超分辨率相关控件的功能介绍

1. 在 Camera Raw 中打开案例图像，在胶片栏缩览图中单击图标 ··· 或者在图像中单击鼠标右键，展开上下文菜单，选择“增强”命令（Windows 系统的快捷键为 Ctrl+Shift+D，macOS 系统的快捷键为 Command+Shift+D）。

2. 选择“增强”命令后，会弹出“增强”界面，取消勾选“去杂色”复选框，勾选“超分辨率”复选框。该界面提供放大视图效果实时预览，按住鼠标左键可查看原始图像，松开鼠标可查看增强后的效果。

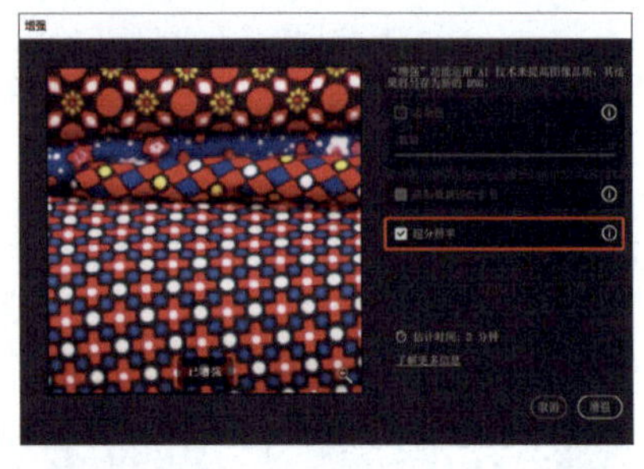

按住鼠标左键并拖曳图像查看所需区域，“定界框”将放置在相应区域内。“增强”界面会提供“定界框”内对应区域的放大预览。在图像的不同区域拖曳“定界框”，以预览应用“增强”前或后的效果。

单击“增强”按钮以创建增强型 DNG 格式文件。

原图

效果图

3. Camera Raw 的超分辨率功能结合了机器学习、神经网络技术、计算机视觉和图像处理，智能建立神经网络模型，生成新的高分辨率图像，大幅提高图像质量。

如果将原始图像和增强型图像同时放大查看，就会发现增强型图像会呈现出更加清晰、细致的纹理和更加精准的边缘效果。相比之下，该图像也能更好地还原真实的颜色，更加纯正、自然，而且不会再出现伪影等图像缺陷。

增强效果前后对比如原图和效果图所示。

4. 增强后的图像无法再次使用此功能。

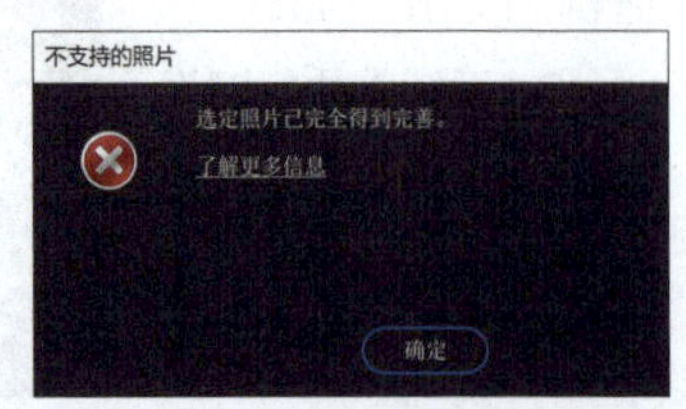

二、超分辨率功能的高级使用技法

在 Camera Raw 中，已经应用了 AI 去杂色功能的图像不能再使用超分辨率功能，反之亦然，因为这两种增强功能的处理目标和技术所涉及的数据不同。

在应用 AI 去杂色功能之后，图像中的噪点已经被去除。但是，使用超分辨率功能时，Camera Raw 需要利用原始图像中的未经处理的像素数据，以便通过神经网络模型来预测图像中缺失的像素，从而增加图像的分辨率和细节。由于应用了 AI 去杂色功能的图像已经被处理，且部分像素数据已经被修改或删除，因此无法再次使用超分辨率功能。

如何让图像既能应用 AI 去杂色功能，又能够应用超分辨率功能呢?

1. 选择原始图像，展开“细节”面板，在“减少杂色”区域中，单击“去杂色”按钮。将“数量”滑块拖曳至 35，去除杂色。

2. 单击“Camera Raw”界面底部带有下划线的文字，直接进入“Camera Raw 首选项”对话框中的“工作流程”区域。在“调整图像大小”设置中勾选“调整大小以适合”复选框，将大小限制为“长边”，大小为 8736 像素。然后单击“确定”按钮，在“ Camera Raw”界面中单击“完成”按钮。这样，使用 AI 去杂色和超分辨率增强的图像经过大小调整后，其尺寸就可以保持一致了，便于后续处理。

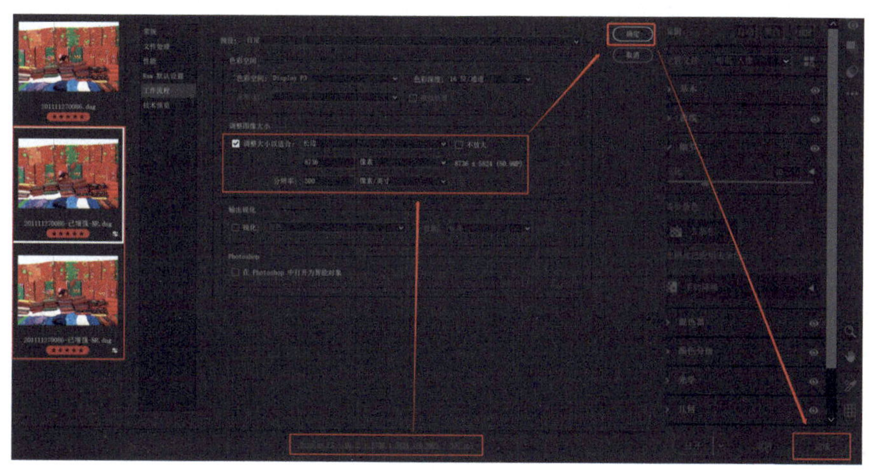

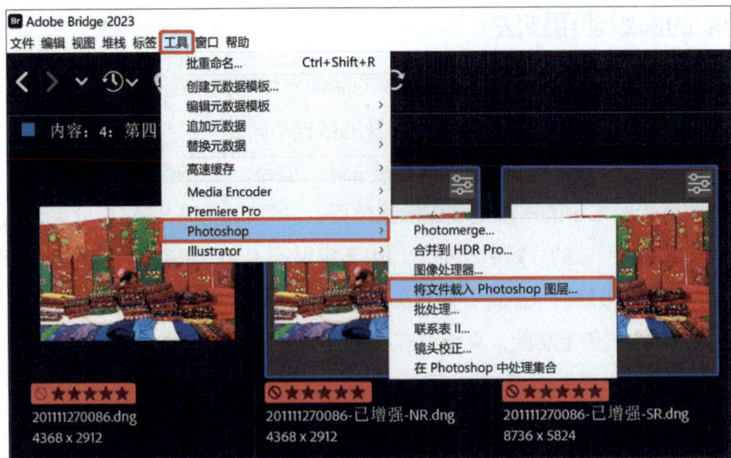

3. 在 Bridge 中选择增强的图像，展开“工具”菜单，选择“Photoshop”中的“将文件载入 Photoshop 图层”命令。

4. 应用 AI 去杂色的图像在图层上方。

5. 将图层混合模式设置为“明度”，可以将降噪后的明暗噪点效果完美应用于超分辨率增强后的图像上。

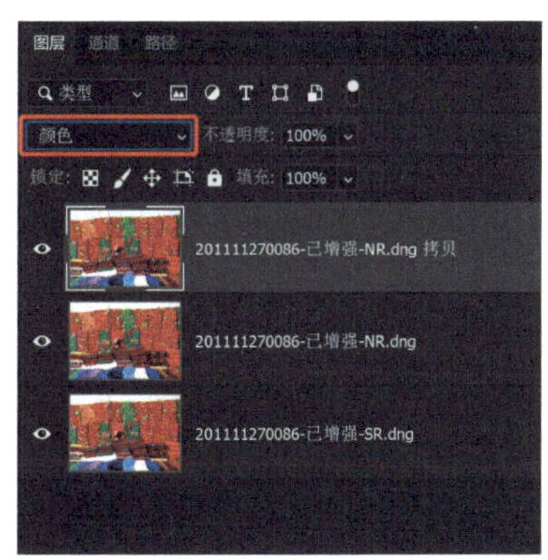

6. 按住 Ctrl+J 键（macOS 系统中为 Command+J）复制图层，并将其混合模式设置为“颜色”，可以将降噪后的色彩噪点效果完美应用于超分辨率增强后的图像上。

通过完美的操作流程，成功实现了使一张图像既能应用 AI 去杂色功能，又能够应用超分辨率功能。二次增强效果如下图所示。

小结

1. “增强”功能由 Adobe Sensei 提供支持，适用于带有 Bayer 传感器（如 Canon、Nikon、Sony 等品牌）和 FUJIFILM X-Trans 传感器的相机中的原始 RAW 格式文件。

2. “增强细节”功能对计算机性能要求较高，Windows 系统需要安装版本号为 1903 或更高的版本，不支持企业版；macOS 系统需要安装 10.14 版本或更高版本，并拥有支持 Metal 的图形处理器。

3. “增强”功能对于大尺寸打印特别有效，因为它能更清晰地显示细节。与插值运算不同，它的效果源自相机传感器。增强后的图像线性分辨率是原图的 2 倍，这意味着增强后的图像宽度和高度都是原始图像的 2 倍，或者说像素总量是原始图像的 4 倍。

4. 虽然超分辨率功能在提高图像分辨率方面效果显著，但它同时会增加图像的文件大小，需根据实际需要进行使用。

第七章 Camera Raw 滤镜特效

在 Camera Raw 滤镜中，有一些滑块可以为图像创造惊人的应用效果。

第一节 “清晰度”和“纹理”的高级使用技法

“清晰度”滑块在图像局部调整中至关重要。将滑块拖曳至正值时，图像的中间调对比度增强、色调分离加强，锐度似乎也增加了，但这其实和锐化没有任何关系，只是由于中间调反差增大，图像的边缘立体感变强了；将滑块拖曳至负值时，图像的中间调对比度减弱、色调分离弱化，图像的边缘立体感削弱，图像被柔化了。

“纹理”滑块用于增强或减弱图像中出现的纹理。向左拖曳滑块可弱化细节，向右拖曳滑块可突出细节。调整“纹理”滑块时，图像的颜色和色调不会更改。

综上所述，正向的“清晰度”和“纹理”可以增加图像的视觉冲击力，反向的“清晰度”和“纹理”则是人像磨皮的最佳选择之一。

学习目的：深刻理解正向和反向“清晰度”和“纹理”对图像产生的影响。

一、人像“磨皮”高级使用技法

在 Camera Raw 滤镜中，处理人像、花卉、雪景等图像时，向局部区域应用反向“清晰度”和“纹理”，会得到意想不到的效果。

1. 在 Camera Raw 中打开案例图像，切换到“配置文件”面板，在“老式”组中选择“老式 02”，增强图像的影调效果，单击“后退”按钮，返回“编辑”面板。由于案例图像不是 RAW 格式文件，所以没有“Adobe Raw”和“Camera Matching”配置文件。

2.展开“基本”面板，设置如下：“色温”值为 -2、“色调”值为 +12、“曝光”值为 +1.30、“对比度”值为 +10、“高光”值为 -56、“阴影”值为 +25、“白色”值为 +10。图像效果得到很大的改观。

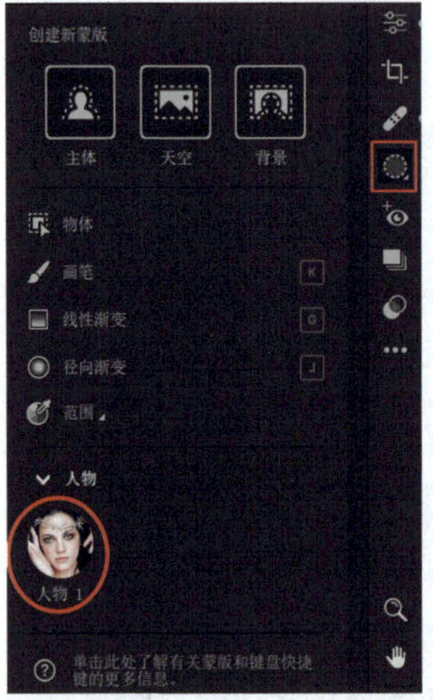

3.单击“蒙版”图标（快捷键 M），在“创建新蒙版”面板中选择“人物 1”蒙版。

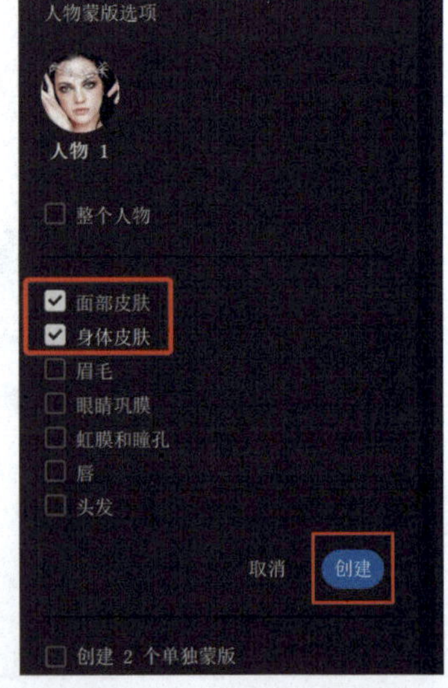

4.选择“人物 1”蒙版后，“创建新蒙版”面板将自动切换为“人物蒙版选项”面板。美女的眼睛、眉毛、嘴唇、头发、头饰和戒指部分不需要进行磨皮处理。因此，可以取消勾选“整个人物”复选框，然后勾选“面部皮肤”和“身体皮肤”，以对美女的皮肤进行修饰。

5. 设置“纹理”值为 -20，“清晰度”值为 -100，这样可以使美女皮肤变得柔美。为新建蒙版输入名称“磨皮”。

6. 人物的上肢和手没有被完美选择，在“磨皮”蒙版中单击“添加”按钮，然后从弹出的菜单中选择“画笔”调整工具（快捷键 Shift+K）。将“画笔”面板控件中的“羽化”值调整为 100、“流动”值调整为 100、“浓度”值调整为 100。勾选“自动蒙版”复选框，开启调整画笔智能遮挡模式（只要画笔内“十”字线不超出范围，“自动蒙版”功能就会出色地完成任务），然后调整画笔大小，在美女的上肢和手部区域精细涂抹，以添加到选区。

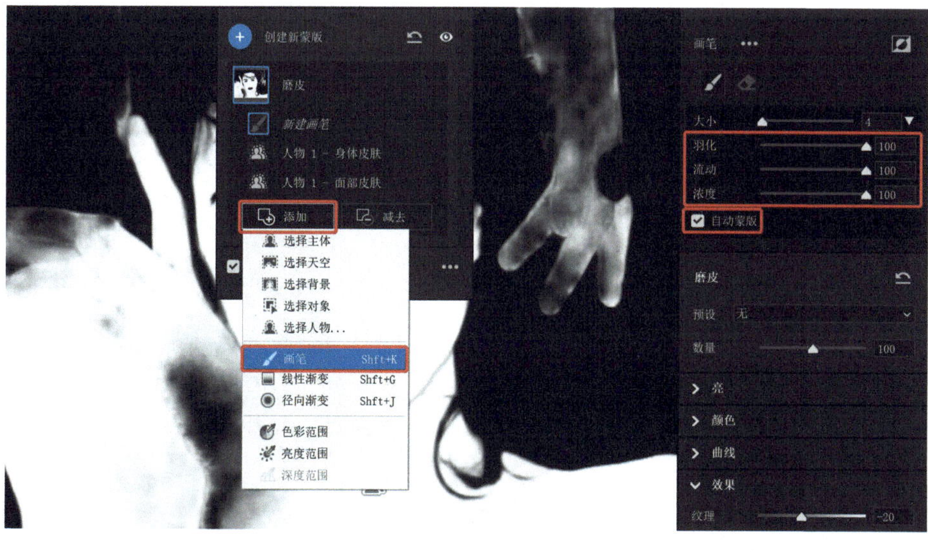

7. 如果遇到比较难处理的肤色，可以右键单击“皮肤蒙版”图标，并在弹出的上下文菜单中选择“复制‘磨皮’”选项，再次应用相同的“磨皮”效果（如果用户看不到蒙版图标，可以按 V 键来显示它）。

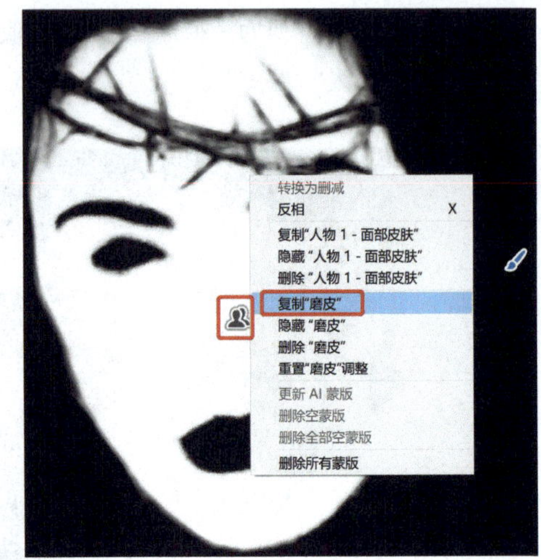

原图

人像“磨皮”前后效果对比如原图和效果图所示。

效果图

二、增强图像视觉冲击力的高级使用技法

逆光拍摄的照片具有清晰、锐利的边缘区域，若在“基本”面板中增大其“清晰度”值会出现白边溢出的现象，使用滤镜可以较完美地解决这个问题。

1. 在 Camera Raw 中打开案例图像，切换到“配置文件”面板，在“Adobe Raw”组中选择“Adobe 鲜艳”，增强图像的影调效果，单击“后退”按钮，返回“编辑”面板。

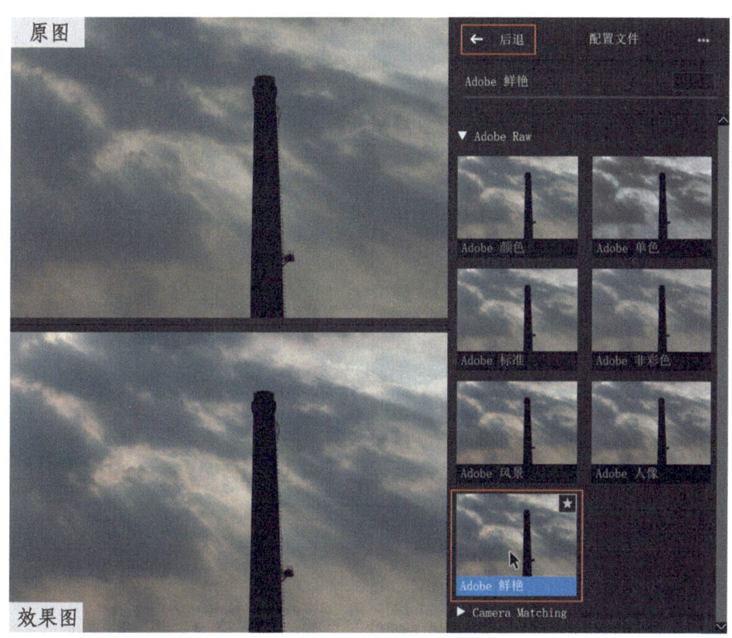

2. 展开“基本”面板，设置如下：“曝光”值为 -5.00、“白色”值为 +85、“自然饱和度”值为 +30、“饱和度”值为 +10。

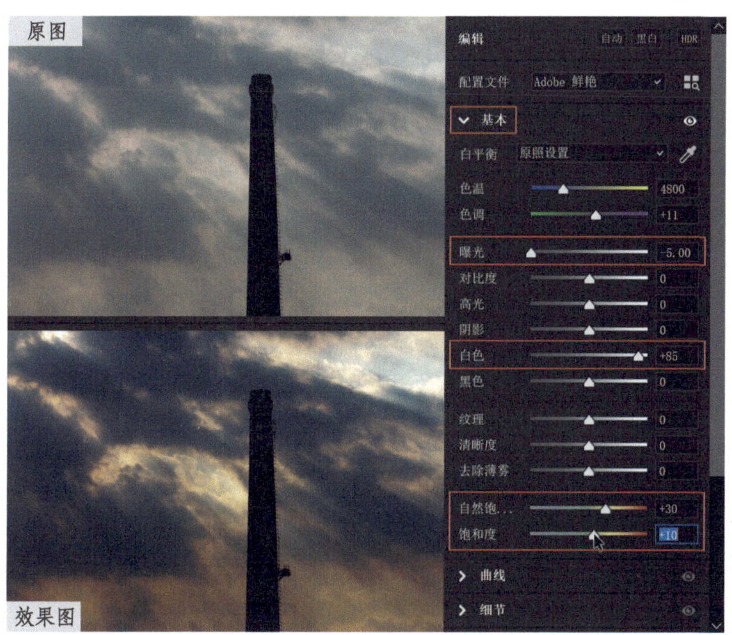

3. 在“基本”面板中，设置“清晰度”值为 +100，图像边缘出现严重的白边溢出，因此使用滤镜调整是最佳选择之一。双击“清晰度”滑块，将其重置为 0。

4. 在“工具栏”中单击“蒙版”图标（快捷键 M），在弹出的“创建新蒙版”面板中选择“线性渐变”（快捷键 G）。设置如下：“纹理”值为 +100、“清晰度”值为 +100。按住 Shift 键（使线性渐变的走向为直线），在画布上由里向外（从靠近图像向远离图像的方向）拉出渐变效果。由于“线性渐变”应用在画布上，所以图像全部应用了增强视觉冲击力的效果。最后，为新建蒙版输入名称“增强视觉效果”。

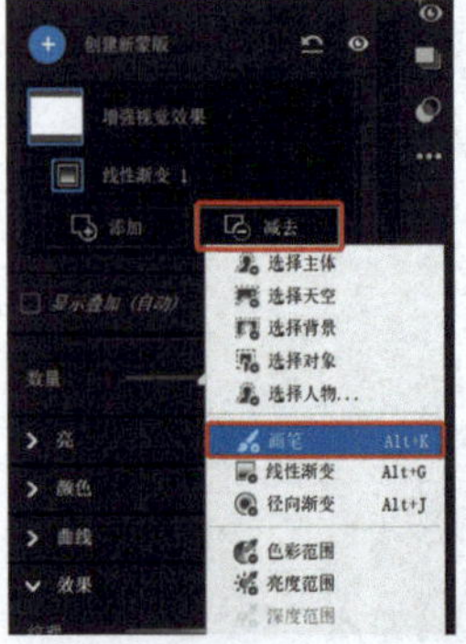

5. 图像具有清晰边缘的区域出现了严重的白边溢出现象，在“增强视觉效果”蒙版中单击“减去”按钮，在弹出的菜单中选择“画笔”。

6. 设置“羽化”值为100、“流动”值为100、“浓度”值为100；不勾选“自动蒙版”复选框，调整好画笔大小，让画笔内径刚好大于烟囱上部的内径并单击。

7. 调整好画笔大小，让画笔内径刚好大于烟囱下部的内径，按住Shift键并单击，两个单击点会自动连成一条线，完成去除白边任务。

原图

为图像添加正向的“清晰度”和“纹理”，可以增强图像的视觉冲击力，调整前后效果对比如原图和效果图所示。

效果图

三、增强图像细节的高级使用技法

为图像的局部区域添加正向的“纹理”，可以突出图像的细节，让图像更加具有感染力。

在 Camera Raw 中打开案例图像，在“工具栏”中单击“蒙版”图标（快捷键 M）。在弹出的“创建新蒙版”面板中，选择“画笔”（快捷键 K），“编辑”面板自动切换为“画笔”面板。设置如下：“纹理”值为 +100、“清晰度”值为 +10、“羽化”值为 100、“流动”值为 100、“浓度”值为 100，不勾选“自动蒙版”复选框，采取直接涂抹的方式。调整好画笔大小，按住鼠标左键在人物手部区域进行涂抹，从而增强手部区域的纹理细节。

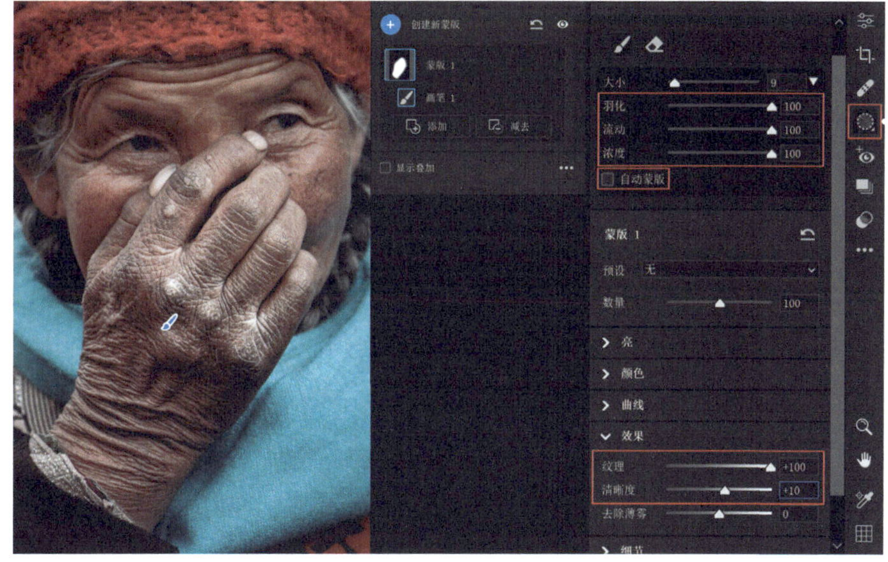

调整前后效果对比如下所示。

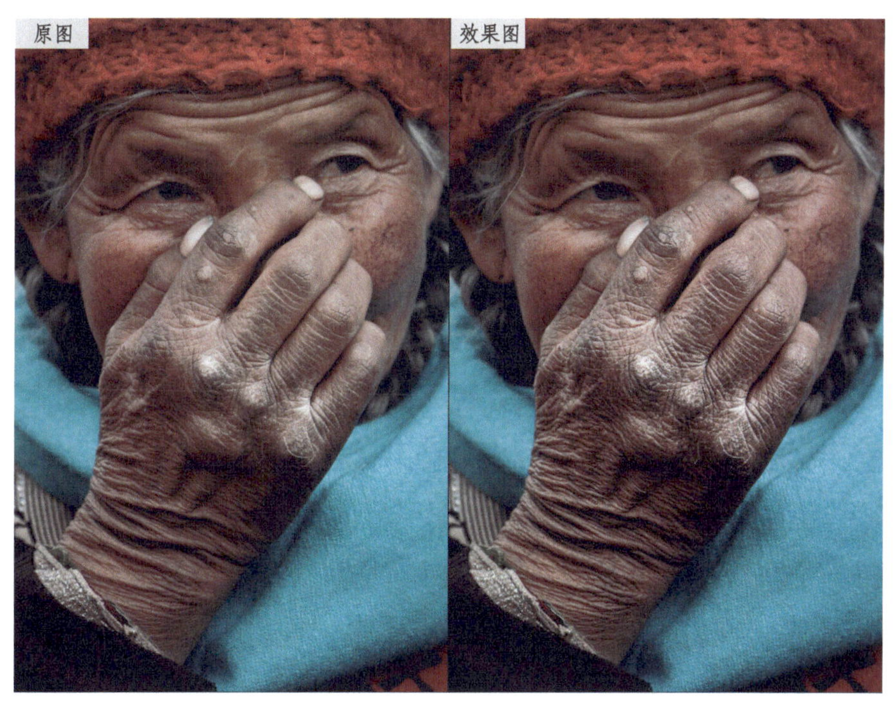

小结

1. 在 Camera Raw 中，减小图像的“清晰度”和“纹理”值，可以让人像的皮肤更加光滑、细腻，呈现“磨皮”效果；增大图像的“清晰度”和“纹理”值，可以突出图像中的纹理细节，增强视觉冲击力。

2. 图像中具有清晰边缘的区域出现白边溢出现象，通常是因为“清晰度”或“锐化”参数值过大，可以使用滤镜来解决这个问题。

第二节 人像“美白”的高级使用技法

在“混色器”面板中，调整“橙色”滑块的“饱和度”值和“明亮度”值可以帮助实现人像皮肤的“美白”效果。对于亚洲人肤色以橙色为主的特点，降低“橙色”的“饱和度”值并提高其“明亮度”值，可以让人像皮肤变得更加白皙。

学习目的：学习“混色器”面板中的“橙色”滑块的功效，可以帮助我们掌握人像美容的处理技巧。

1. 在 Camera Raw 中打开案例图像，展开“基本”面板，设置图像的“色温”值为 4250，“色调”值为 +20，校准白平衡；设置“曝光”值为 +0.20，提高亮度；设置“对比度”值为 +15，增大反差；设置“高光”值为 −29，修复高光区域的细节；“阴影”值为 +9，丰富阴影细节；“白色”值为 +27，增强最亮区域的明度值；“黑色”值为 −29，校准黑场；“清晰度”值为 −10，减小中间调反差，从而提升图像的影调和色调。

2. 展开“混色器”面板，选择面板中的“饱和度”区域并将“橙色”滑块向左拖曳至 −15；降低橙色的饱和度，可使人像的皮肤变得白皙。

3.选择面板中的“明亮度”区域并将“橙色”滑块向右拖曳至+18；提高橙色的明亮度，可使人像的皮肤变得光彩透亮。

调整前后效果对比如下图所示。

为人像皮肤“美白”时，千万不要调整过度，否则人物面部可能会失去血色，显得苍白、不自然。因此，需要注意适度地调整橙色的参数，以达到自然、真实的效果。

第三节 创建神奇光束效果的高级技法

在使用 Camera Raw 时，可以利用“线性渐变”和“画笔”这两个局部调整工具，为图像创建神奇的光束或区域光效果。这样能够让整张图像增添更多的立体感和层次感，使得画面更加有趣和吸引人。

学习目的：掌握为图像创建神奇光束效果的高级使用技法，打造令人惊艳的光束效果。

1. 在 Camera Raw 中打开案例图像，切换到“配置文件”面板，在“现代”组中选择“现代 07”，增强图像的影调效果，单击“后退”按钮，返回“编辑”面板。由于案例图像不是 RAW 格式文件，所以没有“Adobe Raw”和“Camera Matching”配置文件。

2. 在“工具栏”中单击“蒙版”图标（快捷键 M），在弹出的“创建新蒙版”面板中选择“线性渐变”（快捷键 G）。设置如下：“曝光”值为 -1.00、“色温”值为 -5，弱化图像。按住 Shift 键（使线性渐变的走向为直线），在画布上由里向外（从靠近图像向远离图像的方向）拉出渐变效果。由于“线性渐变”应用在画布上，所以图像全部应用了弱化效果。最后，为新建蒙版输入名称“光束”。

3. 在“光束”蒙版中单击“减去”按钮，在弹出的菜单中选择“画笔”（快捷键 Alt+K）。

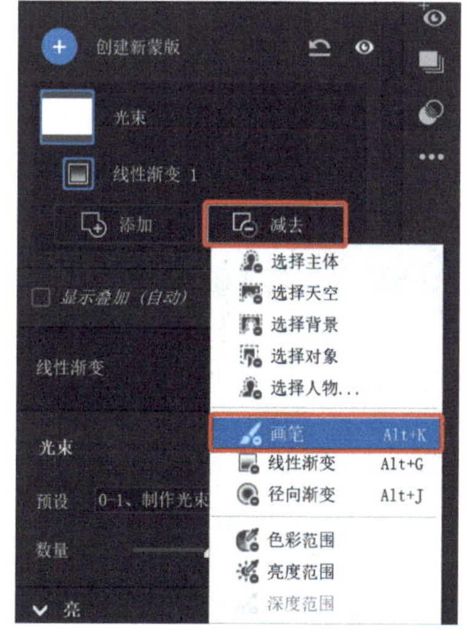

4. 设置“羽化”值为 100、“流动”值为 100、“浓度”值为 100；不勾选“自动蒙版”复选框，将画笔调小，依据光源的方向，在图像的右上角单击。

5. 将画笔调大，按住 Shift 键并在图像的左下角偏上处单击，两个单击点会自动连成一条线，“神奇”的光束效果就出现了。

6. 勾选“自动蒙版”复选框，开启擦除画笔的智能遮挡模式。设置“羽化”值为 100、“流动”值为 100、“浓度”值为 50（光束的强度缩减一半），清除小花的应用效果，只要画笔中心点不越出边界，清除任务就会很成功。

勾选“显示叠加”复选框，可在图像预览界面中显示蒙版叠加效果，协助查看涂抹区域的准确范围。

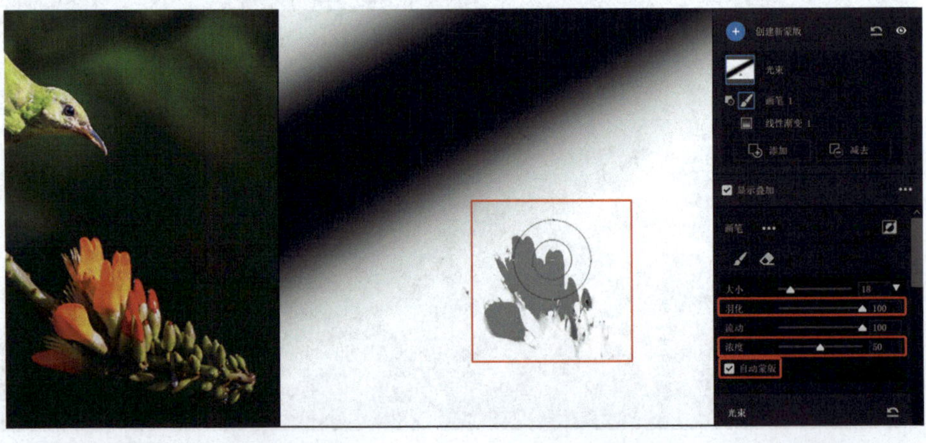

7. 取消勾选“自动蒙版”和“显示叠加”复选框，将画笔调小，按住 Shift 键并在图像右上角处单击，两个单击点自动连成一条线，创建了第二道定点（区域）光束效果，图像更加出彩，让人惊叹不已。

调整前后效果对比如原图和效果图所示。

将“画笔”工具的“浓度”值降低至 25，可以为图像创建第三道光束效果。这样做可以让光束效果的强度有所不同，看起来非常逼真和自然。

第四节 局部区域精细锐化的高级技法

“画笔”和“智能蒙版”调整工具是对图像进行局部精细锐化的最佳工具，它们也是在 Camera Raw 中进行 3 次锐化处理的第二步使用的工具。

学习目的：通过学习“锐化程度”控件的工作原理，掌握局部区域精细锐化的高级使用技法。此外，这些工具还可以使图像产生镜头模糊效果。

一、“锐化程度”控件功能详解

蒙版面板中的“锐化程度”控件，可以给图像应用 －100~+100 的锐化效果。

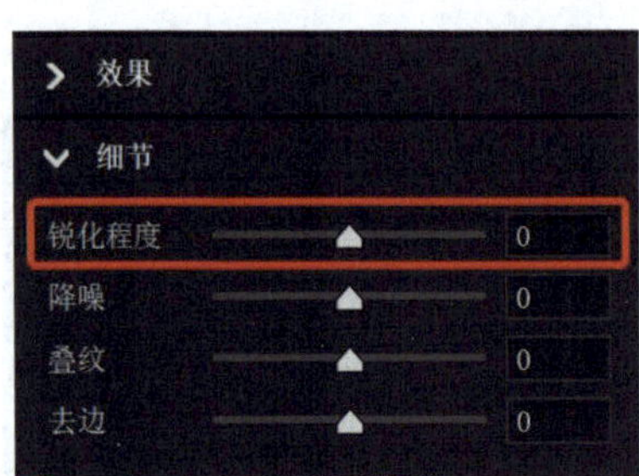

1. “锐化程度”滑块的应用效果和“细节”面板中的“锐化”滑块的应用效果相同，也就是说，“细节”面板中的“锐化”滑块效果决定“锐化程度”滑块效果。如果在 Camera Raw 中调整 JPEG 图像，“细节”面板中的“锐化”默认值为 0，当使用“锐化程度”滑块给图像添加锐化效果时，将启用 Camera Raw 内置的没有蒙版的微小锐化。

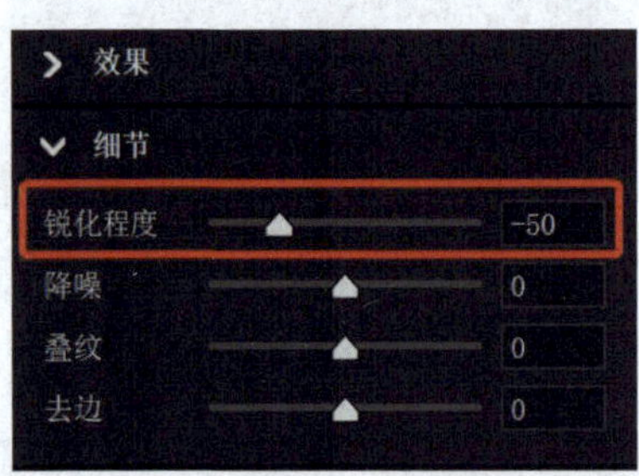

2. 给图像添加 －50 的锐化效果，将抵消在“细节”面板中设置的锐化效果。

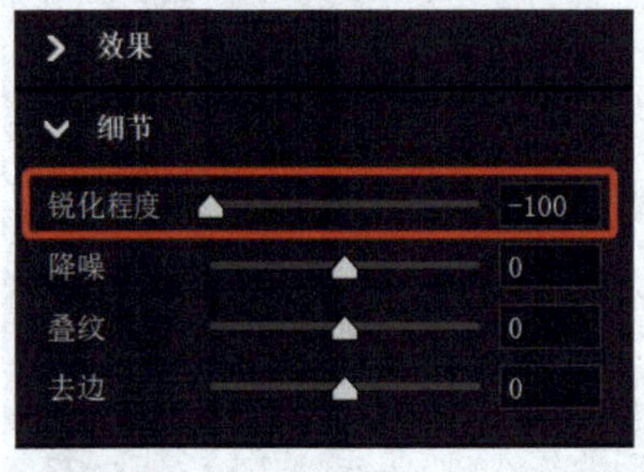

3. 给图像添加 －100 的锐化效果，会给图像应用反向锐化效果，起到镜头模糊的作用。

二、局部区域精细锐化高级实操技法

1. 在 Camera Raw 中打开案例图像，展开“细节”面板，先对图像进行初始锐化处理。采取“三大一小”的原则，设置“锐化”值为 65、“半径”值为 1.4、“细节”值为 75、“蒙版”值为 8。

2. 在“工具栏”中单击“蒙版”图标（快捷键 M），在弹出的“创建新蒙版”面板中选择“画笔”（快捷键 K），“编辑”面板自动切换成“画笔”面板。将“锐化程度”滑块拖曳至 +33，调整好画笔大小，设置“羽化”值为 100、“流动”值为 100、“浓度”值为 100 ，不勾选“自动蒙版”复选框，采取直接涂抹的方式，按住鼠标左键在人物面部区域涂抹应用效果，人像面部区域被锐化。为新建蒙版输入名称“面部锐化”。

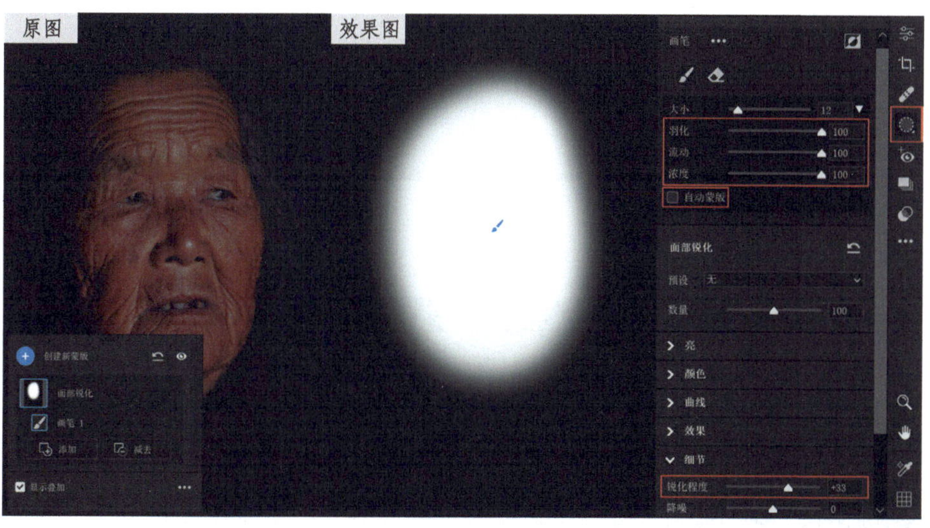

3. 单击“创建新蒙版”面板顶部的“+”号图标，展开蒙版局部调整工具，选择“选择人物”调整工具。

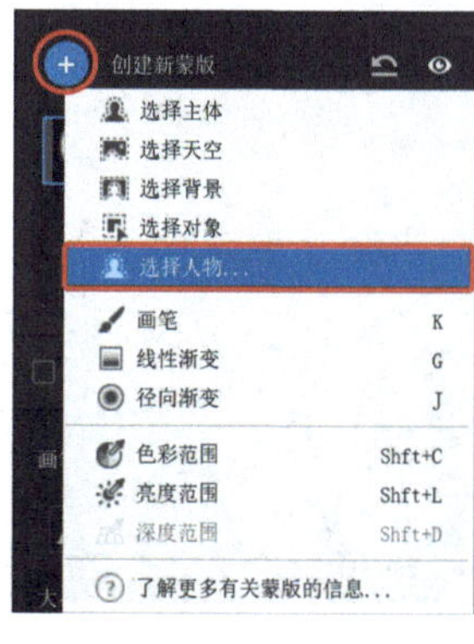

4. 单击“选择人物”后，蒙版列表视图将会暂时隐藏，“编辑”面板会自动切换为“人物蒙版选项”面板。为了修饰人像眼睛，取消勾选“整个人物”复选框，勾选“眼睛巩膜”“虹膜和瞳孔”复选框并单击“创建”按钮。

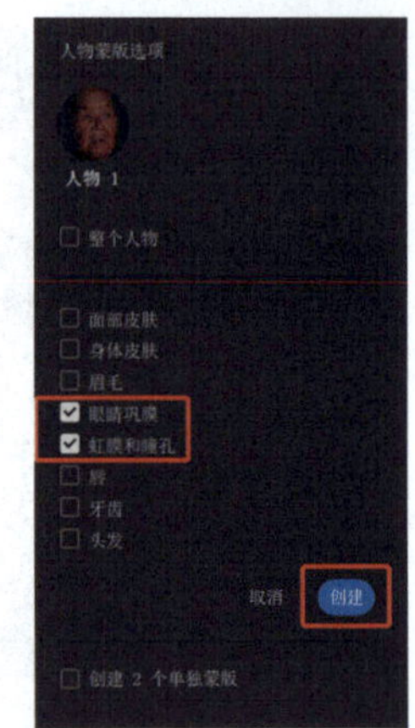

5. 将“锐化程度”滑块拖曳至+33，增强人像眼睛的锐化效果。为新创建的蒙版输入名称“眼睛锐化”。

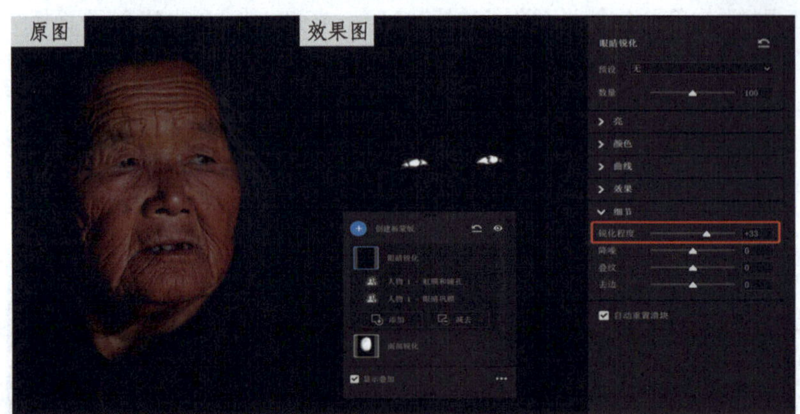

局部精细锐化调整前后效果对比如下所示。

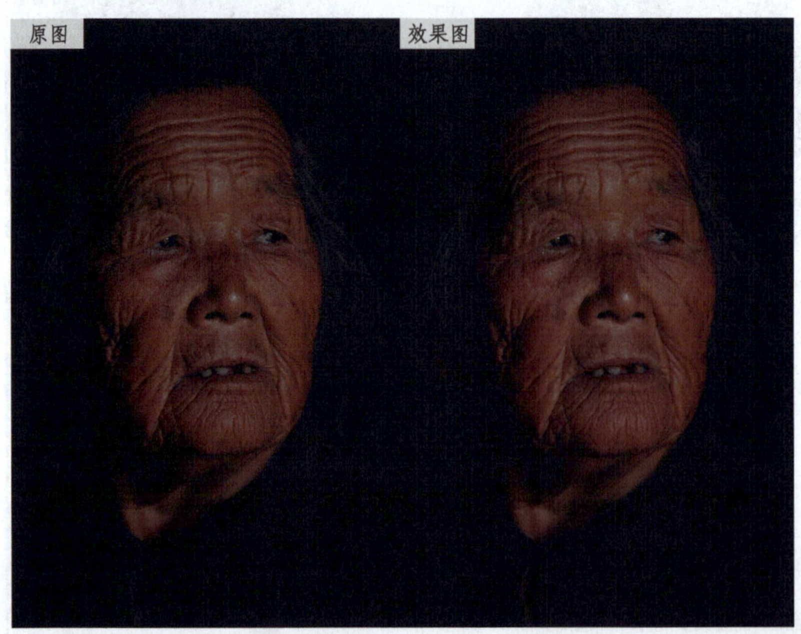

三、镜头模糊效果高级使用技法

通过添加反向的“锐化程度”“纹理”“清晰度”的处理，可以让图像产生柔美的镜头模糊效果。

1. 在 Camera Raw 中打开案例图像，切换到“配置文件”面板，在“现代”组中选择“现代 04”，增强图像的影调效果，单击“后退”按钮，返回“编辑”面板。

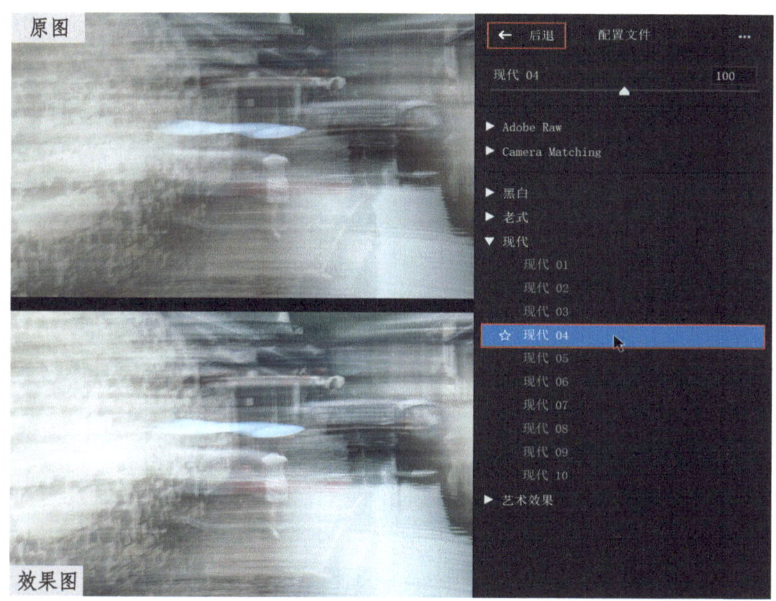

2. 展开“基本”面板，设置如下：“曝光”值为 -0.60、“对比度”值为 -21、“高光”值为 -100、“阴影”值为 +100、“白色”值为 +17、“去除薄雾”值为 -10、“自然饱和度”值为 +20、“饱和度”值为 +6。

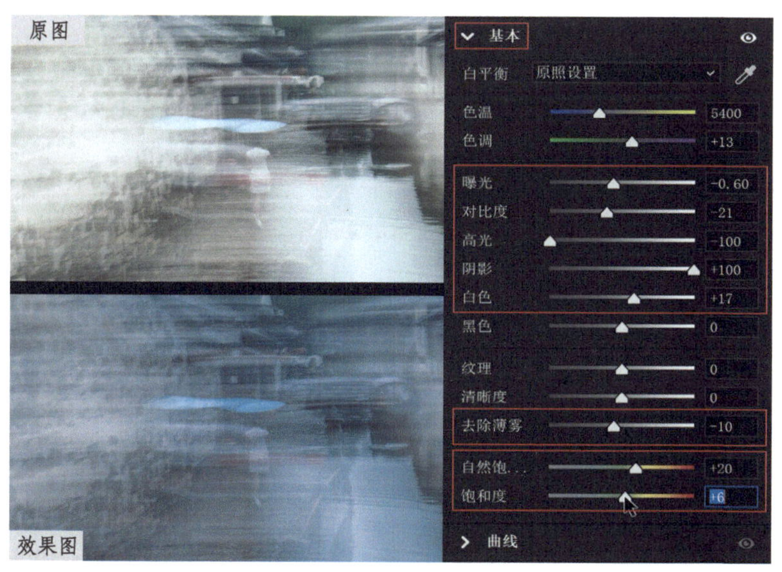

3. 在“工具栏”中单击“蒙版”图标（快捷键 M），在弹出的“创建新蒙版”面板中选择“线性渐变”（快捷键 G）。

将“纹理”“清晰度”“锐化程度”滑块均拖曳至 -100，柔化背景。按住 Shift 键（使线性渐变的走向为直线），在画布上由里向外（从靠近图像向远离图像的方向）拉出渐变效果，图像产生了镜头模糊效果。为新创建的蒙版输入名称“镜头模糊效果”。

4. 从“镜头模糊效果”蒙版中单击“减去”按钮，然后从弹出的菜单中选择“画笔”调整工具（快捷键 Alt+K）。设置“羽化”值为 100、“流动”值为 100；调整好画笔大小，在画面中人像处涂抹应用效果。

图像显示的区域应用了效果，而黑色区域被遮挡，灰度区域为应用渐变效果的区域。

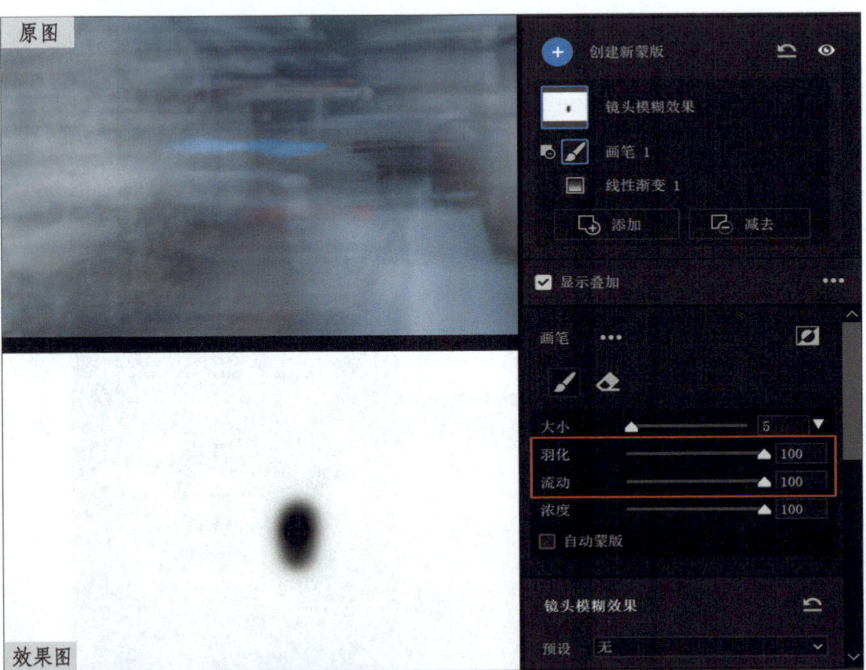

5. 设置“羽化”值为100、“流动”值为100、“浓度”值为50，让力度减小一半，营造镜头柔焦效果；调整好画笔大小，在小船、栏杆和房门处涂抹应用效果。

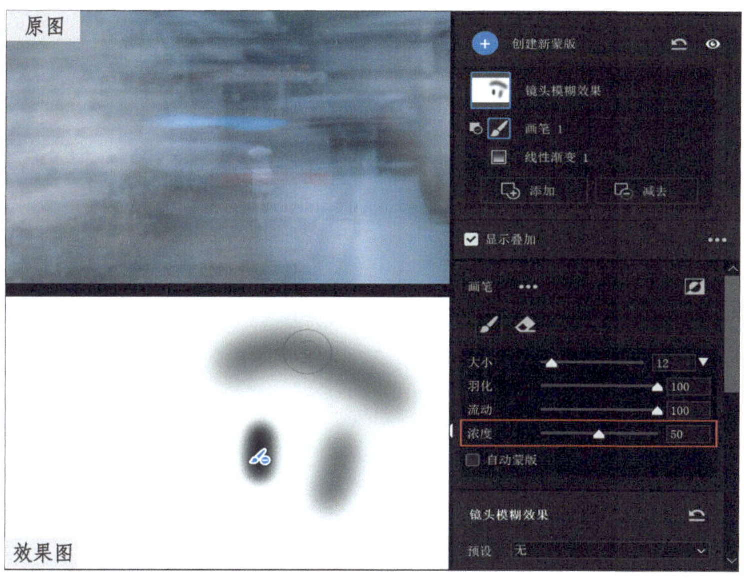

调整前后效果对比如原图和效果图所示。

小结

1. 本节第一个案例采取二次局部精细锐化，分别锐化老人的面部和眼睛，这样可以刻画人物脸上岁月的痕迹；如果是锐化年轻人，就不要锐化人物的皮肤，否则人物的皮肤会显得干涩；对于其他类型的图像，锐化视觉点即可。

2. 在“细节”面板中进行的锐化，应该关注全局；在使用滤镜进行局部区域精细锐化时，应该关注主体和视觉点。

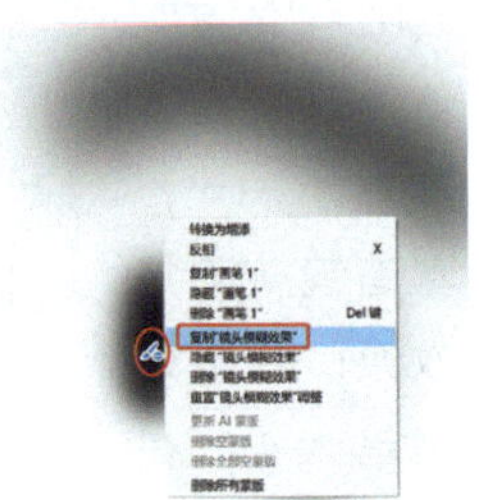

3. 如果想使图像产生更强烈的镜头模糊效果，可以复制蒙版或在“蒙版”图标上单击鼠标右键，在弹出的上下文菜单中选择“复制‘镜头模糊效果’”命令，这样可以让画面中的镜头模糊效果更强烈。

4. 给图像添加反向的“去除薄雾”，也可以使图像产生镜头模糊效果。

第五节 局部区域降噪处理的高级使用技法

在“细节”面板中，可以实现对整个图像进行降噪处理。如果需要针对图像的阴影区域进行噪点处理，使用蒙版编辑功能则能够更精确地控制编辑的范围，从而实现对阴影区域的精准降噪。

学习目的：通过掌握这些高级使用技法，学会在局部区域内进行降噪处理。

1. 本节案例图像延用自第六章第二节。在 Camera Raw 中打开案例图像，从工具栏中单击“蒙版”图标（快捷键 M），弹出“创建新蒙版”面板。在“范围”选项中选择“亮度范围”（快捷键 Shift+L）。

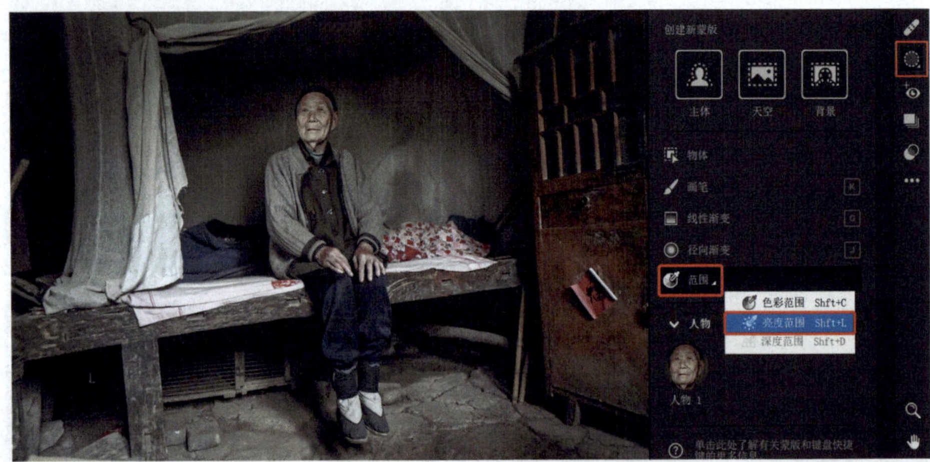

2. 在 Windows 系统中按住 Alt 键（macOS 系统中按住 Option 键）并拖曳“高光亮度范围”滑块至1，高光区域被遮挡。为新创建的蒙版输入名称“降噪”。

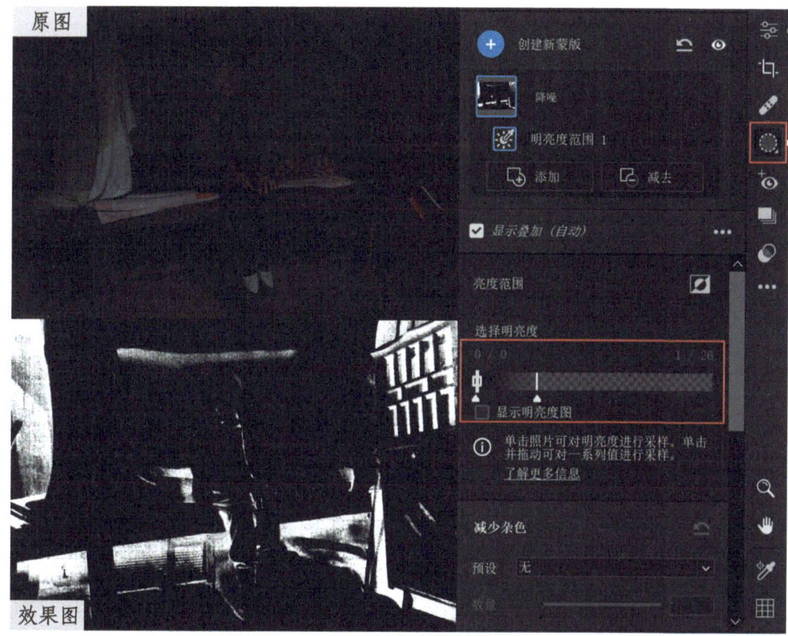

3. 在 Windows 系统中按住 Alt 键（macOS 系统中按住 Option 键），拖曳“高光亮度范围”滑块至 100，扩展应用效果区域。图像中的白色区域应用了效果，而黑色区域被遮挡，灰度区域为应用渐变效果的区域。

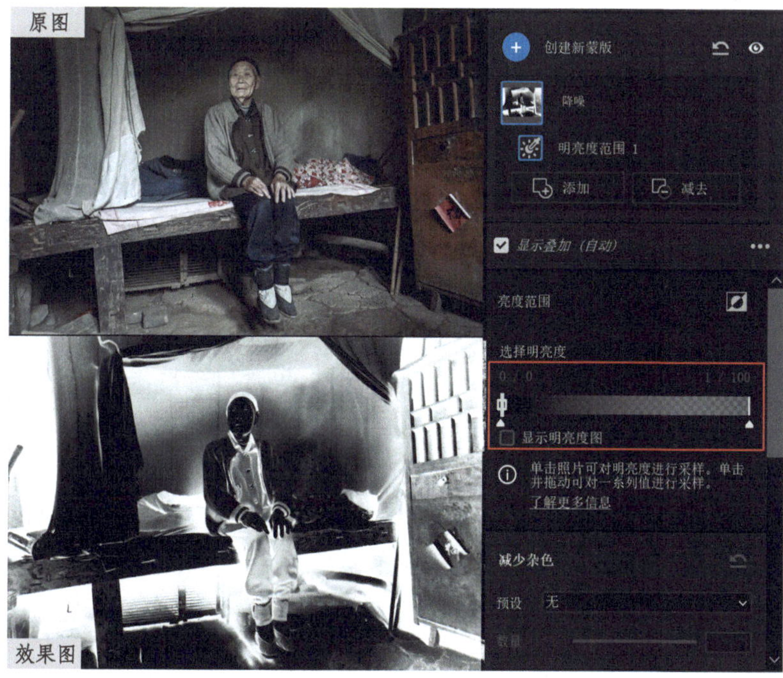

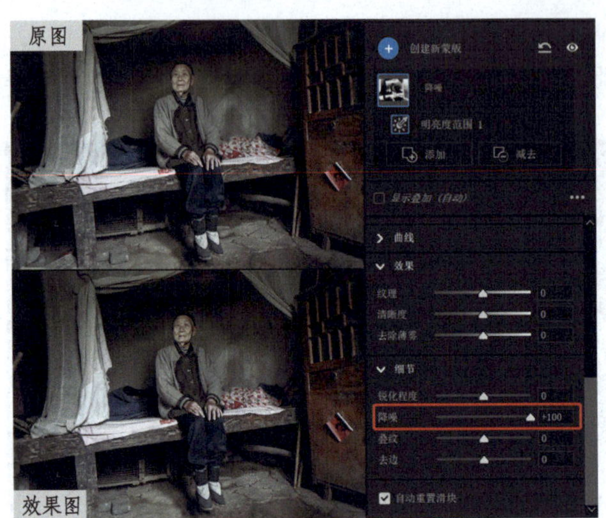

4. 将“降噪”滑块拖曳至 +100，较完美地去除阴影区域的噪点。

局部区域降噪处理调整前后效果对比如原图和效果图所示。

原图

效果图

小结

1. 在进行降噪处理时，建议将图像放大至 200%，观察处理后的效果是否符合要求。如果在阴影区域出现了平滑现象，需要适当减小“降噪”值，直到达到理想的效果。

2. 如果单次降噪处理效果不够理想，可以复制“降噪”蒙版，并再次对图像应用相同的降噪效果，以达到更好的效果。

第六节　修补高光“死白”区域的高级技法

在一些高反差的图像中，常常会出现局部区域高光过曝的问题，通常表现为“死白”现象。通过下面介绍的技巧，可以修补这些高光“死白”区域，提升整个图像的质量。

学习目的：学习修补图像高光“死白”区域的实用技法。

1. 案例图像中右侧部分出现了高光过曝的问题。

2. 在工具栏中选择“修复”工具，“编辑”面板自动切换成“修复”面板。在“修复”模式下，设置“羽化”值为 100、“不透明度”值为 30。调整画笔大小，仔细地对出现高光过曝的区域进行涂抹（注意避免出现中空现象），让这些区域叠加上淡淡的影纹，以实现修复。

3. 在工具栏中单击“蒙版”图标（快捷键 M），在弹出的“创建新蒙版”面板中选择“画笔”（快捷键 K）。“编辑”面板会自动切换为“画笔”面板。单击“颜色”样本框，弹出“拾色器”界面，设置“色相”值为 30、“饱和度”值为 100，并单击“确定”按钮。

4. 将“画笔”面板控件中的“羽化”值调整为 100、“流动”值调整为 100、“浓度”值调整为 100；不勾选“自动蒙版”复选框，采取直接涂抹的方式，调整好画笔大小，在图像高光区域涂抹。然后，为新创建的蒙版输入名称“暖色调”。

5. 按住Shift键，“添加”和“减去”按钮立即变成“交叉”按钮，单击“交叉”按钮并在弹出的菜单中选择“亮度范围”，优化当前的蒙版选区（选择高光区域）。

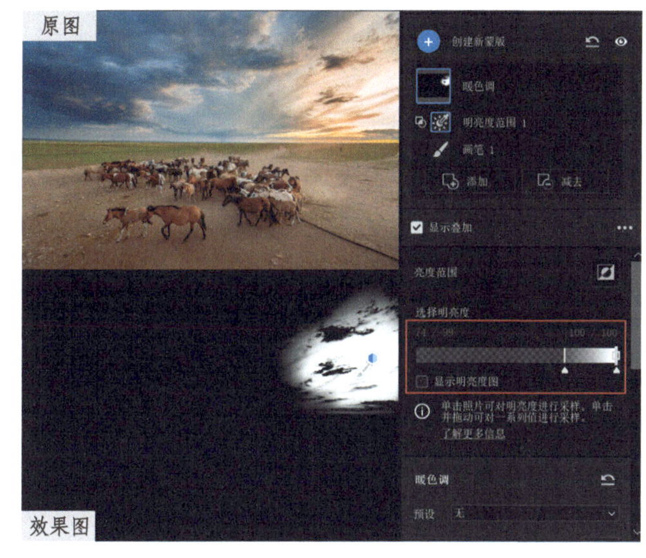

勾选“显示叠加”复选框，在图像预览界面中显示蒙版叠加效果。拖曳“阴影亮度范围”滑块至99，天空中阴影区域被遮挡。

图像中的白色区域应用了效果，而黑色区域被遮挡，灰度区域为应用渐变效果的区域，成功给叠加的影纹添加暖色调的效果。

修补图像中的高光“死白”区域，调整前后效果对比如原图和效果图所示。

小结

1. 要想让修补区域产生更强烈的暖色调效果，可以尝试增大“色温”值。

2. 如果觉得暖色调效果还不够强烈，可以复制“暖色调”蒙版。这样可以加强修补区域的暖色调效果。

第七节 去除叠纹的高级使用技法

叠纹去除是指消除图像中出现的伪影，也就是摩尔纹。当相机感光元件像素的空间频率与影像中条纹的空间频率接近时，会在图像中产生放大的摩尔纹。为了避免出现这种情况，也可以在拍摄时采取离拍摄物体远一些、改变机位角度或更换镜头等措施。现代数码相机通常安装了低通滤波器，能够有效滤除影像中的摩尔纹。

学习目的：掌握消除图像中叠纹的实用技巧。

案例一

在 Camera Raw 中打开案例图像，在“工具栏”中单击“蒙版”图标（快捷键为 M），在弹出的“创建新蒙版”面板中选择“线性渐变”（快捷键为 G）。将“叠纹”滑块拖曳至 +57，按住 Shift 键（使线性渐变的走向为直线），在画布上由里向外（从靠近图像向远离图像的方向）拉出渐变效果。由于渐变滤镜应用在画布上，所以图像中的叠纹全部被消除。为新创建的蒙版输入名称“去除叠纹”。

调整前后效果对比如左图所示。

案例二 本案例图像是经过全自动删除色差法处理后的结果图像。在 Camera Raw 中打开案例图像，在“工具栏”中单击“蒙版”图标（快捷键 M），在弹出的“创建新蒙版”面板中选择“画笔”（快捷键 K）。将“叠纹”滑块拖曳至 +40，调整好画笔大小，设置“羽化”值为 100、“流动”值为 100、“浓度”值为 100，不勾选“自动蒙版”复选框，采取直接涂抹的方式，按住鼠标左键在雕塑区域涂抹应用效果，摩尔纹被消除。为新创建的蒙版输入名称“去除叠纹”。

调整前后效果对比如下所示。

小结 摩尔纹的去除也会使图像的饱和度降低，所以在操作时可以适当地增加饱和度。

第八节 去除薄雾功能的高级使用技法

“去除薄雾”控件可以给图像添加或去除薄雾，该功能的优势在于可以消除图像中的灰度。如果要对图像的局部区域进行薄雾的添加或去除，则需要返回到滤镜中进行操作。有些图像需要去除薄雾，而有些图像则需要在局部区域添加薄雾，以营造不同的氛围。

学习目的：了解并掌握“去除薄雾”控件的实用技巧。

1. 在 Camera Raw 中打开案例图像，在工具栏中选择“修复”工具，“编辑”面板自动切换成“修复”面板，在“修复”模式下，设置“羽化”值为 0、“不透明度”值为 100，调整好画笔大小，将图像中的污点去除。

2. 展开“基本”面板并设置如下：“曝光”值为 -2.50、“对比度”值为 -66、“高光”值为 -100、“阴影”值为 +100、“白色”值为 +43、“黑色”值为 -25、“清晰度”值为 -21。

3. 展开“颜色分级”面板，选择“高光”模式并设置如下：“色相”值为 216、“饱和度”值为 63、“明亮度”值为 0、“混合”值为 88、“平衡”值为 +8。为图像的高光区域添加冷色调效果。

4. 在“工具栏”中单击“蒙版”图标（快捷键 M），在弹出的“创建新蒙版”面板中选择“线性渐变”（快捷键 G）。将“去除薄雾”滑块拖曳至 –100。按住 Shift 键（使线性渐变的走向为直线），由底部向上拉出线性渐变效果。给新创建的蒙版输入名称“薄雾效果”。

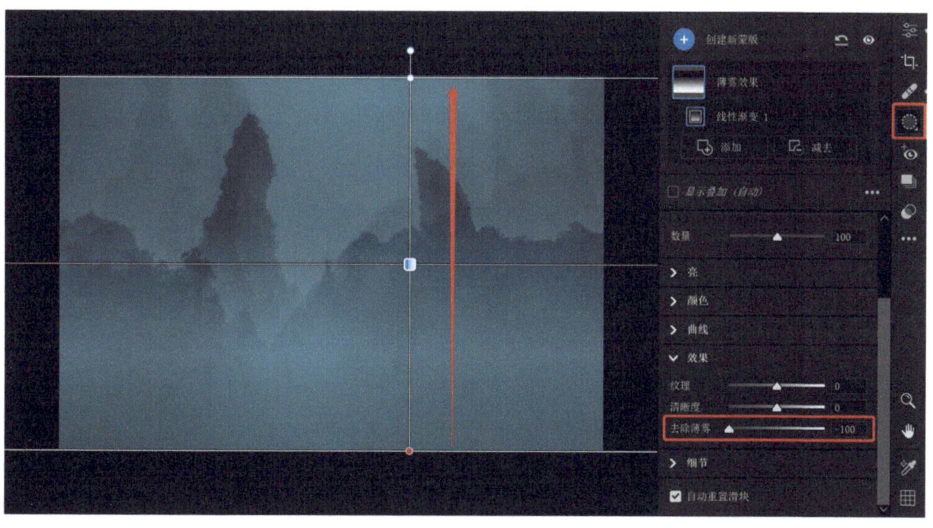

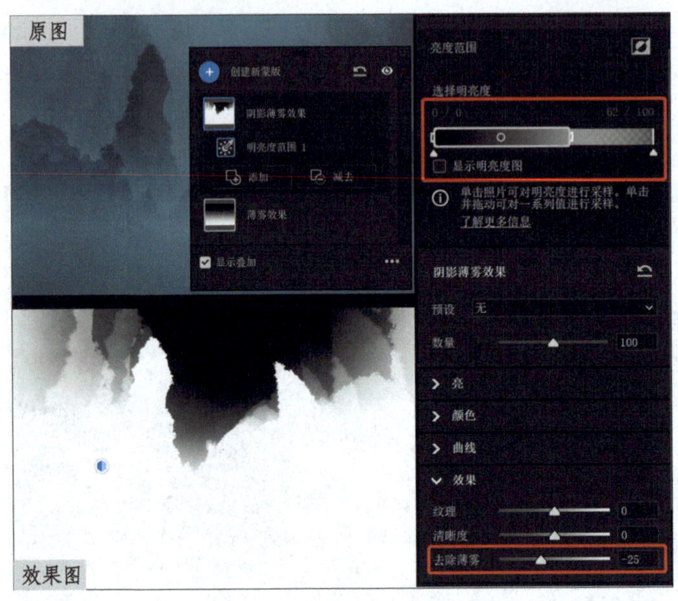

5. 单击“创建新蒙版”面板顶部的“+”号图标，展开蒙版局部调整工具，选择“亮度范围”调整工具。勾选“显示叠加”复选框，在图像预览界面中显示蒙版叠加效果，协助查看涂抹区域的准确范围。拖曳“高光亮度范围”滑块至62，“高光亮度范围平滑”滑块保持100，阴影区域被较完美地选择。将“去除薄雾”滑块拖曳至 -25，为阴影区域添加薄雾效果，达到更好的氛围渲染效果。

为图像添加薄雾效果后，画面效果宛如“仙境”。调整前后效果对比如原图和效果图所示。

小结

在为图像添加薄雾效果时，需要注意以下几点。

1. 了解图像风格和主题，根据实际需要决定是否添加薄雾效果。

2. 注意调整薄雾的强度和范围，不要过度添加，否则会对图像细节造成损害。

3. 在添加薄雾前，应该对图像进行必要的处理，例如调整亮度、对比度等，以便更好地呈现薄雾效果。

4. 在添加薄雾后，可以根据实际需要再次调整图像的亮度、对比度等参数，以营造所需氛围。

5. 在处理过程中，应该注意图像的色彩平衡，避免薄雾效果对图像整体色调造成影响。

第九节　巧妙使用“混色器”面板

“混色器”面板中的“浅绿色”控件通常可以用于调整图像中绿色通道的色相和饱和度，以及明亮度。对于大海、湖泊和游泳池等水面图像，我们可以通过适当调整“浅绿色”控件的值来实现更好的效果。

调整“蓝色”控件的明度值，可以增强或减弱图像中蓝色通道的对比度和颜色饱和度，并改变蓝色的明度和暗度。除了可以控制天空和远景的景深感之外，还可以在某些情况下去除图像中的灰度。

学习目的：巧妙使用“混色器”面板，才能更好地应对各种实际应用场景的需求。

1. 在 Camera Raw 中打开案例图像，展开“配置文件”面板，在“Adobe Raw”组中选择“Adobe 风景”，增强图像的色彩和对比度，单击“后退”按钮，返回“编辑”面板。单击“自动”按钮根据图像内容进行自动调整，以改善图像的影调和颜色。

2. 展开“混色器”面板，从“调整”下拉列表中选择“HSL”选项，切换至“色相”选项卡，将“浅绿色”滑块拖曳至 +100，湖水变成深蓝色。

3. 选择“明亮度”选项卡，将“蓝色”滑块拖曳至 -20，天空和远景的景深变浅了，图像的对比度增强，灰度被消除了。

调整前后效果对比如下所示。

原图

效果图

小结

虽然阳光照射下的海洋、湖泊和游泳池等表面通常看起来是浅绿色的，但实际上水的颜色受到许多因素的影响。这些因素包括水的深度、水质、光照等。因此，水的颜色可能并不仅仅是浅绿色。

第八章 Camera Raw 批处理

在 Camera Raw 中批量处理图像有以下优势：效率高，如果需要对大量图像进行相同的调整，使用批量处理功能能够大大缩短处理时间，提高工作效率；保证一致性，对于同一组拍摄的多张图像，使用批量处理功能可以保持其色彩、亮度、对比度等效果的一致性，使得图像呈现出统一的风格；方便、快捷，批量处理功能允许用户同时修改多个图像的设置，无须反复打开每个图像并逐一编辑；可撤销性，在 Camera Raw 中批量处理图像时，用户可以随时修改设置，还可以轻松地撤销编辑效果。

第一节 全手动批处理图像的高级技法

对于影调相似的一组图像，均可在 Camera Raw 中进行全手动批处理。

学习目的：学习批量处理图像的技巧和方法。

1. 选择要批处理的图像，在 Camera Raw 中打开。

（1）在胶片栏中，拖曳垂直分隔栏可以扩展或收缩胶片栏的大小，单击“单击以隐藏胶片”图标可隐藏胶片栏，再次单击可恢复胶片栏（快捷键为“/”）。

（2）单击图像正下方的“切换标记以删除”图标（快捷键为 Delete），可将选中的图像标记为删除，在标记为删除的图像的缩览图中，将显示一个白色的垃圾桶图标，再次选中标记为删除的图像并单击“切换标记以删除”图标，可取消删除标记。标记为删除的图像将在单击“完成”或“打开”按钮后被删除。

（3）在胶片栏中，单击数字键 1~9 可为选中的图像设置评级和颜色标签，按方向键可翻阅图像。

（4）在胶片栏缩览图中单击鼠标右键（或者单击图标），展开上下文菜单，选择“全选”命令，开始图像批处理。

2. 展开“基本”面板，设置如下：“色调”值为 +17、“曝光”值为 -0.25、“对比度”值为 -12、“高光”值为 -80、“阴影”值为 +60、“白色”值为 +50、“黑色”值为 -93、“自然饱和度”值为 +57、“饱和度”值为 +19。对所选图像同时做出调整。

3. 切换到“配置文件”面板，在“Adobe Raw”组中选择“Adobe 鲜艳”，增强图像的影调效果，单击“后退”按钮，返回“编辑”面板，完成图像批处理。

小结

如果调整后发现忘了“全选”图像，怎么办？

1. 在胶片栏缩览图中单击鼠标右键，展开上下文菜单，选择“复制编辑设置”命令（Windows 系统的快捷键为 Ctrl+C，macOS 系统的快捷键为 Command+C）。

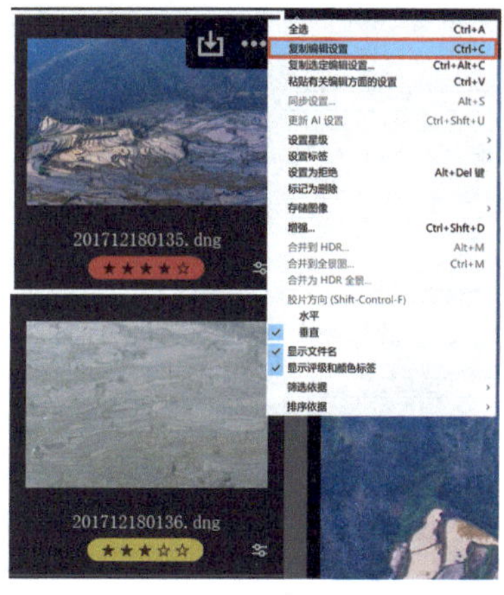

2. 选中其余图像，再次在胶片栏缩览图中，单击鼠标右键，展开上下文菜单，选择“粘贴有关编辑方面的设置”命令（Windows 系统的快捷键为 Ctrl+V，macOS 系统的快捷键为 Command+V）即可。

第二节 同步设置功能的高级使用技法

在 Camera Raw 中批处理图像时，全部选中图像并调整任意滑块（对滤镜局部调整除外），可实现同步调整。如果要对所有图像进行局部调整，就要对单幅图像进行调整后再使用“同步设置”达到批处理的目的。

学习目的：学习对滤镜局部调整后批处理图像的高级使用技法。

1. 案例图像是本章第一节全手动批处理后的图像。在 Camera Raw 中打开需要批处理的案例图像，对其中一幅图像单独进行局部区域精细影调调整。

在工具栏中单击“蒙版”图标（快捷键 M），弹出“创建新蒙版”面板。在“范围”选项中选择“亮度范围”（快捷键 Shift+L）。勾选“显示叠加”复选框，在图像预览界面中显示蒙版叠加效果。拖曳“阴影亮度范围”滑块至 99，阴影区域被遮挡。为新创建的蒙版输入名称“暖色调”。

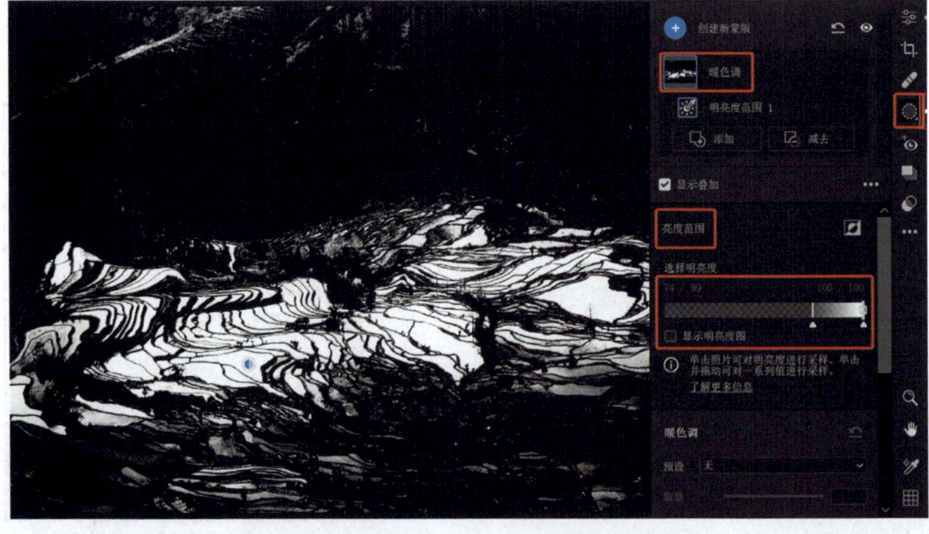

2. 单击“颜色”样本框，弹出“拾色器”界面，设置“色相”值为 33、“饱和度”值为 50，并单击“确定”按钮，对高光区域应用暖色调效果。

3. 在胶片栏缩览图中单击鼠标右键，展开上下文菜单，选择“全选”命令，开始图像批处理；再次在胶片栏缩览图中单击鼠标右键，展开上下文菜单，选择“同步设置”命令。

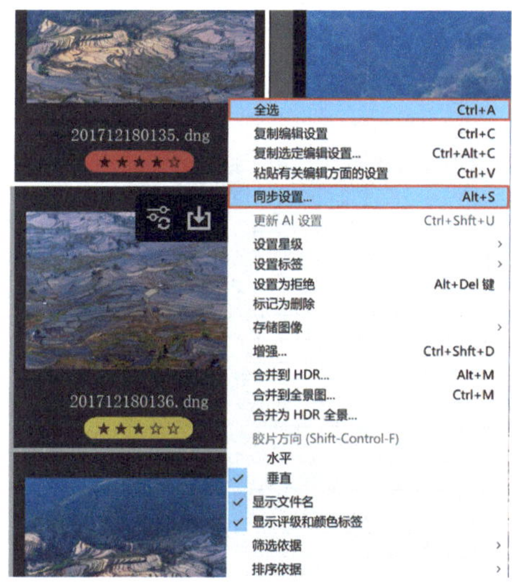

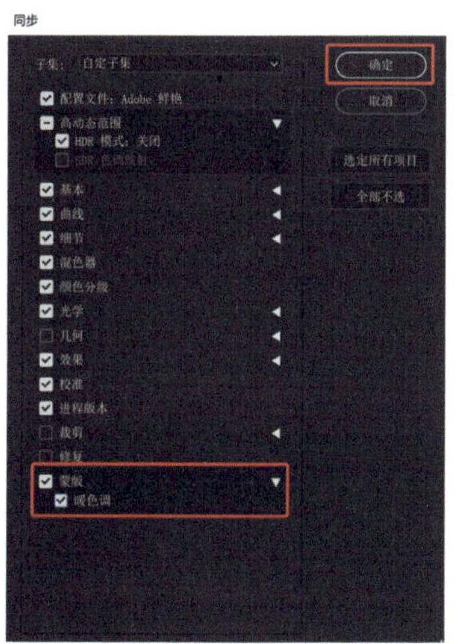

4. 在弹出的“同步”界面中，勾选“蒙版”复选框，并勾选其下的“暖色调”复选框，单击“确定”按钮。

所有图像即可实现同步局部调整。

小结

在滤镜局部调整后批量处理图像的方法如下。

1. 在胶片栏缩览图中单击鼠标右键，展开上下文菜单，选择“复制选定编辑设置”命令（Windows 系统的快捷键为 Ctrl+Alt+C，macOS 系统的快捷键为 Command + Option+C）。

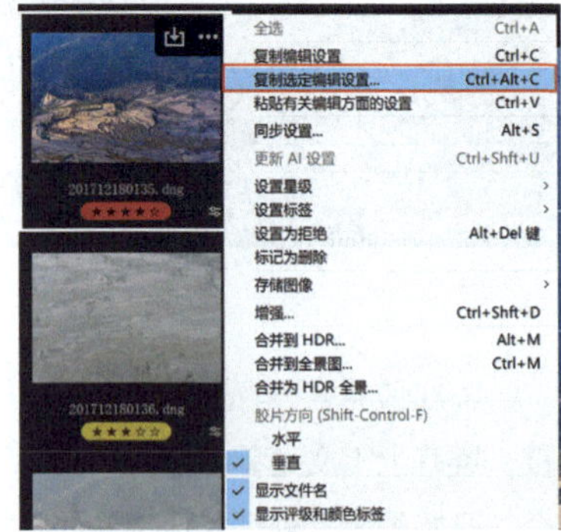

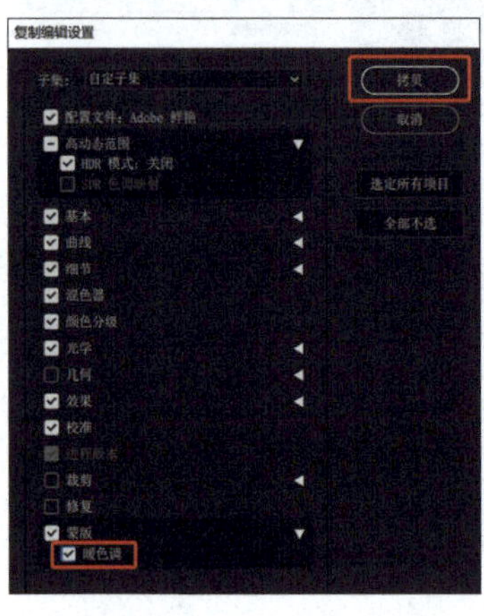

2. 在弹出的“复制编辑设置”界面中，勾选要使用的蒙版并单击“拷贝”按钮。

还有一种在滤镜局部调整后批量处理图像的方法，具体如下。

在胶片栏缩览图中单击鼠标右键，展开上下文菜单，选择“粘贴有关编辑方面的设置”命令（Windows 系统的快捷键为 Ctrl+V，macOS 系统的快捷键为 Command + V）。

第三节　在 Bridge 中批处理图像的高级使用技法

在 Bridge 中也可以批量处理相似的图像。

学习目的：学习在 Bridge 中批处理图像的高级技法。

1. 如果刚刚调整了一幅图像，想把它的应用效果复制到相似的图像中，可在 Bridge 的“内容”面板中，选择要复制应用效果的图像并单击鼠标右键，在弹出的上下文菜单中选择“开发设置”子菜单中的“上一次转换”即可（对滤镜局部调整除外）。选择“开发设置 ”子菜单中的“Camera Raw 默认值”，将取消选中图像的所有应用效果。

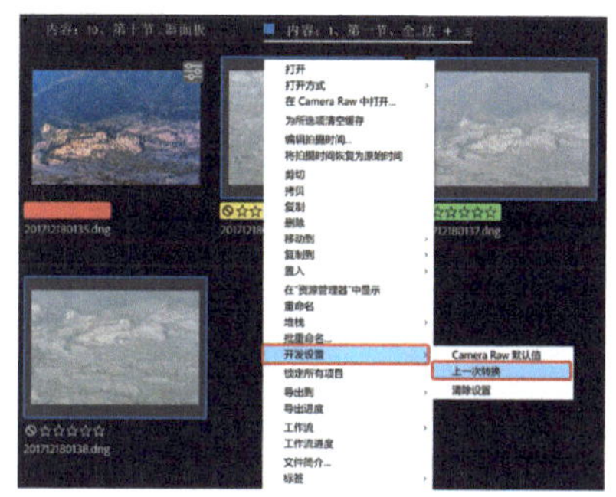

2. 如果 Bridge 中的上一步操作不是对案例图像进行的，可选择图像并单击鼠标右键，在弹出的上下文菜单中选择“开发设置”子菜单中的“复制设置”。

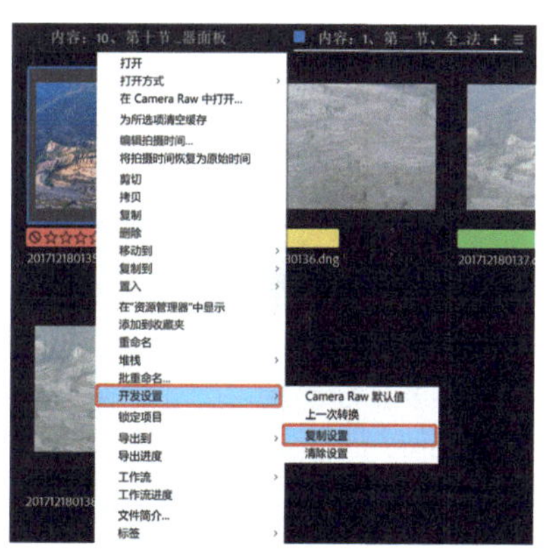

3. 选择需要进行批处理的图像并单击鼠标右键，在弹出的上下文菜单中选择“开发设置”子菜单中的“粘贴设置” （若选择“Camera Raw 默认值”，则选中图像的所有调整设置将被恢复为默认设置）。

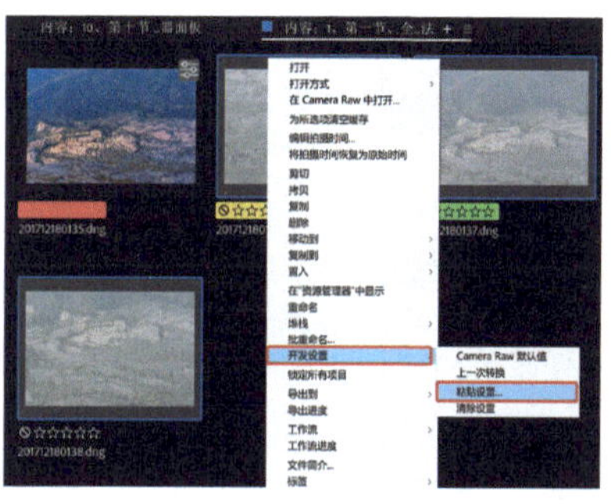

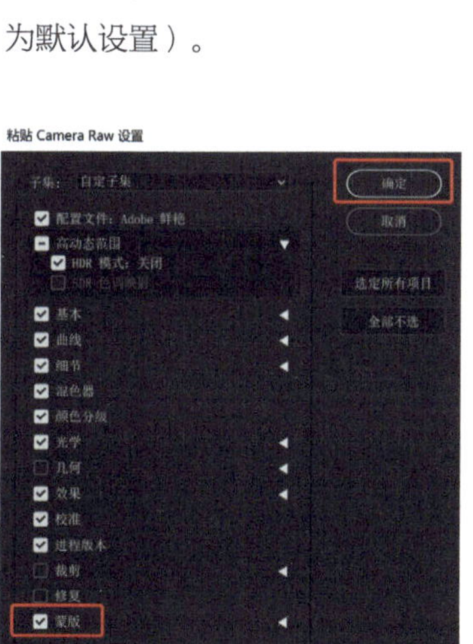

4. 在弹出的“粘贴 Camera Raw 设置” 界面中勾选 “蒙版”复选框，并单击“确定”按钮，在 Bridge 中批处理图像完成。

小结

在 Bridge 中批处理图像的技巧简单易学，而且好处多多，具体如下。

1. 更快速地处理：使用 Bridge 批量处理图像可以减少重复操作和时间浪费，提高工作效率。

2. 保证图像一致性：在 Bridge 中批量处理图像时，用户可以针对整个文件夹或选定的图像集应用相同的调整，从而保持图像处理的一致性。

3. 批量自动化：Bridge 提供丰富的批量处理工具，使用户能够轻松地进行重复任务的自动化处理，并节省时间。

4. 灵活的同步选项：Bridge 支持多种同步调整选项，同时支持蒙版同步。用户可以根据需要选择不同的选项并对其进行自定义同步设置。

5. 预览效果：在 Bridge 中进行批处理图像时，用户可以预览每个图像并查看编辑效果，有助于用户快速找到最佳处理方式。

第四节 播放动作预设批处理图像的高级使用技法

若要在 Camera Raw 中使用动作预设对图像进行批处理，需要事先创建并保存预设，或者使用 Camera Raw 提供的内置预设。

学习目的：学习如何安装预设，并掌握在 Camera Raw 中播放动作预设对图像进行批处理的方法。

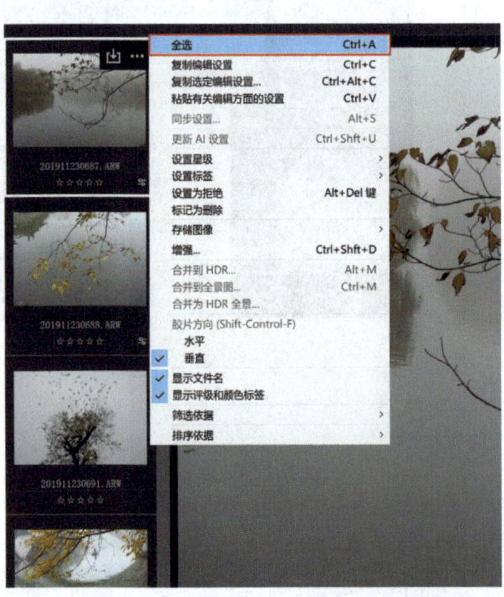

一、播放动作预设批处理图像

1. 选择要批处理的图像，在 Camera Raw 中打开。在胶片栏缩览图中单击鼠标右键，展开上下文菜单，选择“全选”命令（Windows 系统的快捷键为 Ctrl+A，macOS 系统的快捷键为 Command+A）。

2. 在工具栏中单击“预设”图标 ，展开“预设”面板，在“1、风光 RAW- 闭合式 -202304 ”组中选择“8 - 1：白变黑 1”，完成批处理。

二、创建个性化的动作预设

本部分以“8－1：白变黑 1”预设为例，详细讲解如何创建个性化的动作预设，以及安装预设的方法。

预设可分为闭合式预设和开放式预设。闭合式预设指动作预设不能相互叠加应用，有利于挑选预设并预览应用效果，一般应用于图像整体。开放式预设指动作预设可以相互叠加应用，有利于逐一添加动作并预览应用效果，一般应用于单项面板的子集。

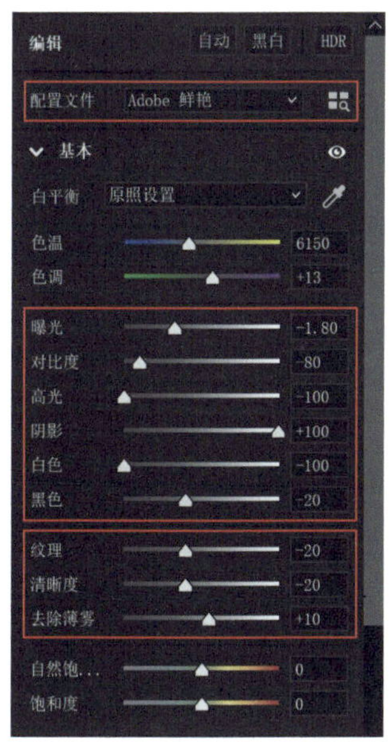

1. 闭合式预设

在“8－1：白变黑 1”预设中，做了如下动作记录。

（1）“配置文件”为“Adobe 鲜艳”，在“基本”面板中，“曝光”值为 −1.80、“对比度”值为 −80、“高光”值为 −100、“阴影”值为 +100、“白色”值为 −100、“黑色”值为 −20、“纹理”值为 −20、“清晰度”值为 −20、“去除薄雾”值为 +10。

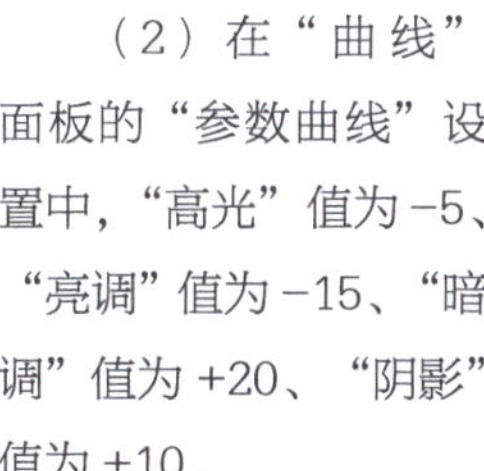

（2）在“曲线”面板的“参数曲线”设置中，“高光”值为 −5、“亮调”值为 −15、“暗调”值为 +20、“阴影”值为 +10。

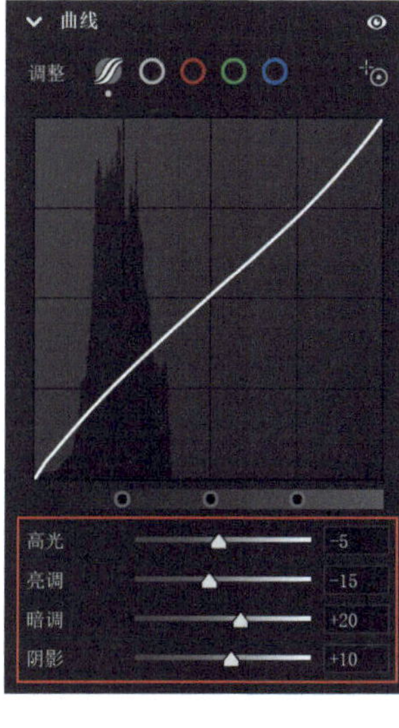

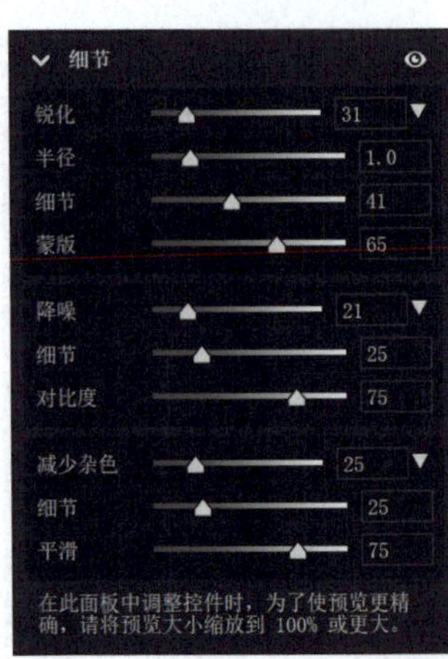

（3）在“细节”面板中的设置如下：“锐化”值为31、“半径”值为1.0、锐化“细节”值为41、“蒙版”值为65、“降噪”值为21、降噪“细节”值为25、“对比度”值为75、“减少杂色”值为25、颜色“细节”值为25、“平滑”值为75。

（4）在“颜色分级”面板中选择“阴影”模式并设置“色相”值为222、“饱和度”值为50；选择“中间调”模式并设置“色相”值为212、“饱和度”值为50；选择“高光”模式并设置“色相”值为212、“饱和度”值为90、“混合”值为100。

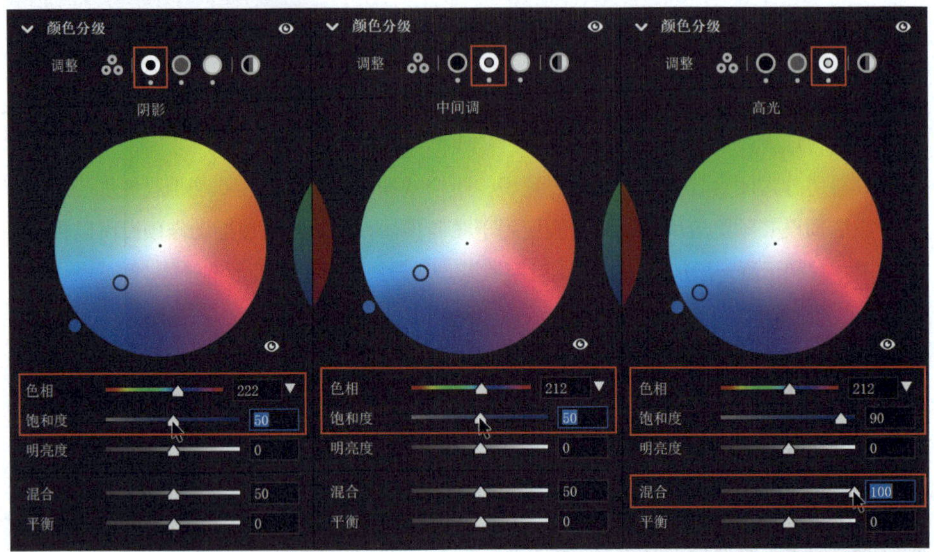

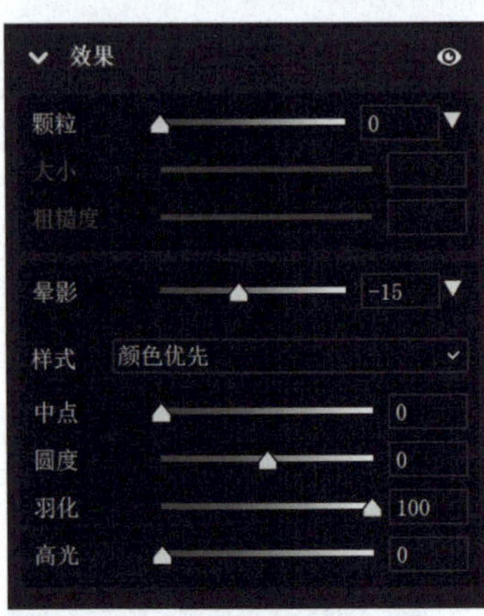

（5）在“效果”面板的“晕影”中，设置“样式”为“颜色优先”、“晕影”值为−15、“中点”值为0、“圆度”值为0、“羽化”值为100、“高光”值为0。

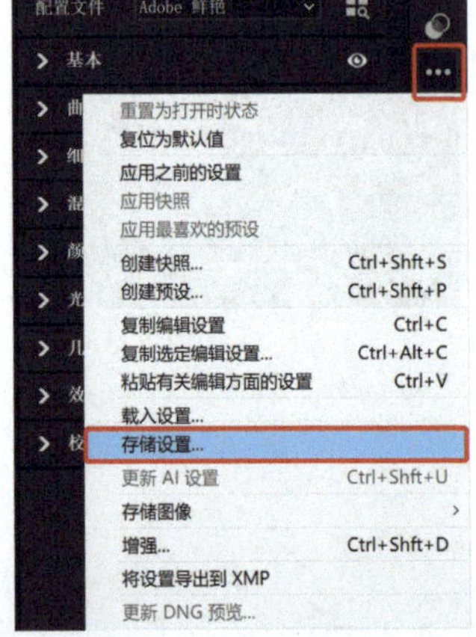

（6）在工具栏中单击“更多图像设置”图标，在展开的菜单中选择“存储设置”选项。

（7）在弹出的“存储设置”界面中取消勾选“白平衡”复选框，并单击“存储”按钮。

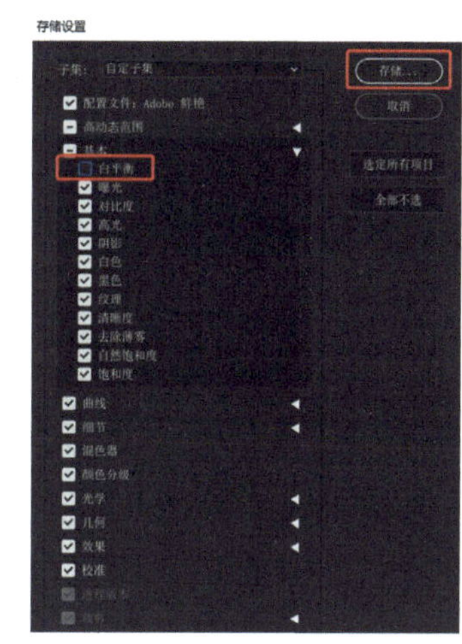

（8）在弹出的“存储设置”对话框中（默认保存位置为C:\Users\Administrator\AppData\Roaming\Adobe\CameraRaw\Settings），输入名称“白变黑”，并单击“保存”按钮完成存储。

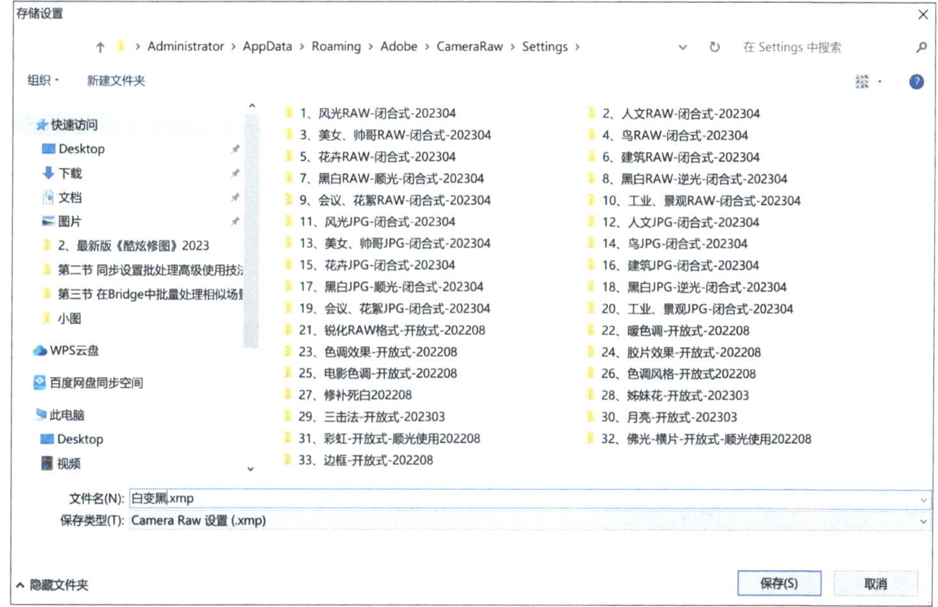

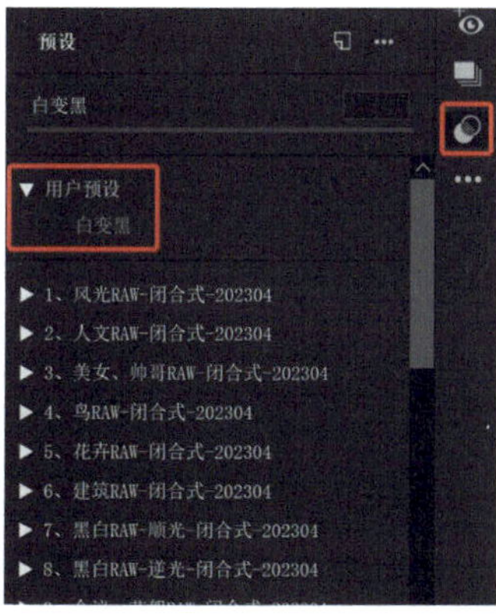

（9）新建的“白变黑”预设显示在“预设”面板的“用户预设”组中。

（10）在“用户预设”组中单击鼠标右键，在弹出的上下文菜单中选择“重命名预设组”命令，可以修改“用户预设”组的名称。

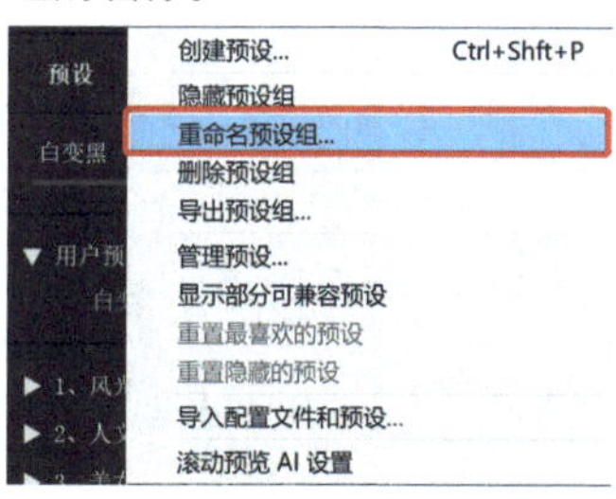

（11）在弹出的“重命名预设组”界面的“组”文本框中输入名称，如“01、风光RAW－闭合式 懒话调图”，单击“确定”按钮完成修改。

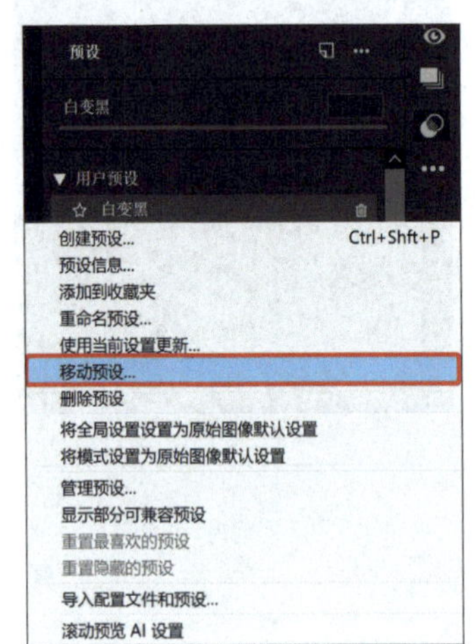

（12）当创建的预设较多时，可以采用分组管理预设的方式。在单项预设栏中单击鼠标右键，在弹出的上下文菜单中选择“移动预设”命令。

（13）在弹出的“移动‘白变黑’”界面中，选择组（或者“新建组”），单击“确定”按钮完成分组管理预设。

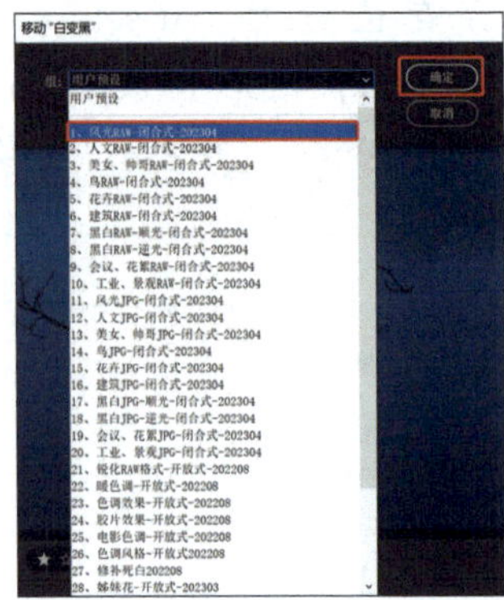

（14）“用户预设”组因没有了预设而自动消失，新预设被移动到“1、风光RAW－闭合式－202304”组中。

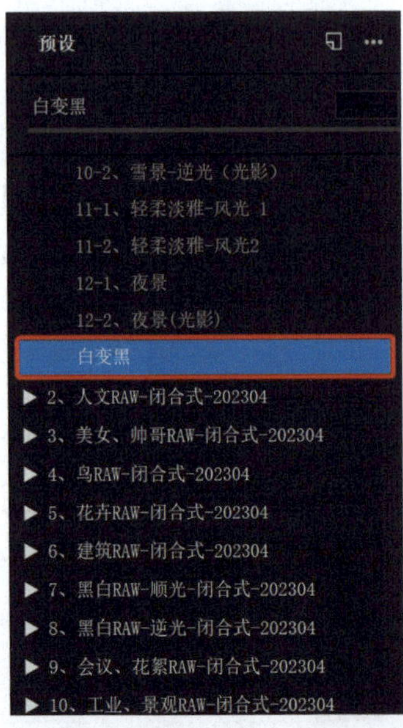

（15）在“预设”面板中单击“更多预设选项”图标 ，在弹出的菜单，可以对预设组进行管理或导入配置文件和预设，这里选择“管理预设”选项。

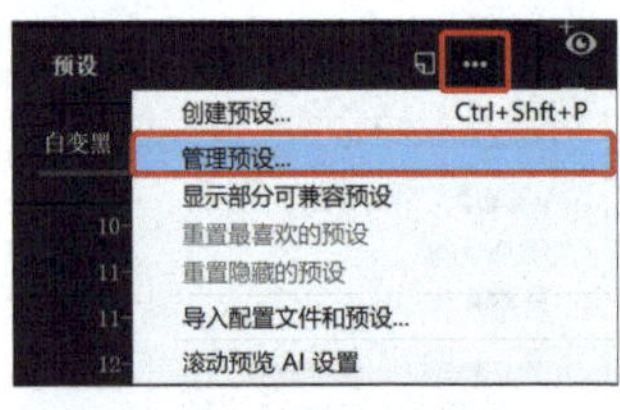

（16）在弹出的“管理预设”界面中，取消对任意组的勾选，可以隐藏对应的预设组，单击“确定”按钮。

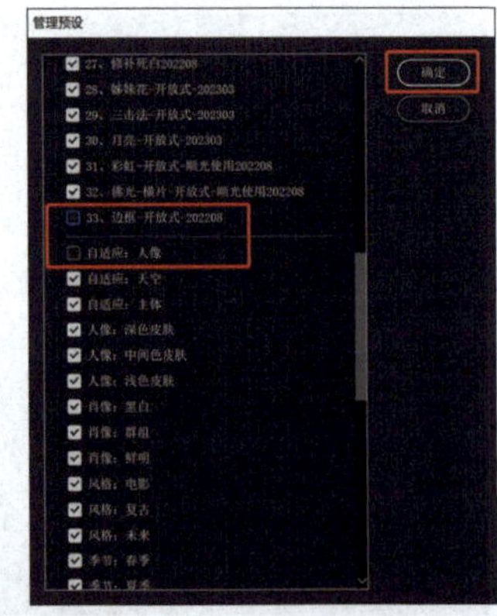

2. 开放式预设

以老人中近景锐化为例，选择要批处理的图像，在 Camera Raw 中打开，全选图像并展开“预设”面板，在“21、锐化 RAW 格式 – 开放式 –202208”组中选择“05 、老人中近景锐化”，对所有图像在保持影调不变的情况下叠加锐化效果。

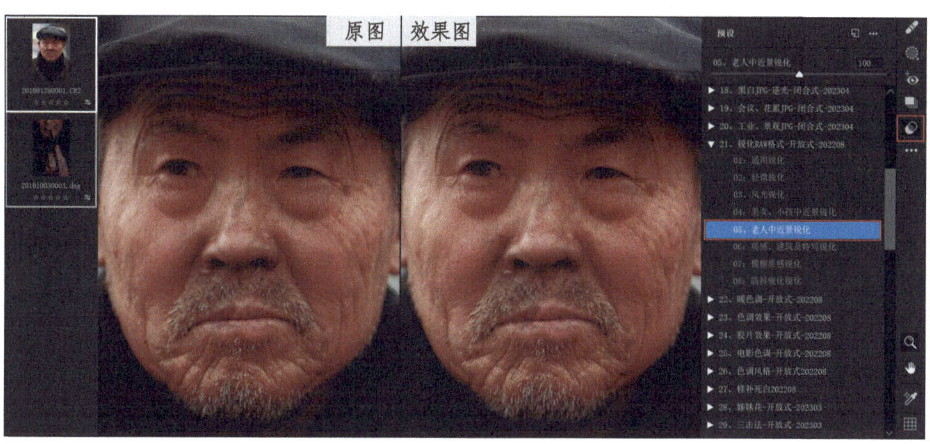

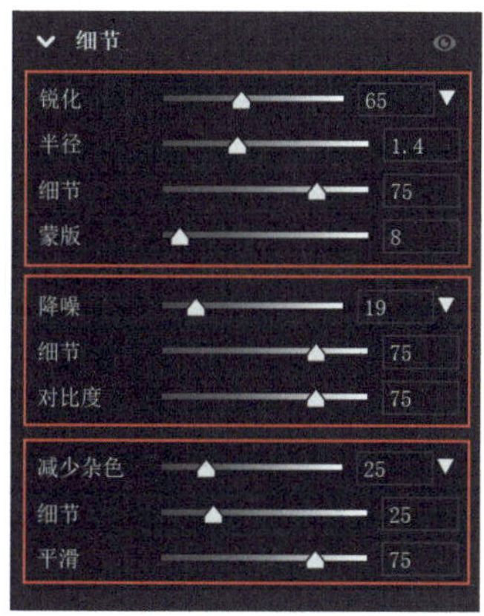

（1）在“细节”面板中的设置如下：“锐化”值为 65、“半径”值为 1.4 、锐化“细节”值为 75、“蒙版”值为 8、“降噪”值为 19、降噪“细节”值为 75、“对比度”值为 75、“减少杂色”值为 25 、颜色“细节”值为 25、“平滑”值为 75。

（2）在工具栏中单击“更多图像设置”图标…，在展开的菜单中选择“存储设置”选项。

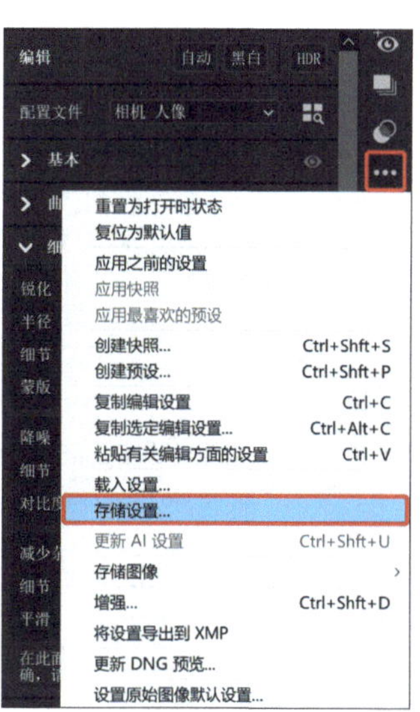

（3）在打开的“存储设置”界面中，先单击“全部不选”按钮，然后仅勾选“细节”复选框并单击“存储”按钮，余下操作步骤可参考闭合式预设的相关步骤。

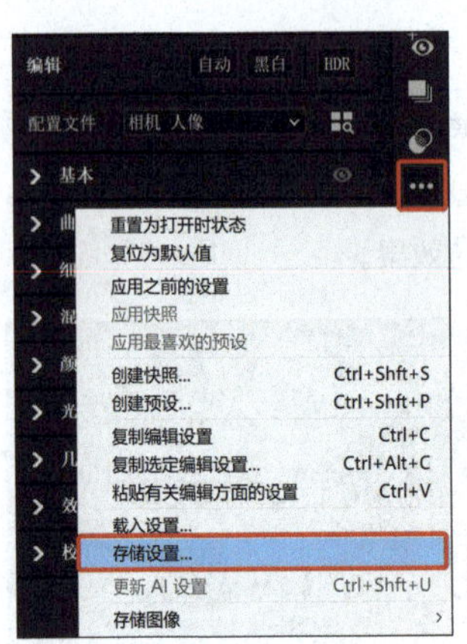

3. 快速安装预设的高级使用技法

不管是对自己创建的预设还是对从别处复制或在网络上下载的预设，快速安装预设都是首要任务。

（1）在工具栏中单击“更多图像设置”图标■，在展开的菜单中选择“存储设置”选项。

（2）在弹出的“存储设置”界面中直接单击“存储”按钮。

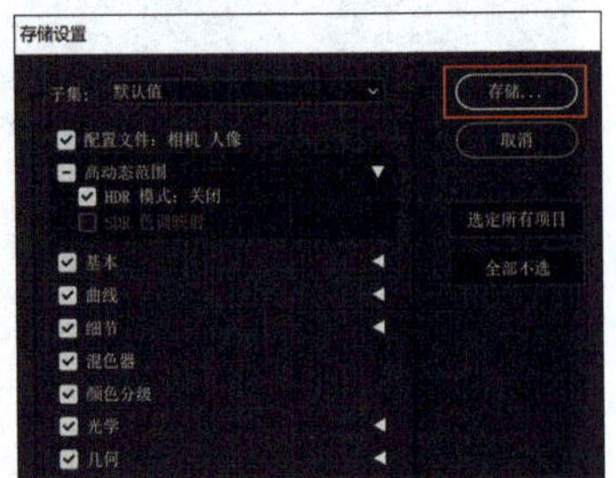

（3）在弹出的“存储设置”对话框中选择默认的存储路径，并单击鼠标右键，在弹出的上下文菜单中选择“复制”命令。

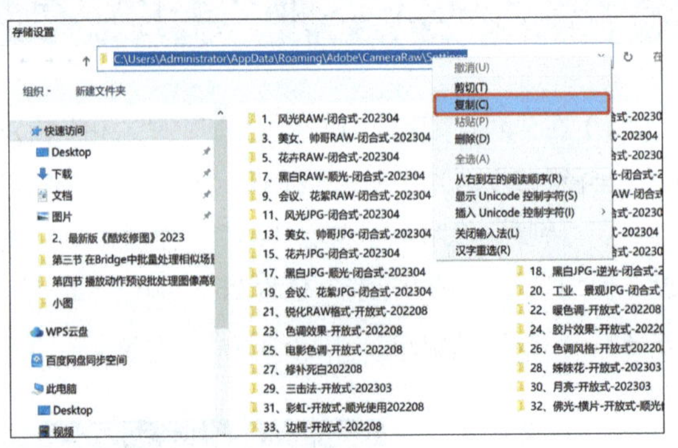

（4）打开任意文件夹，在路径栏中单击鼠标右键，在弹出的上下文菜单中选择“粘贴”命令，按 Enter 键，即可找到保存预设的文件夹。

（5）将保存了预设的文件夹里的内容，复制到刚打开的文件夹里。

（6）若要安装滤镜预设和“点曲线”预设，可单击“CameraRaw”文件夹。

（7）将滤镜预设和“点曲线”预设分别复制到对应的“LocalCorrections”和“Curves”文件夹里。

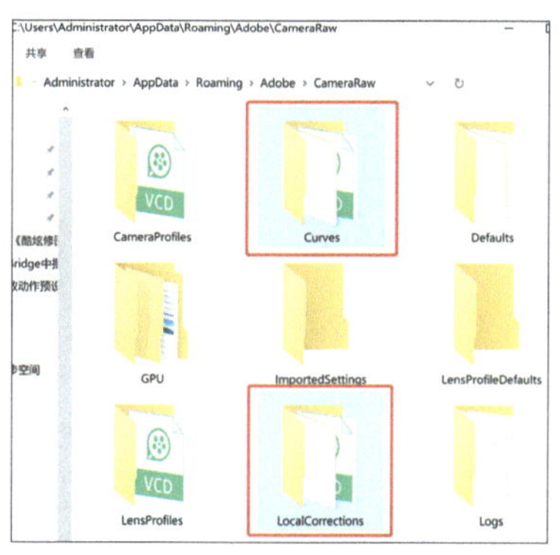

（8）macOS 系统中预设的安装方法和 Windows 系统中的略有不同，按住 Option 键并展开“前往”菜单，打开“资源库”文件夹。

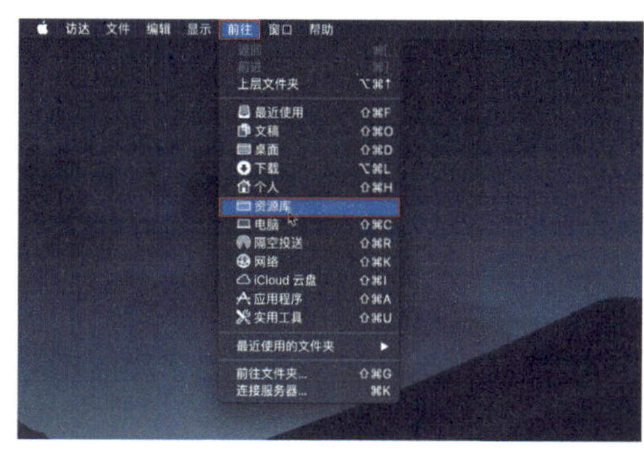

（9）选择“Application Support”文件夹并将其打开。

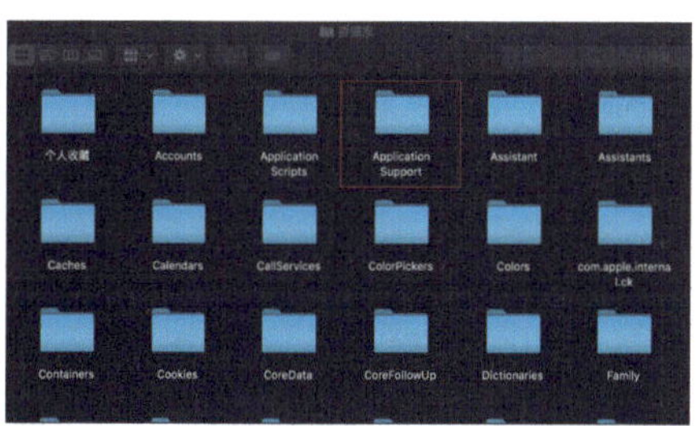

（10）打开“Adobe”文件夹。

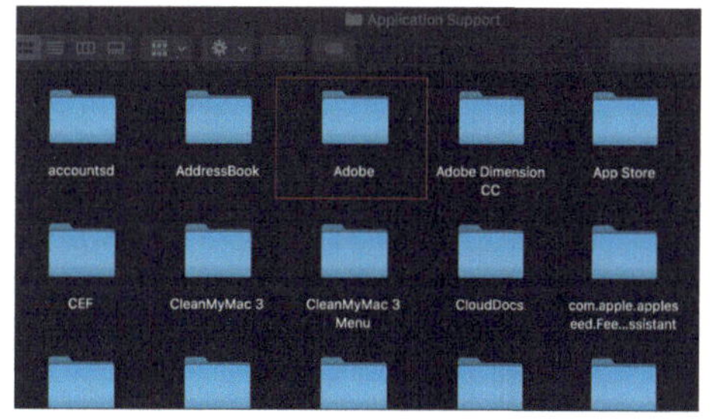

（11）打开“Camera Raw”文件夹。

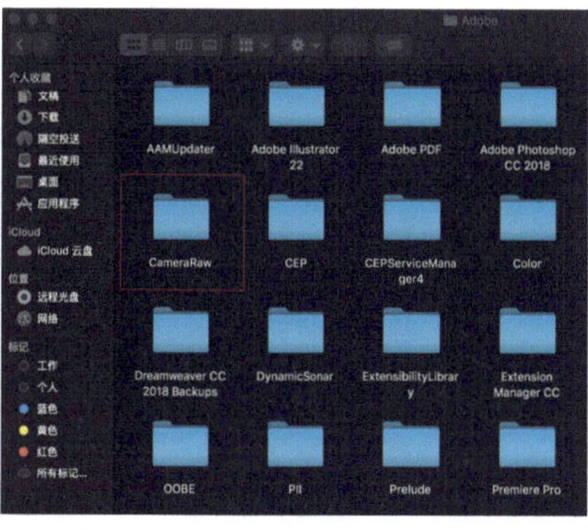

（12）将“预设”面板中的预设、滤镜预设、“点曲线”预设分别复制到“Settings”“LocalCorrections”“Curves”文件夹里，预设安装完成。

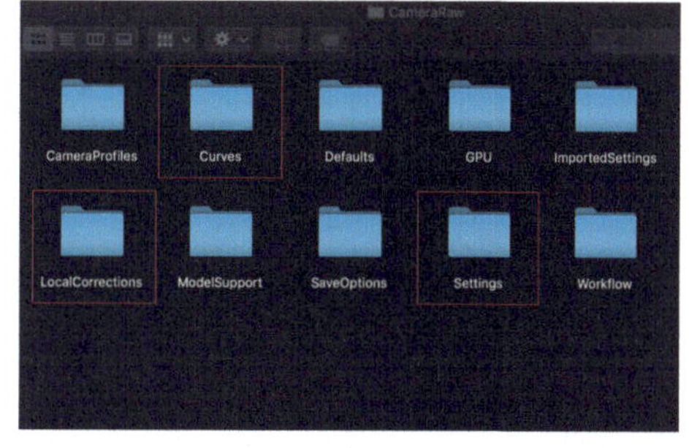

对于安装预设有困难的读者，可以观看随书提供的教学视频（“懒汉调图”安装方法），这样更直观、有效。

第九章 Camera Raw 高级调色技法

在 Camera Raw 中进行色调调整不仅快速、简便，还能充分利用 RAW 格式文件的宽容度，从而调整出高品质的图像。这样可确保最终输出的图像达到较佳的视觉效果。

第一节 色温、色调的高级调色技法

有时候，真实的色彩并不能有效地传达视觉效果，因此需要进行艺术性渲染。

学习目的：通过改变图像的“色温”和“色调”，实现主观的视觉表达。

1. 在 Camera Raw 中打开案例图像，展开“基本”面板，设置如下：“曝光”值为 −2.50、“对比度”值为 −59、“高光”值为 −100、“阴影”值为 +100、“白色”值为 −59、“黑色”值为 +100，减小图像的反差。

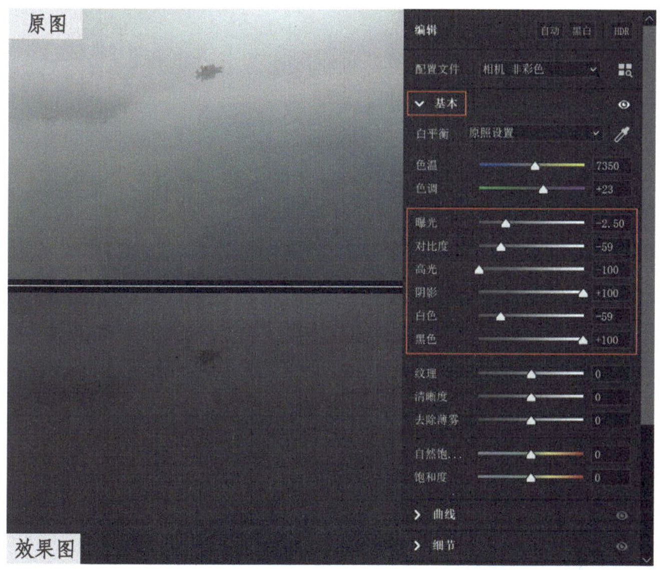

2. 切换到“配置文件”面板，在“Adobe Raw”组中选择“Adobe 风景”，增强图像的影调效果，单击“后退”按钮，返回“编辑”面板。

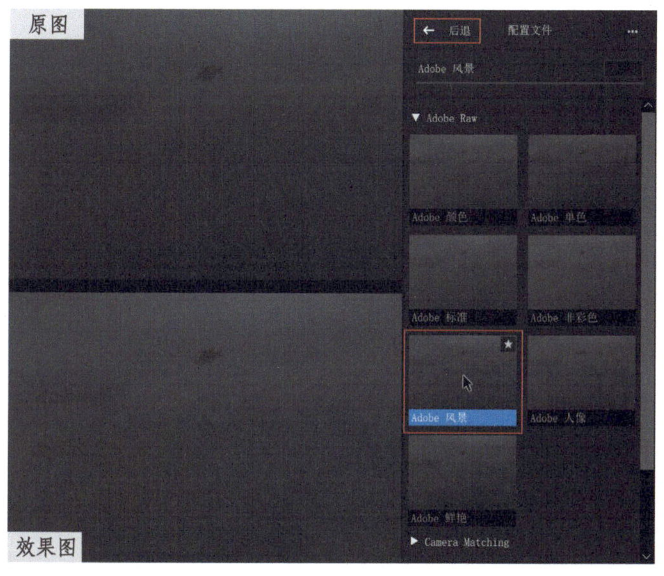

3. 在“基本”面板中，设置“色温”值为 4200，“色调”值为 +7，图像变得神秘而宁静，说明色调渲染效果很成功。

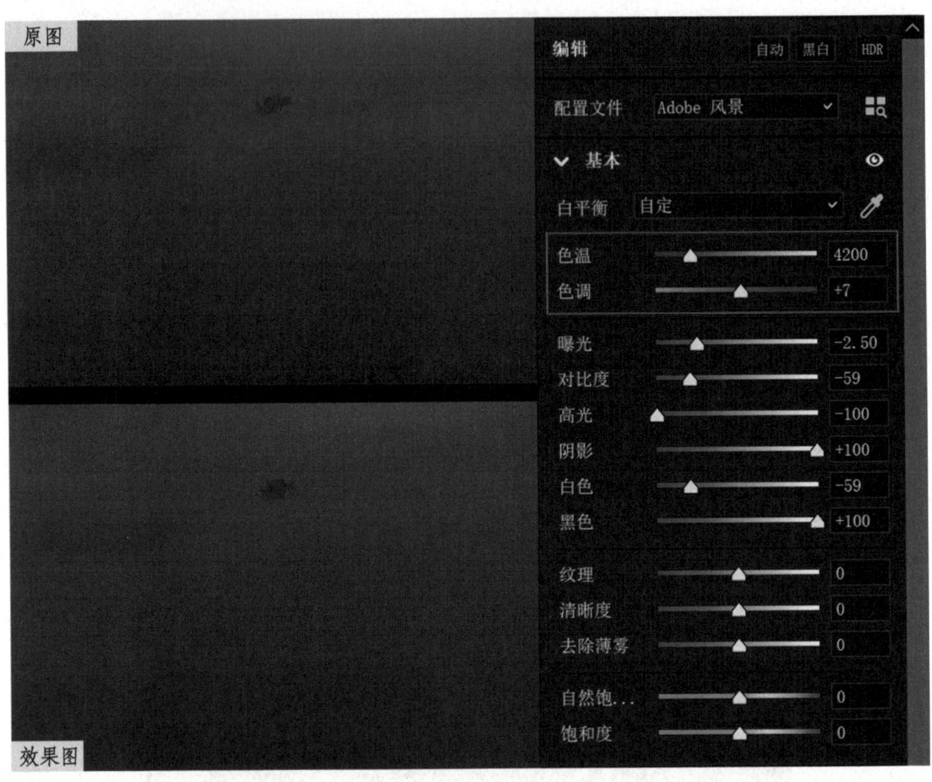

小结

要为图像添加冷色调效果，需要降低图像的明度和色温；而要为图像添加暖色调效果，则需要增加图像的明度和色温。这些秘诀可以帮助用户在图像处理中达到所需的色调效果，从而提高照片的质量和观赏性。

第二节 目标调整工具的高级调色技法

虽然使用目标调整工具可以精确调整图像的色彩，但同时读者也应该掌握使用“混色器”面板的技巧，用来增强主体色并弱化陪体色。

学习目的：学习如何通过手动颜色调整来搭配目标调整工具，以增强主体色、弱化陪体色。

1. 在 Camera Raw 中打开案例图像，展开“基本”面板，设置如下：“曝光”值为 -1.85、“对比度”值为 -12、“高光”值为 -64、“阴影”值为 +19、“白色”值为 +41、“黑色”值为 -69、“清晰度”值为 -20、“饱和度”值为 +33。调整图像的影调。

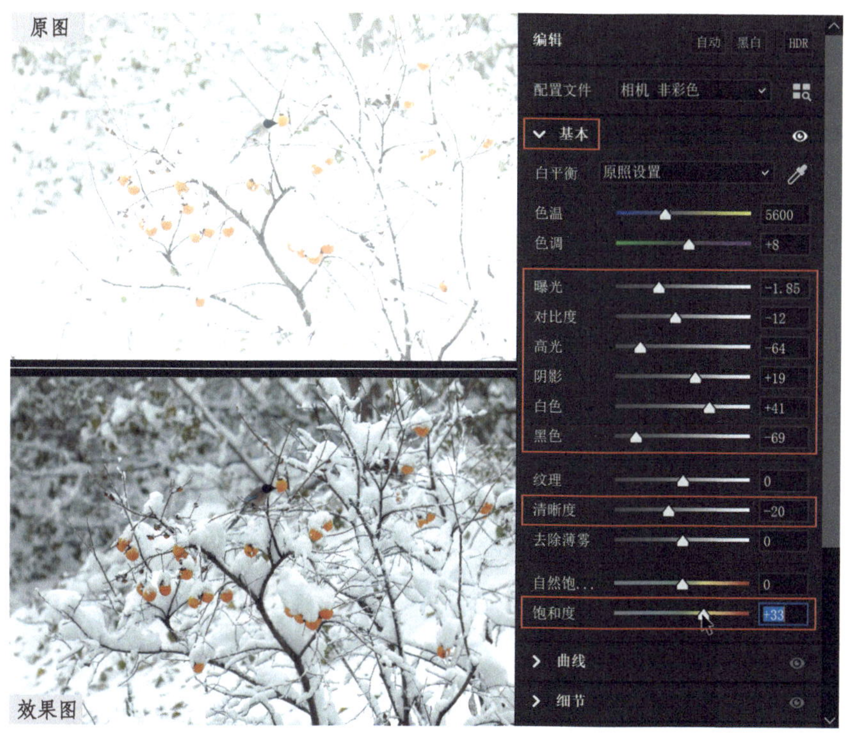

2. 展开“混色器”面板，选择“ 目标调整工具”，在图像中单击鼠标右键，弹出目标调整工具的上下文菜单，选择“色相”命令，“混色器”面板会自动切换并显示相应控件。

在柿子上按住鼠标左键并向左拖曳直至“红色”值为 -4、“橙色”值为 -25，使柿子变成金黄色。

3. 在图像中单击鼠标右键，在弹出的上下文菜单中选择“饱和度”命令，在柿子上按住鼠标左键并向右拖曳直至“红色”值为 +8、“橙色”值为 +56，提高柿子的颜色饱和度。

4. 在图像中单击鼠标右键，在弹出的上下文菜单中选择“明亮度”命令，在柿子上按住鼠标左键并向右拖曳直至“红色”值为 +8、“橙色”值为 +55，使柿子从背景中“跳跃”出来。

5. 在图像中单击鼠标右键，在弹出的上下文菜单中选择“饱和度”命令，在鸟儿羽毛处按住鼠标左键并向右拖曳直至“浅绿色”值为 +2、“蓝色”值为 +15，提高鸟儿羽毛的颜色饱和度。

6. 在“混色器”面板中，手动设置“黄色”“绿色”“紫色”“洋红”的“饱和度”值为－60，因为这些颜色不是主体色，所以需要做弱化处理。

降低陪体饱和度的数值时，颜色过渡自然即可，没有具体的硬性标准。

使用目标调整工具调色，调整前后效果对比如右图所示。

原图

效果图

在主体色和背景色相近的情况下，可以使用适当的蒙版来突出主体并弱化陪体。

第三节 局部调色的高级使用技法

图像中的色彩传递着摄影师的感受，同时也影响着观者的情绪。掌握好图像的色调，也就掌握了内容的有效传达方法。因此，在 Camera Raw 中学会局部、精准地调色尤为重要。

学习目的：学习如何在蒙版面板中对图像的局部区域进行精准和艺术化的调色。

一、局部绘制法

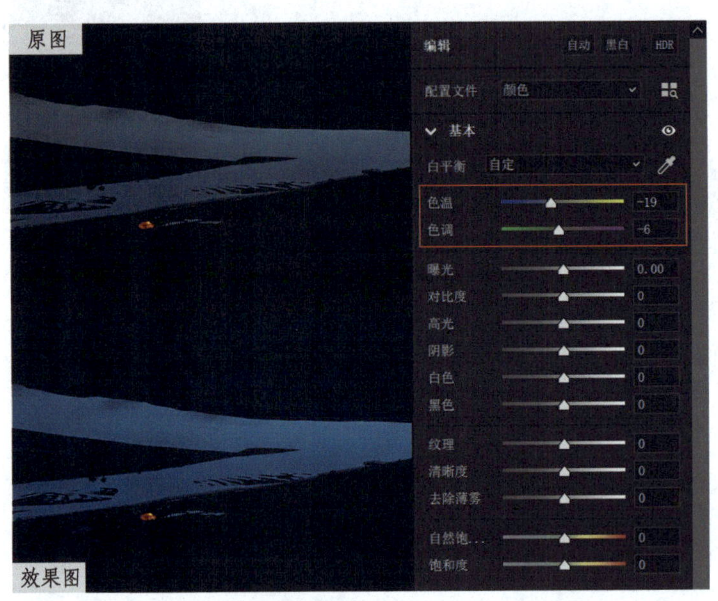

局部绘制法就是使用“画笔”工具，对图像的局部区域精细地绘制色调效果的技法。

1. 在 Camera Raw 中打开案例图像，展开“基本”面板，设置“色温”值为 -19、“色调”值为 -6，为图像整体添加冷色调效果。

2. 在工具栏中选择“画笔”工具，“编辑”面板自动切换成“画笔”面板 。将“色温”滑块拖曳至 +57，“曝光”滑块拖曳至 +1.00 ，调整好画笔大小，设置“羽化”值为 100、“流动”值为 50、“浓度”值为 100 ，勾选“自动蒙版”复选框，开启智能遮挡模式，按住鼠标左键在帐篷处小心绘制。

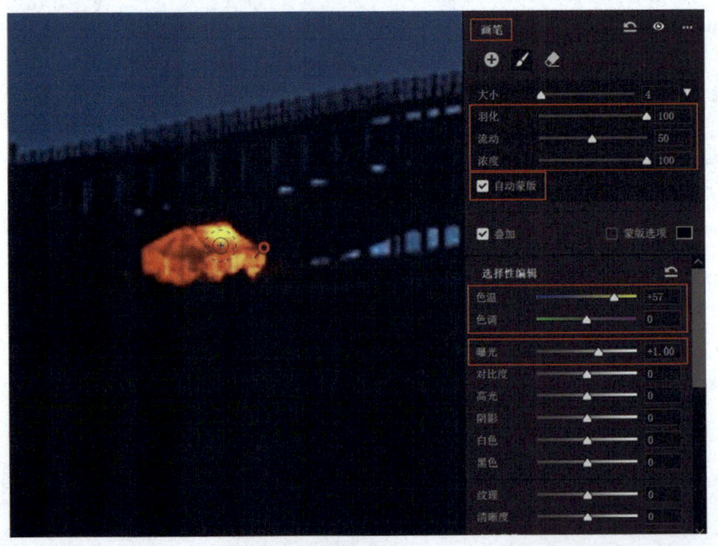

调整前后效果对比如原图和效果图所示。

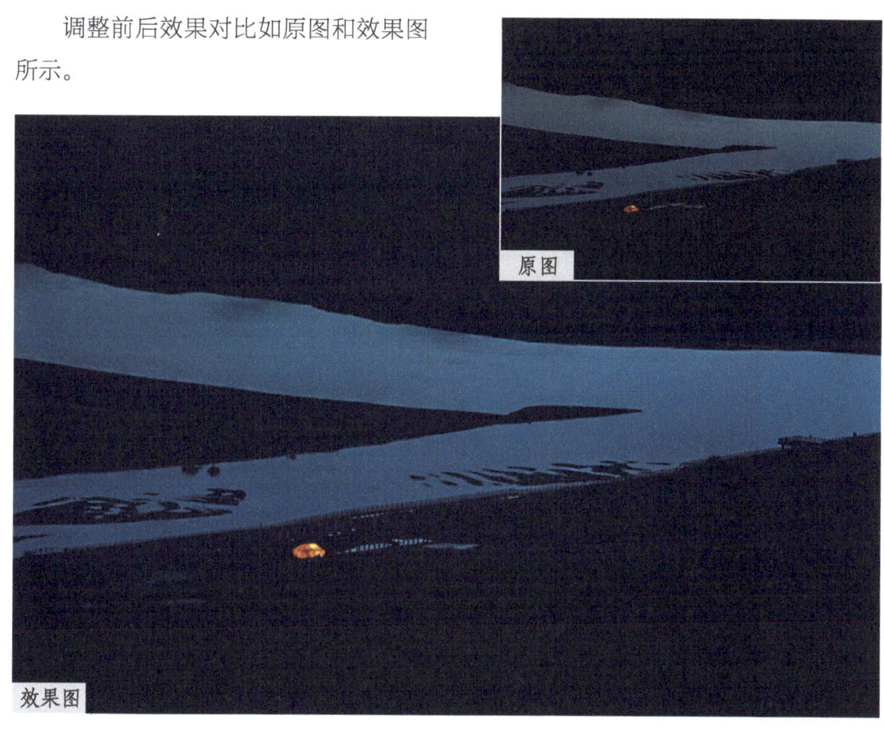

二、褪色叠加法

褪色叠加法就是使用“画笔”“渐变滤镜”或“径向滤镜”工具，对图像局部区域进行褪色并叠加色调的技法。对于特殊场景可以完全褪色，来叠加色调效果。

1. 在 Camera Raw 中打开案例图像，在工具栏中选择“污点去除”工具，“编辑”面板自动切换成“修复”面板。在“修复”模式下，设置“羽化”值为 0、“不透明度”值为 100 ，调整好画笔大小，将荷花中的瑕疵去除。

2. 展开“基本”面板，设置如下：“色温”值为 5050、“色调”值为 +39、“曝光”值为 −0.85、“对比度”值为 −6、“高光”值为 −41、“阴影”值为 +28、“白色”值为 +56、“纹理”值为 +7、“清晰度”值为 −60、“自然饱和度”值为 +41、“饱和度”值为 +10。

3. 展开“渐变滤镜”面板，将“曝光”滑块拖曳至 －0.45，将“饱和度”滑块拖曳至 －60；单击“颜色”样本框，弹出“拾色器”界面，设置“色相”值为 222、“饱和度”值为 63，单击“确定”按钮。

按住 Shift 键（使渐变滤镜的走向为直线），在画布上由里向外（从靠近图像向远离图像的方向）拉出渐变效果，图像全部褪色并叠加上冷色调效果。

4. 单击“渐变滤镜”面板中的“从选定调整中清除”图标，设置“羽化”值为 100、“流动”值为 100；勾选“自动蒙版”复选框，开启智能遮挡模式，清除荷花的边缘区域，只要画笔中心点不超出边界，清除任务就会很成功。

5. 取消勾选“自动蒙版”复选框，在荷花内部快速、均匀地涂抹应用效果，只有背景应用了褪色叠加效果。

调整前后效果对比如原图和效果图所示。

三、源“色相”调色法

利用蒙版面板中的“色相”控件，可以改变图像的色相。配合使用“目标调整工具”，能够实现对图像局部区域的色相扩展性调整，实现令人惊艳的调色效果。

在 Camera Raw 中打开案例图像，在“工具栏”中单击“蒙版”图标（快捷键 M），在弹出的“创建新蒙版”面板中选择“线性渐变”（快捷键 G）。按住 Shift 键（使渐变滤镜的走向为直线），在画布上由里向外（从靠近图像向远离图像的方向）拉出渐变效果。给新创建的蒙版输入名称“源色相调色”。

将源色相控件拖曳至 -180.0，“神奇”的效果将呈现在眼帘，如梦幻般宁静。

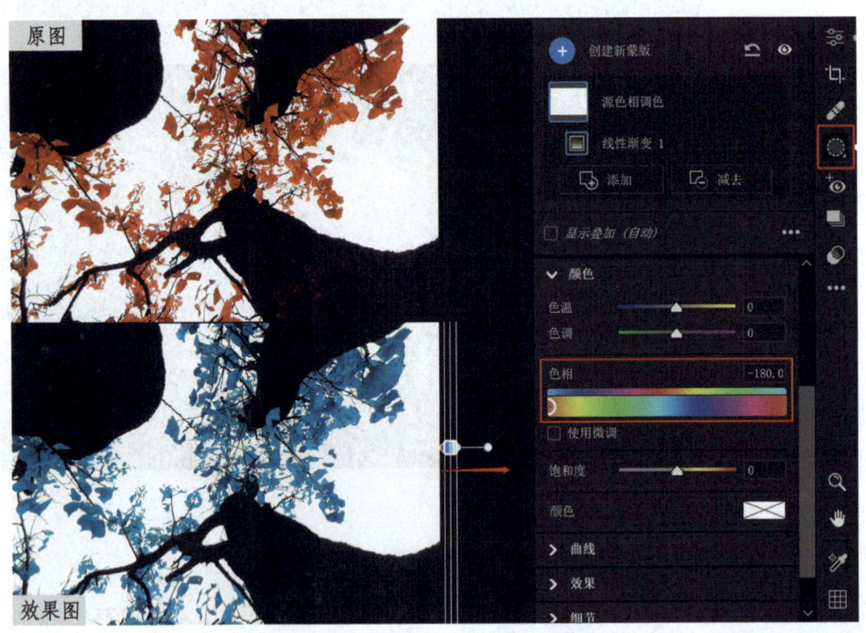

小结

当处理复杂背景的图像，需要对局部区域进行调色时，可以综合使用其他局部调整工具，以实现更精准和艺术化的调色效果。

第四节 低饱和调色的高级使用技法

鲜艳的色彩可以表达愉悦的情感，淡雅的色彩则更适合表达记忆或忧郁的情感。因此，在图像后期处理中，低饱和调色的方法比较流行。

学习目的：熟练掌握低饱和调色的各种高级使用技法。

一、自然饱和度褪色法

在 Camera Raw 中处理低饱和图像时，“自然饱和度”滑块起着至关重要的作用。当减小“自然饱和度”数值时，原饱和度较高的颜色所受影响较小，原饱和度较低的颜色所受影响较大。

1. 在 Camera Raw 中打开案例图像，展开“基本”面板并进行如下设置：“色温”值为 5400，“色调”值为 −2，“曝光”值为 +1.40，“对比度”值为 +10，“高光”值为 −100，“阴影”值为 +100，“白色”值为 +23，“黑色”值为 −25，“纹理”值为 +15，“清晰度”值为 +10，“去除薄雾”值为 +6。渲染图像的影调和色调。

2. 展开“效果”面板并进行如下设置：“样式”为“高光优先”、“晕影”值为 −15、“中点”值为 0、“圆度”值为 0、“羽化”值为 100、“高光”值为 0。弱化周边环境，突出主体。

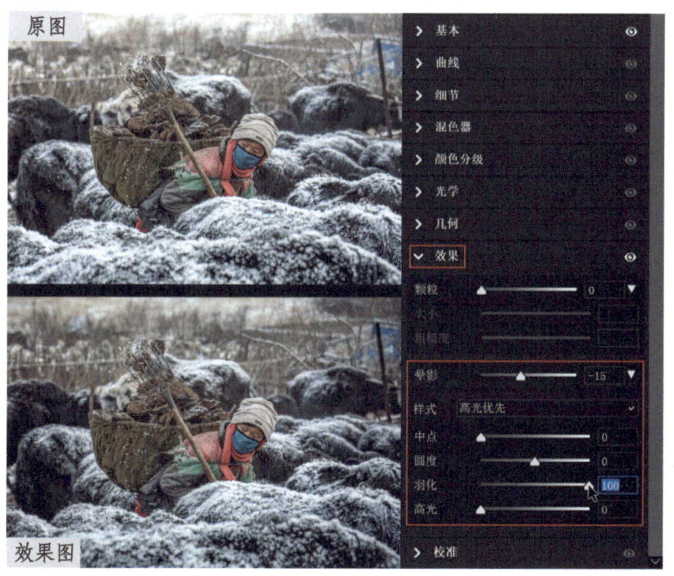

3. 展开“细节”面板并进行如下设置：“锐化”值为 31、“半径”值为 0.8、锐化“细节”值为 20、“蒙版”值为 65、“降噪”值为 15、降噪“细节”值为 50、“对比度”值为 25、“减少杂色”值为 25、颜色“细节”值为 50、“平滑”值为 100。

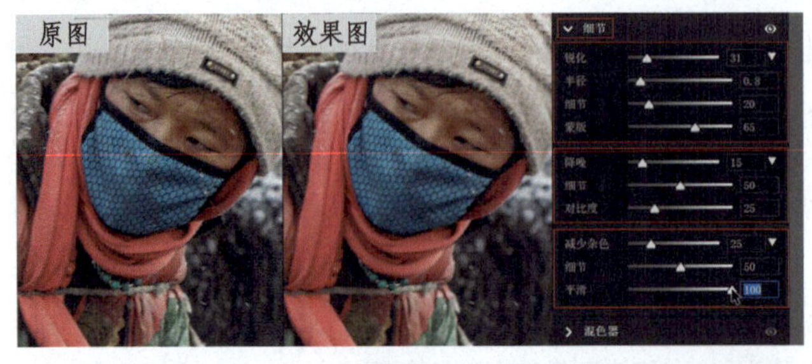

4. 展开“基本”面板，将“自然饱和度”滑块拖曳至 -33，由于该调整对原饱和度较高的颜色（主体色）影响较小，对原饱和度较低的颜色（背景色）影响较大，所以，低饱和调色可以一键完成。

二、目标调整工具褪色法

目标调整工具可以提高图像局部色彩的饱和度，也可以降低图像局部色彩的饱和度，这种技法多应用于饱和度高中有低的图像调色。

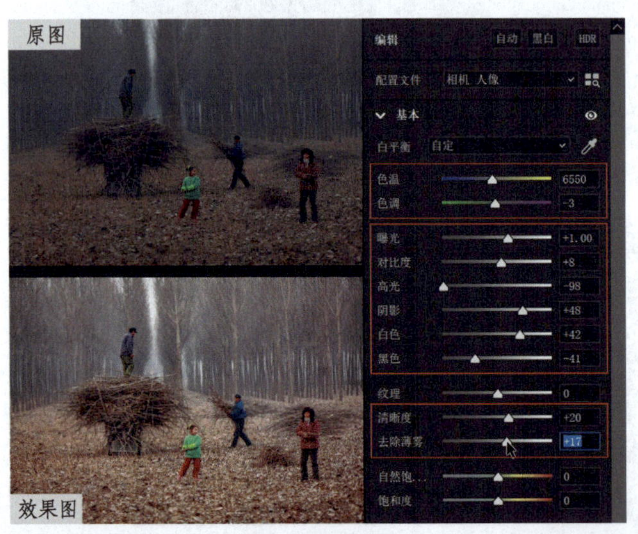

1. 在 Camera Raw 中打开案例图像，展开“基本”面板并进行如下设置：“色温”值为 6550、“色调”值为 -3、“曝光”值为 +1.00、“对比度”值为 +8、“高光”值为 -98、“阴影”值为 +48、“白色”值为 +42、“黑色”值为 -41、“清晰度”值为 +20、“去除薄雾”值为 +17。

2. 展开“细节”面板并进行如下设置：“锐化”值为 35、“半径”值为 1.1、锐化“细节”值为 46、“蒙版”值为 87、“降噪”值为 28 、降噪“细节”值为 75、“对比度”值为 75、“减少杂色”值为 29、颜色“细节”值为 50、“平滑”值为 75。

3. 展开“混色器”面板，选择“目标调整工具”，在图像中单击鼠标右键，弹出目标调整工具的上下文菜单，选择“饱和度”命令，“混色器”面板会自动切换并显示相应控件。

在孩子母亲的衣服上按住鼠标左键并向左拖曳直至“红色”值为 -15、“橙色”值为 -3。孩子的母亲是第一陪体，降低的数值较小为好。

4. 在孩子爷爷的衣服上按住鼠标左键并向左拖曳直至“蓝色”值为 -40、“紫色”值为 -1。

5. 在孩子爸爸的裤子上按住鼠标左键并向左拖曳直至“黄色”值为 -60、“绿色”值为 -33。

调整前后效果对比如原图和效果图所示。

原图

效果图

三、蒙版调色法

蒙版调色法是一种利用 Camera Raw 中的蒙版工具，先对整个图像应用效果，再使用“画笔”工具涂抹要突出的局部区域的技法。这种调色方法非常适合处理场景元素较为复杂的图像。

1. 在 Camera Raw 中打开案例图像，切换到“配置文件”面板，在“Camera Matching”组中选择“风景”，增强图像的影调效果，单击“后退”按钮，返回“编辑”面板。

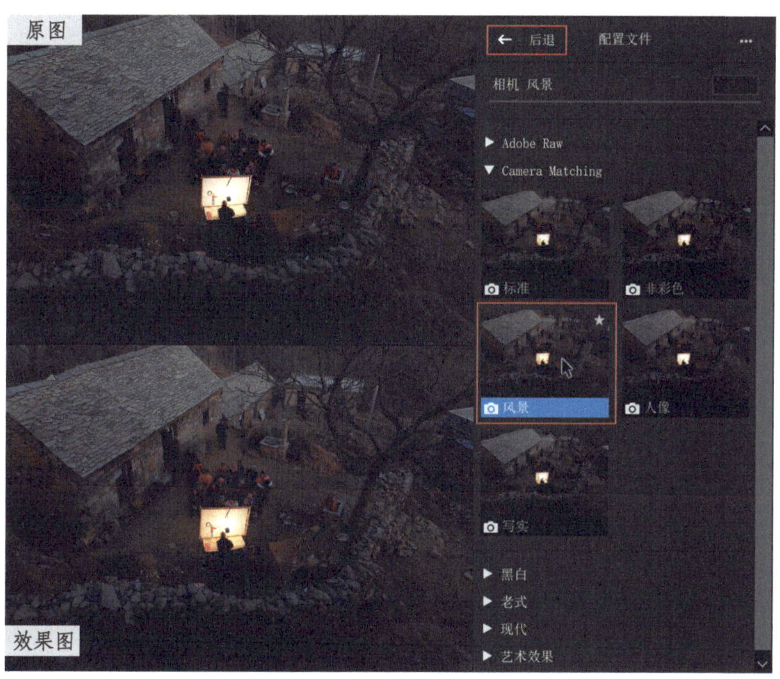

2. 展开“基本”面板并设置如下：“色温”值为 5350、“色调”值为 +2、“曝光”值为 +1.75、“对比度”值为 -1、“高光”值为 -62、“阴影”值为 +84、“白色”值为 -2、“黑色”值为 -21、“自然饱和度”值为 +28。完成影调和色调的调整。

3. 展开“效果”面板并设置如下：“样式”为“颜色优先”、“晕影”值为 -40、“中点”值为 0、“圆度”值为 0、“羽化”值为 100、“高光”值为 0。弱化周边环境，突出主体。

4. 在“工具栏”中单击“蒙版”图标（快捷键 M），在弹出的“创建新蒙版”面板中选择“线性渐变”（快捷键 G）并设置如下：“曝光”值为 -0.30、“色温”值为 -5、“饱和度”值为 -48（所有设置都可以在应用效果后再微调）。按住 Shift 键（使线性渐变的走向为直线），在画布上由里向外（从靠近图像向远离图像的方向）拉出渐变效果，图像整体被弱化。给新创建的蒙版输入名称“蒙版调色”。

5. 在“蒙版调色”蒙版中单击“减去”按钮，在弹出的上下文菜单中选择“画笔”，将“画笔”面板控件中的“羽化”值调整为100、“流动”值调整为100、“浓度”值调整为100；不勾选“自动蒙版”复选框，采取直接涂抹的方式，调整好画笔大小，在主体区域细心涂抹。

然后，勾选“显示叠加”复选框，在图像预览界面中显示蒙版叠加效果，协助查看涂抹区域完成效果。查看后要取消勾选“显示叠加”复选框，否则会影响下一次的操作。

调整前后效果对比如原图和效果图所示。

原图

效果图

四、高（低）对比度欠饱和实用技法

高（低）对比度欠饱和图像的调整方法是在自然饱和度褪色法的基础上，增大（减小）图像的反差。

1. 高对比度欠饱和技法

在 Camera Raw 中打开案例图像，展开“基本”面板并设置如下：“曝光”值为 −2.10、“白色”值为 +76、“自然饱和度”值为 −60、“饱和度”值为 −10 。高对比度欠饱和图像调整完成。

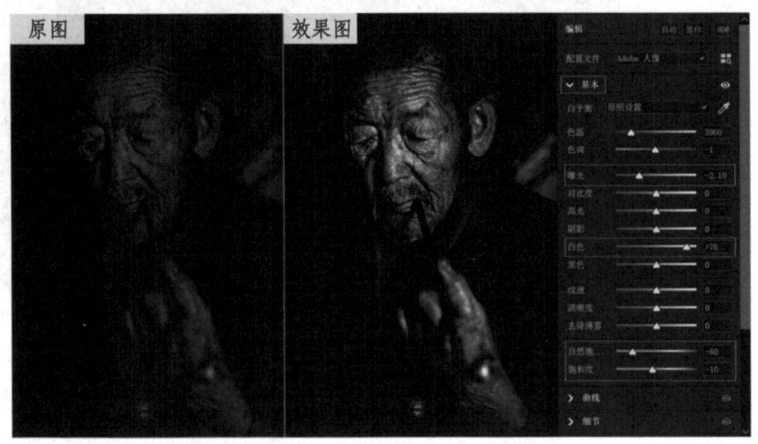

2. 低对比度欠饱和技法

在 Camera Raw 中打开案例图像，展开“基本”面板并设置如下：“曝光”值为 −0.30、“白色”值为 +66、“自然饱和度”值为 −60、“饱和度”值为 −10 。低对比度欠饱和图像调整完成。

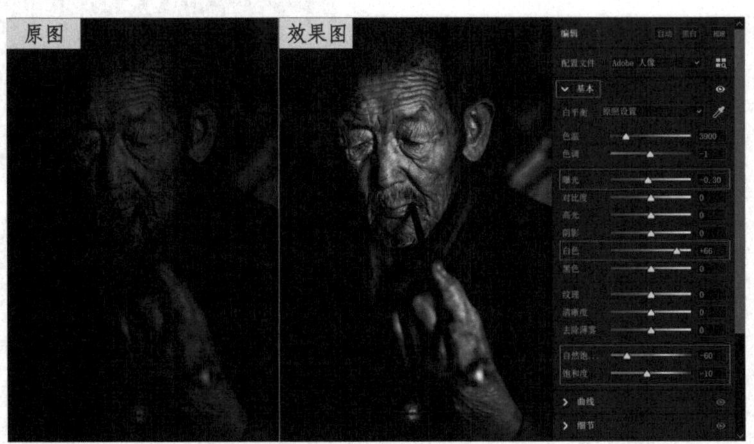

五、褪色的 HDR 效果

褪色的 HDR 效果就是在“基本”面板中，对图像进行超自然褪色的 HDR 调整。其中，对比度、高光、阴影、白色、黑色、清晰度是创建“褪色的 HDR 效果”影调的关键，调整自然饱和度和饱和度是实现褪色的手段。

1. 在 Camera Raw 中打开案例图像，切换到“配置文件”面板，在“Camera Matching”组中选择“人像”，渲染图像的影调效果，单击“后退”按钮，返回“编辑”面板。

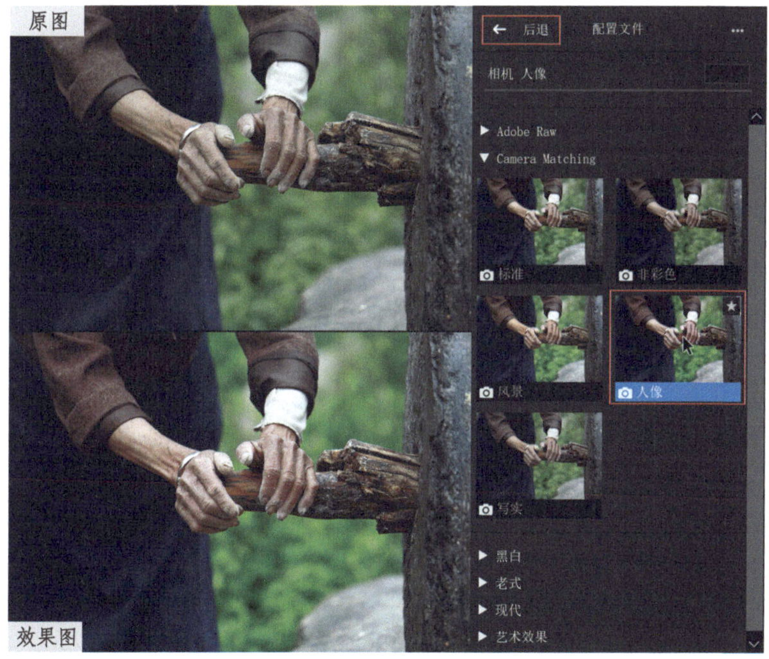

2. 展开“基本”面板并设置如下：“色调”值为 +17，“曝光”值为 -0.25、“对比度”值为 +100、“高光”值为 -100、“阴影”值为 +100、“白色”值为 -100、“黑色”值为 +100、“纹理”值为 +28、“清晰度”值为 +60、“自然饱和度”值为 -50、“饱和度”值为 -10。褪色的 HDR 效果制作完成。

3. 展开“细节”面板并设置如下：“锐化”值为 100、“半径”值为 2.0 、锐化“细节”值为 8、“蒙版”值为 10，“降噪”值为 18、降噪“细节”值为 90、“对比度”值为 90、“减少杂色”值为 25、颜色“细节”值为 25、“平滑”值为 75。

4. 展开“效果”面板并设置如下：“样式”为“高光优先”、“晕影”值为 −15、“中点”值为 0、“圆度”值为 +100、“羽化”值为 100、“高光”值为 0。弱化周边环境，突出主体。

调整前后效果对比如下所示。

小结

只有熟练掌握各种低饱和调色的技法，才能在实际的应用中灵活应用。针对特别复杂的图像，可以结合其他局部调整工具，对特定区域进行精细的调整，使摄影师的创意和后期处理完美融合，从而实现有效的视觉传达效果。

第五节 制作电影色调效果的高级技法

对于具有幽默、诙谐的场景或戏剧化情节的图像，可以尝试使用电影色调效果来增强氛围。制作电影色调效果的方法多种多样：可以通过“曲线”面板中的颜色通道，制作电影色调效果；也可以在“混色器”面板中改变不同颜色的色相和饱和度来制作电影色调效果；另外，在“颜色分级”面板中，向高光、中间调和阴影区域添加不同的色调，也可以制作出电影色调效果；还可以在“校准”面板中调整阴影、红原色、绿原色和蓝原色来制作电影色调效果。下面推荐两种简单易行的方法，供读者参考。

学习目的：掌握制作电影色调效果的方法。

一、利用配置文件和内置预设制作电影色调效果

使用 Camera Raw 提供的配置文件和内置预设可以轻松地制作出电影色调效果。

1. 使用配置文件制作电影色调效果

（1）在 Camera Raw 中打开案例图像，展开“基本”面板并设置如下：“色调”值为 +26，“对比度”值为 +12、“高光”值为 -100、“阴影”值为 +42、“白色”值为 +32、“黑色”值为 -5、“清晰度”值为 +23、“自然饱和度”值为 -24、“饱和度”值为 -26。

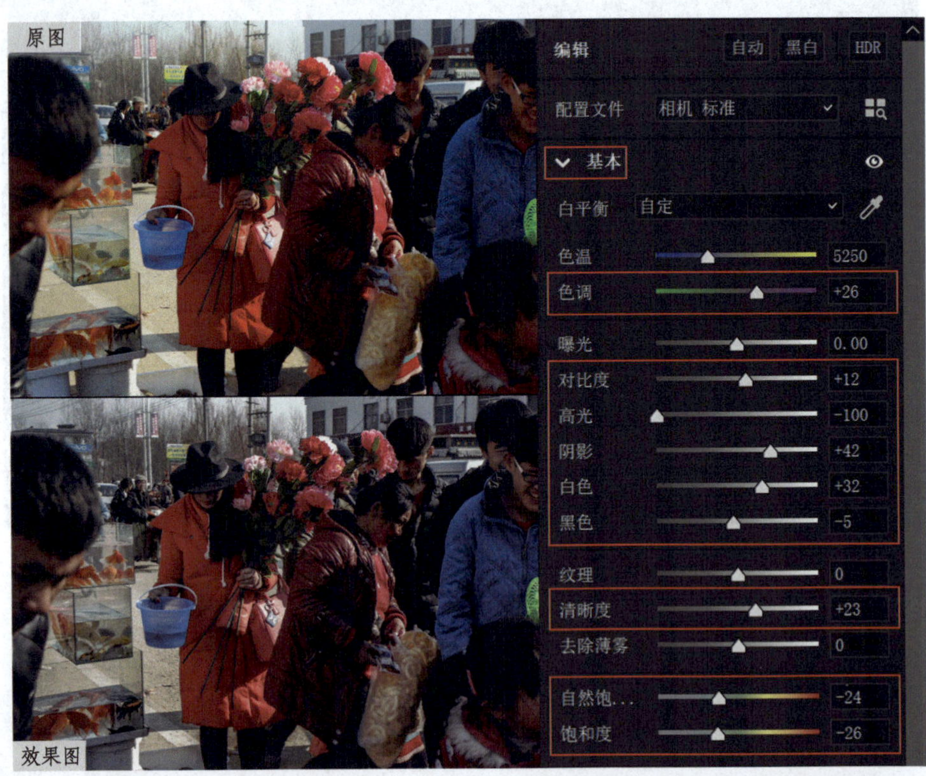

（2）切换到“配置文件”面板，在“艺术效果”组中选择“艺术效果 04”，为图像渲染电影色调。

2. 使用内置高级预设制作电影色调效果

在 Camera Raw 中打开案例图像，单击“预设”图标（快捷键 Shift+P），展开“预设”面板，在“风格：电影”组中选择“CN07”预设，即可轻松为图像添加电影色调效果。

3. 使用“懒汉调图”制作电影色调效果

在 Camera Raw 中打开案例图像，单击“预设”图标，展开预设面板，在“26、色调风格 - 开放式 202208”组中选择“1-2、莫兰迪风格”预设，完成调色任务。

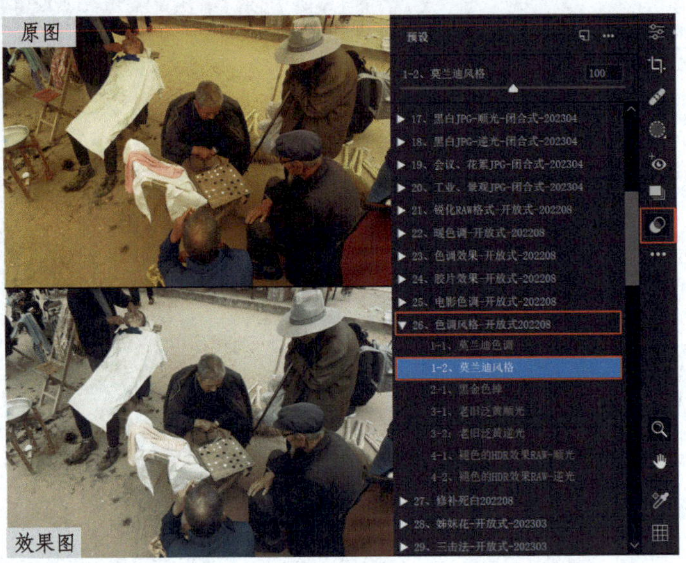

二、使用“颜色”样本框制作电影色调效果

单击滤镜面板中的“颜色”样本框，在弹出的“拾色器”界面中挑选颜色样本，可以给图像制作各种电影色调效果。

1. 在 Camera Raw 中打开案例图像，展开“配置文件”面板，在“Adobe Raw”组中选择“Adobe 人像”，增强图像的色彩和对比度，单击“后退”按钮，返回“编辑”面板。单击“自动”按钮，根据图像内容进行自动调整，以改善图像的影调和颜色。

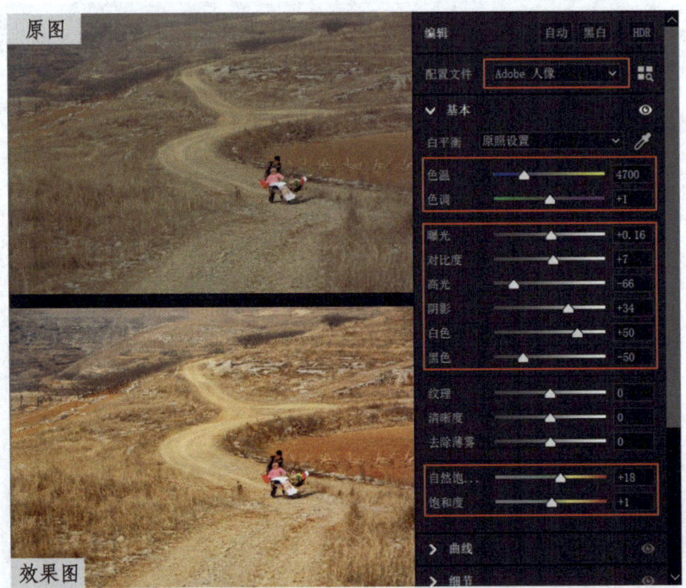

2. 在“工具栏”中单击“蒙版”图标（快捷键 M），在弹出的“创建新蒙版”面板中选择“线性渐变”（快捷键 G）。按住 Shift 键（使线性渐变的走向为直线），在画布上由里向外（从靠近图像向远离图像的方向）拉出渐变效果。

单击“颜色”样本框，在弹出的“拾色器”界面中，设置“色相”值为 190、“饱和度”值为 100；在蒙版编辑面板中，将“饱和度”滑块拖曳至 -50。由于线性渐变应用在画布上，所以图像完全被艺术化渲染。给新创建的蒙版输入名称“电影色调”。

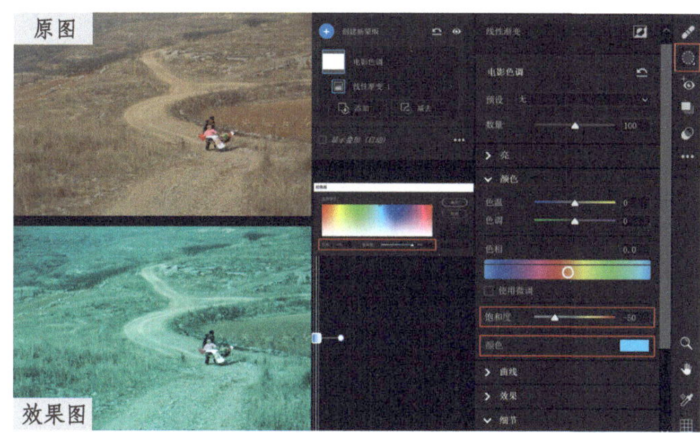

调整前后效果对比如原图和效果图所示。

在使用“线性渐变”工具制作电影色调效果时，可以多次弹出“拾色器”界面，设置不同的颜色色相及饱和度，以制作多种电影色调效果。

第六节 制作油画效果的高级技法

在 Photoshop 中制作油画效果的过程十分烦琐，而使用 Camera Raw 则非常简单、便捷。用户可以根据个人喜好自由调整油画效果的强度和参数，呈现更加个性化的效果；制作出的油画效果清晰度高、颜色饱满，可以增强图像的艺术感和视觉冲击力；油画效果还可以掩饰一些模糊或失真的图像，使其看起来更加美观和优雅。

学习目的：理解并掌握制作油画效果的实用技巧，从而能够使用 Camera Raw 快速、简单地制作出更加艺术化、个性化的油画效果，提升图像的艺术价值。

1. 在 Camera Raw 中打开案例图像，展开“细节”面板，对图像进行“像素化”处理。“降噪”组设置如下：“降噪”值为 50、“细节”值为 0、“对比度”值为 0。“减少杂色”组设置如下：“减少杂色”值为 30、“细节”值为 0、“平滑”值为 100。这是制作油画效果的重要步骤。

2. 展开“效果”面板并设置如下：“颗粒”值为 36、“大小”值为 57（使图像略微模糊）、“粗糙度”值为 80，以仿制油画的质感。

3. 在“工具栏”中单击“蒙版”图标（快捷键为 M），在弹出的“创建新蒙版”面板中选择“线性渐变”（快捷键为 G）。设置如下：“饱和度”值为 +72、“纹理”值为 −65，“清晰度”值为 −15，“叠纹”值为 +28。这是制作油画效果的关键设置。

按住 Shift 键（线性渐变的走向为直线），在画布上由里向外拉出渐变效果。给新创建的蒙版输入名称“油画效果”。

调整前后效果对比如原图和效果图所示。

小结

1. 选择合适的图像：不是所有类型的图像都适合进行油画效果处理。适合制作油画效果的图像一般具有鲜明的颜色和结构，同时具备一定的品质和细节元素。相比之下，场景复杂或灰暗的图像则不太适合用于制作油画效果。

2. 避免过度处理：过度增强油画效果可能会降低图像的质量和真实性，因此应该在保持图像质量的前提下适当调整油画效果。

3. 创造个性化风格：可以根据自己的审美倾向和需求，尝试创造出具有个性化风格的油画效果。

4. 在处理油画效果时，需要注意色彩的润饰，以保证油画效果的真实感。

5. 理解控件参数的影响：需要深入理解控件参数对仿制油画效果的影响，并结合图像的实际情况综合考虑，以获得更好的呈现效果。

6. 多尝试多实践：制作油画效果的方法很简单，但要想掌握此技术还需要不断地探索和实践。只有经过多次尝试、多次实践，才能不断提升自己的技能水平，获得更好的效果。

第十章

创建高品质黑白图像

如何创作高品质的黑白图像一直备受关注。使用 Camera Raw 转换黑白图像，可最大限度地发挥 RAW 格式文件的优点，这是创造高品质黑白图像的强有力的保证，也是最佳的方法之一。具体而言，使用 Camera Raw 转换黑白图像还有以下优点：“黑白混色器”调节面板控件多，可以更加精确地控制特定的颜色；Camera Raw 提供多种黑白预设，效果显著；为黑白图像添加色调非常容易；能够充分利用物体本身的固有色彩，提高或降低物体的明度值；操作简单、快捷、实用，易于上手。

第一节 自动混合法

自动调整灰度混合是一种使灰度值的分布最大化的方法。使用自动混合法通常会产生优秀的效果，可以通过调整颜色滑块来控制灰度值的起点，并且可以确保图像的整体色调、亮度和对比度不会出现显著的波动。

学习目的：学习使用自动调整灰度混合的技巧。

1. 在 Camera Raw 中打开案例图像，直接在“编辑”面板中单击“黑白”按钮。展开“黑白混色器”面板。由于 Camera Raw 将原始图像渲染为单色，故“黑白混色器”面板内各颜色滑块的默认值为 0。

2. 单击“黑白混色器”面板中的“ 自动”按钮，Camera Raw 将根据原始图像的颜色值，自动设置灰度混合，并使灰度值的分布最大化。

3. 展开“基本”面板，设置图像“曝光”值为 -0.45，降低亮度；设置“对比度”值为 +9，加大反差；设置“高光”值为 -77，修复高光区域的细节；“阴影”值为 +100，丰富阴影细节；“白色”值为 -7，弱化最亮区域的明度值；“黑色”值为 -20，校准黑场；“纹理”值为 +10，展现石桥细节；“清晰度”值为 +5，加大中间调反差；“去除薄雾”值为 +5，去除灰度。提升图像的影调，从而增强图像的视觉感染力。

调整前后效果对比如原图和效果图所示。

原图

效果图

小结 自动设置灰度混合后的效果，可作为个性化调整的起始点。

第二节　“黑白”配置文件转换法

将“黑白”配置文件应用于图像的黑白转换效果很棒，而且非常实用。这些配置文件采用开放式叠加应用，不会对其他控制滑块的数值进行更改或覆盖。在“黑白”配置文件中，包含 17 种不同的滤镜模式，大体上总有一种符合制作要求；此外，该配置文件还提供一个数量滑块，可以控制滤镜效果的强度。

在使用数量滑块之前，需要先了解滤镜效果的原理。滤镜只允许同色光通过，而互补色则完全被阻挡，其左右颜色所受到的阻挡逐步减弱。因此，当数量滑块的数值增大时，同色明度会升高，互补色的明度会降低；而当数量滑块的数值减小时，效果则相反。（右图中选择的是“黑白 红色滤镜”）。

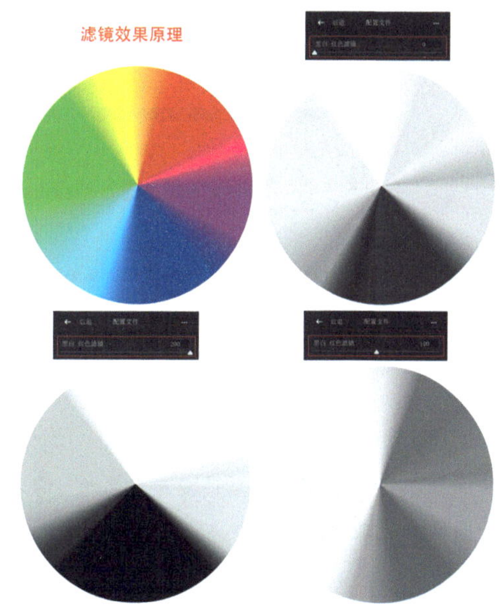

学习目的：熟练掌握使用适合图像的“黑白”配置文件来转换图像。

1. 在 Camera Raw 中打开案例图像，在工具栏中单击“修复”工具图标，“编辑”面板自动切换成“修复”面板。在“内容识别移除”模式下，设置“不透明度”值为 100，调整好画笔大小，去除图像中的污点。

2. 切换到“配置文件”面板，在“黑白”组中选择“黑白 蓝色滤镜”，并将滤镜数量滑块拖曳至200，增强滤镜的强度。单击“后退”按钮，返回“编辑”面板。

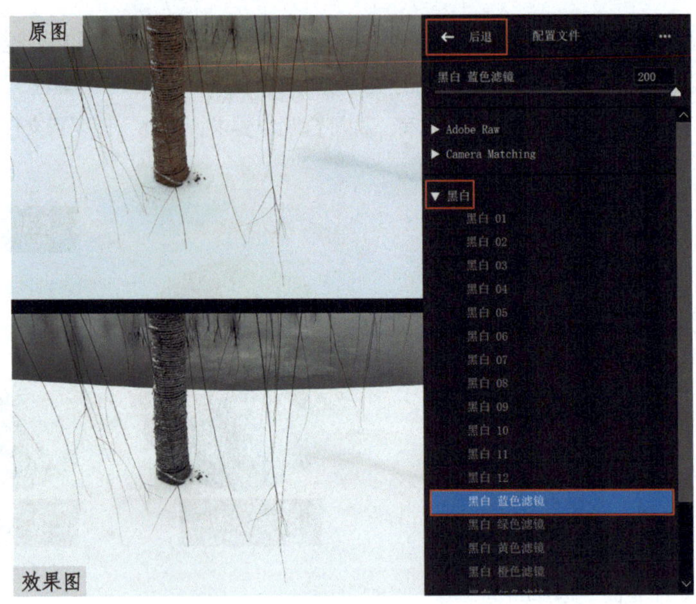

3. 展开“基本”面板并设置“曝光”值为 -0.20，“高光”值为 -51，通过调整图像的影调来完成黑白效果转换。

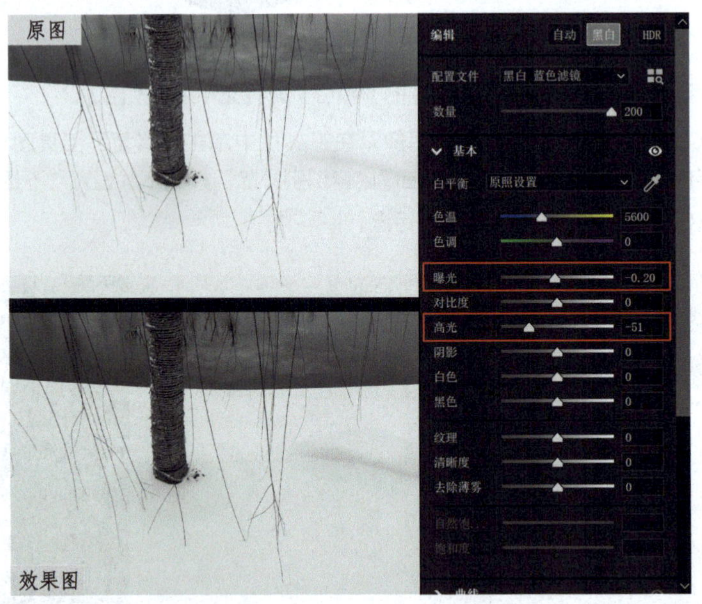

小结

要选择哪种黑白滤镜，最简单的方法是将鼠标指针悬停在任意配置文件上，预览其效果，然后单击相应的配置文件以应用效果。

第三节 内置预设动作转换法

在“预设”面板中，Camera Raw 内置了包含颜色、创意、黑白、人像和默认值的闭合式预设集，以及包含光学、颗粒、曲线、锐化和晕影的开放式预设集。此外，还有 27 组高级开放式预设集。

学习目的：学习使用内置预设将彩色图像转换为黑白图像的技法。

一、Camera Raw 默认预设动作转换法

1. 在 Camera Raw 中打开案例图像，单击“预设”图标（快捷键为 Shift+P），展开“黑白”内置预设，选择“黑白 棕褐色调”应用预设效果。

此预设给黑白图像添加了棕褐色的色调，以营造一种古老、复古的氛围，这是一种具有历史感、沧桑感和时光感的视觉效果。其他 9 种黑白预设效果均叠加了“基本”调整，最后 3 种还叠加了“颜色分级”应用。

调整前后效果对比如下所示。

2. 在 Camera Raw 中打开案例图像，单击“预设”面板，展开“肖像 黑白”高级预设组集，选择“PB08”应用预设效果。

此预设采用了高对比度和清晰度，同时添加了少量的棕色色调，创造出一种现代、时尚的视觉效果。这种风格适用于肖像摄影，能够凸显出被摄者的轮廓和细节，营造出一种鲜明而有力的形象效果。

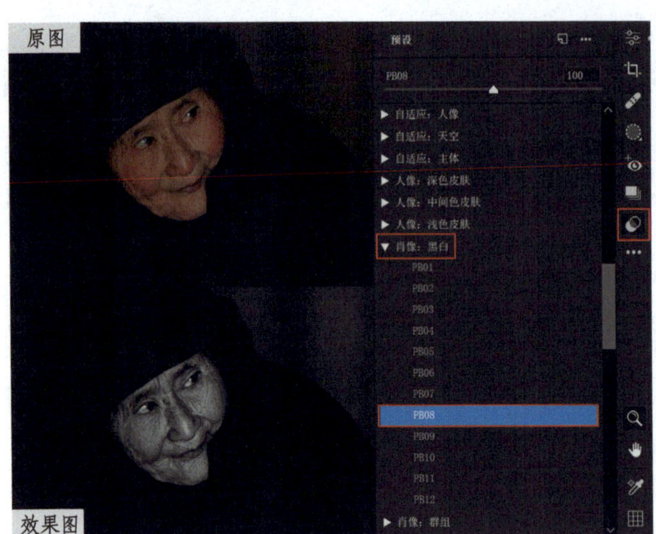

调整前后效果对比如左图所示。

二、个性化预设动作转换法

在笔者提供的“懒汉调图”预设中，有19种黑白顺光和19种黑白逆光闭合式预设效果，读者下载后安装即可使用（安装方法详见第八章第四节）。

在Camera Raw中打开案例图像，单击“预设”面板，展开“8、黑白RAW-逆光-闭合式-202304”高级预设组集，选择“1、红色高对比度-弱”应用预设效果。

调整前后效果对比如左图所示。

小结

1. 选择的黑白预设效果应该与主体相匹配，并能够使图像呈现最大化的灰度值分布，以增强图像的对比度和艺术效果。

2. Camera Raw中的黑白内置预设种类繁多，每个预设效果不同，要根据具体需要进行选择。

3. 黑白图像强调灰度层次，预设可能会使图像细节损失或失真。用户可以通过调整“曝光”“对比度”“高光”“阴影”等滑块来处理细节。

4. 黑白内置预设也可以进行组合使用，利用不同预设优势来增加图像的艺术效果。

第四节 “黑白混色器”调整法

在使用“黑白混色器”调整影调前，千万不要对图像做任何影调的调整。只有这样，才能充分发挥“黑白混色器”的强大作用，并利用物体本身的固有色彩来提高或降低物体亮度。

学习目的：学会使用“黑白混色器”对图像的局部区域进行个性化明度控制的技法。

1. 在 Camera Raw 中打开案例图像，直接在“编辑”面板中单击“黑白”按钮。

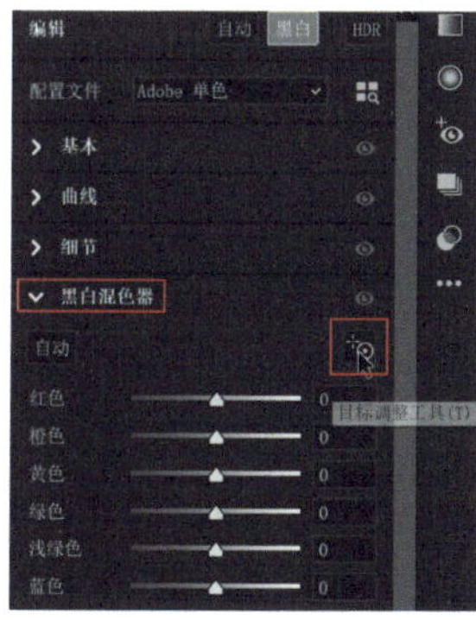

2. 展开“黑白混色器”面板，单击“目标调整工具”图标，面板内颜色滑块的默认值均为 0。

3. 将图像放大至 100%，按住空格键移动画面。在野花处，按住鼠标左键并向右拖曳直至“紫色”值为 +100、“洋红”值为 +21。野花明度值提高，且没有产生噪点。

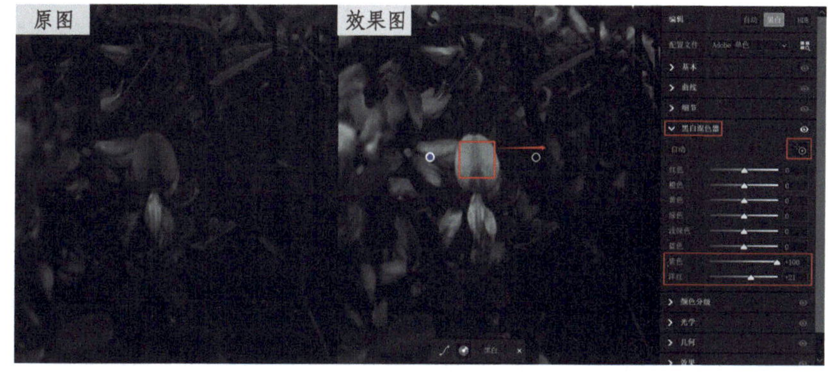

4. 在蓝天处按住鼠标左键并向左拖曳直至“蓝色”值为 -64、“浅绿色”值为 -2，恢复天空的层次。

5. 在人物面部位置按住鼠标左键并向右拖曳直至“红色”值为 +45、“橙色”值为 +80，与人物皮肤颜色相近的区域细节得到了恢复。

6. 在小草叶子上按住鼠标左键并向右拖曳直至“黄色”值为 +42、“绿色”值为 +57，图像中间调的细节变得更加丰富。

使用“黑白混色器”调整前后效果对比如下所示。

小结

使用“黑白混色器”提高物体明度时，几乎不会产生噪点，且为一键式操作，直观有效、简单易学（如果使用增加“曝光”值的方式来提高局部区域的明度，将产生大量的噪点）；其缺点是颜色相近的局部区域的明度会同时被调整。

第五节 给黑白图像添加色调效果

在 Camera Raw 中，黑白图像并不包含任何颜色数据。为了给黑白图像添加单色调、双色调或多色调效果，可以利用 Camera Raw 中的“颜色分级”面板、“曲线”面板以及蒙版工具等来实现。

学习目的：了解为黑白图像添加色调效果的几种常用技巧。

一、用“颜色分级”面板添加色调的技法

在“颜色分级”面板中，给黑白图像添加色调十分简单，一键式调整，效果极佳，既可以给图像添加色调，也可以生成分离色调效果，从而对图像的阴影、中间调和高光区域应用不同的、个性化的色调效果。

1. 添加单色调技法

打开本章第一节调整过的案例图像，展开“颜色分级”面板，将阴影区域的“色相”滑块拖曳至 60、“饱和度”滑块拖曳至 10、“混合”滑块拖曳至 100。整幅图像被附上了淡淡的黄色调，色调和环境相得益彰。

添加单色调前后效果对比如左图所示。

2. 添加双色调技法

（1）打开本章第二节调整过的案例图像，展开“颜色分级” 面板 ，选择 “阴影”模式并设置“色相”值为 216、“饱和度”值为 12，为图像的阴影区域添加冷色调效果。

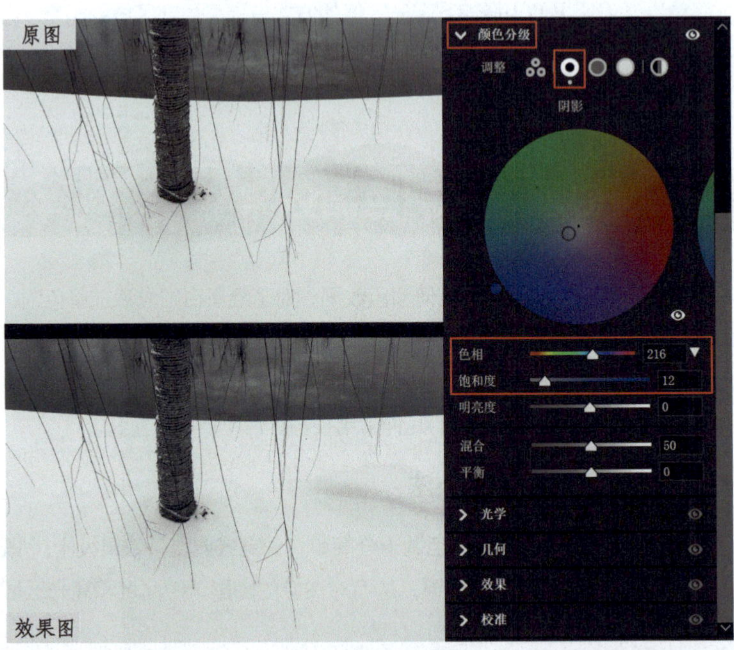

（2）选择“高光”模式并依次设置如下：“色相”值为199、“饱和度”值为40、“混合”值为100、“平衡”值为-30。为图像的高光区域添加青色调效果。

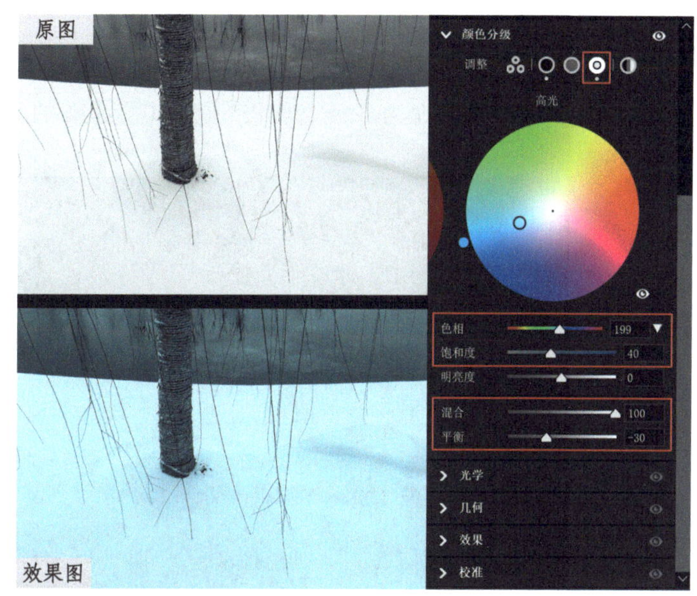

（3）黑白图像的高光区域被添加了青色调，阴影区域被添加了冷色调。经过处理后，图像呈现出经典的青色调效果，画面丰富并包含深邃的感觉，具有吸引力。

添加双色调调整前后效果对比如原图和效果图所示。

3. 添加三色调技法

（1）打开本章第三节调整过的案例图像，展开“颜色分级”面板，选择“阴影”模式并依次设置如下：“色相”值为222、“饱和度”值为10。为图像的阴影区域添加冷色调效果。

（2）选择“中间调”模式并依次设置如下：“色相”值为180、“饱和度”值为10。为图像的中间调区域添加青绿色调效果。

（3）选择“高光”模式并依次设置如下：“色相”值为45、“饱和度”值为20、“混合”值为100、“平衡”值为-40。为图像的高光区域添加暖色调效果。

对黑白图像的高光区域添加了暖色调，中间调区域添加了青绿色调，阴影区域添加了冷色调，以此加强图像的厚重感。

添加三色调调整前后效果对比如原图和效果图所示。

二、用“曲线”面板添加色调的技法

在“曲线”面板的各个颜色通道中，可以很轻松地给黑白影像加入单色调、双色调或多色调效果，创建独特的、具有深邃之美的黑白色调。

1. 添加单色调技法

打开本章第四节调整过的案例图像，展开“曲线”面板，选择“红色”通道。在曲线编辑器中，直接拖曳中间调调整点直至“输出”值为 113、“输入”值为 128，为图像中间调添加青色，单色调制作完成。

2. 添加双色调技法

（1）打开本章第三节调整过的案例图像，展开“曲线”面板，选择“蓝色”通道。在曲线编辑器中，直接拖曳高光调整点直至“输出”值为 181、“输入”值为 192，为图像高光区域添加黄色。

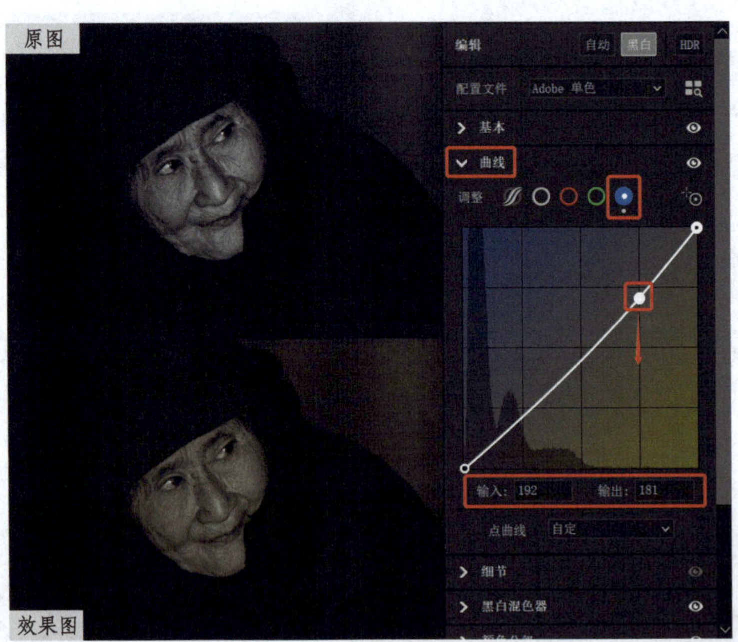

（2）选择“绿色”通道。在曲线编辑器中，直接拖曳阴影调整点直至“输出”值为3、“输入”值为0，为图像阴影区域添加绿色，双色调制作完成。

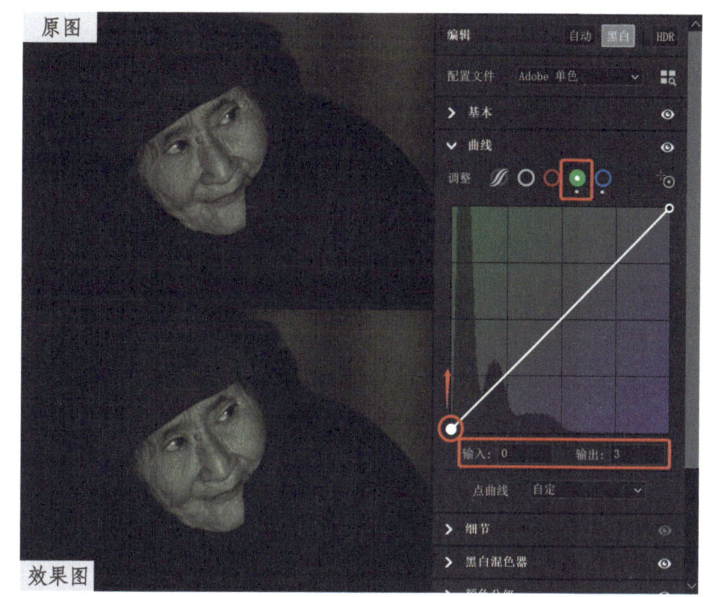

图像调整前后效果对比如原图和效果图所示。

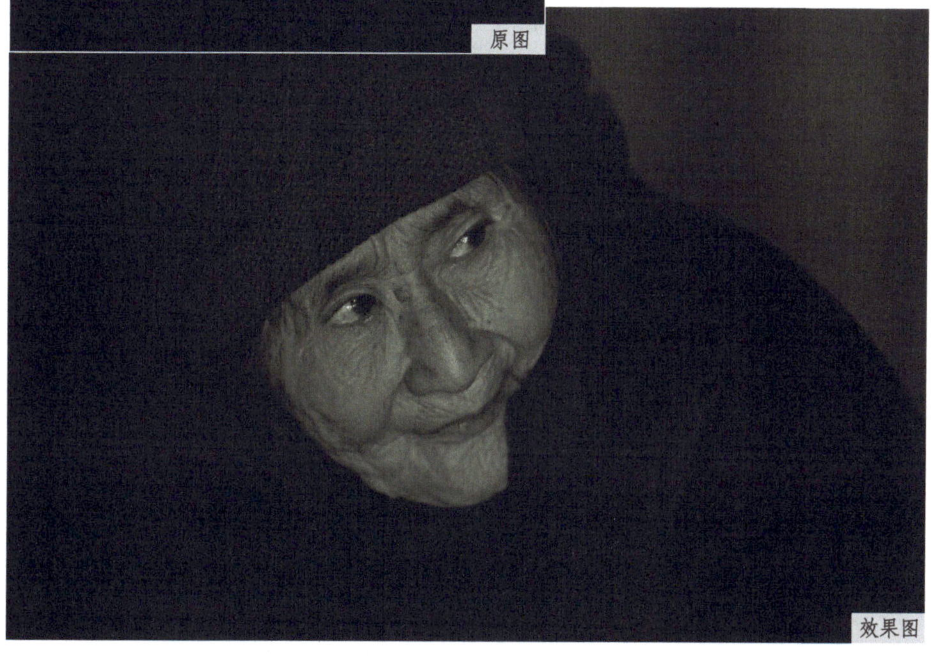

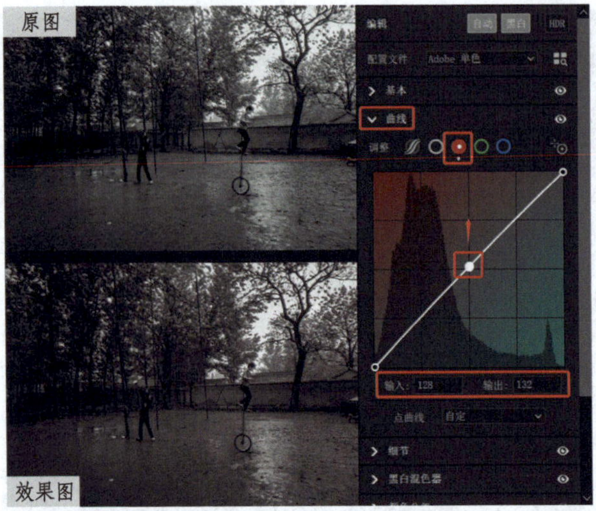

3. 添加多色调技法

（1）打开本章第三节调整过的案例图像，展开“曲线”面板，选择“红色”通道。在曲线编辑器中，直接拖曳中间调调整点直至“输出”值为 132、“输入”值为 128，为图像中间调区域添加红色。

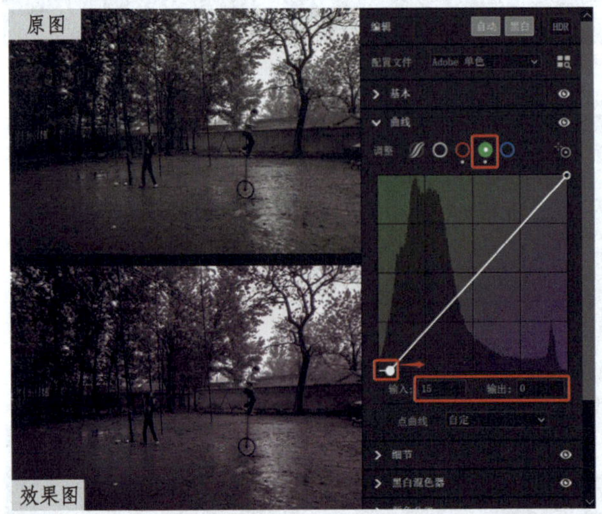

（2）选择“绿色”通道，在曲线编辑器中，直接拖曳黑场调整点直至“输入”值为 15、“输出”值为 0，为图像最暗区域添加洋红色。

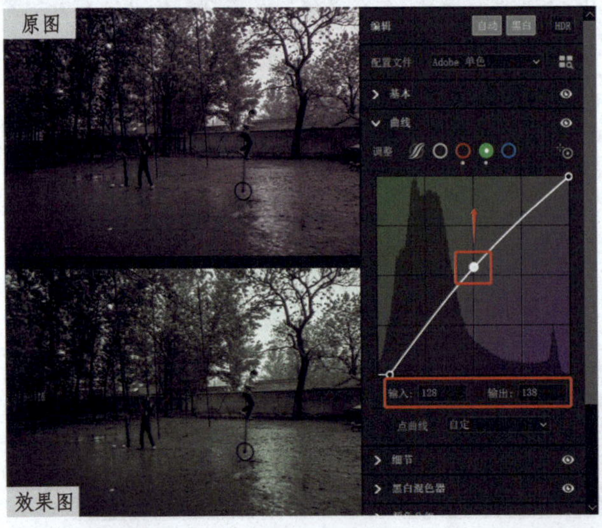

（3）在“绿色”通道中，直接拖曳中间调调整点直至“输出”值为 138、“输入”值为 128，为图像中间调区域添加绿色。

（4）选择“蓝色”通道，在曲线编辑器中，直接拖曳白场调整点直至“输出”值为 247，“输入”值为 255，为图像最亮区域添加黄色。渲染出泛黄的老照片的效果。

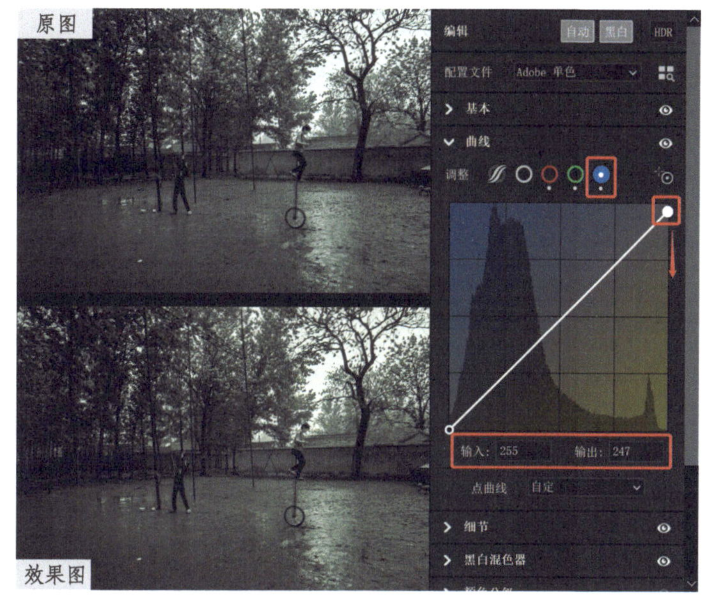

图像调整前后效果对比如原图和效果图所示。

三、用局部调整工具添加色调的技法

使用局部调整工具可以在图像的特定区域内添加色调，这样能够突出照片的主题和氛围，创建更加个性化的黑白色调效果，从而使得图像更具视觉感染力。

1. 在 Camera Raw 中打开案例图像，切换到“配置文件”面板，在“黑白”组中选择“黑白 红色滤镜”，增强图像的反差效果，单击“后退”按钮，返回“编辑”面板。

2. 在“编辑”面板中单击“自动”按钮，Camera Raw 会根据图像内容进行自动调整，以改善图像的影调。

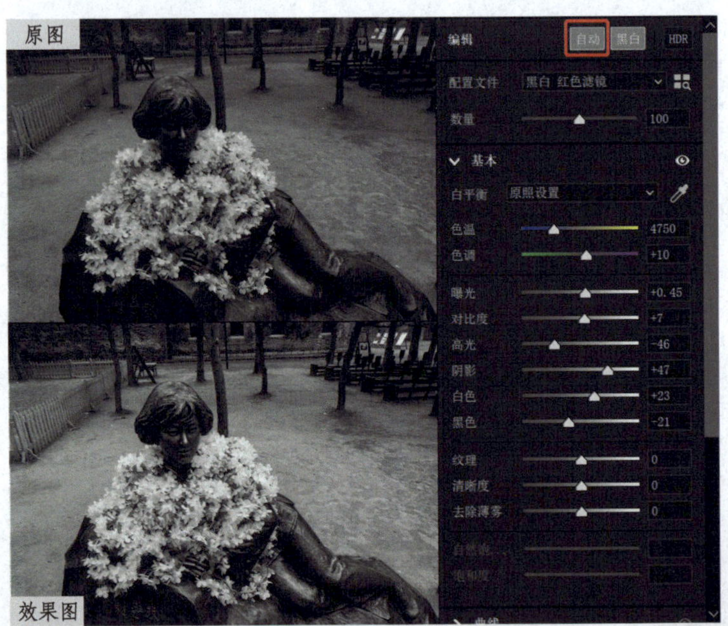

3. 在 Camera Raw 中打开案例图像，在“工具栏”中单击“蒙版”图标（快捷键 M），在弹出的“创建新蒙版”面板中选择“背景”（快捷键G）。单击“颜色”样本框，在弹出的“拾色器”界面中，设置“色相”值为 220、“饱和度”值为 30，单击“确定”按钮。这样就可以为背景渲染冷色调效果，以烘托缅怀英烈的氛围。

给新创建的蒙版输入名称“背景”。

调整前后效果对比如原图和效果图所示。

原图

效果图

小结

色彩作为一种独立的抽象体，极具感染力。为图像添加色调时需要谨慎地考量，使之具备符号化的特征，既要表达主观的情感，又要与主体、情景相吻合，达到情景和色调交融的艺术化处理效果。

第六节 色温、色调调节明度法

使用“黑白混合器”调整黑白图像时，图像的色彩信息非常重要，可以用于调整颜色的亮度。如果想使相同颜色的亮度不同，可以在蒙版面板中使用“色温”“色调”控件来改变特定区域颜色的亮度。使用这些控件可以非常方便地调整图像中的色彩和亮度信息，以达到更好的黑白效果。

学习目的：学习使图像中相同的颜色产生不同的明度的技法。

1. 在 Camera Raw 中打开案例图像，切换到“配置文件”面板，在“黑白”组中选择“黑白 橙色滤镜”，增强图像的反差效果。将“黑白 橙色滤镜”效果的数量滑块调整至 145（增强滤镜效果的强度），单击“后退”按钮，返回“编辑”面板，完成黑白效果转换。

2. 在“工具栏”中单击“蒙版”图标（快捷键 M），在弹出的“创建新蒙版”面板中选择“画笔”（快捷键 K），“编辑”面板自动切换成“画笔”面板。调整好画笔大小，设置“羽化”值为 100、“流动”值为 100、“浓度”值为 100，勾选“自动蒙版”复选框，开启智能遮挡模式，在第二个人物的头巾处细心涂抹。

图像转换为黑白效果后，因为 Camera Raw 依然会使用物体的固有色彩数据，所以当开启智能遮挡模式（自动蒙版）时，遮挡功能依然有效。

3. 将“色温”滑块拖曳至 +68，第二个人物的头巾由于添加了暖色调，在橙色滤镜模式下，光线被过滤后优先通过而被增亮。如果感觉头巾还不够亮，可以尝试增加“色温”滑块的数值，或者增加“数量”滑块的数值来让头巾更亮。如果想要更强的应用效果，可以复制“渲染主题”蒙版。需要注意的是：如果将色温、色调进行反向设置，那么头巾将变暗。

使用“画笔”工具对图像局部进行色温、色调调整，调整前后效果对比如原图和效果图所示。

1. 利用物体本身的固有色彩，提高或降低物体本身明度的好处是：图像不产生噪点。
2. 在“基本”面板中，调整色温、色调可整体调整图像的明度。

第十一章 Camera Raw 合成全景图像的高级技法

在 Camera Raw 中，可以使用智能化的算法很容易地创建高品质的全景合成图像，并得到 DNG 格式的原始图像。相比之下，在 Photoshop 中合成全景图像通常会得到 8 位的 Photoshop 图像，而非 RAW 格式文件。因此，如果需要高品质的全景合成图像并希望得到原始图像，建议选择使用 Camera Raw 来完成全景合成任务。

第一节 创建球面投影全景图像的高级使用技法

“球面”投影模式非常适合处理上下多行拍摄或超宽幅全景图，它可以自动对齐并转换图像，就像将图像映射到一个球体内部一样，从而创造出类似于 360° 全景图的效果。

学习目的：学习创建球面投影全景图像的高级技法。

1. 选择要合成全景图的案例图像并在 Camera Raw 中打开，在胶片栏缩览图中单击鼠标右键（或者单击图标 ··· ），展开上下文菜单，选择“全选”命令，再次在胶片栏缩览图中单击鼠标右键，展开上下文菜单，选择“合并到全景图”命令（Windows 系统的快捷键为 Ctrl+M，macOS 系统的快捷键为 Command+M）。

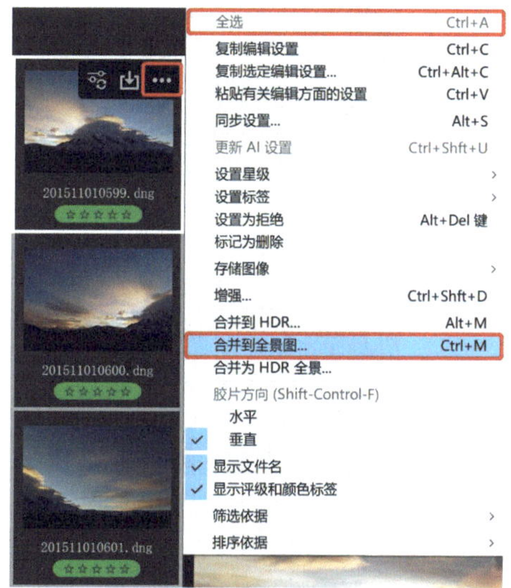

2. 在弹出的“全景合并预览”对话框中，选择“球面”投影模式。

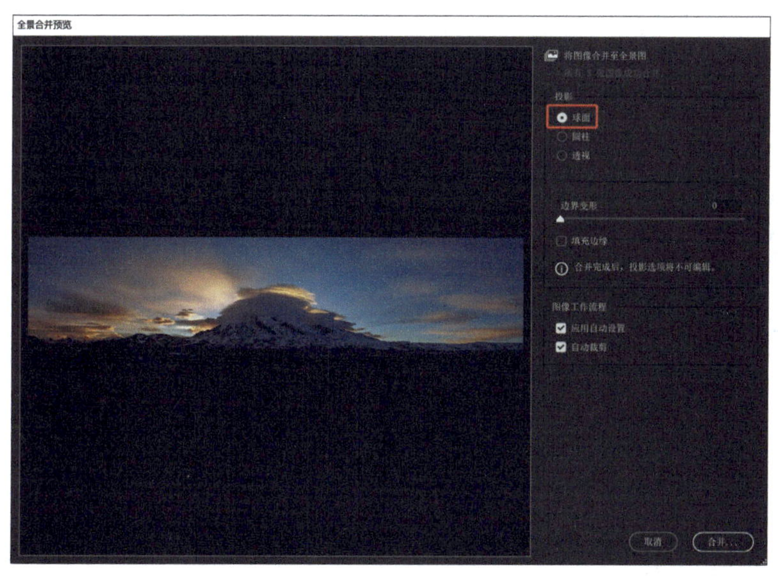

3. 取消勾选“自动裁剪”复选框（勾选“自动裁剪”复选框，图像周边的透明区域会自动被裁剪，收缩图像视觉效果），被裁剪掉的图像扭曲部分全部还原。

另外，勾选“应用自动设置”复选框，会让 Camera Raw 根据图像内容自动调整影调和颜色，以改善图像的视觉效果。这可以帮助用户快速得到一个较好的初始设置，之后再根据需要进行微调。需要注意的是，这种自动设置并不能保证对所有图像都适用，具体效果需要根据实际情况自行选择。

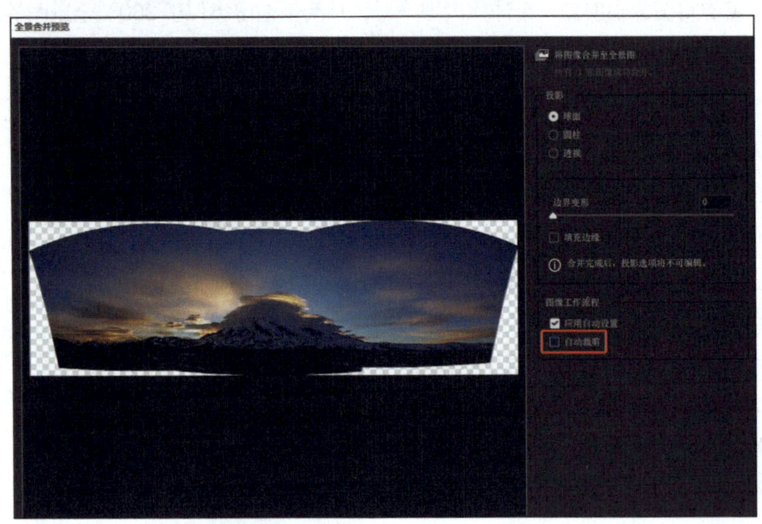

4. 勾选“填充边缘”复选框，图像周边的透明区域会自动被填充，完善图像视觉效果。

通常情况下，勾选“填充边缘”复选框是一个不错的选择。值得注意的是，填充边缘所产生的效果可能会因图像本身的特点而有所不同，用户可以根据需要自行选择，以达到最佳的视觉效果。

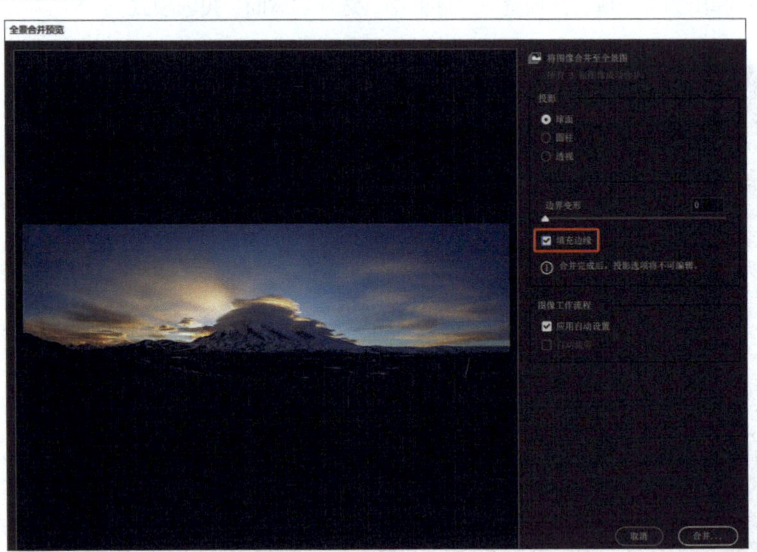

5. 取消勾选“填充边缘”复选框，将“边界变形”滑块拖曳至 100，使得图像像素得到最大化的有效应用，避免因裁剪导致的像素丢失。

“边界变形”滑块控制应用于图像周边的边界变形程度，对需要进行全景图像处理的用户来说，这个滑块的作用非常重要。通过调整滑块的数值大小，可以获得不同的效果。通常情况下，将滑块拖曳至 100 可以获得最佳的效果。

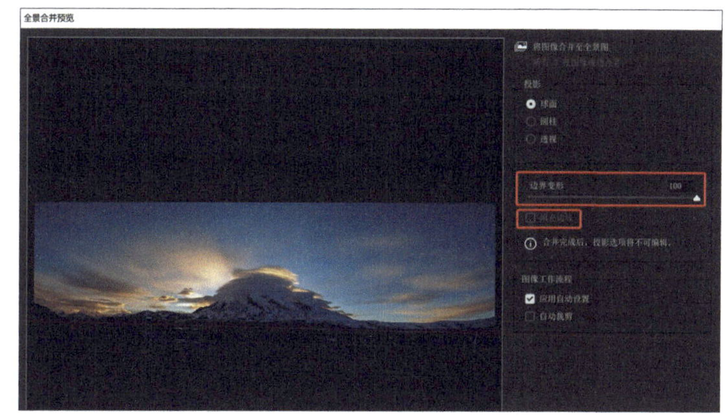

6. 在使用“边界变形”功能时，也可以勾选“填充边缘”复选框。这样做可以保证图像周边不会出现空白的情况，并且可以进一步优化图像的视觉效果。当遇到场景复杂或有明显的横竖线条的图像时，可以先将“边界变形”滑块拖曳至图像出现能接受的变形程度，再勾选“填充边缘”复选框，以填充图像的透明区域。

本案例中，勾选“填充边缘”复选框，以使图像得到最佳的视觉效果。

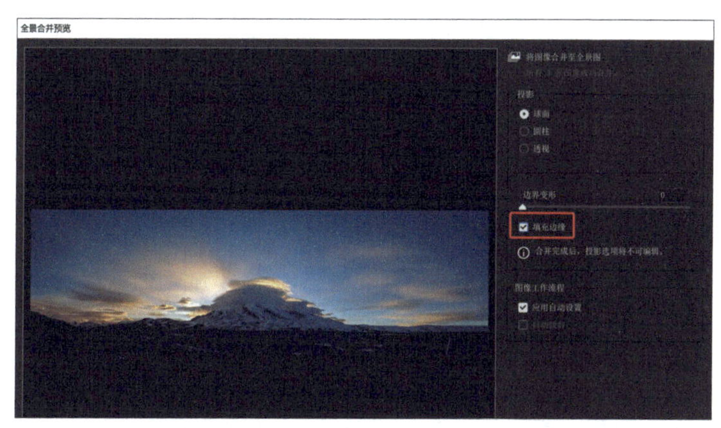

7. 单击“合并”按钮保存新创建的全景图像，在弹出的“合并结果”对话框中，单击“保存”按钮（Windows 系统中按住 Alt 键，macOS 系统中按住 Option 键，可跳过保存这一步骤），合并图像的文件名会附加“- Pano”后缀，以便于用户更好地区分保存的文件。

创建球面投影全景图像成功，效果如下图所示。

新创建的全景图像被保存在原图像所在的文件夹中。

小结

1. 为了保证全景图合成的效果，建议使用三脚架拍摄图像。如需手持拍摄，则应尽量减少身体移动和相机位移。

2. 用于合成的每张图像应保持相同的曝光度，以便创建“无缝”的最终全景图。

3. 在拍摄用于合成全景图的图片时，每张图片的重叠量应在 20% 左右，否则无法完成全景图的创建。

4. 避免使用相机的自动全景图模式拍摄，因为这样得到的全景图像通常不是 RAW 格式文件。

5. “填充边缘”和“自动裁剪”复选框不能同时勾选。

以上是合成全景图时需要注意的几个方面。遵循上述建议，就可以轻松地创建出高质量的全景图像。

第二节 创建圆柱投影全景图像的高级使用技法

“圆柱”投影模式非常适合宽幅全景图，它会保持垂直线条平直，也能自动对齐并转换图像，就好像是将图像映射到了一个圆柱体的内部一样。

学习目的：了解使用圆柱投影模式创建高质量全景图像的技法，并掌握相关实用技巧。

1. 选择要合成全景图的案例图像并在 Camera Raw 中打开，在胶片栏缩览图中单击鼠标右键，展开上下文菜单，选择“全选”命令，再次在胶片栏缩览图中单击鼠标右键，展开上下文菜单，选择“合并到全景图”命令。

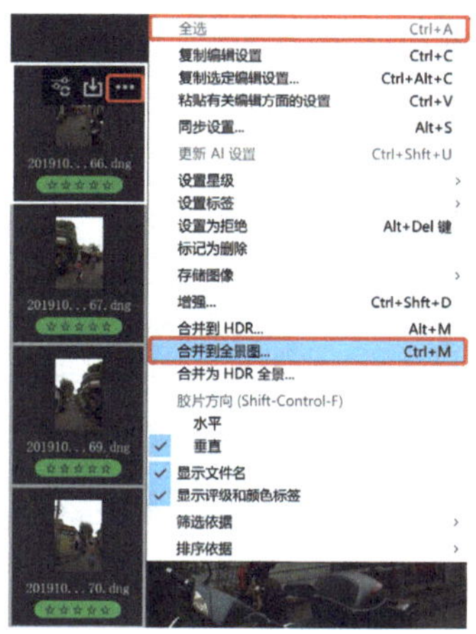

2. 在弹出的“全景合并预览”界面中选择“圆柱”投影模式，取消勾选“自动裁剪”复选框，图像呈现出立体感。

3. 图像场景复杂且有明显的横竖线条，将“边界变形”滑块拖曳至 10。

4. 勾选“填充边缘”复选框，自动填充图像周边的透明区域，完善图像的视觉效果。

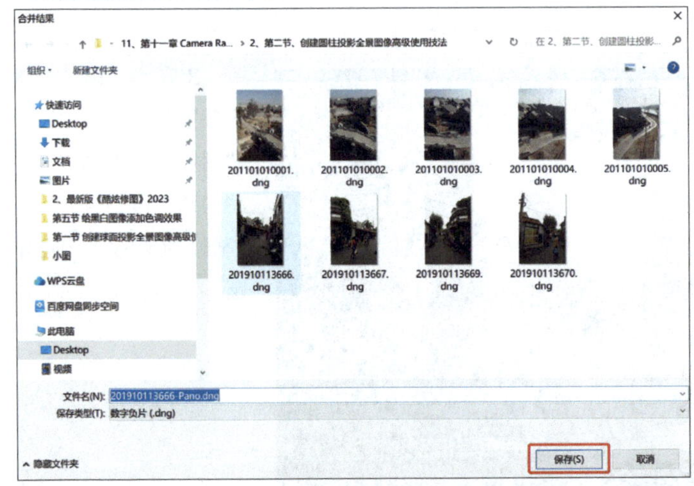

5. 单击“合并”按钮，在弹出的“合并结果”对话框中保存图像。

6. 由于图像场景复杂，被填充的区域边缘有明显的后期修图痕迹。

7. 在工具栏中单击“裁剪和旋转”工具图标，将有后期修图痕迹的填充区域裁剪掉，完成创建任务。

小结

1. 在 Camera Raw 中创建动态全景图像时，Camera Raw 会对源图像的元数据、动态影像和边界进行智能分析和判断，并做多层次的遮挡和优化处理，从而呈现出更加真实、细致的全景效果。

2. 当移动的物体小于图像的 10% 时，动态全景图像都能顺利地被创建。

3. 勾选“填充边缘”复选框，图像被填充的区域如有小面积的填充痕迹，可使用“修复”工具去除图像中的瑕疵。

第三节 创建透视投影全景图像的高级使用技法

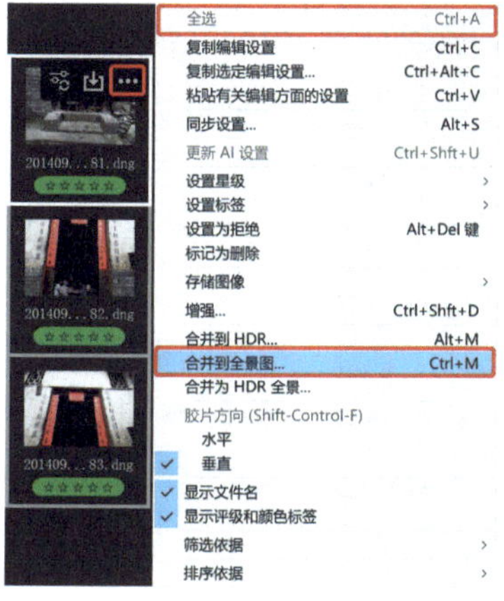

“透视”投影模式是对全景图像进行投影的一种方式，它可以将图像映射到一个平面上。由于该模式可以保持直线在图像中的平直性，因此非常适合用于处理建筑照片和近距离拍摄的照片。

学习目的：了解使用透视投影模式创建高质量全景图像的技法，并掌握相关实用技巧。

1. 选择要合成全景图的案例图像并在 Camera Raw 中打开，在胶片栏缩览图中单击鼠标右键，展开上下文菜单，选择“全选”命令，再次在胶片栏缩览图中单击鼠标右键，展开上下文菜单，选择“合并到全景图”命令。

（1）左图所示为“球面”投影效果。

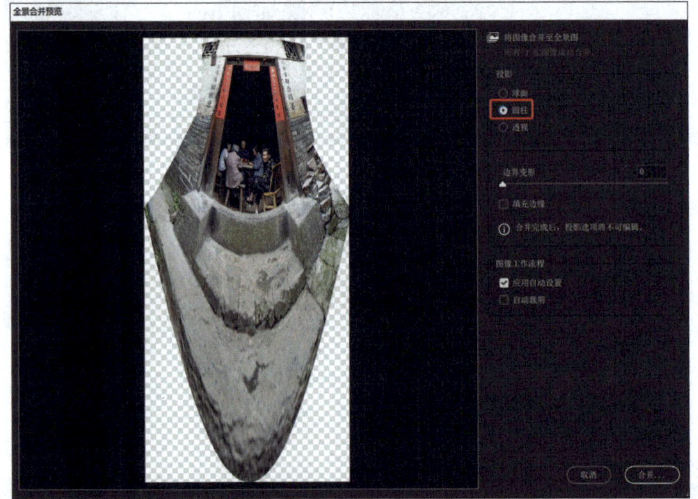

（2）左图所示为“圆柱”投影效果。

（3）左图所示为“透视”投影效果。这种投影模式效果最好，因为非常容易对其进行倾斜校正。因此，在制作近距离拍摄的建筑全景图像时，透视投影模式通常会被优先选择。

2. 勾选“填充边缘”复选框，自动填充图像周边的透明区域，完善图像的视觉效果。单击“合并”按钮保存全景图。

3. 展开“光学”面板（Windows 系统的快捷键为 Ctrl+6，macOS 系统的快捷键为 Command+6），在“配置文件”选项卡中，勾选“删除色差”和“使用配置文件校正”复选框，对图像的色差、镜头畸变以及晕影进行自动校正。将“扭曲度”滑块拖曳至 30，协助完成图像的枕形失真校正。

4. 展开“几何”面板，将“垂直”滑块向左拖曳至 -55，将“旋转”滑块向左拖曳至 -2.4，将“缩放”滑块向左拖曳至 80。接下来，勾选“限制裁切”复选框，使用自动裁切功能，完成图像校正任务。

1. 对于超宽幅全景图像，此模式可能并不是最佳选择，因为生成的全景图边缘处容易出现扭曲现象，影响图像质量。

2. 对于近景并有明显的横竖线条的图像，慎用“边界变形”功能，以避免导致图像中的线条出现弯曲和变形现象。

只要掌握了这些技巧，就可以轻松创建出令人满意的全景图像。

第十二章 Camera Raw『合并到HDR』功能的高级技法

“合并到 HDR”就是创建高动态范围图像，将同一场景具有不同曝光度的多个图像合并，从而获得感光元件能够捕捉的最大色调范围，得到 32 位的高动态范围 RAW 格式图像。

第一节　创建静态 HDR 图像的高级技法

如果想得到效果最佳的 HDR 图像，需确保用于合成的每一张图像的曝光都恰到好处。例如，有 3 张要合成 HDR 图像的图像，它们的高光、中间调和阴影都要曝光精准。因为用较多的图像合成 HDR 图像时，容易出现摩尔纹现象。

学习目的：学习创建静态 HDR 图像的高级使用技法，以便应用这些技巧来实现更好的 HDR 图像效果。

1. 选择要合成 HDR 图像的案例图像并在 Camera Raw 中打开，在胶片栏缩览图中单击鼠标右键（或者单击图标 ... ），展开上下文菜单，选择“全选”命令，再次在胶片栏缩览图中单击鼠标右键，展开上下文菜单，选择“合并到 HDR”命令（Windows 系统的快捷键为 Alt+M，macOS 系统的快捷键为 Option+M）。

2. 案例图像是一组使用三脚架和快门线拍摄的包围曝光照片，取消勾选“HDR 合并预览”界面中的“对齐图像”复选框，让计算机处理速度加快；如果是手持拍摄的照片，请勾选“对齐图像”复选框，它会将图像之间的细微移动自动对齐。勾选“应用自动设置”复选框，为个性化的调整提供一个良好的影调和色调起始点。

3. 单击“合并”按钮保存新创建的 HDR 图像，在弹出的“合并结果”对话框中，创建的 HDR 图像的文件名会附加一个“-HDR”后缀并被保存在原图像所在的文件夹中，单击“保存”按钮。

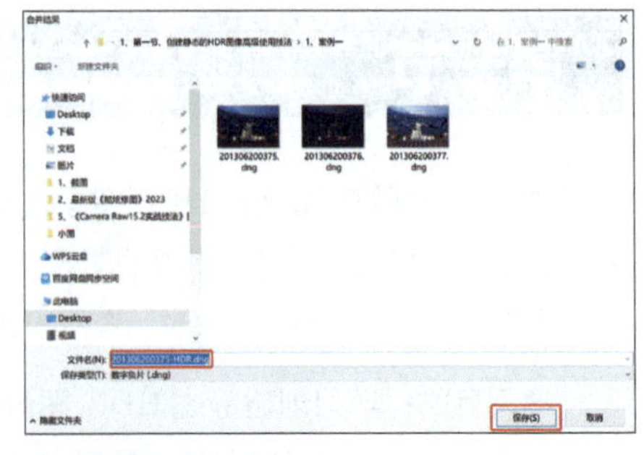

4. 勾选“应用自动设置”复选框后，Camera Raw 会自动对图像的影调和色调进行调整，效果不错，高光和阴影细节十分丰富。

5. 当拖曳“曝光”滑块时，可以发现新创建的 HDR 图像，可以调控上下共 20 级的曝光度，是 32 位的高动态范围的 RAW 格式图像。

小结

1. 如果想得到效果最佳的 HDR 图像，一定要使用三脚架拍摄用于合成的图像。如果是手持拍摄用于合成的图像，应尽量减少身体的移动和相机的位移。

2. 在拍摄 HDR 图像前，需要先调整好相机的曝光量，以便在后期处理中得到更好的效果。

3. 为了得到更丰富的信息，需要在不同的曝光值下拍摄多张照片。通常情况下，需要拍摄 3 张及以上的照片。

4. 建议采用 RAW 格式拍摄照片，以获得最大的编辑信息。

第二节 HDR 输出的高级技法

Camera Raw 提供高动态范围输出作为技术预览功能。这包括能够在兼容的 HDR 显示器上查看和编辑 HDR 照片，将 HDR 照片保存到磁盘以及在 Photoshop 中打开这些照片。

HDR 显示器所呈现的颜色、亮度和对比度范围明显优于 SDR 显示器。

首先，HDR 显示器具有更高的峰值亮度，通常可达 400 至 1000 尼特，而 SDR 显示器的峰值亮度通常在 100 至 300 尼特。这种高亮度范围提供了更逼真的图像和视频显示效果，并确保画面中的亮部和暗部细节都能得到更好的展现。但是，在旧版本的 Camera Raw 中，渲染的结果始终限制为 SDR。例如，最终的 8 位像素值始终限制为 0 到 255，而屏幕上的结果限制为用户界面的标准亮度范围。

其次，HDR 显示器支持更广泛的色彩范围，这种超高的色彩范围使得图像的颜色更加鲜艳、生动，并能够准确地还原场景中的细节。

最后，HDR 显示器支持更高的对比度，即能够同时呈现出非常明亮和非常暗的区域。这种高对比度能够产生更加逼真的视觉效果。

总的来说，相较于 SDR 显示器，HDR 显示器能够提供更加逼真、生动的显示效果，更好地再现真实世界的场景和颜色，为用户带来更加震撼的视觉体验。

学习目的：掌握 HDR 显示的实用技巧，以便在实践应用中创造出卓越的视觉效果。

一、HDR 显示工具功能介绍与设置

1. 在“编辑”面板中单击“HDR”按钮，启用 HDR 输出模式。“HDR”按钮显示详见第一章第三节。

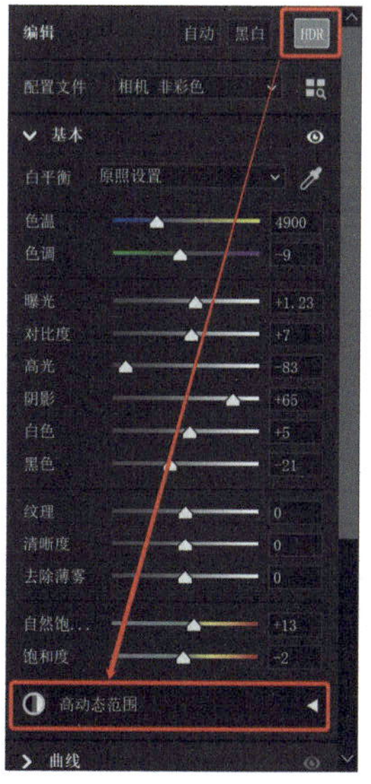

2. 启用 HDR 输出模式后，“基本”面板将会出现一个名为“高动态范围”的相关编辑小面板。

3. 在 HDR 模式下编辑照片时，直方图将被分为两部分：左侧是 SDR 部分，右侧是 HDR 部分。两个部分之间的垂直灰线代表标准图形白色的色阶，即用户界面的白色。如果直方图扩展到此分隔线的右侧，则表示照片包含 HDR 内容，并且需要使用 HDR 显示器才能够正确地显示。

高光修剪警告指示器是直方图右上角的小三角形按钮，它使用与直方图的 HDR 相同的颜色方案：黄色表示 HDR 内的高光区域在显示器容量范围内，而红色则表示超出显示器当前容量范围的像素。

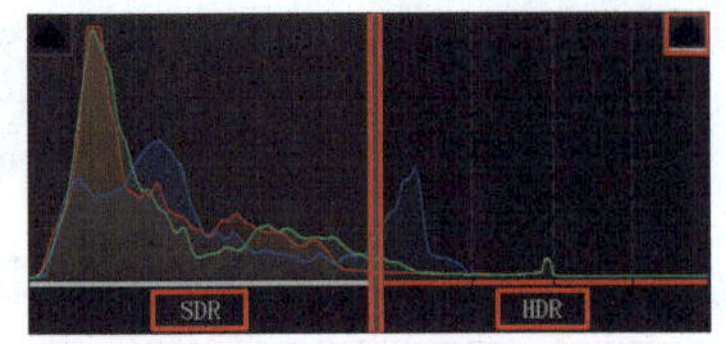

4. “可视化 HDR 范围”选项提供了使用光圈值增量的不同 HDR 的颜色编码。要切换此选项，请右键单击直方图，并从上下文菜单中选择“可视化 HDR 范围”命令。

右侧 HDR 部分中的颜色显示表示不同亮度范围内的像素数量。通常情况下，青色的区域表示低亮度范围（阴影部分），蓝色表示中等亮度范围，紫色表示高亮度范围（光源部分），而洋红色表示超高亮度范围（耀斑）。这些颜色可帮助我们对图像进行亮度和颜色的调整，以优化 HDR 输出效果。

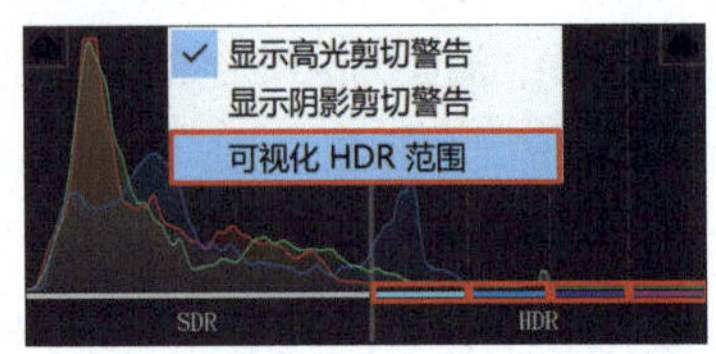

5. 在“基本”面板中，单击“高动态范围”右侧的三角形图标，展开面板。该面板有两个选项：“可视化 HDR 范围”和“SDR 显示器预览”。如果显示器支持 HDR，可勾选“可视化 HDR 范围”复选框。如果面板中的滑块显示为灰色状态，则说明显示器不支持 HDR 显示，因此无法进行修改。

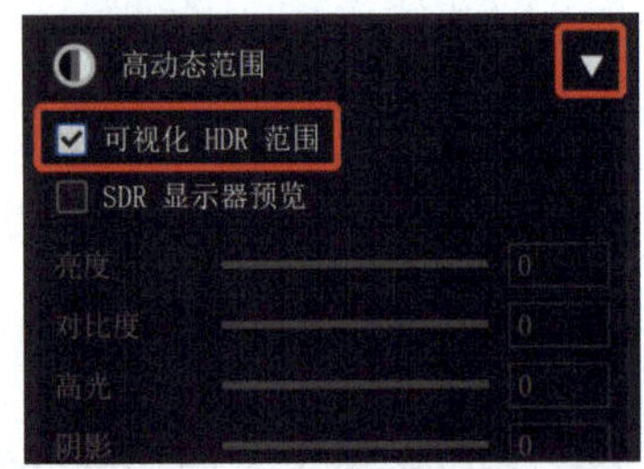

6. 勾选“SDR 显示器预览”时，“高动态范围”面板中的滑块显示亮色状态，表示使用的是 SDR 显示器。调整这些滑块可以模拟 HDR 色彩空间的显示效果。

①亮度：控制整体亮度。增加亮度会使图像变得更亮，而降低亮度则会使图像变暗。

②对比度：控制图像的对比度。增加对比度会使图像中的亮部和暗部之间的区别更加明显，而降低对比度则会使图像的亮部和暗部之间的区别缩小。

③高光：控制高光区域的亮度。调整该滑块将改变图像高亮区域的亮度水平。

④阴影：控制阴影区域的亮度。调整该滑块将改变图像阴暗区域的亮度水平。

⑤白色：控制白色的亮度。它对图像的明亮程度有较大的影响。

⑥颜色：该滑块控制颜色空间的大小。增加该滑块的值会扩展图像中可用的颜色范围，使颜色更加饱和、深度感更强。

需要注意的是，这些滑块只适用于 SDR 显示器预览功能，并不影响实际 HDR 显示器的输出效果。所以，在使用 HDR 显示器时，应该尽可能选择正确的 HDR 设置来获得最佳图像质量。

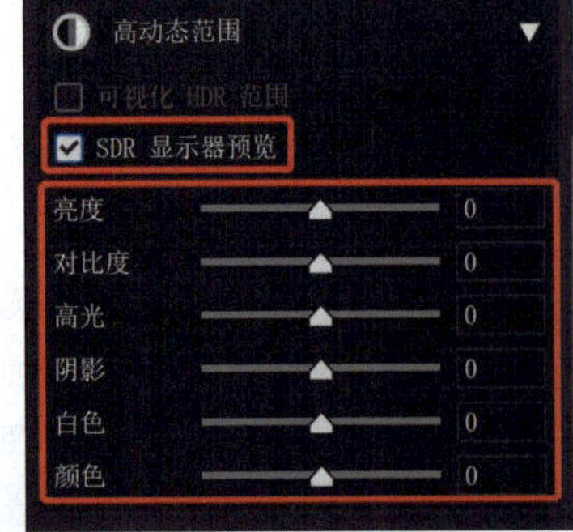

7. 如果启用了 HDR 输出模式，却未勾选“SDR 显示器预览”复选框进行编辑调整，则可能会影响图像的外观。建议在编辑和调整 HDR 图像时打开“SDR 显示器预览”功能，以确保可预览在不支持 HDR 的 SDR 显示器上 HDR 图像的显示效果，并且可以正确地进行编辑和调整。不是 HDR 图像（如 RAW 或 JPG 格式）也可以启用 HDR 输出模式。

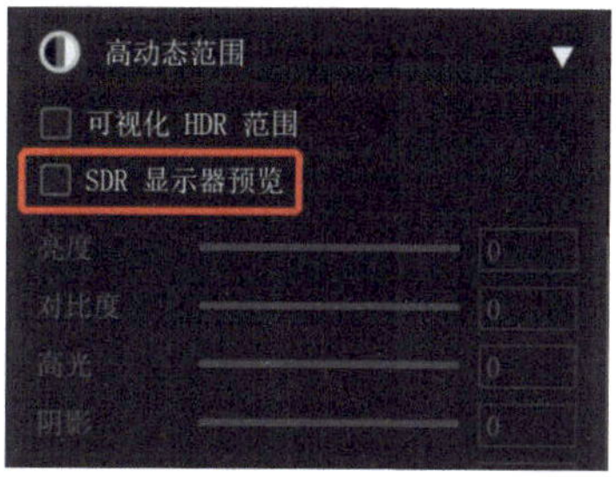

8. 单击 Camera Raw 界面底部带有下划线的文字，在“工作流程”区域中展开“色彩空间”下拉列表，有 3 种色彩空间可供选择：HDR sRGB （Rec. 709）、HDR P3 和 HDR Rec. 2020。其中 HDR Rec. 2020 是 3 种色彩空间中最大的。它的颜色范围比另外两种色彩空间的颜色范围更广，其中包括人眼能够识别的几乎所有颜色。这使得其成为理想的 HDR 图像处理和显示的色彩空间。

① HDR sRGB （Rec. 709）色彩空间是最常用的 HDR 标准之一，它基于 sRGB 和 Rec. 709 标准。sRGB 是一种标准 RGB 颜色空间，用于计算机显示色彩，而 Rec. 709 是适用于数字电视的标准。这个 HDR 标准适用于消费电子产品。

② HDR P3 色彩空间是苹果公司开发的 HDR 视频技术，它涵盖了更广泛的色域和降低了黑色水平，有助于呈现更丰富的颜色、更深沉的黑色和更明亮的白色。与 sRGB 相比，HDR P3 能呈现更多的颜色，因此被广泛应用于电影、电视和数字内容制作。

③ HDR Rec. 2020 色彩空间是目前最广泛的 HDR 标准之一，支持更广泛的色域和更大的动态范围，从而能够呈现更真实的颜色和更明亮的高光。HDR Rec. 2020 支持最高的分辨率和帧速率，适用于图像和动态影像制作。

色彩深度限定为“32 位 / 通道”。当色彩深度变成“32 位 / 通道”时，可以表示 2 的 32 次方种颜色，即 4294967296 种颜色。这比具有 8 位 / 通道的标准图像格式（每个颜色通道只有 256 个可能值）多出 1000 多万倍。因此，32 位 / 通道的图像可以表现出更加细致、精确的色彩信息，使得图像看起来更加真实且富有细节，是未来视频和图像技术的标准。

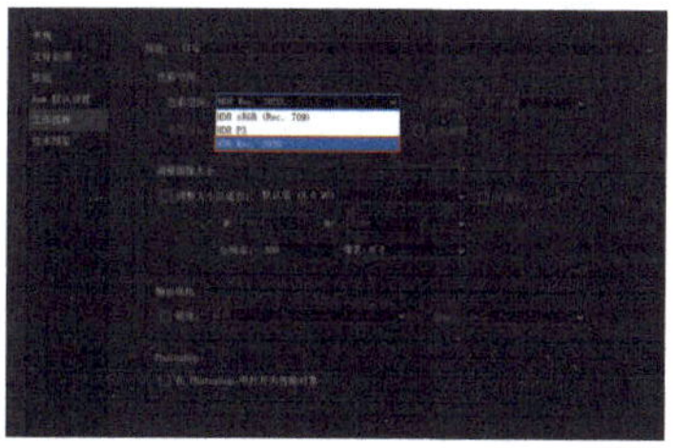

总的来说，这 3 种色彩空间都能够呈现更加精细、生动和逼真的图像。选择合适的色彩空间取决于用户的工作流程。

9. 在 Camera Raw 界面的右上方，单击“转换并存储图像”图标，在弹出的“存储选项”界面中，展开“格式”下拉列表，其中新增了 JPEG XL 和 AVIF 两种新的格式，这些格式旨在提供更好的压缩、更高的品质和更广泛的兼容性。由于这两种图像格式还没有普及，建议用户选择“JPEG”格式保存图像。

① JPEG XL 是由谷歌开发的一种新格式，它以其他现有格式（如 JPEG 和 GIF）为基础，加入了一些全新的技术。JPEG XL 的特点是高效的压缩和无损的编辑，能够在不损失任何细节的情况下将文件大小减少 50% 至 70%。此外，JPEG XL 还支持可调式的损失，这意

味着可以在图片质量与文件大小之间进行权衡。

② AVIF（AV1 Image File Format）是一种新的基于 AV1 编解码器的图像文件格式。相较于 JPEG，使用 AVIF 格式可以实现更高的图像质量，并将文件大小减少 50% 以上。AVIF 利用视频编解码器技术，不仅能压缩文件大小，还能保持更高的图像质量，适用于高分辨率和 HDR 图像的存储和传输。

总的来说，JPEG XL 和 AVIF 都提供了更好的压缩、更高的品质和更广泛的兼容性，这些新型的图像文件格式是未来图像存储和传输的主流趋势。

10. 如果需要在 Photoshop 中打开并编辑图像，那么在保存图像时需要先合并图层。然后，在菜单栏中单击“图像”，展开上下文菜单，将颜色模式从“32 位 / 通道”改为“8 位 / 通道”位深，然后才可以保存 JPEG 图像。

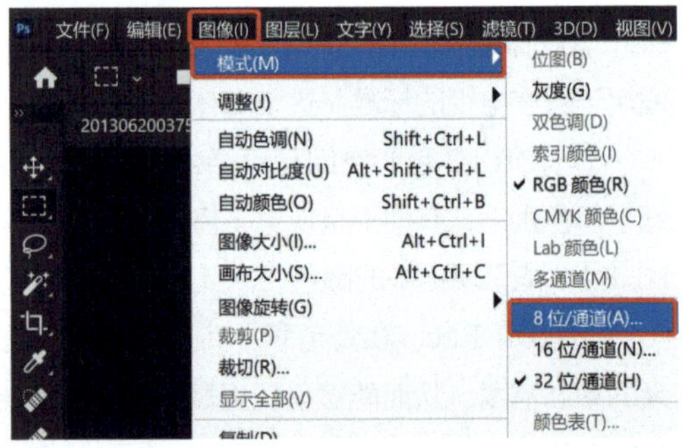

HDR 显示技术可以提供更加逼真和生动的图像体验。但是，只有在正确使用和理解 HDR 技术的情况下才能实现最佳效果。

1.HDR 输出是 Camera Raw 中的技术预览功能。这意味着该功能仍处于开发阶段，尚未最终确定。

2. 不是所有设备都支持 HDR 显示。在购买、使用 HDR 相关设备之前，需要了解设备的兼容性。

3. 上传或分享 HDR 图像时需要注意平台的兼容性，确保选择正确的格式和分辨率以呈现最佳效果。

第三节 创建动态 HDR 图像的高级技法

在 Camera Raw 中，可以轻松地创建动态 HDR 图像。因为 Camera Raw 会智能分析和判断源图像的元数据、动态区域和边界，并对图像进行有效的遮挡和呈现。

学习目的：掌握创建动态 HDR 图像的高级技法。

1. 这 3 张照片是使用三脚架和快门线拍摄的包围曝光照片，画面中游船位移的范围很大。

2. 选择要合成 HDR 图像的案例图像并在 Camera Raw 中打开，在胶片栏缩览图中单击鼠标右键，展开上下文菜单，选择“全选”命令，再次在胶片栏缩览图中单击鼠标右键，展开上下文菜单，选择“合并到 HDR”命令。

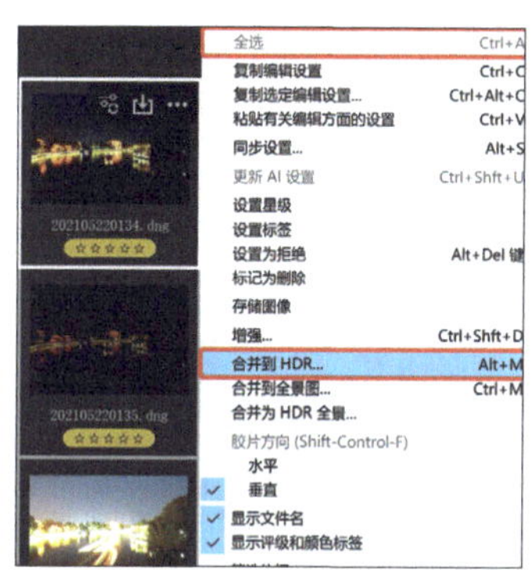

3. 在弹出的“HDR 合并预览”界面中，将“消除重影”级别提高至“高”并取消勾选“对齐图像”复选框。“消除重影”下拉列表提供了“低”“中”“高”“关”等选项，用户可依据图像中动态影像位移的多少，选择合适的级别来消除图像中的摩尔纹。

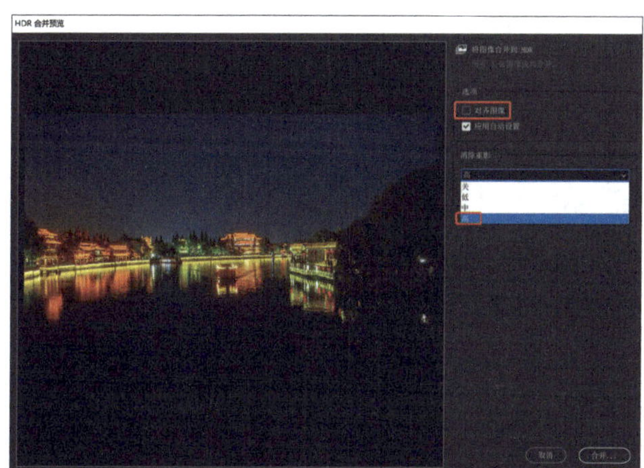

（1）低：校正图像中动态影像位移较小的移动。

（2）中：校正图像中动态影像位移适量的移动。

（3）高：校正图像中动态影像位移较大的移动。

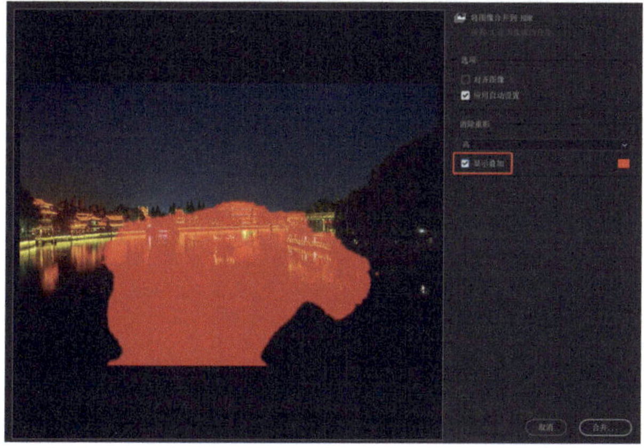

4. 在对话框内可预览这些设置的效果。必要时，勾选“显示叠加”复选框可以查看重影消除效果。

5. 单击“合并”按钮，在弹出的“合并结果”对话框中保存图像。

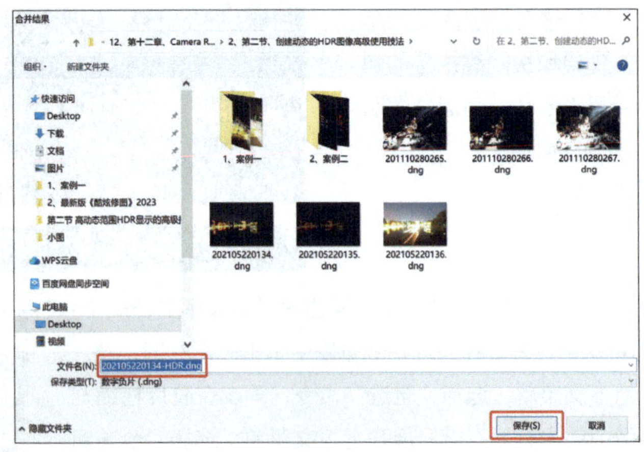

6. 合并后的 HDR 图像极为自然，动态影像位移较大的重影被完全消除，高光和阴影细节丰富，效果令人满意。

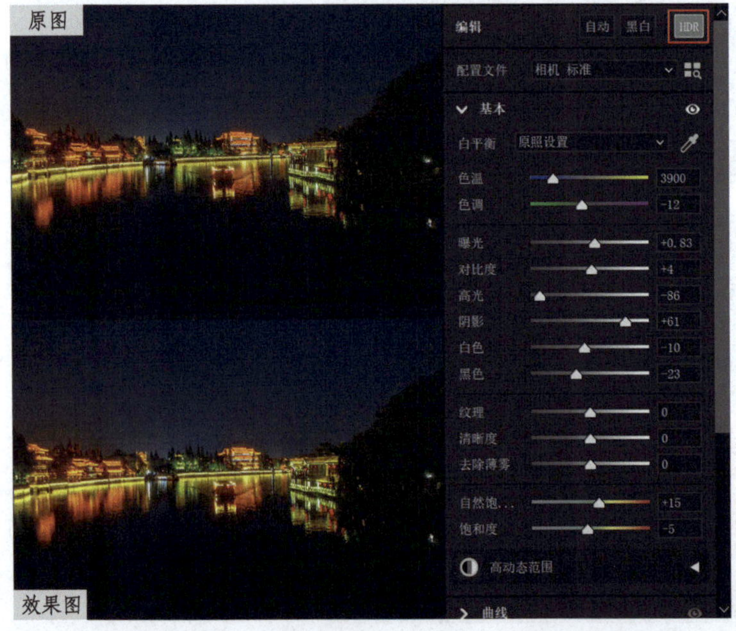

7. 在“编辑”面板中单击“HDR”按钮，启用 HDR 输出模式。

8. 设置“色温”值为 3750、“色调”值为 -9，校准白平衡；设置“曝光”值为 +1.25，提高亮度；设置“对比度”值为 +13，加大反差；“黑色”值为 -9，校准黑场；“去除薄雾”值为 +15，去除灰度，提升图像的影调和色调。

原图

效果图

勾选“SDR 显示器预览”复选框，设置“亮度”值为 +100、“对比度”值为 +44、“高光”值为 -100、“阴影”值为 +55、“白色”值为 +85、“颜色”值为 +100。通过以上设置，可以确保图像中的亮部和暗部细节得到更好的展现，色彩呈现更加真实。

启用 HDR 输出模式后，调整前后效果对比如原图和效果图所示。

原图

效果图

1. 当移动的物体小于图像的 10% 时，动态全景图像都能顺利地被创建。

2. 由于在不同曝光下拍摄的照片可能会有微小的偏移，因此需要确保将它们对齐以避免产生模糊或虚影。

3.HDR 照片的颜色通常比标准照片更鲜艳和饱和。因此，需要进行适当的色彩校准以确保颜色呈现自然。

4. 过度处理会使得图像过于夸张，失去真实感。需要避免过度处理，以便让 HDR 图像自然地表现出亮度和细节。

总之，掌握创建动态 HDR 图像的高级技巧需要注意以上事项，这可以帮助用户获得更好的 HDR 图像质量并创造卓越的视觉效果。

第四节 一步式创建 HDR 全景图像的高级技法

在 Camera Raw 中，不仅可以创建静态和动态 HDR 图像，还可以创建静态和动态 HDR 全景图像（每组必须包含相同数量的 HDR 图像，并具有一致的曝光偏移量）。

学习目的：掌握使用一步式方法创建 HDR 全景图像的高级实用技巧。

1. 这 30 张照片是连续拍摄的 HDR 全景图像，具有相同的曝光偏移量，每 3 张为一组，共 10 组。

2. 选择要合成 HDR 全景图像的案例图像并在 Camera Raw 中打开，在胶片栏缩览图中单击鼠标右键，展开上下文菜单，选择“全选”命令，再次在胶片栏缩览图中单击鼠标右键，展开上下文菜单，选择“合并为 HDR 全景”命令。

3. 在弹出的“HDR 全景合并预览”界面中，选择“球面”投影模式（该模式非常适合上下多行拍摄的照片或超宽幅全景图），并取消勾选“自动裁剪”复选框。在界面顶部有“所有 30 张图像成功合并”的提示。

4. 拖曳“边界变形”滑块至 95，校正图像的扭曲畸变，以填充画布（图像场景没有明显横竖线条时，更高的滑块值会使全景图的边界更贴合边框，不易产生后期修图的痕迹）。

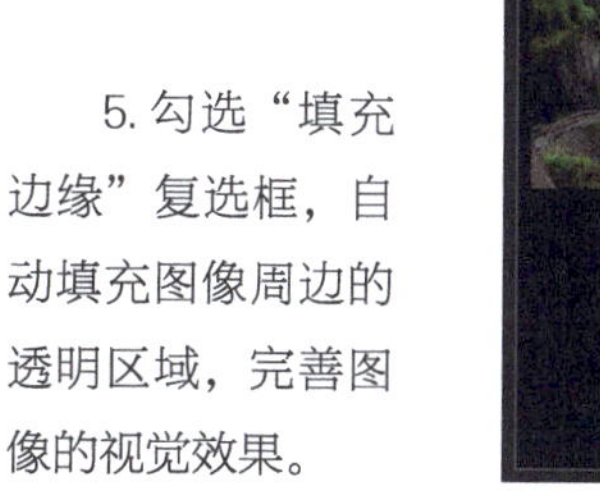

5. 勾选“填充边缘”复选框，自动填充图像周边的透明区域，完善图像的视觉效果。

6. 单击“合并”按钮，在弹出的“合并结果”对话框中保存图像，在 Windows 系统中按住 Alt 键（macOS 系统中按住 Option 键）可跳过保存这一步，直接将新创建的 HDR 全景图像保存在源图像所在的文件夹中。

HDR 全景图像创建完成。

要想成功地将选定的图像合并为 HDR 图像或 HDR 全景图像，需注意以下事项。

1. 所有图像都必须包含图像的元数据（曝光时间、光圈大小和感光度等数据），否则，Camera Raw 无法创建 HDR 图像或 HDR 全景图像。

2. 每组“包围曝光”照片必须连续拍摄。例如，如果案例图像前 3 个是包围曝光图像，则这 3 个图像将成为第一组图像；而接下来拍摄的 3 个图像将成为第二组图像；以此类推。并且每组图像的曝光环境偏移量需一致（例如，一组图像的曝光值相差是二级，其他组中图像的曝光值相差也是二级）。

3. 如果在“合并为 HDR 全景”时少选择了一张图像，仅用 29 张图像进行 HDR 全景图合并，在弹出的“HDR 全景合并预览”界面顶部会有“29 张图像中有 2 张无法合并”的提示。